ANALYTICAL
MECHANICS

RYUICHI KONDOU

# 独学する「解析力学」

近藤龍一

# 序文

「力学の書物はすでにいくつも存在しているが，本書のプランはまったく新しいものである。私はこの科学の理論およびそれと関連した諸問題を解く技術を，一般公式に，つまりその公式を単に発展させるだけでそれぞれの問題を解くために必要な方程式が全て得られるような一般公式に還元することを提唱する。…（中略）… 本書で私が説明に用いた方法は，作図や幾何学的ないし機械論的な議論を必要とせず，もっぱら規則的で画一的に進められる代数的操作に限られる。解析学を愛好する人々は，力学がその一分野になったことを好意的に見，私がこのようにして解析学の領土を押し拡げたことについて私の労をねぎらっていただけるであろう。」

以上の文章は，解析力学の創始者であるジョゼフ・ルイ・ラグランジュが1788年に，力学研究の集大成として出版した『解析力学』（*Mécanique Analytique*）の「緒言」に記した文章の一部である。

アイザック・ニュートンは有名な『プリンキピア』で力学の基礎を確立したが，その内容は現代から見ても難解であり，当時からすればなおさら難しかった。というのも，ニュートン自身が微積分法を発明しておきながら自著ではそれを使わず，極限の幾何学を使い続けたからである。ニュートンとライプニッツによって独立に確立された微積分法は後の数学者によって解析学という新しい分野に取り込まれたが，解析学の発展に寄与した何人かの数学者によって，力学こそ解析学によって記述されるべきであると考えられるようになった。

例えば，18 世紀最大の数学者レオンハルト・オイラーは，著書の中で次のように警告している。

「たとえ〔『プリンキピア』の〕読者がそこで提示されている事柄の正しさを確信したとしても，彼はその事柄について十分に明晰な知識を得ることができないであろう。それゆえ，もしも同じ問題がわずかに変えられたならば，自分で解析学にたより，同じ命題を解析的な方法で展開してみないかぎり，それらを自力で解くことはできないであろう。」

これは『プリンキピア』の方法は正しいが，とても一般の学生に教授できるものではないという主張であり，オイラーはこのままでは科学の発展は見込めないと危惧していたのである。やはりどのような学問分野であれ，それを理解し利用することのできる人数を増やし，その分野の楽しさや醍醐味を伝えていかないことには，その分野は衰退の一途を辿るであろう（これは現代における啓蒙書・入門書の存在意義でもある）。

こうして，オイラーらによって『プリンキピア』の内容が次々と解析化されていく流れの中で登場したのがラグランジュであった。彼の偉大な業績はニュートン力学の書き直しにとどまらず，冒頭の引用文の通り力学問題を一般公式へ還元したということにある。エルンスト・マッハによる「ラグランジュは，必要な全ての考察を一度で処理し，一つの公式でできるだけ多くのことを表現するように工夫している。…（中略）… ラグランジュの力学は思考の経済に関するりっぱな業績である。」という評価はこのことをよく表している。

このようにニュートン力学を解析学によって一般化し，他の様々な分野にも同じ手法を適用可能にした理論を解析力学という。解析力学は力学を一般化するために生み出されたのであるが，その誕生の背景には力学を分かりやすく，誰にでも理解・教授可能なものにするという理念があったのである。

それではラグランジュの『解析力学』から 2 世紀以上が経過した現在，解析力学が学生の間でどのような扱いを受けているかというと，次の通りである。

「解析力学というのは，物理の学部専門課程の中で，最も理解しづらいものの一つではないかと思う。ラグランジュ関数（ラグランジアン）というわけのわからないものが出てきて，それがなぜか $T$（運動エネルギー）$-$ $U$（位置エネルギー）というものであり，そこからさらにハミルトニアンという，やっぱり良くわからないものを作るというわけで，最初から最後までわからない人がほとんどというのが実情である」

――長沼伸一郎『物理数学の直観的方法』

「大学二年生の時，私は「力学Ⅱ」という授業で解析力学を勉強したはずなのだ…（中略）… しかし，…その時点ではまったく，解析力学がわかってなかった。…じゃあいつわかったのかというと，…大学院で量子場の理論を勉強し…ている間に解析力学を勉強し直したところでやっと「あ，こういうことをやってたのか」とわかった。つまり量子力学まで行ってから戻ってこないとわからなかった」

――前野昌弘『よくわかる解析力学』

ラグランジュの時代から何百年も経って扱われる範囲や内容が拡大したとは言え，お世辞にも学びやすい科目であるとは思われていないようで，当初の創始者の意図とは真逆の結果になってしまっていることは残念でならない。

私は既に解析力学については学び終えているという自負があるが，初めはやはり，応用範囲は物理の分野の中で随一に広いにもかかわらず，数学的側面が強く，抽象的でハードルの高い物理という印象であった。そこで，私の独学の経験をもとに，高校で学ぶ程度の数学・物理の基礎のみを前提とした，読者が独学で学べる，易しい解析力学の入門書を書くという構想を立て，これをいつか実現したいと考えてきた。こうした考えのもとに完成したのが本書である。

本書は独学で解析力学の基礎をマスターするための本となっている。本書の記述に際しては私自身が課したルールがいくつかあり，それが本書の特徴に直結しているのでここで紹介しておきたい。

まず，本書は途中式を省略していない。どのレベルから省略でどのレベルから省略しないのかということについて一義的に説明するのは難しいが，例えば $y=2x^3$ を $x$ で微分せよというものであれば，いきなり $y'=6x^2$ とするのではなく，$y'=3\times 2x^{3-1}=6x^2$ と書くというくらいのレベルで省略をしていない。

このような調子であるから，本書の記述は有識者がご覧になればくどくど冗長なものと思われることであろうし，実際詳し過ぎのような箇所もあるが，私は入門書というのは本来詳し過ぎくらいがちょうど良いのではないかと考えている。これによって，式の導出が理解できないなどの不安に苛まれることなく，その内容をじっくり考える余裕が持てるはずである。

最近では丁寧で分かりやすい参考書も増えてきているので，独学しやすい環境のような気もするが，上述のようなレベルで途中式の省略がなく，本書の範囲をカバーした解析力学の本は和書では存在しなかったと言って良いのではないだろうか（執筆後に知ったのだが，海外には私の考えに似た参考書として，Jakob Schwichtenberg『No-Nonsense Classical Mechanics: A Student-Friendly Introduction』（No-Nonsense Books, 2019.5）がある）。

次に，本書では最初から最後まで同じ丁寧さを貫き，記述ができるだけ天下りにならないよう注意した。専門的な本では，最初は平易であるのに，途中から急に難解になって多くの読者が挫折するということが（分野を問わず）起こり得る。本書はこのようなことにならないよう，重要な式ほど説明には十分紙面を割き，導出や説明はなるべく飛躍なく行なうと決め，これを最後のページまで守ったつもりである。

そして，本書では解析力学を学ぶ目的意識をI章で明確にさせ，VI章とVII章ではV章までに学んだ結果が量子力学や電磁気学に応用されることを示し，解析力学を学ぼうとする読者のモチベーションを上げつつ，ハードルを下げることを試みた。

他にもごく一部を除き，出てくる式には必ず（厳密さの程度は場合によって異なるが）導出をつけ，重要な方程式については1通りだけでなく2通りや3通りの導出を与える，前提とする知識は高校数学と高校物理のみとするなど，様々な工夫を施している。また，VII章以外の全ての章には章末問題が付けてある。いずれも平易な問題や，有名な問題ばかりであるので，初心者の方はできるだけ取り組んでいただきたい。

本書では比較的広い範囲をカバーしたことと（本書で扱う内容については目次や「本書を読むにあたって」を参照していただきたい），途中式や説明を省略しなかったためにこのような大部の本が出来上がってしまったが，本書を読み終える頃には最小限の準備で，「数式レベルを独力で理解し，自分の言葉で説明できる」という感覚を持っていただけるのではないかと考えている。本書を踏み台としてより高度な文献へ進み，広大な物理の世界を楽しんでいただくことを念願してやまない。

**謝辞**

本書の執筆から校了に至るまで，今回も多くの方々に助けていただきました。まず，この企画が始まった段階から完成まで，前作に引き続きベレ出版の坂東一郎氏による強力なサポートをいただきました。氏のご高配とご厚情に対し，心から感謝をいたします。

また，組版を担当していただきました㈱あおく企画の五月女弘明氏には，今回も複数回に及ぶ面倒で複雑な修正の手間をおかけし，その上時間の少ない中で丁寧かつ迅速に，完成まで漕ぎ着けてくださいました。心より御礼を申し上げます。

そして，校正・校閲段階では原稿の全てを熟読していただいた小山拓輝氏と，原稿の一部に目を通していただいた和田純夫氏から，本質を突く有益な助言の数々をいただき，大変多くのことを勉強させていただきました。特に小山氏には 3 回にわたって校正の労をとっていただき，著者の様々な誤謬・誤解を指摘してくださいました。ここに深く感謝を申し上げます。但し，本書の内容については全て私の責任であることは言うまでもありません。

シンプルで斬新なカバーデザインは都井美穂子氏によるものです。厚く御礼を申し上げます。さらに，私の前作『12 歳の少年が書いた 量子力学の教科書』を読んでくださった読者の皆様に感謝いたします。前作がなければ，本書が出版されることはありませんでした。最後に，常に私に協力し支えてくれている家族へ感恩の念を新たにし，この場を借りて謝意を表したいと思います。

2021 年 8 月

近藤龍一

CONTENTS

# IV 保存量と対称性



# V ハミルトン形式

# VI 量子力学への道



# VII 場の理論への応用



# 数学的補遺

# 本書を読むにあたって

小学生の頃から物理を独学し，教科書・専門書を読み漁ってきた経験から，私は読者を年齢や学年によって差別したくない。例えば本書のテーマである「解析力学」は，日本の理工系の大学では 2 年生で学ぶようであるが，そもそも私自身がこの文章を書いている時点でまだ大学 2 年生にはなっていないのである（この点に関し，できればあまり先入観を抱かないでいただきたい)。

物理に限ったことではないと思うが，教科書・参考書の著者は大学の教員である場合がほとんどであるため，大学 2 年生向けに開講される教科についての本であれば,「本書は大学 2 年生程度の学生を対象として～」と書かれることが多い。この文章の意味が「本書は大学 2 年生程度の数学・物理のレベルを持つ読者を対象として～」であると分かってはいても，読み手としてはあまり気分の良いものではない。

そこで，本書を読むための予備知識として具体的にどのようなものがどのようなレベルで必要なのかについて細かく説明しておくことにする。以下に挙げる意味での数学・物理のレベルが十分であれば，どなたでも本書を読破することができる。

## 本書を読むために必要な数学・物理のレベル

[数学]

高等学校「数学Ⅲ」までの基本的な知識が必要である。

しかし，高校の数学で扱われる範囲というのは時代によって微妙に異なっているので，その具体的な内容を挙げておくことにする（私が「高校数学」と言うときには，誠に勝手ながら，2017 ～ 2019 年度の間の指導要領の範囲内の数学のことを指すものとする）。

具体的には，以下のカテゴリー・トピックスについての基礎概念を理解しており，教科書の例題・練習問題レベルの基本的な計算ができれば本文を読むのに差し支えはないであろう。なお，解析力学は解析学，つまり微分積分学を駆使した力学であるから言うまでもないが，最重要項目は微積分である。

展開の公式，因数分解，命題と条件，関数 $f(x)$，三角比の定義，複素数の定義，弧度法，三角関数の定義，三角関数の相互関係，加法定理，指数と対数，極限値，導関数，冪関数の微分，定数関数の微分，極値，不定積分，定積分，平面・空間のベクトル，単位ベクトル，位置ベクトル，総和記号 $\Sigma$（記号の使い方と性質），楕円，極座標，積の微分（ライプニッツ則），合成関数の微分（連鎖律），三角関数の微分，（自然）指数関数の微分，対数関数の微分，部分積分，置換積分，速度，加速度

以上の内容に不安がある場合は，髙橋一雄『もう一度 高校数学』（日本実業出版社，2009.7）などの参考書で（微積分を中心に）復習をしていただきたい（とにかく計算ができれば良いので，高難度の受験参考書などを使う必要はない。上記の本を挙げたのは，内容・レベルともに復習には最適であるからだ）。

これ以上の数学の知識については，本文中，または巻末の数学的補遺の中で説明したので，必要に応じて参考にしていただきたい。大学レベルの数学の中で，本書で不可欠な事項は，テイラー展開，偏微分，全微分，変分法，ベクトルの外積，ヤコビアン，多重積分，ガウス積分である。この内，偏微分と変分法は本文中で説明し，残りはそれぞれ補遺 A ～ G として巻末にまとめた。

数学的補遺においても，VII 章までの本文と同様にできるだけ易しい説明を試み，単なる公式集とならないよう注意した。しかし，いずれも物理のために使うことが前提の物理数学であるので，補遺の議論は非常に直観的なものであり，(本書の中でも特に）厳密でない。式の成り立ちや仕組みを説明するために，導出・証明をしているかのような書き方をしているが，実際には（大学数学でいう）証明と呼べるレベルには全く達していないので，数学をご専門にされている方からすればさぞ苛立たしい記述が散見されることと拝察するが，精密な議論については微分積分学の教科書を参照の上，ご容赦いただきたい。

補遺の中で最も重要なのは，補遺 B の全微分である。全微分の計算ができないと，本文中の計算が（かなり早い段階から）追えなくなってしまうので，補遺 B の内容は確実に理解する必要がある。また，本書では線形代数の知識は必要ないが，補遺 E を読む際は高校数学から削除されて久しい「行列」について，ある程度イメージを持っておいた方が読みやすいはずである（但し，読みやすいというだけで，行列を知らないと読めないというわけではない)。

[物理]

高等学校「物理」までの力学の基本的な知識が必要である。また，本書の最後の節（35 節）を読む際には，それに加えて電磁気の基本的な知識が必要となる。理想的には，大学 1 年生で学ぶ程度のニュートン力学（微積分による初等力学）の基本を理解していることが望ましいが，本文中に最低限の説明があるので必須ではない。

具体的には，以下のカテゴリー・トピックスについての基礎概念を把握していることを前提とする。

速度・加速度・質量・力・ニュートンの運動方程式・仕事・運動エネルギー・位置エネルギー・保存力・力学的エネルギー保存則・運動量保存則・慣性力・円運動・単振動・波動（正弦波の式など）

I章で解析力学への準備としてのニュートン力学の基礎を説明し，その後も適宜説明を設けることもあるが，上で挙げた項目については簡単に理解しているとして話を進める（文献［52］と同じように，それらは「その意味が読者にとっては既知である未定義の言葉」とする立場をとる）。

但し，以上の内容を復習する目的で高校物理の参考書に戻ることはあまり勧められない。その場合，大学レベルの力学の教科書を開いた方が様々な意味で有益であるからである（物理数学を身につけながら効果的に学べる本として，文献［27］と［66］を推薦しておきたい）。

次に，本書の章ごとの内容を簡単に紹介し，本書では扱いきれなかった事項についても列挙する。

### 本書における「独学」の道筋

I章では解析力学の目的を説明しながらニュートン力学の基礎を復習し，ニュートンの運動方程式には座標変換に対する不変性がないという問題があることを明らかにする。さらに，自由度の概念を導入して一般化への準備を進めていく。

II 章からV 章までが解析力学の本編に相当する。解析力学の教科書の多くは，III 章で説明する最小作用の原理，または仮想仕事の原理から出発してラグランジュ方程式（解析力学の基礎方程式）を導出し，ラグランジュ形式を導入している。しかし本書ではその前にラグランジュ方程式への抵抗感を払拭することが必要であると考え，一般座標系における物理量を定義し，ニュートンの運動方程式をスカラー量が中心となる方程式に書き換えると，ラグランジュ方程式が得られるという方針をとる。そしてその後，ラグランジュ方程式に座標変換に対する不変性があることを実際に確認・証明する。

III 章ではラグランジュ方程式が単なる書き換えでないことを理解するために，変分原理によってラグランジュ方程式を導出し，最小作用の原理によるエレガントな力学の定式化を見る。また，ニュートン力学の範囲からも理解される仮想仕事の原理が最小作用の原理，及びラグランジュ方程式と整合的であることも示す。また，拘束条件のある系を取り扱うための処方箋として，ラグランジュの未定乗数法も紹介する。

IV 章では時空の対称性が保存量の存在と深く関わっていることを，エネルギー，運動量，角運動量を例に説明し，その後一般論としてネーターの定理を証明する。これによって，解析力学の理論形式は対称性を見るための道具にもなっていることが示され，個々の保存則が成り立つ背景には対称性が潜んでいるという驚くべき事実が明かされる。

V 章では解析力学のもう一つの理論形式である，ハミルトン形式を詳述する。ここでもまた，位相空間（相空間），正準変換，ポアソン括弧などといった，物理を探究するための強力な道具がもたらされ，最後の節のハミルトン＝ヤコビ方程式とともに，量子力学へと進む準備が整う。

通常，解析力学の課程はハミルトン＝ヤコビ方程式までで終了となるので，多くの文献がここで筆を擱いている。しかし，量子力学と場の理論は解析力学での学びが実際にどのように活かされるかについて知るための格好の題材であることを考えると，応用編として次の2章を設けずにはいられなかった。

VI章は応用編であり，前期量子論，シュレーディンガー方程式，ハイゼンベルク方程式などに対して解析力学で得た道具がどのように応用されるかについて述べる。さらに最後の節では経路積分を説明し，最小作用の原理の種明かしを行なう。

VII章は発展編であり，場の解析力学の初歩の初歩を扱う。前半では古典場の理論におけるラグランジュ形式を導入し，後半では解析力学の適用範囲の広さと最小作用の原理の威力を実感していただくために，電磁気学におけるマックスウェル方程式を導出する。

**本書では扱えなかった事項について**

かなり多くの項目を盛り込んでいるが，それでも扱いきれなかった部分は多数ある。まず，剛体の解析力学と連成振動については詳しく取り扱えていない（これらの代わりに量子力学と場の理論を入れることを選択したためである）。この2つについては文献［67］（第6章，第7章）などを参考にしていただきたい。

また，拘束条件のあるハミルトン形式の一般論や可積分系などの高度なトピックスについては，本書のレベルを遙かに超えるので入れることができなかった（これらについては文献［29］（II巻），［89］が詳しい。前者のみに関しては文献［18］，［20］などにも説明がある）。VII章で場のハミルトン形式が抜けているのも同じ理由によるものである。

力学の歴史と，相対論への応用についての原稿も用意していたが，予想外にページ数が増えたため，これらは入れることができなかった。前者については，文献［2］，［11］，［28］を（力学の歴史を踏まえた教育的教科書として文献［16］もある），後者については，佐藤勝彦『相対性理論』（岩波基礎物理シリーズ9，岩波書店，1996.12）とL.D. ランダウ，E.M. リフシッツ『場

の古典論 原書第 6 版』（ランダウ = リフシッツ理論物理学教程，恒藤敏彦，広重徹訳，東京図書，1978.10）を挙げておくのでご興味のある方はこれらの良書をあたっていただきたい。

# I

# ニュートン力学への不満

01.

# 直交座標系の運動方程式

ニュートンの運動の三法則については，読者の方の多くは既に何度も勉強されていると思う。しかし，解析力学を学ぶ準備という意味で，本章では解析力学の意義や目的を説明しながら，ニュートン力学の基礎を復習していくことにする。

ニュートン力学は，次の3つの法則を基本原理として成り立っている。

**第一法則**：物体にはたらく外力が0，または合力が0であれば速度が保存され，物体が等速度運動を続けるような座標系が存在する。この座標系を**慣性系**という。

**第二法則**：慣性系において，物体の運動の時間的な変化は物体にはたらく合力 $\boldsymbol{F}$ に比例し，その力の方向に発生する。

**第三法則**：物体Aと物体Bが相互作用して，AからBに力がはたらくとき，BからAにも同じ大きさで逆向きの力がはたらく。

これらは，**アイザック・ニュートン**が『**自然哲学の数学的諸原理**』[1]（*Philosophiæ Naturalis Principia Mathematica*，通称『**プリンキピア**』）の中で，力学の基礎をなす「公理，あるいは運動の法則」として発表した一連の命題で，**ニュートンの運動の三法則**と総称されている。上記の3法則を基本原理に選ぶことで力学を記述する理論形式を，**ニュートン力学**という。

ニュートン力学において，ニュートンの運動の三法則は何かから証明・導出されるようなものではないが，エネルギー保存則や運動量保存則などの重要な法則は全て，運動の三法則から導くことができる。

---

1 日本語訳も何冊か存在しているが，2019年に講談社ブルーバックスに収録され（中野猿人訳），手に入りやすくなった。

このように，法則を導き出すための出発点となる最も基本的な仮定のことを，物理学では**原理**と呼び，数学では**公理**と呼ぶ。また，そのような基本的な仮定から導かれる重要な結論や命題を，物理学では**法則**と呼び，数学では**定理**と呼ぶ[2]。また，原理と法則から成る体系が**理論**で，理論に誤りがあればそれを指摘し，理論の正しさを最終的に決定付ける方法が**実験**となる[3]。

法則であろうと原理であろうと，その正否を最終的に判断するのは実験であるが，「法則」は原理や他の法則を用いて理論的に導出することができる。これに対し，「原理」を他の原理や法則から理論的に導出することは本質的に不可能である[4]。

原理の正しさは，前提となる原理から導かれた法則が，経験的事実や実験事実を正しく説明できたときに初めて示される。従って，（正しく記述された）原理は自然界に成り立つ真理を表し，法則は自然現象の間に成り立つ関係を表す。

しかし，物理学の用語の中には，歴史的な理由から「原理」と名がついているが別の法則から証明可能な定理であるもの，逆に「原理」とついていないが公理に相当するものがある。そこで，本書では公理に相当するもので，原理であることを強調したいときには「**基本原理**」[5]という言葉を使うことにする。ニュートンの運動の三法則はニュートン力学における基本原理である。

ただ，命題の名称の決まり方がまちまちになってしまうのは，ある意味で

---

2　尤（もっと）も，物理学にも「定理」と名のつく法則はたくさんある。

3　全ての自然科学は実験によってその正しさが判定されることになるが，（純粋な）数学は直接的に現実世界を記述しないので，実験を必要としない。この意味で，自然科学と数学は異なる学問である。

4　但し，別の分野の理論や別の理論形式の知識を用いた場合は，理論的な導出や説明を与えることが可能な場合もある。ここで述べているのは，その「原理」が含まれる「理論」の中の要素から導出することはできないということである。

5　他の文献では，「基本法則」や「要請」，或いは数学と同様に「公理」と呼ばれることもある。

は仕方のないことかもしれない。科学の歴史において原理と法則の見直しや修正が行なわれた回数が数え切れないこともその理由の一つだが，そもそも基本原理の選び方というのは一意（1通り）ではないのである。

例えば，原理（公理）A，B，Cと，そこから導かれる法則L，M，Nの集合が或る理論Tを構成するとする。そのとき，原理Cの代わりに法則Mを原理とすることで，原理A，B，Mと法則L，C，Nから成る理論Uが構成されることがある。さらに，もとの理論Tの要素ではなかった，より基本的な原理Dが導入されれば，原理D，Aと法則B，C，L，M，Nから成る理論Vを構成することも可能であろう[6]。そして，このような原理と法則の組み替えが適切に実行されていれば，T，U，Vは互いに全く等価な理論である，となる場合がある。つまり，同じ内容の物理を記述する場合，その出発点となる基本原理の選び方は複数存在する[7]。

物理を学んでいると，同じ内容を記述する理論であるのに，方法論や見かけは全く異なっている，という理論の組に出会うことがあるが[8]，これは上のような事情による。実際，解析力学はニュートン力学の理論の組み替えの連続と言えるかもしれない（具体的に言うと，運動の第二法則を書き換える）。

それでは，なぜそのような組み替えを行なう必要があるのだろうか。等価な理論であるとすれば，得られる結果も全て同じなのだから，わざわざ組み替える理由を知りたくなる。この疑問に対して，簡潔に回答すれば次のよう

---

6　この場合，理論Vはより少ない仮定から多くの予言（結論）を引き出しているので，T，U，Vを比べればVが明らかに優れていると言える。

7　基本原理だけでなく，基本変数や無定義概念（定義しないで用いる基本的な概念や述語）の選び方も複数ある。

8　古典力学で言うと，「ニュートン力学」，「ラグランジュ形式」，「ハミルトン形式」，「ハミルトン＝ヤコビ方程式」は異なった形式を持つが，同じ内容を記述する理論である（理論形式の「深さ」はそれぞれ異なるが）。また量子力学では，「波動力学」，「行列力学」，「経路積分」は異なった形式を持つが，同じ内容を記述する理論である（これらは全て本書の中で説明する）。

になるであろう。すなわち，「一般性」と「不変性」の追求である[9]。

ここで言う**一般性**とは，より広い分野に適用できる性質という意味であるが，果たしてニュートン力学は一般性のある理論と言えるだろうか。ニュートン力学は質点・質点系・剛体の運動を（比較的簡単な数学を用いて）定量的に記述することができる理論で，これによって我々の目に見えて，身近にあるほとんどの物体の運動の様子が説明される。しかし，ニュートン力学の理論形式のままでは電磁気現象を正確に解析することはできないし，原子や分子以下のミクロな物質（量子）や光速に近い速度で運動する粒子の運動（相対論的粒子）も扱うことはできない。このような意味で，ニュートン力学は一般性のある理論とは言えないであろう。

しかし，電磁気や量子などといった対象はそれぞれが別分野の物理であって，それぞれ異なる物理法則と基礎方程式があるのだから，あらゆる一般性を満たす理論の構築など本当にできるのかと思われることであろう。確かに，これら全ての分野をまとめる一本の基本方程式などがあるわけではない。

だが，これらの全てに共通する指導原理は解析力学の枠組みの中に確実に存在するのである。その指導原理は，「**最小作用の原理**」と呼ばれている。また，全ての分野をまとめる方程式ではないが，あらゆる基礎的な運動方程式は分野を問わず，解析力学の基礎方程式である「**ラグランジュ方程式**」の形に書かれる。これは解析力学によって全ての基礎方程式は書式化（フォーマット化）されるという驚くべき事実である。そして，その書式は「**ラグランジアン**」という1つの関数によって与えられる。解析力学では，この「最小作用の原理」や「ラグランジアン」を中心として，様々な分野に対応できるようにニュートン力学の理論形式を改造していくことになる。

未知の分野を開拓する際には，その改造の結果や，指導原理自体が非常に強力な武器となる。実際，解析力学は18世紀以降の数学者と物理学者が二

9　これは，解析力学に限らず，理論物理学全体の目的とも言える。

ュートン力学の現状に満足せずに，力学の解析的で抽象的な定式化を試み続けた成果の総体であるが，20 世紀前半の物理学者は量子力学を建設する際に，解析力学に大いに助けられたのである。この現状は現代でも変わっておらず，現代物理学において解析力学によるアプローチは欠かすことができない。

ニュートン力学よりも一般性のある基本原理を確立し，別分野へ移行した場合にも方程式の扱いができるだけ同一になるような理論形式を見出すことが，解析力学の目的の一つである。つまり，解析力学の目的を一言で述べると，力学の「一般化」であるということになる。

次に，不変性について説明する。先ほど述べた「一般性」は解析力学の「理論的な価値」を表しているが，今から述べる「不変性」はむしろ解析力学の「実用的な必要性」を表す。

**不変性**とは，一般性とほとんど同じ意味の言葉だが，物理学では特に，運動方程式（もっと広く言うと「物理法則」）に対して或る変換を施したときに，方程式や法則の形が変換の前後で不変に保たれる性質を指す[10]。不変性は理論物理学の全体に横たわる非常に広くて深い概念なので[11]，本章と次章では特に運動方程式の座標変換に対する不変性について論じる。以下で，運動の三法則を復習しながらニュートン力学の不変性を検討しよう。

運動の第一法則は，慣性系という座標が存在し[12]，そこでは物体が外部からの影響（力）を受けないとき，物体の運動状態は保持されることを説明している。つまり，静止している物体は静止を続け，等速度 $\boldsymbol{v}$ で運動を続けてい

---

10　この定義から，不変性は**対称性**と同一視できる場合が多い。対称性についてはⅣ章で扱う。

11　現代物理学が考えている「不変性」とその精神については，文献 [72]（第 1 章，第 3 章，第 7 章）で詳しく述べられている。

12　天体の運動を考える場合にはそうはいかないが，とりあえずは地上に固定された座標系が慣性系だと考えれば良いであろう。

る物体はそのまま等速度運動を続ける[13]。このように,物体が自らの運動状態を保とうとする性質を**慣性**というので，運動の第一法則は**慣性の法則**とも呼ばれる。

運動の第二法則は，力が加わった場合についての記述で，運動の変化は加えられた（合）力に比例することを主張している。ここで「運動の変化」という言葉をどう解釈するかだが，最も簡単な考え方は「速度の時間的な変化(率)」,すなわち「速度の時間微分」と捉えることであろう。第一法則は速度の保存を保証していたのだから，第二法則は逆に速度が保存しない場合を考えているというわけである。

しかし,それが正しいのは質量[14]が1の場合であって,実際には力は質量にも比例するから,

$$\boldsymbol{F} \propto m\frac{d\boldsymbol{v}}{dt} \tag{1.1}$$

となっている（$\propto$ は左辺が右辺に比例することを表す記号)。この比例定数を1とし（これによって力のSI単位［N］やcgs単位［dyn］が定められる),また速度の時間微分（加速度）を

$$\boldsymbol{a} = \frac{d\boldsymbol{v}}{dt} \tag{1.2}$$

とすると，よく知られた**ニュートンの運動方程式**,

$$\boldsymbol{F} = m\boldsymbol{a} \tag{1.3}$$

---

13　但し，静止と等速度運動は区別できないので，静止という状態は速度が0の等速度運動と考える。

14　ここでいう質量は物体の動かしにくさ（**慣性質量**）のことであると考える。

が登場する。(1.3) はニュートン力学の基礎方程式であり，運動の第二法則は慣性系において (1.3) が成り立つことを主張している。

加速度は (1.2) のように速度の時間微分で定義できるが，速度は位置（ベクトル）の時間微分で定義され，

$$\boldsymbol{v} = \frac{d\boldsymbol{r}}{dt} \tag{1.4}$$

となるから，加速度は

$$\boldsymbol{a} = \frac{d}{dt}\left(\frac{d\boldsymbol{r}}{dt}\right) = \frac{d^2\boldsymbol{r}}{dt^2} \tag{1.5}$$

とも表せる。

つまり，ニュートンの運動方程式の正体は

$$\boldsymbol{F} = m\frac{d\boldsymbol{v}}{dt} = m\frac{d^2\boldsymbol{r}}{dt^2} \tag{1.6}$$

という微分方程式であったわけである[15]。(1.6) は $\boldsymbol{r}$ についての 2 階微分方程式であるから，2 回積分することで位置座標が求まる。その積分の際に生じる，2 つの積分定数が初速度と初期位置となるが，この 2 つ（初期条件）を決定すれば，その後の質点の運動は完全に知ることができる[16]。

(1.6) の表式はそれだけで十分分かりやすいが，$m d\boldsymbol{v}$ で 1 つの記号と見做(みな)した方が簡潔にまとまるので，運動の勢いを表す量として，**運動量**

---

15　このように運動方程式を初めて解析的に表現したのはニュートンではなく，**レオンハルト・オイラー**であるという。

16　人がボールを投げるとき，一般にボールの軌道は毎回異なってしまうわけだが，これは法則の複雑さによるものではなく，初期条件の設定の違いによって生じることである。

$$\boldsymbol{p} = m\boldsymbol{v} \tag{1.7}$$

を導入する。(1.7) を使えば，$md\boldsymbol{v}$ が $d\boldsymbol{p}$ に対応するので，(1.6) は

$$\boldsymbol{F} = \frac{d\boldsymbol{p}}{dt} \tag{1.8}$$

と書ける。

(1.8) はちょうど「運動量の時間変化＝力」という図式になっており（この捉え方は解析力学でも非常に重要になる），第二法則の説明文がそのまま当てはまっている。

また，(1.6) によると，外力または合力が 0 の場合，

$$m\frac{d\boldsymbol{v}}{dt} = \boldsymbol{0} \tag{1.9}$$

となり，速度が（時間的に）一定であること（速度は時間変化しないこと）が直ちに導かれ，$\boldsymbol{F} = \boldsymbol{0}$ ならば $\boldsymbol{a} = \boldsymbol{0}$ （$\boldsymbol{v} =$ 一定）という，慣性の法則と同様の主張が現れる。

それなら第一法則は第二法則に含まれるのかというと，そういうことではない。第一法則は，第一法則が成り立つような座標系（慣性系）の存在の宣言になっていることが重要な点であって，いわば第一法則で力学の本質的な舞台を整えたわけである。

そして，慣性系でなければ第二法則も第三法則も成り立たないので，やはり第一法則は第二法則に先立つ基本的な原理と解釈すべきであろう。

最後の第三法則は力の性質を述べたものであり，本書ではあまり重要とは見做されないが，一応概略を述べておく。第三法則の主張は，力は常にペアで発生しており，慣性系で物体 A が物体 B に $\boldsymbol{F}_{\mathrm{AB}}$ を及ぼせば，B から A に対しては同じ大きさで逆向きの $\boldsymbol{F}_{\mathrm{BA}}$ が $\boldsymbol{F}_{\mathrm{AB}}$ の作用線に沿ってはたらくとい

うものである。この内 $\boldsymbol{F}_{AB}$（着目している方の力）を作用[17]，$\boldsymbol{F}_{BA}$ を反作用と呼ぶので，第三法則は**作用反作用の法則**としても知られている[18]。

つまり，

$$\boldsymbol{F}_{BA} = -\boldsymbol{F}_{AB} \tag{1.10}$$

というわけであるが，これを移項して右辺＝0の形にすると，

$$\boldsymbol{F}_{AB} + \boldsymbol{F}_{BA} = \boldsymbol{0} \tag{1.11}$$

が得られる。これに対し運動方程式（1.8）を用いると，

$$\frac{d\boldsymbol{p}_{AB}}{dt} + \frac{d\boldsymbol{p}_{BA}}{dt} = \frac{d}{dt}(\boldsymbol{p}_{AB} + \boldsymbol{p}_{BA}) = \boldsymbol{0} \tag{1.12}$$

従って，

$$\boldsymbol{p}_{AB} + \boldsymbol{p}_{BA} = \text{一定} \tag{1.13}$$

となる。これは**運動量保存則**（運動量の和＝一定）を表している。

続いて，平面運動を記述するために，2次元の座標系として最も馴染み深い $xy$ 平面を導入する。$xy$ 平面において，$x$ 座標と $y$ 座標（がそれぞれ一定の直線）の交点として1点の座標を表す場合，その座標系を**直交座標系**[19]，またはその考案者**ルネ・デカルト**にちなみ**デカルト座標系**という。

2次元直交座標系における運動方程式は，次のように導出することができ

---

17　解析力学を学ぶと，「作用」という名の極めて重要な概念が登場するが，それは作用反作用の作用とは全く関係が無い。なお，この両者は英語でも同じ単語（action）で呼ばれているので，英語で呼び分けることはできない。

18　第三法則が成り立つ座標系も慣性系であるから，非慣性系では第三法則は成り立たず，非慣性系で発生する遠心力などの慣性力（見かけの力）には反作用はない。

19　より正確には，**直交直線座標**という。

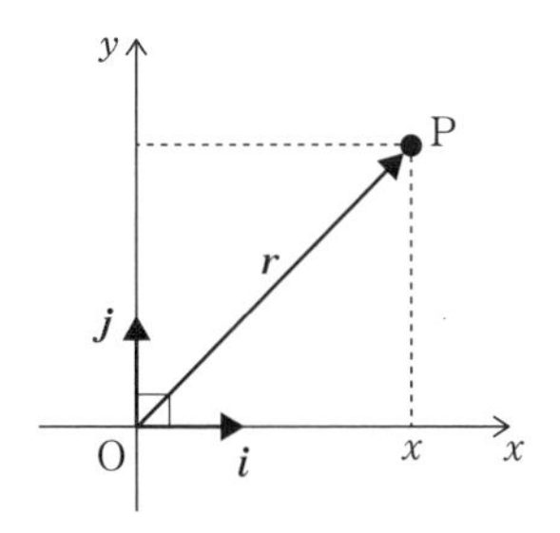


る。

図のように，$x$ 方向正の向きの単位ベクトル $\boldsymbol{i}$ と，$y$ 方向正の向きの単位ベクトル $\boldsymbol{j}$ をとると，$xy$ 平面上の点 $\mathrm{P}(x, y)$ を表す位置ベクトル $\boldsymbol{r}$ は，

$$\boldsymbol{r} = x\boldsymbol{i} + y\boldsymbol{j} \tag{1.14}$$

となる。(1.4) より，点 P の速度は (1.14) の時間微分で求まることになるが，その計算をする前に導関数の記法として，ニュートン流のドット記法を紹介しておく。

高校数学では，まず $y$ を $x$ で微分することを $y'$ と書き，それをもう一度 $x$ で微分することを $y''$ と書く記法を習い，その後で

$$y' = \frac{dy}{dx} \tag{1.15}$$

$$y'' = \frac{d^2y}{dx^2} \tag{1.16}$$

という分数型の表記へ移る。分数のように表す (1.15) 右辺の記法はニュートンと独立に微積分法を確立した**ゴットフリート・ライプニッツ**による表し方であるが，従属変数のみならず独立変数を明示できるので，導関数の記法の中では最も優れていると言えるだろう。

ライプニッツ流の記法を略した (1.15) 左辺のプライム（ダッシュ）記法

は，解析力学の建設者であるラグランジュによる表し方で，（物理では）空間微分 $\frac{d}{dx}$ に限り用いることができる。そして，高校では出てこないが，例えば $y$ を $t$ で微分することを $\dot{y}$ と書き，それをさらに $t$ で微分することを $\ddot{y}$ と書く記法がある。これはニュートン流の表し方で，原則として時間微分 $\frac{d}{dt}$ に対してのみ用いられる。

$$\dot{y} = \frac{dy}{dt} \tag{1.17}$$

$$\ddot{y} = \frac{d^2y}{dt^2} \tag{1.18}$$

ニュートン流の記法は解析力学で特に役に立つ。というのも，或る関数を $x$ の時間微分 $\dot{x}$ で微分したりするからである。そのようなときに，

$$\frac{dy}{d\left(\frac{dx}{dt}\right)}$$

などと書いていたら煩わしくて仕方がないであろう。このような場合は

$$\frac{dy}{d\dot{x}}$$

とすれば良いのである。この記法に慣れていただくために，以下では時間微分を適宜ニュートン流で表していくことにする。

さて，点Pの速度であるが，(1.14) を見れば，$x$, $y$ にドット記号をつければよく，

$$\dot{\boldsymbol{r}} = \dot{x}\boldsymbol{i} + \dot{y}\boldsymbol{j} \tag{1.19}$$

となるのは自明であろうと思われるかもしれない。確かにこの結論は正しいのであるが，途中の推論が簡単すぎて自明とするのはやや軽率なのである。

実際，積の微分法（$(fg)'=f'g+fg'$）を用いて，（1.14）を時間微分すると以下のようになるので，上の予想（1.19）はそれほど自明なことではない。

$$
\begin{aligned}
\boldsymbol{v} &= \dot{\boldsymbol{r}} = \frac{d\boldsymbol{r}}{dt} \\
&= \frac{d}{dt}(\dot{x}\boldsymbol{i}+\dot{y}\boldsymbol{j}) \\
&= x\frac{d\boldsymbol{i}}{dt}+\boldsymbol{i}\frac{dx}{dt}+y\frac{d\boldsymbol{j}}{dt}+\boldsymbol{j}\frac{dy}{dt} \\
&= x\frac{d\boldsymbol{i}}{dt}+\dot{x}\boldsymbol{i}+y\frac{d\boldsymbol{j}}{dt}+\dot{y}\boldsymbol{j}
\end{aligned}
\tag{1.20}
$$

（1.20）の第1項と第3項が共に0になるのは，単位ベクトル $\boldsymbol{i}$，$\boldsymbol{j}$ が慣性系に固定されていて時間変化しないためである。このため，速度は（1.19）のようになり，また加速度も同様に

$$
\boldsymbol{a} = \ddot{\boldsymbol{r}} = \ddot{x}\boldsymbol{i}+\ddot{y}\boldsymbol{j} \tag{1.21}
$$

となる。

このように，（1.19）を導くためには単位ベクトルが時間変化しないこと（とその理由）を述べる必要がある。なぜなら，単位ベクトルに時間依存性がないことは直交座標の特殊性によるものであって，当たり前のことではないからである。例えば極座標などの曲線座標になると上記のようなことは言えず，実際に単位ベクトルにも時間依存性が出ることが示される（このことは，2次元極座標を用いて次節で扱う）。

任意の質点にはたらく力 $\boldsymbol{F}$ は，直交座標系で $\boldsymbol{F}=(F_x,\ F_y)$ と成分表示されるので，位置ベクトル（1.14）と同じように，

$$
\boldsymbol{F} = F_x\boldsymbol{i}+F_y\boldsymbol{j} \tag{1.22}
$$

と書くことができる。（1.22）と（1.21）を（1.3）に代入すると，

$$F_x \boldsymbol{i} + F_y \boldsymbol{j} = m(\ddot{x}\boldsymbol{i} + \ddot{y}\boldsymbol{j})$$
$$= m\ddot{x}\boldsymbol{i} + m\ddot{y}\boldsymbol{j} \tag{1.23}$$

となるから，$\boldsymbol{i}$ 項と $\boldsymbol{j}$ 項で係数を比較することで次式を得る。

$$F_x = m\ddot{x} \tag{1.24}$$

$$F_y = m\ddot{y} \tag{1.25}$$

つまり直交座標系において，ニュートンの運動方程式は $x$ 方向と $y$ 方向のそれぞれで，元の方程式（1.6）と同じ形を保つ。

$$F_x = m\frac{d^2x}{dt^2} \tag{1.26}$$

$$F_y = m\frac{d^2y}{dt^2} \tag{1.27}$$

これは，3 次元でも同様である（章末問題［1］)。

ここで，或る慣性系 K に対し，$x$ 方向正の向きに速さ $v$ で等速度運動する系 K′を考えるとする。

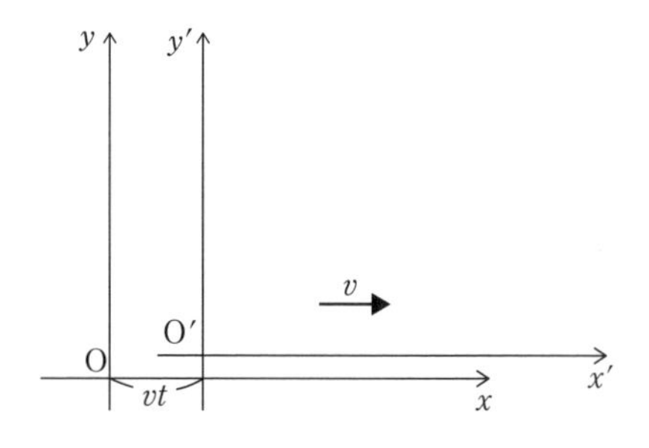


このとき，図から分かるように K′系の直交座標 $(x', y')$ と K 系の直交座標 $(x, y)$ の間には

$$x' = x - vt,\ \ y' = y,\ \ t' = t \tag{1.28}$$

が成り立っている[20]。これを**ガリレイ変換**という。

$v$ が定数であることに注意して，(1.28) の第1式を $t$ で2回微分すると，

$$\begin{aligned}\frac{d^2x'}{dt^2} &= \frac{d^2x}{dt^2} - \frac{d}{dt}\left\{\frac{d}{dt}(vt)\right\} \\ &= \frac{d^2x}{dt^2} - \frac{d}{dt}\left(v\frac{dt}{dt}\right) \\ &= \frac{d^2x}{dt^2} - \frac{dv}{dt} = \frac{d^2x}{dt^2} - 0\end{aligned} \tag{1.29}$$

となり，(1.28) の第3式から[21]，

$$\frac{d^2x'}{dt'^2} = \frac{d^2x}{dt^2} \tag{1.30}$$

を得る。

(1.30) の両辺に $m$ を掛けると，右辺は (1.26) と等しくなるから，

$$m\frac{d^2x'}{dt'^2} = m\frac{d^2x}{dt^2} \quad \Rightarrow \quad F_x{}' = F_x \tag{1.31}$$

となる。これは $y$ 方向についても全く同様であり，3次元に拡張しても同じである。

すなわち，K系とK′系でニュートンの運動方程式は不変に保たれるから，

---

20　3次元の場合には $z' = z$ が加わる。

21　(1.28) の第3式は，K系とK′系で時間の流れ方は同じであるという仮定を表すが，この種の仮定は非相対論的理論に特有のもので，相対論においては正しくない。

K′系もK系同様，慣性系である。このことを，ニュートンの運動方程式はガリレイ変換に対し不変であるという（**ガリレイの相対性原理**）。ガリレイの相対性原理から，慣性系が1つあれば，それを元にして無数の慣性系を定義できることと，それらの慣性系の中に特別な慣性系などなく，全ての慣性系が同等であることが示される。

このように，ニュートンの運動方程式は直交座標系で直交する各方向と，慣性系の間に成り立つガリレイ変換に対し，方程式の形は変化しないという不変性があることが分かった。ところが，ニュートン力学はこれ以外に特筆すべき不変性を持っておらず，ニュートン力学の不変性は非常に限定的であると考えられる。

ここで仮に，極座標へ移った場合にも方程式の形が（1.26）と（1.27）や（1.31）のように同じか，少しの修正で済む程度であれば，運動方程式の「不変性」という点についての不満はなかったであろう[22]。しかしながら，ニュートンの運動方程式は座標変換に対しての不変性を全く持っていないため，極座標への変換は甚だ面倒であり，またその形も歪（いびつ）なものとなってしまう。この点については引き続き次節で説明することとしよう。

22　ガリレイ変換は電磁気学や相対論では満たされないという問題もあるが，本書では議論しない。

## 02.

# 極座標系における運動方程式

前節ではニュートン力学の持つ不変性として，直交座標の各方向に対する不変性とガリレイ変換を紹介したが，本節では逆に，ニュートン力学がどれだけ不変的でないかという話をする。そのために，(直交座標系における) 運動方程式を極座標へ変換することを考える。

$xy$ 平面内の 1 点を定める場合，その 1 点と原点を結び，その線の長さと，その線が $x$ 軸となす角を指定することによっても，$xy$ 平面の 1 点を表すことができる。これが（平面）**極座標**の考え方である。

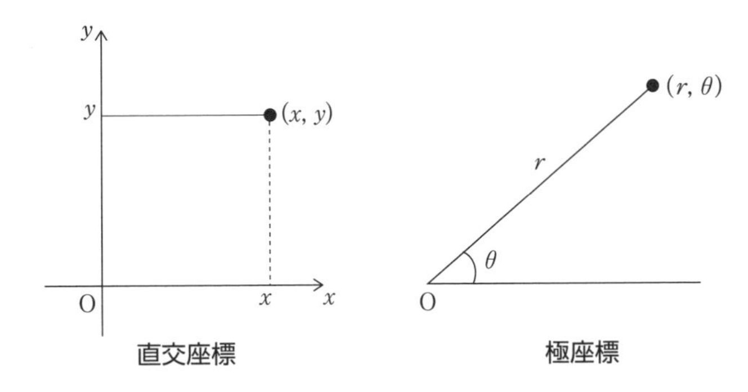


直交座標　　極座標

2 次元平面においては，直交座標と極座標の間の関係は，図から分かるように

$$x = r\cos\theta \tag{2.1}$$

$$y = r\sin\theta \tag{2.2}$$

である。座標変換を行なう際には，この変換式に従えば良い。

ところで，変換式は (2.1)，(2.2) で定められているのだから，全て直交座標にしてしまって，極座標などというややこしいものは最初から使わなければ良いのではないかと考える方もおられるかもしれない。しかし，2次元以上の運動を考える場合には，極座標を用いないと解が求まらない重要な問題がいくつか存在するのである[23]。つまり，力学の問題に対してニュートンの運動方程式を適用する場合は，問題に適した座標系を選ぶ必要がある。

そして，力の $r$ 方向及び $\theta$ 方向の成分 $F_r$，$F_\theta$ についての極座標系における運動方程式は

$$F_r = m\frac{d^2r}{dt^2}$$

$$F_\theta = m\frac{d^2\theta}{dt^2}$$

とはなっていない（$r$ 方向は $x$ 方向，$\theta$ 方向は $y$ 方向を角 $\theta$ 回転させた方向であると考えて良い（p.45 の図を参照））。これらは間違った方程式である。極座標を選んだ場合には，(2.1)，(2.2) を用いた微分計算を繰り返して，運動方程式を極座標に変換しなければならない。

ニュートン力学の知識のみで，運動方程式 (1.26)，(1.27) を極座標に直す典型的な方法としては，保存力を利用する解法がある[24]。この解法では，成分間のみで計算をするので，単位ベクトルを用いる必要はない。

**保存力**とは，簡単に言うと**ポテンシャルエネルギー** $V$ から導かれる力のことで（保存力のする仕事は，経路に依(よ)らず一定となる），1次元の場合は

$$F = -\frac{dV}{dx} \tag{2.3}$$

と表される[25]。

---

23　例えば，惑星の運動を解析するというときに，直交座標のみしか用いることができなければ，とても太刀打ちできないであろう。

24　単位ベクトルを用いた解法の方が式変形の量は少ないが，後の節での準備のために保存力と偏微分をここで紹介しておきたいので，まずはこの方法を取り扱う。

25　3次元の場合は，ナブラ（補遺C参照）を用いて，

ここで，ポテンシャルエネルギー（しばしば**ポテンシャル**と略される）[26]とは，高校物理で言うところの位置エネルギーのことである。また，(2.3) の右辺の符号は負になるが，これは，力は常にポテンシャルを減らす向きにはたらくということを表している。

さて，上記の式は1次元の場合のものであるが，これから平面運動を記述するのだから，2次元へ拡張しなければならない。(2.3) の $V$ は

$$V = V(x) \tag{2.4}$$

という $x$ の関数になっているが，ポテンシャルエネルギーはその性質上，位置座標と不可分なものであるから，2次元に拡張した場合，$V$ は

$$V = V(x,\ y) \tag{2.5}$$

という，$x$, $y$ の2変数関数となる。

ニュートンの運動方程式は直交座標の各方向で等しい形を保つので，2次元平面における保存力の各成分は，次のようになる。

$$F_x = m\ddot{x} = -\frac{\partial V}{\partial x} \tag{2.6}$$

$$F_y = m\ddot{y} = -\frac{\partial V}{\partial y} \tag{2.7}$$

---

$$\boldsymbol{F} = -\nabla V$$

と書ける。

26　ポテンシャルを表す記号としては，$V$ または $U$ が用いられる。どちらを使うかについては完全に個人の趣味の問題であるが，古典力学の本は $U$ を，量子力学の本は $V$ を使う傾向にある。私見だが，$U$ を速記した場合，ほとんど $V$ と見分けがつかないことがあるためと，感覚的に $U$ より $V$ の方が書きやすいように思えるため，本書では35節を除き，ポテンシャルは $V$ で表している（但し，$V$ は体積を表すためにも使うので併用するときは注意しなければならない）。

ここで，$\dfrac{\partial f(x_1, x_2, \cdots, x_n)}{\partial x_i}$ は多変数関数 $f(x_1, x_2, \cdots, x_n)$ の引数（$y=f(x)$ と書いたとき，$(\cdots)$ 内にある変数のことを**引数**という）の内の 1 個のみを変数とする代わりに，それ以外は全て定数として微分したもので，**偏微分**と呼ばれる（これに対し，高校までに扱ってきた $\dfrac{dy}{dx}$ のような 1 変数関数に対しての微分は，**常微分**という）。

例えば，$\dfrac{\partial V}{\partial x}$ は $V$ の 2 つの引数の内 $x$ を変数，残った $y$ を定数として，$x$ で微分したものである。偏微分の計算では，独立変数（微分する側の変数）以外の変数は全て定数と見做して微分を実行すれば良い（式変形の過程で実際に計算することで，慣れていただきたい）。

それでは，変換に取り掛かろう。まず，加速度を変換するために（2.1）と（2.2）を 2 回ずつ時間微分する。微分の際には，積の微分法と三角関数の微分法[27]を駆使する。

（2.1）を 1 回微分すると，

$$\dot{x}=\dot{r}\cos\theta-r\dot{\theta}\sin\theta \tag{2.8}$$

となり，これをもう一度微分すると，

$$\begin{aligned}\ddot{x}&=\ddot{r}\cos\theta-\dot{r}\dot{\theta}\sin\theta-\dot{r}\dot{\theta}\sin\theta-r\ddot{\theta}\sin\theta-r\dot{\theta}^2\cos\theta\\&=\ddot{r}\cos\theta-2\dot{r}\dot{\theta}\sin\theta-r\ddot{\theta}\sin\theta-r\dot{\theta}^2\cos\theta\end{aligned} \tag{2.9}$$

となる。同様に，（2.2）を 2 回微分すると，次のようになる。

$$\dot{y}=\dot{r}\sin\theta r\dot{\theta}\cos\theta \tag{2.10}$$

$$\begin{aligned}\ddot{y}&=\ddot{r}\sin\theta+\dot{r}\dot{\theta}\cos\theta\dot{r}\dot{\theta}\cos\theta+r\ddot{\theta}\cos\theta-r\dot{\theta}^2\sin\theta\\&=\ddot{r}\sin\theta+2\dot{r}\dot{\theta}\cos\theta+r\ddot{\theta}\cos\theta-r\dot{\theta}^2\sin\theta\end{aligned} \tag{2.11}$$

---

27　ここでは，$\{\sin f(x)\}'=\cos f(x)\cdot f'(x)$ や $\{\cos f(x)\}'=-\sin f(x)\cdot f'(x)$ を用いる。

続いて，ポテンシャル（2.5）を

$$V = V(r, \theta) \tag{2.12}$$

と変換し，（2.6），（2.7）の各項を次のように微分する[28]。

$$-\frac{\partial V}{\partial x} = -\frac{\partial V(r,\theta)}{\partial x} = -\left(\frac{\partial V}{\partial r}\frac{\partial r}{\partial x} + \frac{\partial V}{\partial \theta}\frac{\partial \theta}{\partial x}\right) \tag{2.13}$$

$$-\frac{\partial V}{\partial y} = -\frac{\partial V(r,\theta)}{\partial y} = -\left(\frac{\partial V}{\partial r}\frac{\partial r}{\partial y} + \frac{\partial V}{\partial \theta}\frac{\partial \theta}{\partial y}\right) \tag{2.14}$$

そして，（2.1）と（2.2）を利用して，（2.13）と（2.14）の中にある $\frac{\partial r}{\partial x}$ などを求める。

（2.1）の 2 乗と（2.2）の 2 乗を足すと，

$$\begin{aligned} x^2 + y^2 &= r^2 \cos^2\theta + r^2 \sin^2\theta \\ &= r^2(\sin^2\theta + \cos^2\theta) = r^2 \end{aligned} \tag{2.15}$$

となるから，これの両辺を $x$ で偏微分して（$y$ は定数扱い），

$$\frac{\partial}{\partial x}(x^2 + y^2) = \frac{\partial r^2}{\partial x} = \frac{\partial}{\partial x}(r \cdot r) \quad \Rightarrow \quad 2x + 0 = r\frac{\partial r}{\partial x} + r\frac{\partial r}{\partial x} \tag{2.16}$$

すなわち，

$$2r\frac{\partial r}{\partial x} = 2x \tag{2.17}$$

を得る。

よって，（2.17）と（2.1）より，

---

28　これらは**全微分**と呼ばれる計算法に関連しており，連鎖律（合成関数の微分法）の多変数版に相当する計算である。全微分は 5 節以降で特に重要になるので，その詳細については補遺 B でまとめて扱った。

$$\frac{\partial r}{\partial x}=\frac{x}{r}=\frac{r\cos\theta}{r}=\cos\theta \tag{2.18}$$

となることが分かる。$x$ と $y$ は（2.15）の上で同格であるから（[2.15] は $x$ と $y$ を入れ替えても成り立つ），$y$ についても全く同様に

$$\frac{\partial r}{\partial y}=\frac{y}{r}=\frac{r\sin\theta}{r}=\sin\theta \tag{2.19}$$

が成り立つ。

また，（2.2）を（2.1）で割ると，

$$\frac{y}{x}=\frac{r\sin\theta}{r\cos\theta}=\tan\theta \tag{2.20}$$

となるので，これの両辺を $x$ で偏微分する。

$$\frac{\partial}{\partial x}\left(\frac{y}{x}\right)=\frac{\partial}{\partial x}(\tan\theta) \tag{2.21}$$

ここで

$$\text{左辺}=y\frac{\partial}{\partial x}(x^{-1})=y\cdot(-1)\,x^{-2}=-\frac{y}{x^2} \tag{2.22}$$

$$\text{右辺}=\frac{\partial\theta}{\partial x}(\tan\theta)'=\frac{\partial\theta}{\partial x}\frac{1}{\cos^2\theta} \tag{2.23}$$

であるから，

$$-\frac{y}{x^2}=\frac{\partial\theta}{\partial x}\frac{1}{\cos^2\theta} \tag{2.24}$$

すなわち，

$$\frac{\partial\theta}{\partial x} = -\frac{y}{x^2}\cos^2\theta = -\frac{r\sin\theta}{r^2\cos^2\theta}\cos^2\theta = -\frac{\sin\theta}{r} \qquad (2.25)$$

となる。なお，2 番目の等号で（2.1）と（2.2）を用いた。

一方，（2.21）の両辺を $y$ で偏微分すると，

$$\frac{\partial}{\partial y}\left(\frac{y}{x}\right) = \frac{\partial}{\partial y}(\tan\theta) \quad \Rightarrow \quad \frac{1}{x}\frac{\partial y}{\partial y} = \frac{\partial\theta}{\partial y}\frac{1}{\cos^2\theta} \qquad (2.26)$$

となるから，（2.1）より

$$\frac{\partial\theta}{\partial y} = \frac{\cos^2\theta}{x} = \frac{\cos^2\theta}{r\cos\theta} = \frac{\cos\theta}{r} \qquad (2.27)$$

である。

従って，(2.6) と（2.7）に（2.13), (2.14）を代入し，さらに（2.18), (2.19), (2.25)，（2.27）を代入すると，

$$m\ddot{x} = -\left(\cos\theta\cdot\frac{\partial V}{\partial r} - \frac{\sin\theta}{r}\frac{\partial V}{\partial\theta}\right) \qquad (2.28)$$

$$m\ddot{y} = -\left(\sin\theta\cdot\frac{\partial V}{\partial r} + \frac{\cos\theta}{r}\frac{\partial V}{\partial\theta}\right) \qquad (2.29)$$

となる。

ここで（2.28）の右辺を展開し，両辺に $\cos\theta$ を掛けると，

$$m\ddot{x}\cos\theta = -\cos^2\theta\cdot\frac{\partial V}{\partial r} + \frac{\sin\theta\cos\theta}{r}\frac{\partial V}{\partial\theta} \qquad (2.30)$$

という式ができ，（2.29）についても同じように展開し，両辺に $\sin\theta$ を掛けると，

$$m\ddot{y}\sin\theta=-\sin^2\theta\cdot\frac{\partial V}{\partial r}-\frac{\sin\theta\cos\theta}{r}\frac{\partial V}{\partial\theta} \tag{2.31}$$

という式ができる。

よって，(2.30) と (2.31) の各辺を足せば，

$$\begin{aligned} m(\ddot{x}\cos\theta+\ddot{y}\sin\theta)&=-(\sin^2\theta+\cos^2\theta)\frac{\partial V}{\partial r}+0 \\ &=-\frac{\partial V}{\partial r} \end{aligned} \tag{2.32}$$

となる。これの右辺が保存力の $r$ 成分，

$$F_r=-\frac{\partial V}{\partial r} \tag{2.33}$$

である。

あとは，加速度のために求めておいた $x$，$y$ の 2 階微分 (2.9) と (2.11) を，(2.33) の左辺に代入すればよい。

$$\begin{aligned} m(\ddot{x}\cos\theta+\ddot{y}\sin\theta)&=m(\ddot{r}\cos^2\theta-2\dot{r}\dot{\theta}\sin\theta\cos\theta-r\ddot{\theta}\sin\theta\cos\theta \\ &\qquad -r\dot{\theta}^2\cos^2\theta+\ddot{r}\sin^2\theta+2\dot{r}\dot{\theta}\sin\theta\cos\theta \\ &\qquad +r\ddot{\theta}\sin\theta\cos\theta-r\dot{\theta}^2\sin^2\theta) \\ &=m\{\ddot{r}(\sin^2\theta+\cos^2\theta)-r\dot{\theta}^2(\sin^2\theta+\cos^2\theta)\} \\ &=m(\ddot{r}-r\dot{\theta}^2) \end{aligned} \tag{2.34}$$

従って，$r$ 方向の運動方程式が

$$F_r=m(\ddot{r}-r\dot{\theta}^2) \tag{2.35}$$

で与えられることが分かる。

先ほどのプロセスを逆にして，(2.28) の両辺に $\sin\theta$ を掛け，(2.29) の両辺に $\cos\theta$ を掛けると，

$$m\ddot{x}\sin\theta=-\sin\theta\cos\theta\cdot\frac{\partial V}{\partial r}+\frac{\sin^2\theta}{r}\frac{\partial V}{\partial\theta} \tag{2.36}$$

$$m\ddot{y}\cos\theta=-\sin\theta\cos\theta\cdot\frac{\partial V}{\partial r}-\frac{\cos^2\theta}{r}\frac{\partial V}{\partial\theta} \tag{2.37}$$

が得られるから，(2.36) から (2.37) を引くと，

$$m(\ddot{x}\sin\theta-\ddot{y}\cos\theta)=\frac{\sin^2\theta+\cos^2\theta}{r}\frac{\partial V}{\partial\theta}=\frac{1}{r}\frac{\partial V}{\partial\theta} \tag{2.38}$$

となる。ここで右辺は保存力の $\theta$ 成分，

$$F_\theta=-\frac{1}{r}\frac{\partial V}{\partial\theta} \tag{2.39}$$

の絶対値を表す（角度は単位のない無次元量であるから，右辺の $\frac{1}{r}$ がないと単位がつり合わなくなる)。

左辺は，(2.9) と (2.11) を代入して

$$\begin{aligned}m(\ddot{x}\sin\theta-\ddot{y}\cos\theta)&=m(\ddot{r}\sin\theta\cos\theta-2\dot{r}\dot{\theta}\sin^2\theta-r\ddot{\theta}\sin^2\theta\\&\qquad-r\dot{\theta}^2\sin\theta\cos\theta-\ddot{r}\sin\theta\cos\theta\\&\qquad-2\dot{r}\dot{\theta}\cos^2\theta-r\ddot{\theta}\cos^2\theta+r\dot{\theta}^2\sin\theta\cos\theta)\\&=m\{-2\dot{r}\dot{\theta}(\sin^2\theta+\cos^2\theta)-r\ddot{\theta}(\sin^2\theta+\cos^2\theta)\}\\&=-m(2\dot{r}\dot{\theta}+r\ddot{\theta})\end{aligned} \tag{2.40}$$

となるので，(2.38) は

$$\frac{1}{r}\frac{\partial V}{\partial\theta}=-m(2\dot{r}\dot{\theta}+r\ddot{\theta}) \tag{2.41}$$

ということになる。従って，$\theta$ 方向の運動方程式は

$$F_\theta = m(2\dot{r}\dot{\theta} + r\ddot{\theta}) \tag{2.42}$$

である。

(2.35) と (2.42) をライプニッツ流の記法で表すと，それぞれ次のようになる。

$$F_r = m\left\{\frac{d^2r}{dt^2} - r\left(\frac{d\theta}{dt}\right)^2\right\} \tag{2.43}$$

$$F_\theta = m\left(2\frac{dr}{dt}\frac{d\theta}{dt} + r\frac{d^2\theta}{dt^2}\right) \tag{2.44}$$

これが，極座標系におけるニュートンの運動方程式である。以前に間違っている式として挙げた，(方程式の不変性があれば成り立つはずの)

$$F_r = m\frac{d^2r}{dt^2}$$

$$F_\theta = m\frac{d^2\theta}{dt^2}$$

とは全く別物であることが理解できるだろう。

それでは，なぜ運動方程式の形が変わってしまったのだろうか。この疑問に答えるには，単位ベクトルを使った導出法を見る必要がある。上で提示した (2.35) と (2.42) の導出は保存力を利用したものであるが，次のように，単位ベクトルを微分するという方法もある。

$xy$ 平面上の点 P($x$, $y$) を表す位置ベクトル (1.14) に (2.1)，(2.2) を代入すると，

$$\boldsymbol{r} = x\boldsymbol{i} + y\boldsymbol{j} = r\cos\theta\cdot\boldsymbol{i} + r\sin\theta\cdot\boldsymbol{j} = r(\cos\theta\cdot\boldsymbol{i} + \sin\theta\cdot\boldsymbol{j}) \tag{2.45}$$

となる。一般に，ベクトル $\boldsymbol{r}$ とその大きさ $r$ の比 $\dfrac{\boldsymbol{r}}{r}$ は，$r$ 方向の単位ベクトル $\boldsymbol{e}_r$ になるから，

$$\boldsymbol{e}_r = \frac{\boldsymbol{r}}{r} = \frac{r(\cos\theta\cdot\boldsymbol{i} + \sin\theta\cdot\boldsymbol{j})}{r} = \cos\theta\cdot\boldsymbol{i} + \sin\theta\cdot\boldsymbol{j} \tag{2.46}$$

であり，

$$\boldsymbol{r} = r\boldsymbol{e}_r \tag{2.47}$$

である。

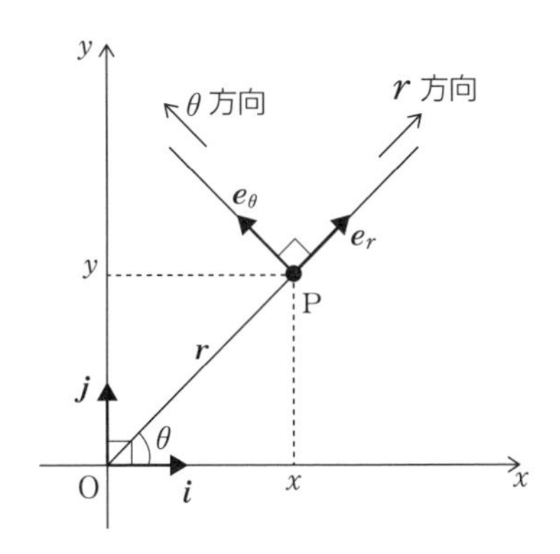


また，$\boldsymbol{e}_r$ に直交する単位ベクトルを $\boldsymbol{e}_\theta$ とすると，図のように，$\boldsymbol{e}_\theta$ は $\boldsymbol{e}_r$ と $x$ 軸のなす角 $\theta$ に対して，$\dfrac{\pi}{2}(=90^\circ)$ 足された角 $\theta + \dfrac{\pi}{2}$ を持っているから，(2.46) の $\theta$ を $\theta + \dfrac{\pi}{2}$ に置き換えることで，

$$\boldsymbol{e}_\theta = \cos\left(\theta + \frac{\pi}{2}\right)\boldsymbol{i} + \sin\left(\theta + \frac{\pi}{2}\right)\boldsymbol{j} = -\sin\theta\cdot\boldsymbol{i} + \cos\theta\cdot\boldsymbol{j} \tag{2.48}$$

と定めることができる。これは，$\theta$ 方向の単位ベクトルとなる（$\theta$ を増やす向きだから，正の向き）。

(2.46) と (2.48) はそれぞれ $\theta$ の関数であるから，連鎖律を用いて単位ベクトル $\boldsymbol{e}_r$，$\boldsymbol{e}_\theta$ の時間微分を求めると，それぞれ次のようになる。

$$\dot{\boldsymbol{e}}_r = \frac{d\boldsymbol{e}_r(\theta)}{dt} = \frac{d\boldsymbol{e}_r}{d\theta}\frac{d\theta}{dt}$$

$$= \dot{\theta}\frac{d\boldsymbol{e}_r}{d\theta} = \dot{\theta}\frac{d}{d\theta}(\cos\theta\cdot\boldsymbol{i}+\sin\theta\cdot\boldsymbol{j})$$

$$= \dot{\theta}(-\sin\theta\cdot\boldsymbol{i}+\cos\theta\cdot\boldsymbol{j}) = \dot{\theta}\boldsymbol{e}_\theta \tag{2.49}$$

$$\dot{\boldsymbol{e}}_\theta = \frac{d\boldsymbol{e}_\theta(\theta)}{dt} = \frac{d\boldsymbol{e}_\theta}{d\theta}\frac{d\theta}{dt}$$

$$= \dot{\theta}\frac{d\boldsymbol{e}_\theta}{d\theta} = \dot{\theta}\frac{d}{d\theta}(-\sin\theta\cdot\boldsymbol{i}+\cos\theta\cdot\boldsymbol{j})$$

$$= \dot{\theta}(-\cos\theta\cdot\boldsymbol{i}-\sin\theta\cdot\boldsymbol{j}) = -\dot{\theta}(\cos\theta\cdot\boldsymbol{i}+\sin\theta\cdot\boldsymbol{j})$$

$$= -\dot{\theta}\boldsymbol{e}_r \tag{2.50}$$

よって，点Pの速度は（2.48），（2.51）により

$$\boldsymbol{v} = \frac{d\boldsymbol{r}}{dt} = \frac{d}{dt}(r\boldsymbol{e}_r)$$

$$= \dot{r}\boldsymbol{e}_r + r\dot{\boldsymbol{e}}_r$$

$$= \dot{r}\boldsymbol{e}_r + r\dot{\theta}\boldsymbol{e}_\theta \tag{2.51}$$

となるから，Pの加速度が

$$\boldsymbol{a} = \frac{d\boldsymbol{v}}{dt} = \frac{d}{dt}(\dot{r}\boldsymbol{e}_r + r\dot{\theta}\boldsymbol{e}_\theta)$$

$$= \ddot{r}\boldsymbol{e}_r + \dot{r}\dot{\boldsymbol{e}}_r + \dot{r}\dot{\theta}\boldsymbol{e}_\theta + r\ddot{\theta}\boldsymbol{e}_\theta + r\dot{\theta}\dot{\boldsymbol{e}}_\theta$$

$$= \ddot{r}\boldsymbol{e}_r + 2\dot{r}\dot{\theta}\boldsymbol{e}_\theta + r\ddot{\theta}\boldsymbol{e}_\theta + r\dot{\theta}(-\dot{\theta}\boldsymbol{e}_r)$$

$$= \ddot{r}\boldsymbol{e}_r + 2\dot{r}\dot{\theta}\boldsymbol{e}_\theta + r\ddot{\theta}\boldsymbol{e}_\theta - r\dot{\theta}^2\boldsymbol{e}_r$$

$$= (\ddot{r} - r\dot{\theta}^2)\boldsymbol{e}_r + (2\dot{r}\dot{\theta} + r\ddot{\theta})\boldsymbol{e}_\theta \tag{2.52}$$

と求まる（4番目の等号で［2.49］と［2.50］を用いた）。

2次元極座標系における力は，成分表示 $\boldsymbol{F}=(F_r,\ F_\theta)$ によって

$$\boldsymbol{F}=F_r\,\boldsymbol{e}_r+F_\theta\,\boldsymbol{e}_\theta \tag{2.53}$$

と書けるので，これと（2.52）を（1.3）に代入すると，

$$F_r\,\boldsymbol{e}_r+F_\theta\,\boldsymbol{e}_\theta=m(\ddot{r}-r\dot{\theta}^2)\boldsymbol{e}_r+m(2\dot{r}\dot{\theta}+r\ddot{\theta})\boldsymbol{e}_\theta \tag{2.54}$$

が得られる。そして，（2.55）の $\boldsymbol{e}_r$，$\boldsymbol{e}_\theta$ の係数を比較することで，（2.35）と（2.42）が導かれる。

この（2.46）～（2.55）の導出を，前節の（1.14）～（1.25）と見比べていただきたい。直交座標の場合，単位ベクトル $\boldsymbol{i}$，$\boldsymbol{j}$ は固定されていて時間変化しないから，$x$ 方向と $y$ 方向が質点の運動によって変化することはあり得ない。ところが極座標になると，単位ベクトル $\boldsymbol{e}_r$，$\boldsymbol{e}_\theta$ は固定されておらず，時間の関数となる。

つまり，$\boldsymbol{e}_r$，$\boldsymbol{e}_\theta$ の時間依存性によって，$r$ 方向と $\theta$ 方向が質点の運動で変化してしまうのである。このことから，運動方程式の形が変わってしまった原因は，ベクトル量を定義している単位ベクトルが座標系の選択に依存することにある，ということが分かる。

百歩譲って，運動方程式の形が座標系によって変わってしまうのは仕方がないとしても，本節で行なったような面倒な式変形は本当に必要なのだろうか[29]。極座標を使うたびにこのような導出をするわけにはいかないであろうが，かといって（2.35）と（2.42）を暗記するのもまた間違った学び方であろう。

---

29　この程度の変換くらいいつでもできる，という方は（ニュートン力学の知識のみで）運動方程式を3次元極座標に変換する問題（章末問題［2］）に取り組んでいただきたい。恐らくニュートン力学にうんざりするはずである。

単位ベクトルの時間依存性が原因で不変性が妨げられているとすれば，単位ベクトルを使う必要がないように，(エネルギーなどの) スカラー量を中心に理論を構成すれば良いのではないだろうか。ニュートン力学の体系に矛盾があるわけではもちろんないが，その中に若干の不備があるのは確かなようである。

このように，ニュートン力学に対して不満を持ち，またその現状に満足しないことが，より広範な理論形式を持つ解析力学へ踏み出す最初の動機付けになる。解析力学を用いれば，本節でやって見せた（座標変換としての）式変形のほとんどは必要がなく，単位ベクトル云々は全て忘れて，一連の機械的な手続きに従うだけで，運動方程式を書き下すことができる。これが，解析力学の「実用的な必要性」となる。

数ある座標を区別せず，あらゆる座標を対等に扱うことによって，座標変換に対する不変性のある方程式を見出すことも，解析力学の目的の一つである。そのような運動方程式があれば，例えば考察している系の運動に見出された性質が座標系のとり方に由来する特殊性か，それとも系自体の持つ本質的な特徴であるかということを容易に区別することができる。座標変換に対しての不変性の追求こそが，力学を一般化する第一歩となるのである。

そして，この目的は比較的早い段階で（とりあえず）達成される。具体的には，次章の最後に，解析力学が与える運動方程式にはニュートンの運動方程式が持たない，座標変換に対しての不変性が備わっていることが分かる。分野の性質上，解析力学では数学的で抽象的な議論が続くことになるので，学び始めの頃は特に，「理論的な価値」よりもまずは解析力学の「実用的な必要性」の方を納得していただきたいと思う。理論の価値というのは本来人に説明されて認識するようなものではないから，学びの段階で少しずつ理解していけば良いのである。

## 03.

# 自由度



力学の一般化のためには，様々な運動をタイプ（種類）別に分けることが必要である。そこで，本論に入る前に，運動をタイプ別に分けるための指標である，自由度について説明しておこう。

一般に，物体の運動を決めるために必要な，最も基本的で独立な変数の個数を運動の**自由度**といい，運動のタイプを決めるパラメータ（値）として用いる（力学以外の分野では別の意味で用いる場合が多いので注意していただきたい。分野や文献ごとに用語や記号の定義をその都度確認しておくことはとても重要なことである）。

全く別の運動に見える2つの運動があるとき，もし自由度が一致していれば，両者の間には一種の対応関係を見出すことができる。細かなところでの違いはあれど，自由度の等しい運動は本質的に同じ種類の運動であると言える。

さて，単に「運動」と言ってきたが，運動は**自由運動**と**拘束運動**（**束縛運動**）の2種類に大別することができる。

自由運動とは，物体の運動の領域に制限がない運動である。これは，物体が限りなく変位でき，無限遠に達することのできる運動と言い換えることもできる。自由運動ではエネルギー保存則と運動量保存則の両方が常に成り立つ。

自由運動し，外力を受けない質点を特に**自由粒子**といい，その自由度は，次元と質点数を単純に掛け合わせることによって定義される。例えば，3次元空間内を運動する1個の自由粒子の自由度は3次元 ×1個 =3である。これは，$n$ 次元空間内の $N$ 個の質点の組，すなわち**質点系**に対しても一般に成り立ち，3次元で $N$ 個なら自由度は $3N$，$n$ 次元で $N$ 個なら自由度は $nN$ となる。

これに対し，拘束運動とは，物体の運動の領域が制限されている運動である。自由運動とは逆に，物体が無限遠に達することができない運動と言い換えることもできる。拘束運動においては，(力学的) エネルギーと運動量は保存するとは限らないので，それぞれの保存則の適用条件などを考える必要がある。

拘束運動の簡単な例としては，斜面上の運動や，**単振り子**（軽い糸に質点をつるし，鉛直面内で振動させたもの）などがある[30]。前者は斜面から逃れられないので，斜面に拘束されており，後者は糸の長さを変えることはできないので，糸に拘束されているということになる。

それでは引き続き，拘束運動する質点の自由度を求める方法を考えてみよう。

例えば単振り子を考えると，2 次元平面内を 1 個の質点が運動するので，自由運動と同様に考えれば 2 次元 $\times 1$ 個で自由度は 2 となるが，単振り子の自由度は 2 ではない。この質点は，長さが変化しない糸に結ばれて拘束運動しているからである。

単振り子の糸の長さを $l(>0)$ とすれば，直交座標 $(x,\ y)$ で $l$ は，三平方の定理により

$$l=\sqrt{x^2+y^2} \tag{3.1}$$

であり，極座標 $(r,\ \theta)$ で $l$ は

$$l=r \tag{3.2}$$

と表せる。これらは拘束されているもの（ここでは糸）に課せられる座標に

30　但し，拘束運動の一般論を展開することはそれほど容易なことではない（例えば，拘束条件のあるハミルトン形式の一般論）。

関する条件であり，**拘束条件**，または**束縛条件**と呼ばれる。$l$ は既知の値であるはずだから，直交座標なら $x$，$y$ のいずれか 1 個，極座標なら $r$ が独立ではなく，消去することができる。

従って，単振り子は，自由運動だとしたときの自由度 2 から 1 を引いて，自由度 1 である。ここで引かれた「1」は拘束条件の個数を表しており，拘束運動では，自由運動だとしたときの自由度から，拘束条件の数を差し引かなければならない。つまり自由度とは，任意に変化できる変数の個数のことであると考えることもできる。

すなわち，$n$ 次元空間内の $N$ 個の質点系が，$m$ 個の拘束条件のもとで運動するとき，自由度 $f$ は次式で与えられる。

$$f = nN - m \tag{3.3}$$

以後特に断らない限り，自由度と言えば（3.3）で計算される値を指すこととする。但し，一般論では 3 次元を考えるのが普通なので，通常は $n = 3$ に固定されていると考えて良い。

このように，拘束運動では拘束条件の個数に応じて（自由運動だとしたときの）自由度を減らすことができるので，物体の運動に拘束条件がいくつ課されるかによって（拘束条件の個数は 1 個とは限らない），拘束運動の自由度は減少することになる。

また，単振り子では糸の張力によって質点は自由運動ができなくなっているが，この場合の張力のように，非保存力であって，物体の自由運動を阻み拘束条件を作り出す力を**拘束力**，または**束縛力**という。

力というのは物体の運動状態を変化させる（原因となる）物理量であるから，物体の運動の領域が（拘束条件によって）制限されるのも，やはり力の効果の一つと考えるわけである。対応する拘束条件があれば，それに伴い拘束力が存在することになるのだが，1 つの拘束力が複数の拘束条件を形成することもあるので，拘束条件の数だけ拘束力があるわけではない。

ところで，(3.1)，(3.2) のように拘束条件は通常，座標に関する式であるが，一般には時間に依存していても良い。しかし拘束条件が時間の関数であるとすれば，拘束条件自体が，時間が経つことで変化してしまうことになるので，考えている拘束条件に時間依存性があるかどうかについてはっきりさせておく必要がある。

そこで，時間依存型の拘束条件を**レオノーマス**，時間非依存型の拘束条件を**スクレロノーマス**と呼んでいる[31]。

レオノーマス（rheonomous）は「流動的な（flow)」という意味を持つが，これは時間によって条件が流動的に変化していくことに由来している。反対に，スクレロノーマス（scleronomous）は「強固な（rigid)」という意味を持ち，時間が経っても条件が固定されていて変化しないという強固さを表している。

本書では，実例を出して具体的に考えるときには，簡単のためスクレロノーマスな場合を用いて説明することにするが，一般には時間に依存していても良いわけであるから，一般論を展開するときにはレオノーマスな場合を仮定することがある。

運動の自由度という概念は質点だけでなく，剛体についても導入され，質点の場合と同様に (3.3) を適用することができる。3 質点系以上の剛体の自由度が 6 であるというのは有名な話であるので，剛体の自由度について簡単に述べてから，この節を終えることにしよう。

四面体の形をした剛体を考える。$i$ 個目の質点の位置ベクトルを $\boldsymbol{r}_i$ , $j$ 個目の質点の位置ベクトルを $\boldsymbol{r}_j$ とすると，剛体とはどんなに力を加えても変形しない物体のことであるから，四面体の頂点をなす 4 個の質点は，それらの間

---

31　これらはいずれもギリシャ語を語源とする言葉で，**ルードヴィヒ・ボルツマン**が 1904 年に導入した用語である。

の距離を変えることはできない。

すなわち，$i$ 個目と $j$ 個目の質点の間の（相対）距離 $r_{ij}$ は常に一定である（$r_{ij}$ は添字の入れ替えに対して不変であるので，$r_{ji}$ と書いても良い）。式で書くと

$$r_{ij} = |\boldsymbol{r}_j - \boldsymbol{r}_i| = 一定 \quad (1 \leqq i < j \leqq 4) \tag{3.4}$$

であり，これが 4 質点系の剛体の拘束条件となる。この場合の拘束力は，質点間が及ぼし合う内力である。

(3.4) の条件は全部で 6 個あるので，(3.3) より，自由度は $3 \times 4 - 6 = 6$ となる。同様に，2 質点系の剛体 $(i, j = 1, 2)$ の自由度は 5 で，3 質点系の剛体 $(i, j = 1, 2, 3)$ の自由度は 6 である。何個の質点から構成されるかによって $i$, $j$ の値の範囲は異なるが，$N$ 質点系の剛体の拘束条件は (3.4) の形に書ける。

質点の数が 5 個以上になると，(3.3) の第 1 項が 3 ずつ増えるので自由度も増えそうであるが，それに伴い第 2 項の拘束条件も必ず 3 ずつ増えるので，剛体を構成する質点がこの先何個増えたとしても，興味深いことに剛体の自由度は 6 のままなのである。このことは 3 次元剛体が，その並進運動（平行移動）を記述し剛体の位置を決める 3 つの重心座標と，その回転運動を記述し剛体の向きを決める 3 つの角度（**オイラー角**）の，合計 6 つの座標によって表されることに対応している。

従って，$N$ 質点系の剛体の拘束条件は，

$$r_{ij} = |\boldsymbol{r}_j - \boldsymbol{r}_i| = 一定 \quad (1 \leqq i < j \leqq N) \tag{3.5}$$

となる。この等式は，剛体の拘束条件であると同時に，物体が剛体であるための必要十分条件でもある。

# 章末問題

[1] 3次元直交座標系$(x, y, z)$では，力$\boldsymbol{F}$の$x$成分，$y$成分，$z$成分をそれぞれ$F_x$，$F_y$，$F_z$として，$\boldsymbol{F}$の成分表示は$\boldsymbol{F}=(F_x, F_y, F_z)$で与えられる。質量$m$の質点が従う$x$方向，$y$方向，$z$方向のニュートンの運動方程式をそれぞれ求めよ。

[2] 3次元極座標系$(r, \theta, \varphi)$において，保存力$\boldsymbol{F}$の$r$方向の成分を$F_r$とする。質量$m$の質点が従う$r$方向のニュートンの運動方程式を求めよ。但し，$x=r\sin\theta\cos\varphi$，$y=r\sin\theta\sin\varphi$，$z=r\cos\theta$を用いて良い。

[3] 次の(1)~(3)の運動について，直交座標系における拘束条件と自由度を求めよ。また，拘束力は何であるか。

(1) 滑らかな水平面上の質点に，水平方向右向きに外力$\boldsymbol{F}$を加えて運動させる。

(2) 水平となす角が$\theta$の滑らかな斜面上に質点を置き，静かに手を離して，斜面上を滑り出させる。但し，斜面の最下端を原点とする。

(3) 長さ$l$の軽い糸の上端を支点に固定し，下端につるした質点を水平に等速円運動させる。但し，支点を原点とし，円軌道の中心から上端までの距離を$h$とする。

# 解答

**[1]**

$xyz$ 空間内の点 P$(x,\ y,\ z)$ を表す位置ベクトル $\boldsymbol{r}$ は，

$$\boldsymbol{r}=x\boldsymbol{i}+y\boldsymbol{j}+z\boldsymbol{k}$$

であるから，速度は

$$\boldsymbol{v}=\dot{\boldsymbol{r}}=\frac{d}{dt}(x\boldsymbol{i}+y\boldsymbol{j}+z\boldsymbol{k})=x\frac{d\boldsymbol{i}}{dt}+\dot{x}\boldsymbol{i}+y\frac{d\boldsymbol{j}}{dt}+\dot{y}\boldsymbol{j}+z\frac{d\boldsymbol{k}}{dt}+\dot{z}\boldsymbol{k}$$

$\boldsymbol{i},\boldsymbol{j},\boldsymbol{k}$ は慣性系に固定されていて時間変化しないから，第 1 項，第 3 項，第 5 項は 0 である。

$$\therefore\quad \dot{\boldsymbol{r}}=\dot{x}\boldsymbol{i}+\dot{y}\boldsymbol{j}+\dot{z}\boldsymbol{k}$$

同様に，加速度は

$$\boldsymbol{a}=\ddot{\boldsymbol{r}}=\ddot{x}\boldsymbol{i}+\ddot{y}\boldsymbol{j}+\ddot{z}\boldsymbol{k}$$

成分表示 $\boldsymbol{F}=(F_x,\ F_y,\ F_z)$ より，

$$\boldsymbol{F}=F_x\boldsymbol{i}+F_y\boldsymbol{j}+F_z\boldsymbol{k}$$

$\boldsymbol{F}=m\boldsymbol{a}$ の形を作ると，

$$\begin{aligned}F_x\boldsymbol{i}+F_y\boldsymbol{j}+F_z\boldsymbol{k}&=m(\ddot{x}\boldsymbol{i}+\ddot{y}\boldsymbol{j}+\ddot{z}\boldsymbol{k})\\&=m\ddot{x}\boldsymbol{i}+m\ddot{y}\boldsymbol{j}+m\ddot{z}\boldsymbol{k}\end{aligned}$$

$\boldsymbol{i},\ \boldsymbol{j},\ \boldsymbol{k}$ 項で係数を比較して，

$$F_x=m\ddot{x},\quad F_y=m\ddot{y},\quad F_z=m\ddot{z}$$

**[ 2 ]**

$$x = r\sin\theta\cos\varphi \quad \cdots ①$$

$$y = r\sin\theta\sin\varphi \quad \cdots ②$$

$$z = r\cos\theta \quad \cdots ③$$

①～③をそれぞれ 2 回ずつ微分して，

$$\dot{x} = \dot{r}\sin\theta\cos\varphi + r\dot{\theta}\cos\theta\cos\varphi - r\dot{\varphi}\sin\theta\sin\varphi$$

$$\begin{aligned}
\therefore\ \ddot{x} &= \ddot{r}\sin\theta\cos\varphi + \dot{r}\dot{\theta}\cos\theta\cos\varphi - \dot{r}\dot{\varphi}\sin\theta\sin\varphi \\
&\quad + \dot{r}\dot{\theta}\cos\theta\cos\varphi + r\ddot{\theta}\cos\theta\cos\varphi - r\dot{\theta}^2\sin\theta\cos\varphi - r\dot{\theta}\dot{\varphi}\cos\theta\sin\varphi \\
&\quad - \dot{r}\dot{\varphi}\sin\theta\sin\varphi - r\ddot{\varphi}\sin\theta\sin\varphi - r\dot{\varphi}\dot{\theta}\cos\theta\sin\varphi - r\dot{\varphi}^2\sin\theta\cos\varphi \\
&= \ddot{r}\sin\theta\cos\varphi + 2\dot{r}\dot{\theta}\cos\theta\cos\varphi - 2\dot{r}\dot{\varphi}\sin\theta\sin\varphi + r\ddot{\theta}\cos\theta\cos\varphi \\
&\quad - r\dot{\theta}^2\sin\theta\cos\varphi - 2r\dot{\theta}\dot{\varphi}\cos\theta\sin\varphi - r\ddot{\varphi}\sin\theta\sin\varphi - r\dot{\varphi}^2\sin\theta\cos\varphi \quad \cdots ④
\end{aligned}$$

$$\dot{y} = \dot{r}\sin\theta\sin\varphi + r\dot{\theta}\cos\theta\sin\varphi + r\dot{\varphi}\sin\theta\cos\varphi$$

$$\begin{aligned}
\therefore\ \ddot{y} &= \ddot{r}\sin\theta\sin\varphi + \dot{r}\dot{\theta}\cos\theta\sin\varphi + \dot{r}\dot{\varphi}\sin\theta\cos\varphi \\
&\quad + \dot{r}\dot{\theta}\cos\theta\sin\varphi + r\ddot{\theta}\cos\theta\sin\varphi - r\dot{\theta}^2\sin\theta\sin\varphi + r\dot{\theta}\dot{\varphi}\cos\theta\cos\varphi \\
&\quad + \dot{r}\dot{\varphi}\sin\theta\cos\varphi + r\ddot{\varphi}\sin\theta\cos\varphi + r\dot{\varphi}\dot{\theta}\cos\theta\cos\varphi - r\dot{\varphi}^2\sin\theta\sin\varphi \\
&= \ddot{r}\sin\theta\sin\varphi + 2\dot{r}\dot{\theta}\cos\theta\sin\varphi + 2\dot{r}\dot{\varphi}\sin\theta\cos\varphi + r\ddot{\theta}\cos\theta\sin\varphi \\
&\quad - r\dot{\theta}^2\sin\theta\sin\varphi + 2r\dot{\theta}\dot{\varphi}\cos\theta\cos\varphi + r\ddot{\varphi}\sin\theta\cos\varphi - r\dot{\varphi}^2\sin\theta\sin\varphi \quad \cdots ⑤
\end{aligned}$$

$$\dot{z} = \dot{r}\cos\theta - r\dot{\theta}\sin\theta$$

$$\begin{aligned}
\therefore\ \ddot{z} &= \ddot{r}\cos\theta - \dot{r}\dot{\theta}\sin\theta - \dot{r}\dot{\theta}\sin\theta - r\ddot{\theta}\sin\theta - r\dot{\theta}^2\cos\theta \\
&= \ddot{r}\cos\theta - 2\dot{r}\dot{\theta}\sin\theta - r\ddot{\theta}\sin\theta - r\dot{\theta}^2\cos\theta \quad \cdots ⑥
\end{aligned}$$

次に，保存力の $x$，$y$，$z$ 成分，$-\dfrac{\partial V}{\partial x}$，$-\dfrac{\partial V}{\partial y}$，$-\dfrac{\partial V}{\partial z}$ を極座標に直す。

$V = V(r,\ \theta,\ \varphi)$ とおいて，各項を偏微分すると（[B.11] 参照）

$$-\frac{\partial V(r,\ \theta,\ \varphi)}{\partial x}=-\left(\frac{\partial V}{\partial r}\frac{\partial r}{\partial x}+\frac{\partial V}{\partial \theta}\frac{\partial \theta}{\partial x}+\frac{\partial V}{\partial \varphi}\frac{\partial \varphi}{\partial x}\right)$$

$$=-\left(\frac{\partial r}{\partial x}\frac{\partial}{\partial r}+\frac{\partial \theta}{\partial x}\frac{\partial}{\partial \theta}+\frac{\partial \varphi}{\partial x}\frac{\partial}{\partial \varphi}\right)V \qquad \cdots⑦$$

同様に，

$$-\frac{\partial V(r,\theta,\varphi)}{\partial y}=-\left(\frac{\partial r}{\partial y}\frac{\partial}{\partial r}+\frac{\partial \theta}{\partial y}\frac{\partial}{\partial \theta}+\frac{\partial \varphi}{\partial y}\frac{\partial}{\partial \varphi}\right)V \qquad \cdots⑧$$

$$-\frac{\partial V(r,\theta,\varphi)}{\partial z}=-\left(\frac{\partial r}{\partial z}\frac{\partial}{\partial r}+\frac{\partial \theta}{\partial z}\frac{\partial}{\partial \theta}+\frac{\partial \varphi}{\partial z}\frac{\partial}{\partial \varphi}\right)V \qquad \cdots⑨$$

ここから①～③を使って，⑦～⑨内にある $\dfrac{\partial r}{\partial x}$ などの係数を求めていく。
①$^2$＋ ②$^2$＋ ③$^2$ より（$\theta$，$\varphi$ を消去）

$$x^2+y^2+z^2=r^2\sin^2\theta\cos^2\varphi+r^2\sin^2\theta\sin^2\varphi+r^2\cos^2\theta$$

$$=r^2\sin^2\theta(\sin^2\varphi+\cos^2\varphi)+r^2\cos^2\theta=r^2(\sin^2\theta+\cos^2\theta)$$

$=r^2$ → $x$ で偏微分

$$\frac{\partial r^2}{\partial x}=\frac{\partial}{\partial x}(x^2+y^2+z^2)=2x(+0+0)$$

ここで，左辺 $=\dfrac{\partial}{\partial x}(r\cdot r)=r\dfrac{\partial r}{\partial x}+r\dfrac{\partial r}{\partial x}=2r\dfrac{\partial r}{\partial x}$

$\therefore\ 2r\dfrac{\partial r}{\partial x}=2x$ より $\dfrac{\partial r}{\partial x}=\dfrac{x}{r}=\dfrac{r\sin\theta\cos\varphi}{r}=\sin\theta\cos\varphi$ …⑩

同様に，

$$\frac{\partial r}{\partial y}=\frac{y}{r}=\sin\theta\sin\varphi \qquad \cdots⑪$$

$$\frac{\partial r}{\partial z}=\frac{z}{r}=\cos\theta \qquad \cdots⑫$$

② ÷ ①より（$r$，$\theta$を消去）

$$\frac{y}{x}=\frac{r\sin\theta\sin\varphi}{r\sin\theta\cos\varphi}=\tan\varphi \to x \text{で偏微分}$$

$$\frac{\partial}{\partial x}\left(\frac{y}{x}\right)=\frac{\partial}{\partial x}\tan\varphi=\frac{\partial\varphi}{\partial x}\frac{1}{\cos^2\varphi}$$

$$\text{左辺}=y\frac{\partial}{\partial x}\left(\frac{1}{x}\right) \quad (y\text{を定数と見做す})$$

$$=y\frac{\partial}{\partial x}x^{-1}=-yx^{-2}=-\frac{y}{x^2}=-\frac{r\sin\theta\sin\varphi}{r^2\sin^2\theta\cos^2\varphi}$$

$$\therefore \frac{\partial\varphi}{\partial x}\frac{1}{\cos^2\varphi}=-\frac{\sin\varphi}{r\sin\theta\cos^2\varphi} \text{より} \frac{\partial\varphi}{\partial x}=-\frac{\sin\varphi}{r\sin\theta} \qquad \cdots⑬$$

同様に，

$$\frac{\partial}{\partial y}\left(\frac{y}{x}\right)=\frac{\partial}{\partial y}\tan\varphi \quad \Rightarrow \quad \frac{1}{x}=\frac{\partial\varphi}{\partial y}\frac{1}{\cos^2\varphi}$$

$$\therefore \frac{\partial\varphi}{\partial y}\frac{1}{\cos^2\varphi}=\frac{1}{r\sin\theta\cos\varphi} \text{より} \frac{\partial\varphi}{\partial y}=\frac{\cos\varphi}{r\sin\theta} \qquad \cdots⑭$$

$$\frac{\partial}{\partial z}\left(\frac{y}{x}\right)=\frac{\partial}{\partial z}\tan\varphi \quad \Rightarrow \quad 0=\frac{\partial\varphi}{\partial z}\frac{1}{\cos^2\varphi}$$

$$\therefore \frac{\partial\varphi}{\partial z}=0 \qquad \cdots⑮$$

$\dfrac{①^2+②^2}{③^2}$ より（$r$, $\varphi$を消去）

$$\frac{x^2+y^2}{z^2}=\frac{r^2\sin^2\theta\cos^2\varphi+r^2\sin^2\theta\sin^2\varphi}{r^2\cos^2\theta}=\frac{r^2\sin^2\theta(\sin^2\varphi+\cos^2\varphi)}{r^2\cos^2\theta}$$

$$=\tan^2\theta \to x \text{で偏微分}$$

$$\frac{\partial}{\partial x}\left(\frac{x^2+y^2}{z^2}\right)=\frac{\partial}{\partial x}\tan^2\theta$$

$$左辺=\frac{\partial}{\partial x}\left(\frac{x^2}{z^2}+\frac{y^2}{z^2}\right)=\frac{1}{z^2}\frac{\partial}{\partial x}x^2(+0)=\frac{1}{z^2}\cdot 2x$$

$$右辺=\frac{\partial}{\partial x}(\tan\theta\tan\theta)=\frac{\partial\theta}{\partial x}\frac{1}{\cos^2\theta}\tan\theta\times 2$$

$$\therefore\ 2\frac{\partial\theta}{\partial x}\frac{1}{\cos^2\theta}\tan\theta=\frac{2x}{z^2}\ より$$

$$\frac{\partial\theta}{\partial x}=\frac{\sin\theta\cos\varphi}{r\tan\theta}=\frac{\sin\theta\cos\varphi}{r}\frac{\cos\theta}{\sin\theta}=\frac{\cos\theta\cos\varphi}{r} \qquad \cdots⑯$$

同様に,

$$\frac{\partial}{\partial y}\left(\frac{x^2+y^2}{z^2}\right)=\frac{\partial}{\partial y}\tan^2\theta\ \Rightarrow\ \frac{2y}{z^2}=\frac{\partial\theta}{\partial y}\frac{1}{\cos^2\theta}\tan\theta\times 2$$

$$\therefore\ \frac{\partial\theta}{\partial y}\frac{1}{\cos^2\theta}\frac{\sin\theta}{\cos\theta}=\frac{y}{z^2}=\frac{r\sin\theta\sin\varphi}{r^2\cos^2\theta}\ より\ \frac{\partial\theta}{\partial y}=\frac{\cos\theta\sin\varphi}{r} \qquad \cdots⑰$$

$$\frac{\partial}{\partial z}\left(\frac{x^2+y^2}{z^2}\right)=\frac{\partial}{\partial z}\tan^2\theta\ \Rightarrow\ (x^2+y^2)\frac{\partial}{\partial z}z^{-2}=\frac{\partial\theta}{\partial z}\frac{1}{\cos^2\theta}\tan\theta\times 2$$

$$\Rightarrow\ -2(x^2+y^2)z^{-3}=\frac{\partial\theta}{\partial z}\frac{1}{\cos^2\theta}\tan\theta\times 2$$

$$\therefore\ \frac{\partial\theta}{\partial z}\frac{1}{\cos^2\theta}\frac{\sin\theta}{\cos\theta}=-\frac{x^2+y^2}{z^3}=-\frac{r^2\sin^2\theta}{r^3\cos^3\theta}\ より\ \frac{\partial\theta}{\partial z}=-\frac{\sin\theta}{r} \qquad \cdots⑱$$

⑩～⑱を⑦～⑨に代入

$$-\frac{\partial V}{\partial x}=-\left(\sin\theta\cos\varphi\cdot\frac{\partial}{\partial r}+\frac{\cos\theta\cos\varphi}{r}\frac{\partial}{\partial\theta}-\frac{\sin\varphi}{r\sin\theta}\frac{\partial}{\partial\varphi}\right)V$$

$$-\frac{\partial V}{\partial y}=-\left(\sin\theta\sin\varphi\cdot\frac{\partial}{\partial r}+\frac{\cos\theta\sin\varphi}{r}\frac{\partial}{\partial\theta}+\frac{\cos\varphi}{r\sin\theta}\frac{\partial}{\partial\varphi}\right)V$$

$$-\frac{\partial V}{\partial z}=-\left(\cos\theta\cdot\frac{\partial}{\partial r}-\frac{\sin\theta}{r}\frac{\partial}{\partial\theta}+0\right)V$$

これらは，直交座標系における運動方程式に一致するので

$$F_x=m\ddot{x}=-\sin\theta\cos\varphi\cdot\frac{\partial V}{\partial r}-\frac{\cos\theta\cos\varphi}{r}\frac{\partial V}{\partial\theta}+\frac{\sin\varphi}{r\sin\theta}\frac{\partial V}{\partial\varphi} \quad\cdots⑲$$

$$F_y=m\ddot{y}=-\sin\theta\sin\varphi\cdot\frac{\partial V}{\partial r}-\frac{\cos\theta\sin\varphi}{r}\frac{\partial V}{\partial\theta}-\frac{\cos\varphi}{r\sin\theta}\frac{\partial V}{\partial\varphi} \quad\cdots⑳$$

$$F_z=m\ddot{z}=-\cos\theta\cdot\frac{\partial V}{\partial r}+\frac{\sin\theta}{r}\frac{\partial V}{\partial\theta} \quad\cdots㉑$$

⑲ × $\sin\theta\cos\varphi$

$m\ddot{x}\sin\theta\cos\varphi$

$$=-\sin^2\theta\cos^2\varphi\cdot\frac{\partial V}{\partial r}-\frac{\sin\theta\cos\theta\cos^2\varphi}{r}\frac{\partial V}{\partial\theta}+\frac{\sin\theta\sin\varphi\cos\varphi}{r\sin\theta}\frac{\partial V}{\partial\varphi} \quad\cdots⑲'$$

⑳ × $\sin\theta\sin\varphi$

$m\ddot{y}\sin\theta\sin\varphi$

$$=-\sin^2\theta\sin^2\varphi\cdot\frac{\partial V}{\partial r}-\frac{\sin\theta\cos\theta\sin^2\varphi}{r}\frac{\partial V}{\partial\theta}-\frac{\sin\theta\sin\varphi\cos\varphi}{r\sin\theta}\frac{\partial V}{\partial\varphi} \quad\cdots⑳'$$

㉑ × $\cos\theta$

$$m\ddot{z}\cos\theta=-\cos^2\theta\cdot\frac{\partial V}{\partial r}+\frac{\sin\theta\cos\theta}{r}\frac{\partial V}{\partial\theta} \quad\cdots㉑'$$

⑲′ + ⑳′ + ㉑′

$$m(\ddot{x}\sin\theta\cos\varphi+\ddot{y}\sin\theta\sin\varphi+\ddot{z}\cos\theta)$$

$$=-\sin^2\theta\cos^2\varphi\cdot\frac{\partial V}{\partial r}-\sin^2\theta\sin^2\varphi\cdot\frac{\partial V}{\partial r}-\cos^2\theta\cdot\frac{\partial V}{\partial r}$$

$$-\frac{\sin\theta\cos\theta\cos^2\varphi}{r}\frac{\partial V}{\partial\theta}-\frac{\sin\theta\cos\theta\sin^2\varphi}{r}\frac{\partial V}{\partial\theta}-\frac{\sin\theta\cos\theta}{r}\frac{\partial V}{\partial\theta}$$

$$+\frac{\sin\varphi\cos\varphi}{r}\frac{\partial V}{\partial\varphi}-\frac{\sin\theta\cos\theta}{r}\frac{\partial V}{\partial\theta}$$

$$=-\sin^2\theta\cdot\frac{\partial V}{\partial r}(\sin^2\varphi+\cos^2\varphi)-\cos^2\theta\cdot\frac{\partial V}{\partial r}$$

$$-\frac{\sin\theta\cos\theta}{r}\frac{\partial V}{\partial\theta}(\sin^2\varphi+\cos^2\varphi-1)$$

$$=-\frac{\partial V}{\partial r}(\sin^2\theta+\cos^2\theta)-0=-\frac{\partial V}{\partial r}=F_r$$

$$\therefore\quad F_r=m(\ddot{x}\sin\theta\cos\varphi+\ddot{y}\sin\theta\sin\varphi+\ddot{z}\cos\theta)$$

④～⑥を代入

$$F_r=m\{(\ddot{r}\sin^2\theta\cos^2\varphi+2\dot{r}\dot{\theta}\sin\theta\cos\theta\cos^2\varphi-2\dot{r}\dot{\varphi}\sin^2\theta\sin\varphi\cos\varphi$$

$$+r\ddot{\theta}\sin\theta\cos\theta\cos^2\varphi-r\dot{\theta}^2\sin^2\theta\cos^2\varphi-2r\dot{\theta}\dot{\varphi}\sin\theta\cos\theta\sin\varphi\cos\varphi$$

$$-r\ddot{\varphi}\sin^2\theta\sin\varphi\cos\varphi-r\dot{\varphi}^2\sin^2\theta\cos^2\varphi)+(\ddot{r}\sin^2\theta\sin^2\varphi$$

$$+2\dot{r}\dot{\theta}\sin\theta\cos\theta\sin^2\varphi+2\dot{r}\dot{\varphi}\sin^2\theta\sin\varphi\cos\varphi+r\ddot{\theta}\sin\theta\cos\theta\sin^2\varphi$$

$$-r\dot{\theta}^2\sin^2\theta\sin^2\varphi+2r\dot{\theta}\dot{\varphi}\sin\theta\cos\theta\sin\varphi\cos\varphi+r\ddot{\varphi}\sin^2\theta\sin\varphi\cos\varphi$$

$$-r\dot{\varphi}^2\sin^2\theta\sin^2\varphi+(\ddot{r}\cos^2\theta-2\dot{r}\dot{\theta}\sin\theta\cos\theta-r\ddot{\theta}\sin\theta\cos\theta$$

$$-r\dot{\theta}^2\cos^2\theta)\}$$

$$=m\{(\ddot{r}-r\dot{\varphi}^2)\sin^2\theta\cos^2\varphi+(2\dot{r}\dot{\theta}+r\ddot{\theta})\sin\theta\cos\theta\cos^2\varphi$$

$$-(2\dot{r}\dot{\varphi}\sin\theta-2r\dot{\theta}\dot{\varphi}\cos\theta)\sin\theta\sin\varphi\cos\varphi-r\dot{\theta}^2\sin^2\theta\cos^2\varphi$$

$$+(\ddot{r}-r\dot{\varphi}^2)\sin^2\theta\sin^2\varphi+(2\dot{r}\dot{\theta}+r\ddot{\theta})\sin\theta\cos\theta\sin^2\varphi$$

$$+(2\dot{r}\dot{\varphi}\sin\theta-2r\dot{\theta}\dot{\varphi}\cos\theta)\sin\theta\sin\varphi\cos\varphi-r\dot{\theta}^2\sin^2\theta\sin^2\varphi$$

$$+(\ddot{r}-r\dot{\theta}^2)\cos^2\theta-(2\dot{r}\dot{\theta}+r\ddot{\theta})\sin\theta\cos\theta\}$$

$$
\begin{aligned}
&= m[(\ddot{r}-r\dot{\varphi}^2)\{\sin^2\theta(\sin^2\varphi+\cos^2\varphi)\} \\
&\qquad +(2\dot{r}\dot{\theta}+r\ddot{\theta})\{\sin\theta\cos\theta(\sin^2\varphi+\cos^2\varphi-1)\} \\
&\qquad -r\dot{\theta}^2\sin^2\theta(\sin^2\varphi+\cos^2\varphi)+(\ddot{r}-r\dot{\theta}^2)\cos^2\theta] \\
&= m(\ddot{r}\sin^2\theta-r\dot{\varphi}^2\sin^2\theta+0-r\dot{\theta}^2\sin^2\theta+\ddot{r}\cos^2\theta-r\dot{\theta}^2\cos^2\theta) \\
&= m\{\ddot{r}(\sin^2\theta+\cos^2\theta)-r\dot{\theta}^2(\sin^2\theta+\cos^2\theta)-r\dot{\varphi}^2\sin^2\theta\} \\
&= m(\ddot{r}-r\dot{\theta}^2-r\dot{\varphi}^2\sin^2\theta)
\end{aligned}
$$

従って，

$$
F_r = m\{\ddot{r}-r(\dot{\theta}^2+\dot{\varphi}^2\sin^2\theta)\}
$$

㊓：同様に，保存力 $\boldsymbol{F}$ の $\theta$ 方向の成分 $F_\theta$， $\varphi$ 方向の成分 $F_\varphi$ も求めることができ，それぞれ次のようになる。

$$
\theta\ \text{方向：}\ F_\theta = m(r\ddot{\theta}+2\dot{r}\dot{\theta}-r\dot{\varphi}^2\sin\theta\cos\theta)
$$

$$
\varphi\ \text{方向：}\ F_\varphi = m(r\ddot{\varphi}\sin\theta+2\dot{r}\dot{\theta}\sin\theta+2r\dot{\theta}\dot{\varphi}\cos\theta)
$$

但し

$$
F_\theta = -\frac{1}{r}\frac{\partial V}{\partial\theta}, \quad F_\varphi = -\frac{1}{r\sin\theta}\frac{\partial V}{\partial\varphi}
$$

である。なお, 本問の解法は文献［35］1.2 で説明されている方法に従っている。

**[3]**

(1) 質点の位置座標を $(x,\ y)$ とする。

拘束条件　$y=0$

自由度　$2\times 1-1=1$

拘束力　垂直抗力

(2) 質点の位置座標を $(x,\ y)$ とする。

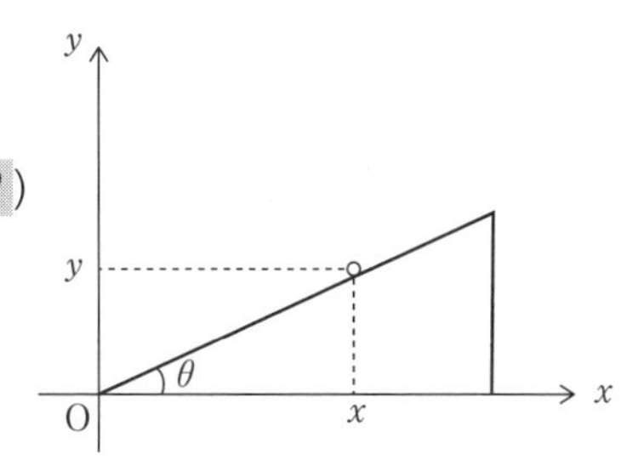


拘束条件　$\tan\theta=\dfrac{y}{x}$　（$y=x\tan\theta$）

自由度　$2\times 1-1=1$

拘束力　垂直抗力

(3) 質点の位置座標を $(x,\ y,\ z)$ とする。

拘束条件　$l=\sqrt{x^2+y^2+z^2}$,　$z=-h$

自由度　$3\times 1-2=1$

拘束力　張力

㊟：(3) は系の運動の軌跡が円錐面を描く振り子で，**円錐振り子**という。1つ目の拘束条件 $l=\sqrt{x^2+y^2+z^2}$ は半径 $l$ の球面の方程式（$x^2+y^2+z^2=l^2$）を，2つ目の拘束条件 $z=-h$ は $z$ 座標が $-h$ の点を通る $z$ 軸に垂直な平面の方程式を表している。従って，円錐振り子の質点の軌道は球面と平面が交わ

る曲線，つまり円（円周）である。なお，$z=-h$ の条件がない場合は運動の軌道が円ではなく球面となるので，**球面振り子**という。球面振り子の自由度は $3\times1-1=2$ であり，その運動は円錐振り子よりも複雑になる[32]。

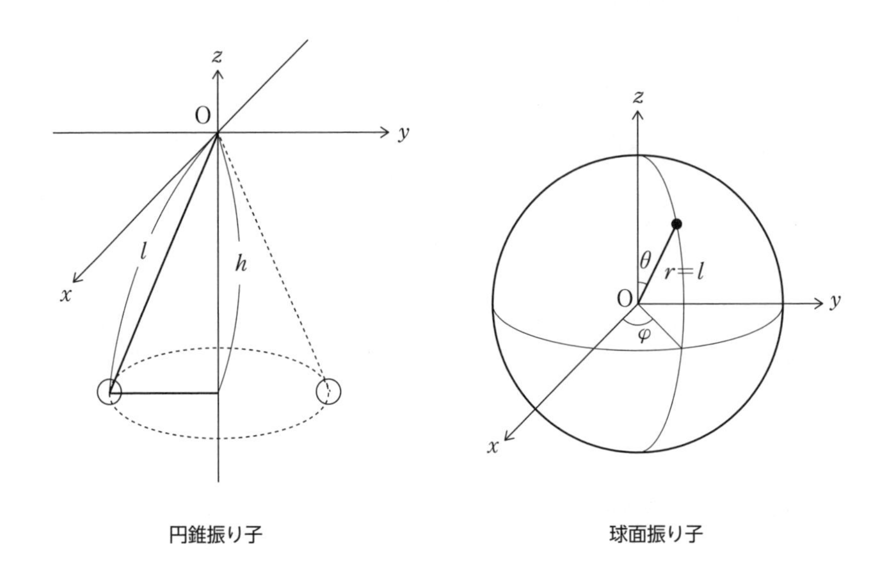


円錐振り子　　球面振り子

32　球面振り子の運動の定量的な解析については，文献［29］（Ⅰ巻）例 1.1.1 や文献［63］5.1.2 などを参照。

ANALYTICAL
MECHANICS

独学する「解析力学」

# ラグランジュ形式

04.

# 一般座標

前章では，ニュートンの運動方程式を極座標変換した場合に，もとの直交座標の方程式との対応がないために，本当に必要なのかも疑わしい位面倒な計算が強いられて不便である上，式も全く違う形になってしまい美しくないという話をした。しかし，そもそも座標というのは物体（質点）の位置を指定するためだけに存在しているので，位置を指定できさえすればどのようなものであっても構わない。それならば，直感的な分かりやすさよりも数学的な扱いやすさの方を重視し，直交座標や極座標より一般性があり，考えている運動を最も単純に表現できるものを使うべきであろう。

ここで導入しようとしている「座標」は座標という概念を一般化したものである。この一般化された「座標」を，**一般化座標**，または単に**一般座標**と言い，$q$で表す。解析力学は**一般座標系**の力学であり，一般座標の概念を導入することで，座標変換に対する不変性のある方程式が実現される。

さて，前節で見たように，考えている運動の自由度がいくつであるかによって，必要な座標（座標軸）の数は異なるので，差し当たっては，例えば自由度 1 の運動には一般座標 1 個，自由度 2 の運動には一般座標 2 個というように，自由度の数と，運動を記述するために必要な一般座標の個数が常に一致するようにしておく。

このように自由度の数と一般座標の数を一致させて考えることのできる系（物理では，考察対象として切り取った一部の空間を**系**という）を，**ホロノーム系**という[1]。これはつまり，自由度の数ごとに一般座標を割り当てて，自由

1　ホロノームは 1894 年に刊行された『力学原理』(*Die Prinzipien der Mechanik*) において，**ハインリヒ・ヘルツ**によって導入された用語である。

度の数だけ一般座標を用意しておくことにするということである。

ホロノーム系は拘束条件とも深い繋がりがあり，ホロノーム系における拘束条件を**ホロノミックな拘束条件**という。

3 次元直交座標系において，ホロノミックな拘束条件は，拘束条件の数を $m$ とすると，必ず

$$f_1(x_1, y_1, z_1, \cdots, x_N, y_N, z_N, t) = 0,\quad f_2(x_1, y_1, z_1, \cdots, x_N, y_N, z_N, t) = 0,$$
$$\cdots, f_{m-1}(x_1, y_1, z_1, \cdots, x_N, y_N, z_N, t) = 0, f_m(x_1, y_1, z_1, \cdots, x_N, y_N, z_N, t) = 0 \tag{4.1}$$

という形の $m$ 個の方程式で表すことができる。ここで $N$ は質点の数である。

これらをまとめて，

$$f_k(\{x_i\}, t) = 0 \quad (k = 1, 2, \cdots, m) \tag{4.2}$$

と書く[2]。ホロノミック (holonomic) はギリシャ語で「全ての法則」を意味するが[3]，これはホロノーム系の拘束条件は合計 $m$ 個の方程式 (4.2) によって完全に定められるということに由来している。

このことは逆も成り立ち，拘束条件が (4.1) の形で書けるとすれば，その系はホロノーム系である。例えば，単振り子の拘束条件 (3.1) は，

$$f(x, y) = l - \sqrt{x^2 + y^2} = 0 \tag{4.3}$$

---

2　引数になぜ中括弧 {…} が付くかについては，本節の最後で説明する。また，一般性を保つために，レオノーマスな場合を仮定したが，拘束条件がホロノームかどうかと，レオノーマスかどうかというのは，互いに独立な概念である。

3　ヘルツ自身は「ホロノーム」という言葉の由来について，"The term means that such a system obeys integral (ὅλος) laws (νόμος)"（文献 [55] Chap. IV）と説明しているが，文献 [88] 5-4.2 では，この文章の下線部は altogether lawful または whole law という意味であると述べられているように（但し，様々な訳し方があることも認めている），ここでの integral は積分ではなく，むしろ「完全」または「全体」の意味で用いられている。

と変形できるので，単振り子はホロノーム系ということになる（前節までに登場した系は全てホロノーム系である)。

しかしながら，常にホロノーム系で運動を考えることができるわけではないということに注意しなければならない。自由度の数と一般座標の数を一致させることができない系は，**非ホロノーム系**と呼ばれる。非ホロノーム系の拘束条件，すなわち**非ホロノミックな拘束条件**の例としては，拘束条件が等式にならず不等式になる場合や，等式であるが拘束条件の変数（引数）に座標の導関数が含まれており，積分によってそれを消去できない場合（座標の導関数が積分不可能な場合）などがある。いずれの場合についても，拘束条件を（4.2）の形に書くことは原理的に不可能である。

ここで，自由度の数と一般座標の数は常に一致するわけではないということを理解するために，半径（内径）が $l(>0)$ の球殻（中が空洞の球体）の容器に閉じ込められた 1 個の気体分子の運動を考えてみよう。

このとき，気体分子は球体の中心からの距離 $l$ を越えられないが，容器内では（容器内の温度に応じて）自由に動き回る。気体分子の位置を直交座標 $(x, y, z)$ で定めるとすると，拘束条件は

$$l \geqq \sqrt{x^2+y^2+z^2} \tag{4.4}$$

という不等式で与えられ，(4.2）の形式で書くことができないので，この気体分子の系は非ホロノーム系である。

振り子についても，これと類似の例を考えることができる。例えば糸が弛む場合には，拘束されるのが円周上や球面上ではなく，円内や球内になるので，拘束条件は不等式になる（円周上や球面上を運動するときに等号が成立)。実際（4.4）は，糸が弛む場合の球面振り子（もはや「球内振り子」であるが）の拘束条件と同じである。このように，或る狭い領域では自由運動だが，その領域を越えることができないような拘束運動の拘束条件は不等式で表さ

れる。

(4.2) は非ホロノミックな拘束条件の例であるが，これは今までに見たようなホロノミックな拘束条件とはわけが違う。

例えば (3.1) のようなホロノミックな拘束条件では，$l$ が既知の値であることから，$x$，$y$ の 2 個の内いずれか 1 個の座標だけで済むようになり，自由度は 1 となった。つまり，本来（自由運動だとしたとき）の自由度を 1 減らしたことで，座標の数も拘束条件によって 1 減らすことに成功したということである。このような場合，必要な座標の数が 1 なら自由度も 1 であり，座標の数と自由度の数は常に一致する。

しかし，(4.2) の非ホロノミックな拘束条件は，単に左辺の方が右辺より大きいことを述べているに過ぎないので，たとえ $l$ が既知の値であったとしても，座標の数を減らすことはできない。一方，容器に拘束されていることに変わりはないので，拘束条件の数を引いて，自由度は $3 \times 1 - 1 = 2$ となる。必要な変数（座標）は 3 個のままであるにもかかわらず，拘束条件 (4.4) があるために自由度（任意の変化が許される最小の変数の数）は 2 に減っており，座標の数の方が自由度よりも多くなってしまうのである。

まとめると，ホロノミックな拘束条件は座標の数を減らすことができる拘束条件で，非ホロノミックな拘束条件は座標の数を減らすことができない拘束条件ということになる。

この簡単な例からも分かるように，非ホロノーム系では，自由度の数よりも多くの一般座標を用意しておかなければならず，またその実例も多種多様であるために，一般的な取り扱いは容易でない。それどころか，厳密な意味で非ホロノーム系を統一的かつ一般的に取り扱う方法は確立されていないはずである。この先本書では，一般座標の数と自由度の数が一致する，ホロノーム系の場合を考える。

それでは，非ホロノーム系における運動を定量的に扱う問題に遭遇したらどうするかというと，そのときはホロノーム系での方法をベースとして，それぞれの問題の状況に応じた工夫を凝らしながら解くということになっている（等式型の非ホロノミックな拘束条件であれば，「ラグランジュの未定乗数法」が有効である）。従って，我々はホロノーム系の基礎を正しく理解しておかなければならない。

ホロノーム系では，自由度 1 のときの一般座標を $q_1$ と書くので，自由度 2 のときの一般座標は $q_1, q_2$ の 2 つである。これを自由度 $f$ の場合に拡張すれば，自由度 $f$ のときの一般座標は

$$q_1, q_2, q_3, \cdots, \ q_{f-2}, q_{f-1}, q_f \tag{4.5}$$

の $f$ 個となる。(4.5) は $f$ に (3.3) を代入する前の状態を表しているから，(4.5) で任意の自由度について記述することができるようになっている。その中にはもちろん，次元と質点の個数も含まれている。

しかし，自由度を $f$ として一般化しても (4.5) のように長くなってしまっては不便なので，例えば添字 $1 \sim f$ をまとめて $i$ と書くことにする。そうすれば，自由度 $f$ のときの一般座標は $q_i$ である，と一言書くだけで済む。$q_i$ という文字 1 つで，(4.5) の内容を表しているわけである。

(4.2) ではあえて直交座標で考えたが，極座標でも同様のことが言えるので，(4.2) は一般座標 $q_i$ を用いて，

$$f_k(\{q_i\}, t) = 0 \quad (k = 1, 2, \cdots, m) \tag{4.6}$$

と拡張される。(4.6) は，ホロノミックな拘束条件の一般形である。

自由度の数ごとに座標をその数だけ用意するというホロノミックな考え方は，ホロノーム系で考える限り，直交座標や極座標などあらゆる座標に対して要請する。しかし，一般座標には座標を表す文字が $q$ という 1 文字しかないのに対して，直交座標と極座標には座標を表す文字として，それぞれ $x, y, z$

及び $r, \theta, \varphi$ の3文字が設定されているという違いがある。

この違いがあることでどんな問題が生じるか説明しよう。例えば3次元空間内の $N$ 個の自由な質点系（自由度 $3N$ ）の直交座標は，

$$(x_1, y_1, z_1),\ (x_2, y_2, z_2),\ \cdots,\ (x_{N-1}, y_{N-1}, z_{N-1}),\ (x_N, y_N, z_N) \tag{4.7}$$

で，極座標は

$$\begin{gathered}(r_1, \theta_1, \varphi_1),\ (r_2, \theta_2, \varphi_2),\ \cdots, \\ (r_{N-1}, \theta_{N-1}, \varphi_{N-1}),\ (r_N, \theta_N, \varphi_N)\end{gathered} \tag{4.8}$$

と書ける。ところがこれを一般座標 $q$ で書くと，

$$\begin{gathered}(q_1, q_2, q_3),\ (q_4, q_5, q_6),\ \cdots, \\ (q_{3N-5}, q_{3N-4}, q_{3N-3}),\ (q_{3N-2}, q_{3N-1}, q_{3N})\end{gathered} \tag{4.9}$$

となって，座標の個数は一致するが，添字の対応がなくなってしまうのである。これは，(4.7) と (4.8) が1個目，2個目，…， $N$ 個目というように，質点の個数のみを問題にした表現であるのに対して，(4.9) が自由度1，自由度2，…，自由度 $3N$ というように，自由度を問題にした表現であるという違いから生じる。

当然ながら，質点の個数よりも自由度の方が広い概念であるので，直交座標と極座標の方を一般座標の形式に合わせることにする。一般座標は座標を表す文字が1個だけなので，直交座標と極座標も座標を表す文字を1個に揃える。つまり，直交座標は $x$ のみ，極座標は $r$ のみに，とりあえず代表させておくのである。このように，(4.7) と (4.8) をそれぞれ (4.9) の形式に書き換えると，

$$(x_1, x_2, x_3), (x_4, x_5, x_6), \cdots, (x_{3N-5}, x_{3N-4}, x_{3N-3}), (x_{3N-2}, x_{3N-1}, x_{3N}) \tag{4.10}$$

$$(r_1, r_2, r_3), (r_4, r_5, r_6), \cdots, (r_{3N-5}, r_{3N-4}, r_{3N-3}), (r_{3N-2}, r_{3N-1}, r_{3N}) \tag{4.11}$$

となる。

こうして，直交座標も極座標も一般座標と正しく対応した添字で扱えるようになった。(4.9) において $3N = f$ とおいて括弧を外せば，(4.9) は (4.5) と全く同じ式になるから，同様に (4.10) は $x_i$，(4.11) は $r_i$ という一文字で表すことができる。添字の中身を書き出せば，(4.9) ～ (4.11) のようになるが，その添字全てを $i$ という一文字で代用することで，少なくとも一般論を展開する上では，方程式を自由度ごとにわたって複数個書く必要がなくなり，またいくつの自由度に対しても成立するように，方程式を拡張することができるのである（もちろん，実際の問題を解くような場合には，これまで通り $y$ や $\theta$ を使って良い）。

ここで一つ，注意しておかなければならないことがある。(4.10) と (4.11) での説明の便宜上，直交座標と極座標を一般座標の形式に合わせた，と書いたが，この表現はあまり正しくない。どういうことかというと，例えば (4.10) は，(4.9) の一般座標 $q$ に $x$ を単純に代入して得たわけであるから，代入後もその中身はやはり一般座標のままのはずであるが，(4.9) が表しているのは直交座標なのか，それとも一般座標なのか，ということである。

この混乱を解消するためには，一般座標にある種の不定性を持たせる必要がある。一般座標系という座標系がどこかに存在するというわけではなく，むしろ今までに知られている直交座標系や極座標系を一般座標系にする（一般座標としての性質を持たせる）という方が正しい認識である。

つまり上の疑問の答えとしては，(4.10) は，一般座標として直交座標を選んだ式，(4.11) は一般座標として極座標を選んだ式，(4.9) は直交座標か極座標かを選ぶ前の式ということになる。但し，一般的な議論をする上では選ぶ前の式 (4.9) のままで十分である。

なぜ選ぶ前の式で十分なのかを説明するために，もう一度最初の説明を繰り返すが，一般座標とは座標変換を受けても形が変わらないような運動方程式を実現させるために導入する座標である。もし直交座標系の運動方程式と，極座標系の運動方程式が，互いに座標を表す文字が変わるだけで，それ以外は全く同じ形式で書かれるとしたら，もはや直交座標と極座標で運動方程式を書き分ける必要はない。

このように，座標変換を受けても運動方程式の形が変わらないという性質を，座標変換に対する**共変性**という。極座標系における運動方程式の導出があれほどまでに厄介であったのは，ニュートンの運動方程式が座標変換に対しての共変性を持たないためである。

こういうわけであるから，直交座標を一般座標に選んでも良く，また極座標を一般座標に選んでも良い。従って，一般座標系を用いた共変性のある運動方程式を用いれば，様々な問題に対して全く同じ方法が適用されることになり，力学問題の解法を一つに統一することができるという重要な利点が得られる。本章の目的は，一般座標を定義し，同様の考え方を速度や運動量など，他の物理量に対しても適用することによって，共変性のある運動方程式を導出することにある。そうして得られた方程式が，解析力学の基礎方程式となる。

但し，一般座標として極座標も選べることから，必然的に一般座標の単位は一意に（ただ一通りに）は決まらなくなる。直交座標を一般座標に選べば，一般座標の SI 単位は必ず［m］となり，長さの次元で確定する。

一方，極座標を一般座標に選べば，一般座標の単位は［m］だけでなく，角度の単位［rad］の場合もある。角度は無次元量として扱われるので，実質，単位無しと同じである。このように，一般座標の SI 単位は［m］か単位無しのどちらかとなり，一意に決まらない。

このような意味において一般座標は，従来の座標概念の拡張であると言える。このため一般座標は，座標という概念を拡張した，広い意味の座標であるということで，**広義座標**と呼ばれることもある。

さて，一般座標系の力学である解析力学を確立するためには，一般座標系と直交座標系の間の関係が定められていなければならない。2 つの任意の一般座標 $q_i$， $q_j$ を設定して一般的な議論を試みても良いが，より議論がしやすく，また馴染みがあると思われる直交座標を利用して話を進めよう。

まず初めに，自由度 1 の最も簡単な形式を説明する。一般座標 $q_1$ と直交座標 $x_1$ は完全に対応しているので， $q_1$ は $x_1$ の関数であり，

$$q_1 = q_1(x_1) \tag{4.12}$$

である。逆に，

$$x_1 = x_1(q_1) \tag{4.13}$$

も成り立つ。自由度 1 であれば，添字の 1 は省略しても良い。

数学であれば $y = f(x)$ のように，(4.12) と (4.13) は

$$q_1 = f_1(x_1)$$

及び

$$x_1 = f_1^{-1}(q_1)$$

と書くべきところであるが，物理では，記号が増加することによる煩わしさを軽減し，計算の見通しを立てやすくするために， $f$ などを用いない形で関数を書くことが多い。純粋に数学的な記述でない限り，本書でも，(4.12) や (4.13) の形式で関数を記述する（数学的な記述であっても，物理で使うことを想定してこのような書き方をする箇所がある）。

座標の値は，物体の運動によって時間変化していくのが普通なので， $q_1$ と $x_1$ は時間 $t$ の関数でもあるとして，一般には，

$$q_1 = q_1(x_1,\ t) \tag{4.14}$$

$$x_1 = x_1(q_1,\ t) \tag{4.15}$$

とするのが良いであろう。例えば（4.14）は，$q_1$ が $x_1$ と $t$ の両方に依存するという意味である。

（4.14）や（4.15）のように，異なる2座標間の変換を定める式は**座標変換**の式，または**変数変換**の式と呼ばれる。座標変換（4.14）が定められているとき，それに対応する逆変換（4.15）は常に成り立つと約束する。逆変換（4.15）の存在が保証されていることで，座標変換の直前および直後においても系の議論が正しく行なえるようになっているのである。

また，(4.14)，(4.15) のように，関数の引数（括弧内の文字）に直接 $t$ が含まれている場合，その関数は時間に**陽に依存する**という。一方，たとえ各引数 $x_1$，$q_1$ が $t$ に依存していたとしても，(4.12)，(4.13) のように，関数の引数に直接 $t$ が含まれていない場合，その関数は時間に**陽に依存しない**という。

なお，「陽に」は「あらわに」と読むのだが，漢字の「陽」に「あらわ」という読みはなく，どうやら物理特有の読み方であるらしい[4]。そのため文献によっては「あらわに依存」と平仮名で書いているものも少なくない。「陽に」を「あらわに」と読むのは，物理学における一種のスラングと言えるかもしれない。

さて，この場合，任意自由度 $f$ への拡張は簡単である。(4.14) は添字の1を $i$ に，(4.15) は添字の1を $j$ にそれぞれ変えれば良く，

$$q_i = q_i(\{x_j\},\ t) = q_i(x_1,\ x_2,\ \cdots,\ x_f,\ t) \tag{4.16}$$

4　英語では，「時間に陽に依存」は explicit time dependence などとなる。

$$x_j = x_j(\{q_i\},\ t) = x_j(q_1,\ q_2,\ \cdots,\ q_f,\ t) \tag{4.17}$$

となる（$q$ と $x$ が別の座標系であることを明示し区別するため，2 種類の添字を用いている)。

ここで，$x_j$，$q_i$ に中括弧 $\{\cdots\}$ が付いているのは，$i$ や $j$ が本物の添字ではないからである（(4.2) や (4.6) も同様)。例えば $x_1$，$x_2$，$\cdots, x_f$ では，勝手に添字の 1 を 3 にしたり，$f$ を $j$ に変えたりすることが許されないので，1，2，$\cdots, f$ は本物の添字である。しかし，$i$ の方は $j$ でも $k$ でも良く，その記号の選び方は全く任意であるという意味で，本物の添字ではない。

次節でも述べるが，この場合の $i$ や $j$ のような本物の添字ではない添字を，**ダミーの添字**という。関数の引数の添字は本物の添字でなければならないので，ダミーの添字をどうしても引数に入れたい場合は，ダミーの添字が用いられていることを示すために，その添字を含む文字に中括弧を付けておくことにする。

要するに，添字がダミーである場合，$i$ が $j$ や $k$ などに自由に変わり得るから，そのような文字には中括弧を付けて区別しておこうという話なのだが，この $i$ は実際に変わってしまうのである。2 種類の座標系の間の関係を論じるので，添字は $i$ だけは足りず，$j$ なども適宜用いていかなければならないが，そのような状況下で（4.16)，(4.17）の形式で書き続けていると，いつか混乱を招くことになるであろう。

そこで，座標変換の式の引数にはダミーの添字を表示しないことにする。このことを習慣化すれば，(4.16）と（4.17）はそれぞれ

$$q_i = q_i(x, t) \tag{4.18}$$

$$x_j = x_j(q, t) \tag{4.19}$$

として簡潔に表現できる。(4.16）と（4.17)，(4.18）と（4.19）はそれぞれ

同じ内容を表しているが，後者の方が明らかに使い勝手が良い。だが，(4.2) のように前者の方が説明するときに都合が良いと判断した場合には，稀に引数の文字に中括弧を使って，(4.16)，(4.17) の形式を用いることもあるということを，ここで予めお断りしておきたい。

05.

# 一般速度

ここでは，一般座標と同様の考えを，速度に対して適用することを考える。速度というのは，変位（座標の変化）の時間微分であるから，一般座標を時間で微分すれば，一般座標系における速度が導出されるはずである。

こうして導き出された一般座標系における速度は，一般化された速度であり，**一般化速度**，または単に**一般速度**と呼ばれる。一般速度は一般座標 $q$ の1階の時間微分 $\dot{q}$ で表すことになっており，独立の文字を用いる習慣はない。すなわち，

$$\dot{q}_i = \frac{dq_i}{dt} \tag{5.1}$$

ということになるが，通常右辺の形式で書くことはせず，$\dot{q}_\theta$ の一文字を使って計算する。

このように書いてみると，$\dot{q}$ は $q$ に依存した量のようであるが，(少なくとも IV 章までは) $q$ と $\dot{q}$ は互いに独立した, 全く別の物理量であるかのように扱われるので，注意していただきたい。$q$ と $\dot{q}$ が独立であるというのは，物体の位置座標が各時刻にわたって確定できたとしても，各時刻における瞬間速度が分からなければ，その物体の運動が分かった（完全に予測できた）とは言えないことに関係している。

一般速度の単位も，一般座標と同様に一意には決まらない。一般座標が長さを表す場合，一般速度の SI 単位は［m/s］であり，速度の次元を持つ。一方，一般座標が角度を表す場合，一般速度の SI 単位は［rad/s］となるが，これは角速度の次元である。すなわち一般速度とは，速度だけでなく角速度をも含む，文字通り一般化された速度ということになる。

次に,全微分を用いて一般速度と直交座標系の速度との関係を考えよう。まずは自由度1で考え,(5.1)の$q_i$の$i$を1として,(4.14)を代入する。

$$\dot{q}_1 = \frac{dq_1}{dt} = \frac{dq_1(x_1, t)}{dt}$$

$$= \frac{\partial q_1}{\partial x_1}\frac{dx_1}{dt} + \frac{\partial q_1}{\partial t}\frac{dt}{dt}$$

$$= \frac{\partial q_1}{\partial x_1}\dot{x}_1 + \frac{\partial q_1}{\partial t} \tag{5.2}$$

(5.2)を自由度$f$の場合に拡張した式は後で述べることにして,先に一般速度の座標変換の式を出しておこう。

(5.2)から,$\dot{q}_1$は$x_1$,$\dot{x}_1$,$t$の関数であることが分かるので,座標変換の式は

$$\dot{q}_1 = \dot{q}_1(x_1,\ \dot{x}_1,\ t) \tag{5.3}$$

及び

$$\dot{x}_1 = \dot{x}_1(q_1,\ \dot{q}_1,\ t) \tag{5.4}$$

である。

(5.3)で,1を$i$とすれば自由度$f$の場合の式となり,

$$\dot{q}_i = \dot{q}_i(x,\ \dot{x},\ t) \tag{5.5}$$

となる。ここで,(5.4)も同様であろうと思いがちであるが,(5.2)を自由度$f$で計算してみれば分かるようにやや事情が違う。

自由度$f$の場合は,(4.12)より

$$\begin{aligned}\dot{q}_i &= \frac{dq_i}{dt} = \frac{dq_i(x_1, x_2, \cdots, x_f, t)}{dt} \\ &= \frac{\partial q_i}{\partial x_1}\frac{dx_1}{dt} + \frac{\partial q_i}{\partial x_2}\frac{dx_2}{dt} + \cdots + \frac{\partial q_i}{\partial x_f}\frac{dx_f}{dt} + \frac{\partial q_i}{\partial t}\frac{dt}{dt} \\ &= \sum_{j=1}^{f}\frac{\partial q_i}{\partial x_j}\dot{x}_j + \frac{\partial q_i}{\partial t} \\ &= \frac{\partial q_i}{\partial x_j}\dot{x}_j + \frac{\partial q_i}{\partial t} \end{aligned} \tag{5.6}$$

となる。(5.6) の 2 行目の計算を見て分かるように，一般座標 $q$ は固定されているが，直交座標 $x$ に関しては 1 から $f$ まで和がとられているので，この場合，$x$ の添字を単純に $q$ と同じにするわけにはいかない。そこで，(5.6) の 3 行目では，$x$ は $q$ とは別の添字 $j$ を用いて，$x_j$ と表している。

よって，(5.6) の最右辺から考えると，座標変換 (5.3) の自由度 $f$ への拡張は

$$\dot{x}_j = \dot{x}_j(q,\ \dot{q},\ t) \tag{5.7}$$

ということになり，この (5.7) を使って (5.6) と全く同じ計算をすると，次のようになる。

$$\begin{aligned}\dot{x}_j &= \frac{dx_j}{dt} = \frac{dx_j(q_1, q_2, \cdots, q_f, t)}{dt} \\ &= \frac{\partial x_j}{\partial q_1}\frac{dq_1}{dt} + \frac{\partial x_j}{\partial q_2}\frac{dq_2}{dt} + \cdots + \frac{\partial x_j}{\partial q_f}\frac{dq_f}{dt} + \frac{\partial x_j}{\partial t}\frac{dt}{dt} \\ &= \sum_{i=1}^{f}\frac{\partial x_j}{\partial q_i}\dot{q}_i + \frac{\partial x_j}{\partial t} \\ &= \frac{\partial x_j}{\partial q_i}\dot{q}_i + \frac{\partial x_j}{\partial t} \end{aligned} \tag{5.8}$$

さて，当然ながら，$x$の添字は必ず$j$でなければならないというわけではない。(5.6)～(5.8) で$x$の添字が$j$になったのは，(5.3) と (5.4) を自由度$f$の場合に拡張する段階で，(5.3) の側から考えたからである。つまり，一般座標の方を中心に考えたので，$q$の添字が$i$で，$x$の添字が$j$になったというだけのことで，もし (5.4) の側から考えれば，直交座標の方を中心に考えることになり，$x$の添字が$i$で，$q$の添字が$j$になる。

実際，(5.4) から考えて，

$$\dot{x}_i = \dot{x}_i(q,\ \dot{q},\ t) \tag{5.9}$$

として (5.6) と同じ計算をすれば，自由度$f$の場合の直交座標系の速度は次のように書ける。

$$\begin{aligned}\dot{x}_i &= \sum_{j=1}^{f} \frac{\partial x_i}{\partial q_j}\dot{q}_j + \frac{\partial x_i}{\partial t} \\ &= \frac{\partial x_i}{\partial q_j}\dot{q}_j + \frac{\partial x_i}{\partial t}\end{aligned} \tag{5.10}$$

この結果は，(5.6) の添字をそのままにして，$x$と$q$を入れ替えたものと全く同じである。このように一般座標側から考えれば，座標変換の式は (5.9) と，その逆

$$\dot{q}_j = \dot{q}_j(x,\ \dot{x},\ t) \tag{5.11}$$

となり，この (5.11) を使って (5.6) と全く同じ計算をすれば，

$$\begin{aligned}\dot{q}_j &= \sum_{j=1}^{f} \frac{\partial q_j}{\partial x_i}\dot{x}_i + \frac{\partial q_j}{\partial t} \\ &= \frac{\partial q_j}{\partial x_i}\dot{x}_i + \frac{\partial q_j}{\partial t}\end{aligned} \tag{5.12}$$

となる。

もちろん，(5.5)～(5.8) の式と，(5.9)～(5.12) の式の内で，一方は正しいが他方は誤っている，或いは，一方は適切だが他方は適切でないなどということはない。

大事なことは，一般速度などの，一般座標から二次的に生じた物理量の一般化を考える場合には，同じ式の中に一般座標系を表す文字と直交座標系を表す文字が両方入っているとき，一般座標側の添字と直交座標側の添字は同じ文字であってはならない（別の文字を使う必要がある）ということである。一般に議論するときは，直交座標側から考える前者（[5.5]～[5.8]）と，一般座標側から考える後者（[5.8]～[5.12]）のどちらを用いるかということを統一させておく必要があり，両者を混在させることはできない。

さて，(5.6)，(5.8)，(5.10)，(5.12) では最右辺への変形において，総和記号 $\Sigma$ が消えているが，これは誤植ではない。項の中に同じ添字が 2 回現れたら，その文字について自動的に総和をとり，$\Sigma$ を省くことができるという取り決めが存在するのである。相対論の中で初めてこれを定めた**アルバート・アインシュタイン**にちなみ，この取り決めを**アインシュタインの縮約規約**，または**アインシュタインの縮約記法**と呼んでいる。

例えば，3 次元空間のベクトル $\boldsymbol{a}=(a_1,\ a_2,\ a_3)$，$\boldsymbol{b}=(b_1,\ b_2,\ b_3)$ の内積を成分表示した式，

$$\boldsymbol{a}\cdot\boldsymbol{b}=a_1b_1+a_2b_2+a_3b_3=\sum_{i=1}^{3}a_ib_i \tag{5.13}$$

を見て分かるように[5]，和をとるべき添字 $i$ は常に，各項で対になっている。

そこでアインシュタインは (5.13) の $\Sigma$ を省いて，

$$\boldsymbol{a}\cdot\boldsymbol{b}=a_ib_i \tag{5.14}$$

と簡潔に書くことにしたのである（実際にアインシュタインがこの式を使っ

5　導出は補遺 C の (C.3)～(C.11)，または (C.12)～(C.14) を参照。

て説明したわけではない)。(5.13) と (5.14) は数学的に全く同じ内容を表している。

それでは (5.14) で書いた場合，和をとる範囲はどうするかというと，規約の本来の使い道から言えば，添字のとり得る全ての値，ということになる。

(5.13) では，「3 次元空間のベクトル $\boldsymbol{a}=(a_1,\ a_2,\ a_3)$，$\boldsymbol{b}=(b_1,\ b_2,\ b_3)$ の内積」であると断っているので文脈上，添字 $i$ の範囲は $i=1,\ 2,\ 3$ となるわけであるが，もしこの但し書きが付いていなかったとしたら，$i$ は 1 から $n$ までのあらゆる正の整数値をとり得る。すなわち，何の但し書きもない場合，(5.14) は $n$ 次元空間のベクトルの内積を意味し，

$$\boldsymbol{a}\cdot\boldsymbol{b}=a_i b_i=\sum_{i=1}^{n}a_i b_i \tag{5.15}$$

となる。

つまり，この規約を採用すると $\Sigma$ を省けるだけでなく，隅に但し書きを書くことなくして自動的に $n$ まで一般化することができるのである。そして，$i$ が 1 から 3 までというように制限された，いわば特殊な場合においてのみ，但し書きを付けておけば良いということになる (1 から 3 までであることが明らかであるような場合や，レベルの高い専門書ではしばしば省略される)。

誤解しないでいただきたいので説明を繰り返すが，この規約は「$\Sigma$ を省くことができる」という取り決めであって，$\Sigma$ の省略は任意である。$\Sigma$ を省略できるときは必ず省略しなければならない，というわけではない。

しかし，4 次元のベクトルを扱う必要がある相対論などでは $\Sigma$ を積極的に省略していかないと，ただでさえ複雑な計算が，さらに複雑さを増し，見通しもかなり悪くなってしまうので，この規約は不可欠の存在となっている。

但し実際には，相対論などの曲線座標を扱う分野では添字の位置は任意ではないので，添字の上げ下げにも注意を払う必要があるわけだが [6]，少なくと

---

6　この辺りの事情に関しては，文献 [79] などを見ていただきたい。

も今の時点では，添字の位置は任意として構わない。本書のような入門書では特に断らない限り，累乗の指数との混同を防ぐため，添字は下付き（下添字）で表現している場合がほとんどである。

それでは解析力学で縮約規約を使うべきかどうかという話だが，$\Sigma$ の省略はしてもしなくても良い（解析力学の基礎方程式に $\Sigma$ は入らない）。解析力学の教科書の中でもこの規約を使って説明しているものもあれば，(明示的には）使っていないものもあるなど，統一されていない。

しかし私は，規約を用いて説明した方が合理的であり（これは，解析力学も自由度の関係で添字を多用するためである)，縮約規約を日常的に使うような高度な分野をこの先学ぶことを想定すれば，力学の一般化と再定義を目的とするこの分野で縮約規約に慣れておくことは，十分意味のあることだと考えている。

従って本書では，縮約規約を用いて式を表現したり，計算をしたりするが，具体的な計算をする際などに必要と思われる場合には，適宜 $\Sigma$ を復活させた式も併記する。そこで，規約を適用する際の 5 つの注意事項を以下にまとめておこう。

① $\Sigma$ を省いて和をとることができるのは，項の中に同じ添字が 2 回現れたときだけである。

最初の説明文の再掲ではないか，と思われるかもしれない。確かにその通りだが，ここで言いたいのは，同じ添字が 2 回以上現れたときではない，ということである。この規約が適用されるのは，あくまで同じ項内で同じ添字の出現回数が丁度 2 回のときだけであって，3 回や 4 回，まして 1 回だけのときなどは，$\Sigma$ は省略できず，規約は適用されないのである。

例1：$\sum_{i=1}^{n} a_i b_i c_i \neq a_i b_i c_i$

例2：$a_i b_i c_j$ の展開式

$$\begin{aligned} a_i b_i c_j &= (a_i b_i) c_j \\ &= (a_1 b_1 + a_2 b_2 + \cdots + a_n b_n) c_j \\ &= a_1 b_1 c_j + a_2 b_2 c_j + \cdots + a_n b_n c_j \end{aligned}$$

項中に2回現れる，和をとるべき添字（例2では$i$）は，総和をとるために添字自身を，和をとる範囲で変化させる添字であることから，**ダミーの添字**，または**走る添字**という。一方，項中に2回現れない，ダミーの添字以外の添字（例2では$j$）は，式中で固定されていて動かないことから，**止まっている添字**，または**浮いた添字**という。

なお，相対論のように添字の上下に厳密な区別がある場合は，添字の上下に2回同じ文字が現れたときにだけ規約が適用され，上添字または下添字のみであれば，たとえ2回現れたとしても規約は適用されない。

② 前述の注意事項①に反しない限り，積の場合にも規約を適用することができる。例えば，$a_i b_i c_j d_j$は，$i$と$j$が共にダミーの添字であり，次のようになる。

$$a_i b_i c_j d_j = \sum_{i=1}^{n} a_i b_i \sum_{j=1}^{n} c_j d_j = \sum_{i=1}^{n} \sum_{j=1}^{n} a_i b_i c_j d_j$$

③ 規約を適用して実際に和をとる際，和をとる順番は交換できる。

②の $a_i b_i c_j d_j$ の場合で説明すると，$\sum_{i=1}^{n}$と$\sum_{j=1}^{n}$は共に，単なる有限和を表しているので，これらは加法についての交換法則が成り立つ可換な（交換

できる）量である。このため，規約において和をとる順は任意であり，$i$ から和をとっても良いし，$j$ から和をとっても良いのである。

試しに $i=1$，2 という簡単な場合で $a_i b_i c_j d_j$ を考えてみると，$i$ から和をとっても，$j$ から和をとっても結果は同じだということが分かる（もちろんこれは確認の計算であるので，実際には，このような途中計算は省いて，いきなり答えを書いて良い）。

$i$ から和をとった場合：

$$
\begin{aligned}
a_i b_i c_j d_j &= (a_i b_i) c_j d_j \\
&= (a_1 b_1 + a_2 b_2) c_j d_j \\
&= a_1 b_1 c_j d_j + a_2 b_2 c_j d_j \\
&= a_1 b_1 (c_1 d_1 + c_2 d_2) + a_2 b_2 (c_1 d_1 + c_2 d_2) \\
&= a_1 b_1 c_1 d_1 + a_1 b_1 c_2 d_2 + a_2 b_2 c_1 d_1 + a_2 b_2 c_2 d_2
\end{aligned}
$$

$j$ から和をとった場合：

$$
\begin{aligned}
a_i b_i c_j d_j &= a_i b_i (c_j d_j) \\
&= a_i b_i (c_1 d_1 + c_2 d_2) \\
&= a_i b_i c_1 d_1 + a_i b_i c_2 d_2 \\
&= (a_1 b_1 + a_2 b_2) c_1 d_1 + (a_1 b_1 + a_2 b_2) c_2 d_2 \\
&= a_1 b_1 c_1 d_1 + a_1 b_1 c_2 d_2 + a_2 b_2 c_1 d_1 + a_2 b_2 c_2 d_2
\end{aligned}
$$

④ 同じ式の中で，ダミーの添字を別の添字に変えたい場合，一般に同じ項で既に使われている他の添字（止まっている添字）と入れ替えることはできない。

例えば，$a_i b_i c_j d_k$ において，ダミーの添字 $i$ を，$i$ でない別の添字に変え

たいとする。$i, j, k=1, 2$ とすると，$a_i b_i c_j d_k$ の意味は

$$
\begin{aligned}
a_i b_i c_j d_k &= (a_1 b_1 + a_2 b_2) c_j d_k \\
&= a_1 b_1 c_j d_k + a_2 b_2 c_j d_k
\end{aligned}
$$

であるので，$a_i b_i c_j d_k$ が

$a_j b_j c_j d_k$　　←$j$ が 3 つで，和がとれない

や，

$a_k b_k c_j d_k$　　←$k$ が 3 つで，和がとれない

に変わることはあり得ない。注意事項①に違反しているためである。

もし $i$ を別添字にしたければ，既出でない文字，例えば $l$ などを用いて，$a_l b_l c_j d_k$ とすれば良い。そうすれば，

$$
\begin{aligned}
a_l b_l c_j d_k &= (a_1 b_1 + a_2 b_2) c_j d_k \\
&= a_1 b_1 c_j d_k + a_2 b_2 c_j d_k
\end{aligned}
$$

となって，$i$ でも $l$ でも結果が同じになり，$i$ から $l$ へ添字が取り替えられたということになる。

⑤ 止まっている添字は，各項で一致している必要がある。

例えば，

$$
a_i = b_j c_j d_i + e_i
$$

という式では，$i$ が止まっている添字，$j$ がダミーの添字である。止まっている添字は常に固定されていなければならないので，このように各項で共通に

なっていなければならない。このことは，例えば（5.6）や①の例 2 を見ても確認することができる。

ここまでの説明で，この規約が単に式を短く書くための便利な記法というだけの存在ではないことが，分かっていただけたと思う。アインシュタインの縮約規約の真の意義は，たとえ $\Sigma$ を省略したとしても，（添字）記号の混乱によって，式の本質を見失うことは起こり得ないということを保証しているという点にあるのである。

# 06.
# 一般運動量

さて，次は一般座標系における運動量を定めよう。早速注意しておくと，ニュートン力学での運動量が質量×速度であるからといって，前節の一般速度に質量を掛ければ良いという話ではない。質量×速度は，簡単にいうと運動量の定義としては狭すぎるのである[7]。

初等的なニュートン力学の枠組みで運動量を導入する場合，運動量とは運動の勢いを表す量である，と説明される。しかし，運動の勢いを表す量ならもう一つある。**運動エネルギー**である。

17 世紀から 18 世紀にかけて，運動の勢いを表すのは運動量と運動エネルギーのどちらであるかという，あまり建設的でない論争が続いたのだが，結局のところ，どちらも運動の勢いを表しているということで落ち着いた。この論争で運動量と運動エネルギーの性質が調べられた結果，両者の本質的な違いは，運動量がベクトル量であるのに対し，運動エネルギーはスカラー量である，ということにあると分かった。

つまり，運動の勢いを表す方法には，ベクトル流とスカラー流の 2 通りがあるということになる。というわけで，ここでは運動エネルギーから運動量を定義する。

そのために，まずは直交座標系における運動エネルギーを考える。速度 $\dot{x}_i$ で運動する質量 $m_i$（質量は質点に固有の量だから，一般の質点系を考える場合は添字で区別する）の質点の運動エネルギーは

$$T_i = \frac{1}{2} m_i \dot{x}_i^{\,2} \tag{6.1}$$

7　例えば，光子（質量 0）の運動量は $p = \dfrac{h}{\lambda}$ である。

と書ける。運動エネルギーは $K$ で表すことも多いが，解析力学では $T$ で運動エネルギーを表すのが通例である。

ここで，(6.1) は個々の質点のエネルギーを表しているのだが，普通，個々の質点ごとにエネルギーを考えてもあまり御利益はないので，質点系全体の運動エネルギーを考えることにしよう。

速度 $\dot{x}_i$ で運動する質点系全体の運動エネルギーは，

$$T=\sum_{i=1}^{nN}T_i=\sum_{i=1}^{nN}\frac{1}{2}m_i\dot{x}_i^2 \tag{6.2}$$

となる（系全体のエネルギーを考える場合，添字は必要ない）。

ここで縮約規約について考えてみよう。(6.2) の式の意味は $\frac{1}{2}m_i\dot{x}_i\dot{x}_i$ の和ということになるので，添字が 3 つある（6.2）には規約は適用されないはずである。一方，2 乗の形式でまとめると，添字が 2 つで規約が適用できるのではないかとも考えられてしまう。このように累乗が関わると，規約の適用条件が揺らいでしまうので，累乗がある場合には曖昧さを回避するために，規約を適用しない（$\sum$ を省略しない）ことにする。

次は，$T$ の座標変換についてである。質量は一定であると仮定して良く，$\frac{1}{2}m_i$ は定数と見做せるから，$T$ は $\dot{x}$ のみの関数であり

$$T=T(\dot{x}) \tag{6.3}$$

である。従って，$T$ の座標変換の式は，$\dot{x}_i$ の座標変換（5.9）により

$$T=T(\dot{x})=T(q,\ \dot{q},\ t) \tag{6.4}$$

と書ける。

しかし数学的には，$T(\dot{x})$ と $T(\dot{q},\ q,\ t)$ は等しいわけではない。どういうことかと言うと，(5.9) は

$$\dot{x}_i = \dot{x}_i(q, \dot{q}, t)$$

であるから，(6.3) に代入すれば

$$T = T(\dot{x}(q, \dot{q}, t)) \tag{6.5}$$

となるはずであり，この合成関数が (6.4) の $T(q, \dot{q}, t)$ と等しいはずがないのである。(6.4) の式の意味は，関数 $T(\dot{x})$ と関数 $T(q, \dot{q}, t)$ の値が，各点で等しくなるということであって，$T(\dot{x})$ と $T(q, \dot{q}, t)$ の関数形が等しいということではない。

従って，(6.4) で $T(\dot{x})$ と $T(q, \dot{q}, t)$ を等号で結ぶのはおかしいことになり，数学的には矢印程度の意味しか持たないことになるのだが，物理では，関数を関数の引数で区別するということになっているので，(6.4) のような表現が許される。

この先，本書も式変形の途中などで，$T(\dot{x})$ のような関数は遠慮なく $T(q, \dot{q}, t)$ のように変形していくが，両者の関数形が等しいという意味で変形しているのではないということに注意していただきたい。

さて，運動エネルギーを速度で微分することで運動量が得られるので，実際に (6.2) を $\dot{x}_i$ で偏微分してみよう。

$$\begin{aligned}\frac{\partial T}{\partial \dot{x}_i} &= \frac{\partial}{\partial \dot{x}_i}\left(\sum_{i=1}^{nN}\frac{1}{2}m_i \dot{x}_i^2\right)\\ &= m_i \dot{x}_i \quad \text{(和はとらない)}\\ &= p_{xi} \end{aligned} \tag{6.6}$$

このように，$T$ を $\dot{x}_i$ で微分すると $m_i \dot{x}_i$ となり，直交座標系における運動量 $p_{xi}$ が導かれる。一般座標系でも運動量は $p$ と書くので，直交座標系の運

動量は $x$ の添字を付けて $p_x$ と表すことにして，混同を避ける。

ここで（6.6）の $\dot{x}_i$ を $\dot{q}_i$ に変えて，一般座標系における運動量を

$$p_i = \frac{\partial T}{\partial \dot{q}_i} \tag{6.7}$$

とする。基礎方程式が導出された段階で，(6.8) のより一般的な表式が与えられるが，とりあえず（6.7）を，**一般化運動量**，または単に**一般運動量**と呼ぶ。式番号だけ先取りして書いておくと，一般運動量の一般的な表式は（8.34）である。

一般運動量の単位についても，一般速度と同じ議論をすることができる。一般速度が速度を表している場合，一般運動量の SI 単位は［J・s/m］=［kg・m/s］であり，運動量の次元を持つ。一方，一般速度が角速度を表している場合，一般運動量の SI 単位は（角度を単位無しと見做すと）［J・s］=［kg・$m^2$/s］であり，**角運動量**（位置ベクトルと運動量の外積）の次元を持つ。つまり，一般運動量は運動量だけでなく角運動量をも包括する，一般化された運動量であるということになる。

次に，直交座標系の運動量と，一般座標系の運動量の間の関係を明らかにしよう。つまり，$p$ を $p_x$ で表した式を求めることを考える。

但し，前節で述べたように，同じ式中に一般座標と直交座標を表す量が両方入っている場合，一般座標側の添字と直交座標側の添字は同じであってはならないということに注意する必要がある。結局，一般座標系の式が分かれば良いので，これ以後は一般座標側から考え，一般座標の添字を $i$，直交座標の添字を $j$ で統一して考える。

$T = T(\dot{x})$ を一般速度 $\dot{q}_i$ で偏微分すると，

$$\frac{\partial T(\dot{x})}{\partial \dot{q}_i} = \frac{\partial T}{\partial \dot{x}_i}\frac{\partial \dot{x}_i}{\partial \dot{q}_i} \tag{6.8}$$

という式ができるから，これに（6.6）と（6.7）を代入して計算し，

$$
\begin{aligned}
p_i &= p_{xj}\ \frac{\partial \dot{x}_j}{\partial \dot{q}_i} \\
&= p_{xj}\ \frac{\partial}{\partial \dot{q}_i}\left(\frac{\partial x_j}{\partial q_i}\dot{q}_i + \frac{\partial x_j}{\partial t}\right) \\
&= p_{xj}\left\{\frac{\partial}{\partial \dot{q}_i}\left(\frac{\partial x_j}{\partial q_i}\right)\dot{q}_i + \frac{\partial x_j}{\partial q_i}\frac{\partial \dot{q}_i}{\partial \dot{q}_i} + \frac{\partial}{\partial \dot{q}_i}\left(\frac{\partial x_j}{\partial t}\right)\right\} \\
&= p_{xj}\left(0 + \frac{\partial x_j}{\partial q_i} + 0\right) \\
&= p_{xj}\ \frac{\partial x_j}{\partial q_i}
\end{aligned}
\tag{6.9}
$$

を得る。これが，一般運動量と直交座標系の運動量の関係を示す式である。

(6.9)の3行目から4行目への式変形について説明しよう。第1項と第3項はそれぞれ $q$，$t$ の関数でしかない $\frac{\partial x_j}{\partial q_i}$ と $\frac{\partial x_j}{\partial t}$ を $\dot{q}_i$ で微分しているが，直接関係ない変数を微分しているので結果は0である。しかし第2項は $\dot{q}_i$ を $\dot{q}_i$ で微分しているので1となり，第2項の $\frac{\partial x_j}{\partial q_i}$ だけが残るというわけである。

この式変形の結果，特に（6.9）の各辺を $p_{xj}$ で割った結果は

$$
\frac{\partial \dot{x}_j}{\partial \dot{q}_i} = \frac{\partial x_j}{\partial q_i} \tag{6.10}
$$

であることを示している。つまり，速度 $\dot{x}$ を一般速度 $\dot{q}$ で偏微分すると，あたかも時間微分のドット記号が約分されたかのように，座標 $x$ を一般座標 $q$ で偏微分した結果と同じになるということである。この（6.10）は知っておくと，式変形に役に立つ。

また，ここで $\Sigma$ の省略が暗黙の内に行なわれていることにも注意していただきたい。(6.9）では $i$ が1個（止まっている添字)，$j$ が2個（ダミーの添字）であるから，(6.9）の式の意味は

$$
p_i = \sum_{j=1}^{f} p_{xj}\ \frac{\partial x_j}{\partial q_i} \tag{6.11}
$$

ということになる。前節で述べた規約の適用条件と注意事項を正しく理解していれば，$\Sigma$ を省略するだけでなく，省略された式から $\Sigma$ を必要に応じて復活させることも容易なはずである。

こうして，直交座標系の運動量と一般座標系の運動量の間の関係式が導出されたので，以降の式変形などでは一般運動量の表式として（6.11）を用いることができる。

## 07.

# 一般力

これまで，一般座標系における物理量を定式化してきた。最後に，一般座標系における力を定義し，基礎方程式を導くための準備を整えよう。

ニュートンの運動方程式は，運動量の時間微分＝力という形式であった。すなわち，今用いている記法で書くと

$$\dot{p}_{xj} = F_j \tag{7.1}$$

である。

(7.1) が運動の因果関係を表している以上，この方程式を実験から原理的に導入する以前の段階で，既に力という物理量は定義されていなければならない。従って，(7.1) が力の定義を意味していると考えるのはあまり良い態度ではない。しかし，求め方という意味では，運動量の時間微分で力が求まるというのは一般に成り立つことである。

そこでまずは，直交座標系の運動量を含む一般運動量 (6.9) を時間 $t$ で微分する。

$$\begin{aligned}
\dot{p}_i = \frac{dp_i}{dt} &= \frac{d}{dt}\left(p_{xj}\frac{\partial x_j}{\partial q_i}\right) \\
&= \frac{dp_{xj}}{dt}\frac{\partial x_j}{\partial q_i} + \frac{d}{dt}\left(\frac{\partial x_j}{\partial q_i}\right)p_{xj} \\
&= \dot{p}_{xj}\frac{\partial x_j}{\partial q_i} + \frac{\partial}{\partial q_i}\left(\frac{dx_j}{dt}\right)\frac{\partial T}{\partial \dot{x}_j} \\
&= F_j\frac{\partial x_j}{\partial q_i} + \frac{\partial \dot{x}_j}{\partial q_i}\frac{\partial T}{\partial \dot{x}_j} \\
&= F_j\frac{\partial x_j}{\partial q_i} + \frac{\partial T}{\partial q_i}
\end{aligned} \tag{7.2}$$

なお，(7.2) の4番目の等号で，$t$ による微分と $q_i$ による微分の順序を変えても偏微分の結果は変わらないことを用いた。

このことは $x_j(q,\ t)$ の全微分 (5.8) を用いて，次のように示すことができる（[7.2] の計算の順とは逆であるが，$\dfrac{\partial}{\partial q_i}\left(\dfrac{dx_j}{dt}\right)$ が $\dfrac{d}{dt}\left(\dfrac{\partial x_j}{\partial q_i}\right)$ になることを示す)。

$$
\begin{aligned}
\frac{\partial}{\partial q_i}\left(\frac{dx_j}{dt}\right) &= \frac{\partial}{\partial q_i}\left\{\frac{dx_j(\{q_k\},t)}{dt}\right\} \\
&= \frac{\partial}{\partial q_i}\left(\frac{\partial x_j}{\partial q_k}\frac{dq_k}{dt}+\frac{\partial x_j}{\partial t}\frac{dt}{dt}\right) \\
&= \frac{\partial}{\partial q_i}\left(\frac{\partial x_j}{\partial q_k}\right)\frac{dq_k}{dt}+\frac{\partial}{\partial q_i}\left(\frac{\partial x_j}{\partial t}\right)\frac{dt}{dt} \\
&= \frac{d}{dt}\left(\frac{\partial q_k}{\partial q_i}\frac{\partial x_j}{\partial q_k}+\frac{\partial t}{\partial q_i}\frac{\partial x_j}{\partial t}\right) \\
&= \frac{d}{dt}\left\{\frac{\partial x_j(\{q_k\},t)}{\partial q_i}\right\} \\
&= \frac{d}{dt}\left(\frac{\partial x_j}{\partial q_i}\right)
\end{aligned}
\tag{7.3}
$$

これは (6.10) とともに式変形に役に立つ関係式であるので，これ以後は (7.3) を適宜用いていく。

(7.1) から考えて，(7.2) の最右辺を一般力であるとしても良いのだが，もう少しよく考えてみよう。各項の起源となる式（(7.2) の2行目）で $q=x$ とすると（一般座標を直交座標に選ぶと）どうなるか，ということを考察するのである。

第1項は直交座標系の運動量の時間微分 $\dfrac{dp_{xj}}{dt}$ から生じる項であり，$x=q$ の場合も，直交座標系の力 $F_j$ として存在している。これに対して，第2項

は $\dfrac{\partial x_j}{\partial q_i}$ の時間微分 $\dfrac{d}{dt}\left(\dfrac{\partial x_j}{\partial q_i}\right)$ から生じる項である。よって，$x=q$ とすれば，$\dfrac{\partial x_j}{\partial q_i}$ が一定となるので，その時間微分は0であり，結果として第2項は0となる。

従って，第2項 $\dfrac{\partial T}{\partial q_i}$ は，座標の選択によって現れたり現れなかったりする見かけの力，すなわち**慣性力**を表しているということになる[8]（具体的には，$x$ と $q$ が比例しない場合に現れる）。

一般運動量の式（6.9）では，$x=q$ とおいたときに $p_x=p$ となるような $p$ を一般運動量と定めているので，今回もそれに倣い，$x=q$ の場合に直交座標系の力と一般座標系の力が一致するように，一般座標系の力を定めよう。慣性力を一般化に際して組み込む必要性は無いので，（7.2）の最終結果の全体ではなく第1項のみを取って，これを**一般化力**，または単に**一般力**と呼ぶ。

一般力を表す文字としては，$Q$ を用いるのが普通である。稀に，$F$ またはその異体字で書く流儀もあるが，本書では直交座標系の力との混同を避けるため，一般力は $Q$，直交座標系の力は引き続き $F$ で表していく。運動量に関しては，$p$ 以外の文字で表す流儀が存在していないので，ここでは一般運動量を $p_i$，直交座標系の運動量を $p_{x_j}$ で表している。

すなわち，一般力の表式は次のようになる。

$$Q_i = F_j \frac{\partial x_j}{\partial q_i} \tag{7.4}$$

もちろんこれは，

$$Q_i = \sum_{j=1}^{f} F_j \frac{\partial x_j}{\partial q_i} \tag{7.5}$$

という意味である。

---

8　実際，等速円運動における運動エネルギー $T=\dfrac{1}{2}mv^2=\dfrac{1}{2}mr^2\omega^2$ を $r$ で偏微分すれば，遠心力 $F=mr\omega^2$ が導出される。

一般力の単位についても，一般速度，一般運動量と同様の議論をすることができる。一般座標が長さを表している場合，一般力の SI 単位は直交座標系の力と同じく［N］で，力の次元を持つ。一方，一般座標が角度を表している場合，一般力の SI 単位は（角度を単位無しと見做すと）［N・m］であり，力のモーメントの次元を持つ。すなわち一般力は，力だけでなく，力のモーメントをも含む，文字通り一般化された力となっている。

次は，一般力のする仕事について考えよう。**仕事**の定義は，物体に或る力を加え，その力の向きに物体を動かすことである。言い換えると，仕事 $W$ を求めるとき，力 $\boldsymbol{F}$ と変位 $\boldsymbol{x}$ は必ず平行でなければならない。これを数学的に書けば，

$$W = \boldsymbol{F} \cdot \boldsymbol{x} \tag{7.6}$$

となる。すなわち仕事とは，力と変位の内積である。

従って，直交座標系の力 $F_j$ を微小変位 $dx_j$ だけ平行に作用させたとき，その微小な仕事 $dW$ は，

$$dW = F_j \, dx_j \tag{7.7}$$

と計算される。

これを用いて，一般力のする仕事を考える。$x_j$ が時間に陽に依存しないとして，全微分を実行すると，

$$\begin{aligned} dW &= F_j \, dx_j(q) \\ &= F_j \frac{\partial x_j}{\partial q_i} dq_i \\ &= Q_i \, dq_i \end{aligned} \tag{7.8}$$

となる。これが，一般力のする仕事である。

ここで，(7.7) と (7.8) を比較してみよう。

$$\text{直交座標系：}\ dW = F_j\,dx_j$$
$$\text{一般座標系：}\ dW = Q_i\,dq_i$$

(7.7) と (7.8) を並べて書くと分かるように，変位が直交座標であれば，その仕事は直交座標系の力 $F_j$ によるものである。同様に，変位が一般座標であれば，その仕事は一般力 $Q_i$ によるものであると分かる。このことを逆に言えば，一般力とは仕事の変位が一般座標になるような力である，ということになる。

再び (7.2) に戻って，(7.4) の左辺を代入すると，(7.2) は次のように「一般運動量の時間微分＝一般力＋慣性力」という形にまとめられる。

$$\dot{p}_i = Q_i + \frac{\partial T}{\partial q_i} \tag{7.9}$$

前節では，一般運動量を

$$p_i = \frac{\partial T}{\partial \dot{q}_i}$$

によって定めたので，これを用いれば (7.9) の左辺も（運動）エネルギーで表すことができる。

$$\dot{p}_i = \frac{dp_i}{dt} = \frac{d}{dt}\left(\frac{\partial T}{\partial \dot{q}_i}\right) \tag{7.10}$$

(7.10) を (7.9) に代入すると，

$$\frac{d}{dt}\left(\frac{\partial T}{\partial \dot{q}_i}\right) = Q_i + \frac{\partial T}{\partial q_i} \tag{7.11}$$

が得られる。この方程式 (7.11) は，基礎方程式を導出するための足掛かりとなる。

08.

# ラグランジュ方程式

ここまでの議論で，解析力学の基礎方程式を導出する準備がようやく整ったことになる。導出に際しては，保存力を利用するので，まず保存力の式を出しておこう。

前章でも述べたように，保存力 $F_j$ はニュートン力学において，

$$F_j = -\frac{\partial V}{\partial x_j} \tag{8.1}$$

で与えられる。

一般力（7.3）に保存力（8.1）を代入したものを $Q_i$ とすると，

$$\begin{aligned} Q_i &= F_j \frac{\partial x_j}{\partial q_i} = -\frac{\partial V}{\partial x_j}\frac{\partial x_j}{\partial q_i} \\ &= -\frac{\partial V(x)}{\partial q_i} = -\frac{\partial V(q)}{\partial q_i} \end{aligned} \tag{8.2}$$

となる。なお，最右辺（[8.2] の 2 行目）の変形が許されるのは運動エネルギーの座標変換と同じ理由によるものである（[6.4]～[6.5]）の議論を参照)。また，ポテンシャルが時間によって変化してはならないということはないが，ポテンシャルが時間変化するような複雑な例は，本書では扱わない。

（8.2）を（7.11）に代入すると，

$$\frac{d}{dt}\left(\frac{\partial T}{\partial \dot{q}_i}\right) = -\frac{\partial V(q)}{\partial q_i} + \frac{\partial T}{\partial q_i} \tag{8.3}$$

となる。ここで，引数を詳しく書いた式は，

$$\frac{d}{dt}\left\{\frac{\partial T(\dot{x})}{\partial \dot{q}_i}\right\} = -\frac{\partial V(q)}{\partial q_i} + \frac{\partial T(\dot{x})}{\partial q_i} \tag{8.4}$$

であるので，座標変換（6.4）を用いて変数を一般座標系のものに統一しよう。その上で，右辺の第 1 項と第 2 項の順番を入れ替えると，次のようになる。

$$\frac{d}{dt}\left\{\frac{\partial T(q,\dot{q},t)}{\partial \dot{q}_i}\right\}=\frac{\partial T(q,\dot{q},t)}{\partial q_i}-\frac{\partial V(q)}{\partial q_i}$$
$$=\frac{\partial}{\partial q_i}\{T(q,\dot{q},t)-V(q)\} \tag{8.5}$$

このようにまとめて書くと，引数の一部が共通なので，$T$ と $V$ の差，すなわち $T-V$ は一つの関数と見做すことができる。

そこで，$T-V$ で表される関数を $L$ とおき，(8.5) から，次のように定義する。

$$L=L(q,\ \dot{q},\ t)=T(q,\ \dot{q},\ t)-V(q) \tag{8.6}$$

この関数 $L$ を，解析力学の建設者**ジョゼフ・ルイ・ラグランジュ**にちなみ，**ラグランジアン**，または**ラグランジュ関数**という。ラグランジアンは物理学全体の中で考えても，その体系を構成する上で最も重要な要素の一つである。

以下では簡単のために引数を省略する。ラグランジアンを用いると，(8.5) は

$$\frac{d}{dt}\left(\frac{\partial T}{\partial \dot{q}_i}\right)=\frac{\partial L}{\partial q_i} \tag{8.7}$$

とまとめられるが，次は左辺もラグランジアンで表せないかということを考える。

左辺をラグランジアンで表すためには，左辺が

$$\frac{d}{dt}\left(\frac{\partial T}{\partial \dot{q}_i}-\frac{\partial V}{\partial \dot{q}_i}\right) \tag{8.8}$$

になっていなければならないが，$V$ は $\dot{q}$ に依らないので，

$$\frac{d}{dt}\left(\frac{\partial V}{\partial \dot{q}_i}\right)=0 \tag{8.9}$$

である。

従って，(8.7) は左辺を (8.8) で置き換えても同じ結果を与える。つまり

$$\frac{d}{dt}\left(\frac{\partial T}{\partial \dot{q}_i}-\frac{\partial V}{\partial \dot{q}_i}\right)=\frac{d}{dt}\left\{\frac{\partial}{\partial \dot{q}_i}(T-V)\right\}=\frac{\partial L}{\partial q_i} \tag{8.10}$$

が成り立つので，両辺がラグランジアンで表された式が完成する。

$$\frac{d}{dt}\left(\frac{\partial L}{\partial \dot{q}_i}\right)=\frac{\partial L}{\partial q_i} \tag{8.11}$$

これが解析力学の基礎方程式，**ラグランジュ方程式**である。引数も含めて表示すると，

$$\frac{d}{dt}\left\{\frac{\partial L(q,\dot{q},t)}{\partial \dot{q}_i}\right\}=\frac{\partial L(q,\dot{q},t)}{\partial q_i} \tag{8.12}$$

となる。

解析力学において，ラグランジアンを基本的な量として，ラグランジュ方程式を用いて物体の運動を記述する方法は**ラグランジュ形式**の力学と呼ばれている。

ラグランジュ方程式を導く足掛かりとなった式 (7.11) も，内容的にはラグランジュ方程式 (8.11) と同じことを主張しているので，(7.11) を**第二種ラグランジュ方程式**という。(7.11) 及び (8.11) は，考えている系がホロノーム系であることを前提として導かれたものなので，**ホロノーム系の運動方程式**と呼ばれることもある。ホロノーム系では，自由度の数と一般座標の数が一致するので，ホロノーム系の運動方程式は系の自由度の数だけ存在することになる（つまり，系の自由度の数は（ラグランジュ）方程式の数とも一致する）。

ここでの議論は $V$ が $q$ のみに依存する場合にしか成り立たないが，ラグラ

ンジュ方程式（8.11）は，実は$V$が$q$と$\dot{q}$の両方に依存する場合にもそのまま用いることができる。以下で，このことを示そう。

$V$が$q$と$\dot{q}$の両方に依存する場合とは，(8.9)の左辺が0にならない場合である。このとき，一般力は（8.2）の右辺に（8.9）の左辺が追加され，次のようになる。

$$Q_i = -\frac{\partial V(q,\ \dot{q})}{\partial q_i} + \frac{d}{dt}\left\{\frac{\partial V(q,\ \dot{q})}{\partial \dot{q}_i}\right\} \tag{8.13}$$

これを第二種ラグランジュ方程式（7.11）に代入すると，

$$\frac{d}{dt}\left(\frac{\partial T}{\partial \dot{q}_i}\right) = -\frac{\partial V(q, \dot{q})}{\partial q_i} + \frac{d}{dt}\left\{\frac{\partial V(q, \dot{q})}{\partial \dot{q}_i}\right\} + \frac{\partial T}{\partial q_i} \tag{8.14}$$

になるので移項してまとめると，

$$\frac{d}{dt}\left[\frac{\partial}{\partial \dot{q}_i}\{T(q, \dot{q}, t) - V(q, \dot{q})\}\right] = \frac{\partial}{\partial q_i}\{T(q, \dot{q}, t) - V(q, \dot{q})\} \tag{8.15}$$

となる。

このとき，ラグランジアンは

$$L(q, \dot{q}, t) = T(q, \dot{q}, t) - V(q, \dot{q}) \tag{8.16}$$

であるから，(8.15) は

$$\frac{d}{dt}\left\{\frac{\partial L(q, \dot{q}, t)}{\partial \dot{q}_i}\right\} = \frac{\partial L(q, \dot{q}, t)}{\partial q_i}$$

と書ける。これは，(8.12) と等しい。

$V$が速度に依存する例として，電磁場中の荷電粒子に対するポテンシャルを挙げることができる。電磁場中の荷電粒子に対するポテンシャルは

$$V = q(\phi - \dot{\boldsymbol{r}} \cdot \boldsymbol{A}) \tag{8.17}$$

という形をしており，速度 $\dot{\boldsymbol{r}}$ に依存する（これは，ローレンツ力（荷電粒子にはたらく力）が速度に依存するためである）。ここで，$q$ は電荷（一般座標ではない），$\phi$ はスカラーポテンシャル，$\boldsymbol{A}$ はベクトルポテンシャルである。(8.17) などの電磁気関係の話題についてはⅦ章の 35 節でまとめて扱うので，ここでは深入りしない。

それでは，非保存力が関わっている場合はどうであろうか。非保存力があるということは，ポテンシャルから導けない力が存在するということなので，さすがに (8.11) がそのまま成り立つということにはならないが，形式の単純さが失われることはない。

非保存力を $F_j{}'$，非保存力による一般力を $Q_i'$ とすると，(合力としての) 一般力は

$$Q_i + Q_i' = -\frac{\partial V}{\partial q_i} + Q_i' \tag{8.18}$$

となる。また，$Q_i'$ の表式は一般力 (7.3) の $F_j$ を $F_j{}'$ に変えたもので，

$$Q_i' = F_j{}' \frac{\partial x_j}{\partial q_i} \tag{8.19}$$

であるが，今は $Q_i'$ の中身は関係ないので，$Q_i'$ のままで計算する。

第二種ラグランジュ方程式 (7.11) の $Q_i$ を (8.18) で置き換えると，

$$\frac{d}{dt}\left(\frac{\partial T}{\partial \dot{q}_i}\right) = -\frac{\partial V}{\partial q_i} + Q_i' + \frac{\partial T}{\partial q_i} \tag{8.20}$$

のようになるが，先ほど示したように，$V$ が $\dot{q}$ に依存するかどうかに関係なく，左辺は (8.8) に一致させることができるので，

$$\frac{d}{dt}\left(\frac{\partial T}{\partial \dot{q}_i} - \frac{\partial V}{\partial \dot{q}_i}\right) = \frac{\partial T}{\partial q_i} - \frac{\partial V}{\partial q_i} + Q_i' \tag{8.21}$$

すなわち，

$$\frac{d}{dt}\left(\frac{\partial L}{\partial \dot{q}_i}\right)=\frac{\partial L}{\partial q_i}+Q_i' \tag{8.22}$$

となる。

これが，非保存力を含むラグランジュ方程式である。(8.22) から，非保存力が関与する場合でも，普通のラグランジュ方程式 (8.11) の右辺に $Q_i'$ ((8.19)) を足すだけで良いことが分かる。

非保存力を含むラグランジュ方程式の具体例を見てみよう。非保存力として, 速度に比例する抵抗力（空気中を落下する球体にはたらく空気抵抗など）を考える。比例定数を $k_j$ とすると（$k$ は球の半径に比例するので, 添字を付けておく)，抵抗力 $F_j'$ は,

$$F_j'=-k_j\dot{x}_j \quad （和はとらない） \tag{8.23}$$

で， $F_j'$ のする微小な仕事は

$$dW=F_j'\,dx_j=-\sum_{j=1}^{nN}k_j\dot{x}_j\,dx_j \tag{8.24}$$

である。それぞれの式の負符号は抵抗力の向きと速度の向きが反対であることを示している。また，(8.24) の最右辺では添字の出現回数が 3 回になっているので， Σ が復活している。

(8.24) の両辺を $dt$ で割ると,

$$\begin{aligned}\frac{dW}{dt}&=-\sum_{j=1}^{nN}k_j\dot{x}_j\,\frac{dx_j}{dt}\\&=-\sum_{j=1}^{nN}k_j\dot{x}_j^{\,2}\end{aligned} \tag{8.25}$$

となるが，右辺をあえて次のように変形する。

$$\frac{dW}{dt} = -\sum_{j=1}^{nN} \frac{1}{2} k_j \dot{x}_j^2 \times 2$$
$$= -2\left(\sum_{j=1}^{nN} \frac{1}{2} k_j \dot{x}_j^2\right) \tag{8.26}$$

このようにする理由は，(…) 部分を微分することで抵抗力 $F_j'$ (の絶対値) が出てくるようにするためである。右辺にマイナスがあるので，抵抗力は常に系のエネルギーを減少させるようにはたらいていることが分かる。また，(…) 内は $F'-x$ グラフの面積でもあり，一定時間内に失われる (力学的) エネルギーの量を示している。

エネルギーが失われることを散逸というので，(…) 内を**散逸関数**といい，$D$ または $R$ で表す。

$$D = \sum_{j=1}^{nN} \frac{1}{2} k_j \dot{x}_j^2 \tag{8.27}$$

散逸関数は 1873 年に，レイリー = ジーンズの法則等に名を残すイギリスの物理学者，**レイリー卿** (ジョン・ウィリアム・ストラット) によって導入された量であるので，**レイリーの散逸関数**と呼ばれることもある。

(8.26) の右辺は散逸関数を用いて

$$\frac{dW}{dt} = -2D \tag{8.28}$$

と表すことができる。これは，系のエネルギーが減少する速さは $D$ の 2 倍である，という意味である。

また，(8.27) を微分して $-1$ を掛けると抵抗力 (8.23) になるので，$F_j'$ は散逸関数を用いて

$$F_j' = -\frac{\partial D}{\partial \dot{x}_j} \tag{8.29}$$

と書ける。これを (8.19) に代入し，(6.10) を用いると，

$$Q'_i = -\frac{\partial D}{\partial \dot{x}_j}\frac{\partial x_j}{\partial q_i}$$
$$= -\frac{\partial D}{\partial \dot{x}_j}\frac{\partial \dot{x}_j}{\partial \dot{q}_i}$$
$$= -\frac{\partial D}{\partial \dot{q}_i} \tag{8.30}$$

となる。このように，(8.23) のような抵抗力があるとき，非保存力による一般力は散逸関数を用いると簡潔に表すことができる。

(8.30) を，非保存力を含むラグランジュ方程式 (8.22) に代入すると，次のようになる。

$$\frac{d}{dt}\left(\frac{\partial L}{\partial \dot{q}_i}\right) = \frac{\partial L}{\partial q_i} - \frac{\partial D}{\partial \dot{q}_i} \tag{8.31}$$

さらに，$F_j{}'$ 以外の非保存力が加わる場合は，それらによる一般力を $Q_i{}''$ として，

$$\frac{d}{dt}\left(\frac{\partial L}{\partial \dot{q}_i}\right) = \frac{\partial L}{\partial q_i} - \frac{\partial D}{\partial \dot{q}_i} + Q_i{}'' \tag{8.32}$$

とすれば良い。

それでは最後に，もう一度 (8.22) を振り返って，本節を終えよう。(8.22) の右辺にあるラグランジアンを分解し，自然言語で書いてみると，

$$\frac{d}{dt}\left(\frac{\partial L}{\partial \dot{q}_i}\right) = \frac{\partial T}{\partial q_i} - \frac{\partial V}{\partial q_i} + Q_i{}'$$

＝ 慣性力＋保存力（による一般力）＋
非保存力（による一般力） (8.33)

となるので，(8.33) の右辺は合力を表しているということになる。それでは

(8.33) の左辺が表すものは何であろうか。

ここで比較していただきたいのが，ニュートンの運動方程式である。ニュートンの運動方程式は，「運動量の時間微分 = 合力」という形をしているわけだが，解析力学がニュートン力学を一般化し再定義したものだとすれば，当然その基礎方程式の中にはニュートンの運動方程式が包含されていなければならないであろう。ならば，(8.33) の左辺は一般運動量の時間微分を表していなければ不自然ではないか，という話である。

そこで，一般運動量を

$$p_i = \frac{\partial L}{\partial \dot{q}_i} \tag{8.34}$$

として再定義する。6 節では一般運動量を

$$p_i = \frac{\partial T}{\partial \dot{q}_i}$$

としたが，ラグランジアンの方が運動エネルギーより広い概念であるので，(8.34) のような拡張が成り立つと考えて差し支えない。

(8.34) を用いれば，(8.11)，(8.22) はそれぞれ

$$\dot{p}_i = \frac{\partial L}{\partial q_i} \tag{8.35}$$

$$\dot{p}_i = \frac{\partial L}{\partial q_i} + Q_i' \tag{8.36}$$

とまとめることができる。それぞれ右辺は合力を表すので，これらと (7.1) を比較すれば，ラグランジュ方程式とニュートンの運動方程式が正しく対応していることが分かるであろう。次節では，実際にラグランジュ方程式から，直交座標系と極座標のそれぞれにおけるニュートンの運動方程式を導出する。

09.

# ラグランジュ方程式の共変性

ラグランジュ方程式（8.11）において，$q=x$とすると（直交座標を一般座標に選ぶと），

$$\frac{d}{dt}\left(\frac{\partial L}{\partial \dot{x}_j}\right)=\frac{\partial L}{\partial x_j} \tag{9.1}$$

である（直交座標系におけるラグランジュ方程式）。このとき，ラグランジアンは

$$L=L(x,\dot{x})=T(\dot{x})-V(x)$$

$$=\sum_{j=1}^{nN}\frac{1}{2}m\dot{x}_j^{\,2}-V \tag{9.2}$$

であるから，

$$\frac{\partial L}{\partial x_j}=\frac{\partial}{\partial x_j}\left(\sum_{j=1}^{nN}\frac{1}{2}m\dot{x}_j^{\,2}-V\right)$$

$$=-\frac{\partial V(x)}{\partial x_j}=F_j \tag{9.3}$$

$$\frac{\partial L}{\partial \dot{x}_j}=\frac{\partial}{\partial \dot{x}_j}\left(\sum_{j=1}^{nN}\frac{1}{2}m\dot{x}_j^{\,2}-V\right)$$

$$=\frac{1}{2}m\times 2\dot{x}_j(-0)$$

$$=m\dot{x}_j \quad\Rightarrow\quad \frac{d}{dt}\left(\frac{\partial L}{\partial \dot{x}_j}\right)=m\ddot{x}_j \tag{9.4}$$

従って，

$$F_j=m\ddot{x}_j \tag{9.5}$$

これは，ニュートンの運動方程式である。これが自由度の数だけ存在するので，3 次元で 1 個の質点に対しては 3 つの連立方程式となり，$\ddot{x}_1 = \ddot{x}$，$\ddot{x}_2 = \ddot{y}$，$\ddot{x}_3 = \ddot{z}$ などとして

$$F_x = m\ddot{x} \tag{9.6}$$

$$F_y = m\ddot{y} \tag{9.7}$$

$$F_z = m\ddot{z} \tag{9.8}$$

となる。このように，ラグランジアンとラグランジュ方程式から，直交座標系におけるニュートンの運動方程式を導くことができる。

ここで，運動方程式（9.5）の導出が，ラグランジアンを通してまったく機械的に行なわれていることに注目していただきたい。

ラグランジュ形式では，ラグランジアンを第一の基本的な量とするので，とにかくラグランジアンを書くことから始まる。力学においてラグランジアンを書くためには，運動エネルギーとポテンシャルを求めてから差をとらなければならないので，ラグランジアンを求める手間はあるが，それ以外で手間がかかるとすれば最後の微分計算だけである。ラグランジアンが求まったら，それを一般座標で微分したものと，一般速度で微分してから時間微分したものを等号で結ぶだけで良い。

ニュートン流のやり方と比較すると，方程式をスカラーで統一したことで（単位）ベクトルの入る余地がなくなっており，さらには力がラグランジアンの中に既に組み込まれているので，力，特に拘束力を具体的に登場させることなくして運動方程式を立てることができるようになっている（なぜ拘束力が消去できるのかについては 14 節で説明する）。これは飛躍的な進歩であり，解析力学の大きな成果であると言える。

それでは，その進歩を確認するために，2 次元極座標系におけるニュートンの運動方程式を導出してみよう。

ラグランジアンは

$$\begin{aligned} L &= T - V \\ &= \frac{1}{2}mv^2 - V \\ &= \frac{1}{2}m(\dot{x}^2 + \dot{y}^2) - V \end{aligned} \tag{9.9}$$

である。

$$x = r\cos\theta \tag{9.10}$$

$$y = r\sin\theta \tag{9.11}$$

を用いると

$$\begin{aligned} \dot{x} &= \frac{dx}{dt} = \frac{d}{dt}(r\cos\theta) \\ &= \frac{dr}{dt}\cos\theta + r\frac{d}{dt}(\cos\theta) \\ &= \dot{r}\cos\theta - r\dot{\theta}\sin\theta \end{aligned} \tag{9.12}$$

$$\begin{aligned} \dot{y} &= \frac{dy}{dt} = \frac{d}{dt}(r\sin\theta) \\ &= \frac{dr}{dt}\sin\theta + r\frac{d}{dt}(\sin\theta) \\ &= \dot{r}\sin\theta + r\dot{\theta}\cos\theta \end{aligned} \tag{9.13}$$

であるから，

$$\begin{aligned} \dot{x}^2 + \dot{y}^2 &= (\dot{r}\cos\theta - r\dot{\theta}\sin\theta)^2 + (\dot{r}\sin\theta + r\dot{\theta}\cos\theta)^2 \\ &= \dot{r}^2\cos^2\theta - 2r\dot{r}\dot{\theta}\sin\theta\cos\theta + r^2\dot{\theta}^2\sin^2\theta \\ &\qquad + \dot{r}^2\sin^2\theta + 2r\dot{r}\dot{\theta}\sin\theta\cos\theta + r^2\dot{\theta}^2\cos^2\theta \\ &= \dot{r}^2(\sin^2\theta + \cos^2\theta) + r^2\dot{\theta}^2(\sin^2\theta + \cos^2\theta) \\ &= \dot{r}^2 + r^2\dot{\theta}^2 \end{aligned} \tag{9.14}$$

これを（9.9）に代入すると，2次元極座標系のラグランジアンが求まり，次のようになる。

$$L=\frac{1}{2}m(\dot{r}^2+r^2\dot{\theta}^2)-V \tag{9.15}$$

ラグランジュ方程式（8.12）において，$q=r$とすると（極座標を一般座標に選ぶと），

$$\frac{d}{dt}\left(\frac{\partial L}{\partial \dot{r}_j}\right)=\frac{\partial L}{\partial r_j} \tag{9.16}$$

となるから（極座標系におけるラグランジュ方程式），これに上で求めたラグランジアン（9.15）を代入していく。

まずは$r_1=r$の場合を計算しよう。

$$\begin{aligned}\frac{\partial L}{\partial r}&=\frac{\partial}{\partial r}\left(\frac{1}{2}m\dot{r}^2+\frac{1}{2}mr^2\dot{\theta}^2-V\right)\\&=(0+)\frac{1}{2}m\times 2r\dot{\theta}^2-\frac{\partial V}{\partial r}\\&=mr\dot{\theta}^2-\frac{\partial V}{\partial r}\end{aligned} \tag{9.17}$$

$$\begin{aligned}\frac{\partial L}{\partial \dot{r}}&=\frac{\partial}{\partial \dot{r}}\left(\frac{1}{2}m\dot{r}^2+\frac{1}{2}mr^2\dot{\theta}^2-V\right)\\&=\frac{1}{2}m\times 2\dot{r}(+0+0)\\&=m\dot{r}\quad\Rightarrow\quad\frac{d}{dt}\left(\frac{\partial L}{\partial \dot{r}_j}\right)=m\ddot{r}\end{aligned} \tag{9.18}$$

すなわち，

$$m\ddot{r}=mr\dot{\theta}^2-\frac{\partial V}{\partial r} \tag{9.19}$$

ここで，

$$F_r=-\frac{\partial V}{\partial r} \tag{9.20}$$

であるから， $r$ 方向の極座標系における運動方程式，

$$F_r=m(\ddot{r}-r\dot{\theta}^2) \tag{9.21}$$

が得られる。

$r_2=\theta$ の場合についても，全く同様の計算を繰り返せば良い。

$$\begin{aligned}\frac{\partial L}{\partial \theta}&=\frac{\partial}{\partial \theta}\left(\frac{1}{2}m\dot{r}^2+\frac{1}{2}mr^2\dot{\theta}^2-V\right)\\&=(0+0)-\frac{\partial V}{\partial \theta}\end{aligned} \tag{9.22}$$

$$\begin{aligned}\frac{\partial L}{\partial \dot{\theta}}&=\frac{\partial}{\partial \dot{\theta}}\left(\frac{1}{2}m\dot{r}^2+\frac{1}{2}mr^2\dot{\theta}^2-V\right)\\&=(0+)\frac{1}{2}mr^2\times 2\dot{\theta}(+0)=mr^2\dot{\theta}\end{aligned} \tag{9.23}$$

$$\begin{aligned}\frac{d}{dt}\left(\frac{\partial L}{\partial \dot{\theta}}\right)&=\frac{d}{dt}(mr^2\dot{\theta})\\&=m\dot{r}r\dot{\theta}+mr\dot{r}\dot{\theta}+mr^2\ddot{\theta}\\&=2mr\dot{r}\dot{\theta}+mr^2\ddot{\theta}\end{aligned} \tag{9.24}$$

すなわち，

$$2mr\dot{r}\dot{\theta}+mr^2\ddot{\theta}=-\frac{\partial V}{\partial \theta} \tag{9.25}$$

ここで，

$$F_\theta=-\frac{1}{r}\frac{\partial V}{\partial \theta} \tag{9.26}$$

であるから，両辺を $r$ で割って整理すると，$\theta$ 方向の極座標系における運動方程式は

$$F_\theta=m(2\dot{r}\dot{\theta}+r\ddot{\theta}) \tag{9.27}$$

となる。

このように極座標系の場合であっても，ラグランジアンさえ書ければ，あとは直交座標のときと同様の手順を踏むだけで目的の式が得られる。ラグランジュ形式では手順が明確化・単純化されている分，ニュートン力学と比べて計算量が大幅に抑えられ，それぞれの問題をどうやって解き始めるかということに頭を悩ませる必要もなくなっている。従って，解くのに必要な時間も短縮される上，ミスもしにくくなっているというわけである。このことだけでも，解析力学の（実用的な）恩恵を感じるには十分であろう。

本章の章末問題［６］で，3 次元極座標系におけるニュートンの運動方程式を導出せよという，前章の章末問題［２］と全く同じ問題を出しておいたので，それぞれの解答を比較して，ラグランジュ形式のありがたみを味わっていただきたい。

それでは本節最後のまとめとして，ここまでに得られたことを次のように一般化しよう。ラグランジュ形式において，直交座標系におけるラグランジアン (9.2)

$$L=L(x,\dot{x})$$

による運動方程式（9.1）

$$\frac{d}{dt}\left(\frac{\partial L}{\partial \dot{x}_j}\right)=\frac{\partial L}{\partial x_j}$$

が成り立つならば，他のどのような一般座標 $q_i$ に対しても，全く同形の方程式

$$\frac{d}{dt}\left(\frac{\partial L}{\partial \dot{q}_i}\right)=\frac{\partial L}{\partial q_i} \tag{9.28}$$

が成り立つ。このことを簡単に示して，本節を終えたいと思う。

まず，（9.28）の右辺に（9.2）を代入して全微分すると

$$\begin{aligned}\frac{\partial L}{\partial q_i}&=\frac{\partial L(x,\dot{x})}{\partial q_i}\\&=\frac{\partial L}{\partial x_j}\frac{\partial x_j}{\partial q_i}+\frac{\partial L}{\partial \dot{x}_j}\frac{\partial \dot{x}_j}{\partial q_i}\end{aligned} \tag{9.29}$$

となる。同様に，

$$\begin{aligned}\frac{\partial L}{\partial \dot{q}_i}&=\frac{\partial L(x,\dot{x})}{\partial \dot{q}_i}\\&=\frac{\partial L}{\partial x_j}\frac{\partial x_j}{\partial \dot{q}_i}+\frac{\partial L}{\partial \dot{x}_j}\frac{\partial \dot{x}_j}{\partial \dot{q}_i}\end{aligned} \tag{9.30}$$

である。$x$ は $\dot{q}$ に依らないので

$$\frac{\partial x_j}{\partial \dot{q}_i}=0 \tag{9.31}$$

であり，(9.30) の右辺第 1 項は 0 になる。そこで，(6.10) を用いると (9.30) は

$$\frac{\partial L}{\partial \dot{q}_i}=\frac{\partial L}{\partial \dot{x}_j}\frac{\partial \dot{x}_j}{\partial \dot{q}_i}=\frac{\partial L}{\partial \dot{x}_j}\frac{\partial x_j}{\partial q_i} \tag{9.32}$$

とまとめられる。

よって，(9.28) 左辺は，

$$
\begin{aligned}
\frac{d}{dt}\left(\frac{\partial L}{\partial \dot{q}_i}\right) &= \frac{d}{dt}\left(\frac{\partial L}{\partial \dot{x}_j}\frac{\partial x_j}{\partial q_i}\right) \\
&= \frac{d}{dt}\left(\frac{\partial L}{\partial \dot{x}_j}\right)\frac{\partial x_j}{\partial q_i} + \frac{d}{dt}\left(\frac{\partial x_j}{\partial q_i}\right)\frac{\partial L}{\partial \dot{x}_j} \\
&= \frac{d}{dt}\left(\frac{\partial L}{\partial \dot{x}_j}\right)\frac{\partial x_j}{\partial q_i} + \frac{\partial}{\partial q_i}\left(\frac{dx_j}{dt}\right)\frac{\partial L}{\partial \dot{x}_j} \\
&= \frac{d}{dt}\left(\frac{\partial L}{\partial \dot{x}_j}\right)\frac{\partial x_j}{\partial q_i} + \frac{\partial \dot{x}_j}{\partial q_i}\frac{\partial L}{\partial \dot{x}_j}
\end{aligned}
\tag{9.33}
$$

と計算されるから（3番目の等号で［7.3］を用いた），(9.29) から (9.33) を引くと，

$$
\begin{aligned}
\frac{\partial L}{\partial q_i} - \frac{d}{dt}\left(\frac{\partial L}{\partial \dot{q}_i}\right) &= \frac{\partial L}{\partial x_j}\frac{\partial x_j}{\partial q_i} + \frac{\partial L}{\partial \dot{x}_j}\frac{\partial \dot{x}_j}{\partial q_i} - \frac{d}{dt}\left(\frac{\partial L}{\partial \dot{x}_j}\right)\frac{\partial x_j}{\partial q_i} - \frac{\partial \dot{x}_j}{\partial q_i}\frac{\partial L}{\partial \dot{x}_j} \\
&= \frac{\partial L}{\partial x_j}\frac{\partial x_j}{\partial q_i} - \frac{d}{dt}\left(\frac{\partial L}{\partial \dot{x}_j}\right)\frac{\partial x_j}{\partial q_i} \\
&= \left\{\frac{\partial L}{\partial x_j} - \frac{d}{dt}\left(\frac{\partial L}{\partial \dot{x}_j}\right)\right\}\frac{\partial x_j}{\partial q_i}
\end{aligned}
\tag{9.34}
$$

となる。

(9.1) が成り立っているので，(9.34) 右辺の $\{\cdots\}$ 内は0である。そうすると，右辺は全て0となり，

$$
\frac{\partial L}{\partial q_i} - \frac{d}{dt}\left(\frac{\partial L}{\partial \dot{q}_i}\right) = 0 \tag{9.35}
$$

すなわち，

$$
\frac{d}{dt}\left(\frac{\partial L}{\partial \dot{q}_i}\right) = \frac{\partial L}{\partial q_i}
$$

である。

従って，直交座標系におけるラグランジュ方程式（9.1）が成り立てば，他のあらゆる一般座標系で同じ形のラグランジュ方程式（9.28）が成り立つ。

もっと一般的に言うと，一旦ラグランジュ方程式が或る一般座標系で成り立つことが判明すれば，他のあらゆる一般座標系で同じ形のラグランジュ方程式が成り立つということになる。(9.28)～(9.35) は，座標変換によってラグランジュ方程式の形が変わらないことの，簡潔な証明である。

本章の初め（4 節）で述べたように，座標変換を受けても（運動方程式の）形が変わらないという性質を**共変性**というので，座標変換によってラグランジュ方程式の形が変わらないことを，**ラグランジュ方程式の共変性**という。

# 章末問題

**[1]** 長さ $l$ の糸に質量 $m$ のおもりをつけて単振り子を作り，振動させる。糸が鉛直線となす角を $\theta$，おもりの位置座標を $(x,\ y)$，重力加速度の大きさを $g$ として，次の問いに答えよ。

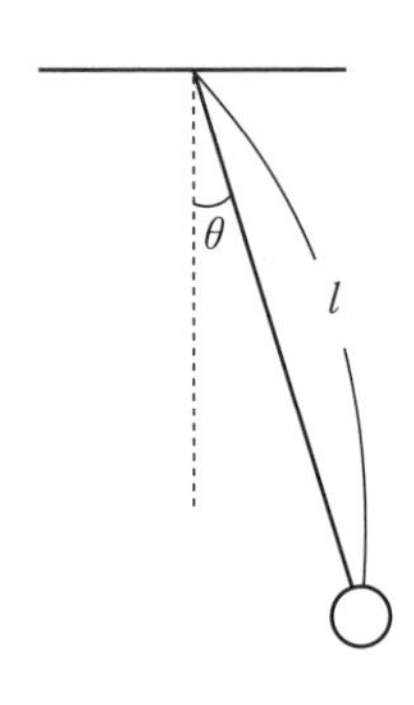


(1) この系の拘束条件を書け。また，自由度はいくつか。

(2) おもりの位置座標と速度を，$l$ と $\theta$ で表せ。

(3) ラグランジアンを求めよ。

(4) 運動方程式を求めよ。また，糸の張力の大きさを求めよ。

(5) $\theta$ が 1 に比べて十分に小さい微小振動で，$\sin\theta \simeq \theta$ と近似できるとき，(4) の方程式はどのようになるか。最も簡単な形で表せ。

**[2]** 長さ $l_1$ の糸 1 の上端を点 O に固定し，糸 1 の下端 に質量 $m_1$ のおもり 1 を，おもり 1 の下に長さ $l_2$ の糸 2 を，糸 2 の下端に質量 $m_2$ のおもり 2 をつけて振り子を作り，振動させる。但し，糸 1，糸 2 はいずれも伸びたり縮んだり，端点以外で曲がったりしないとする。糸 1，糸 2 が鉛直線となす角をそれぞれ $\theta_1$，$\theta_2$，おもり 1，おもり 2 の位置座標をそれぞれ $(x_1,\ y_1)$，$(x_2,\ y_2)$，重力加速度の大きさを $g$ として，次の問いに答えよ。

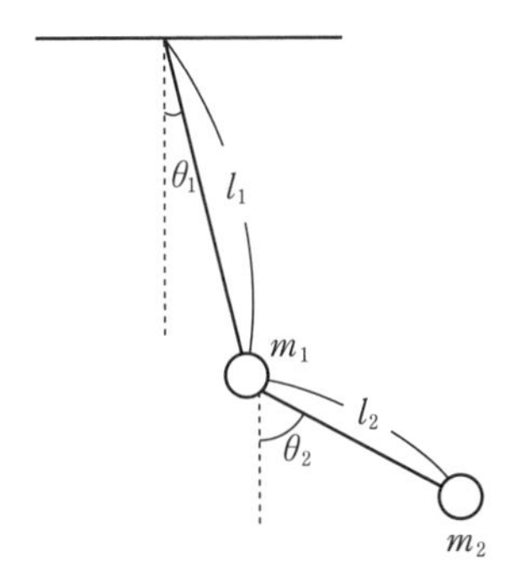


(1) この系の拘束条件を書け。また，自由度はいくつか。

(2) おもり1，2のそれぞれの位置座標と速度を，$l_1$，$l_2$，$\theta_1$，$\theta_2$で表せ。

(3) ラグランジアンを求めよ。

(4) 運動方程式を求めよ。

(5) $\theta_1$，$\theta_2$が1に比べて十分小さい微小振動で，$\sin\theta_i \simeq \theta_i$，$\cos\theta_i \simeq 1$，$\sin(\theta_i - \theta_j) \simeq 0$，$\cos(\theta_i - \theta_j) \simeq 1$と近似できるとき，(4) の方程式はどのようになるか。最も簡単な形で表せ。

**[3]** 単振り子の質量$m$のおもりの支点が振幅$y_0$で周期的に上下して振動する系を考える。糸が鉛直線となす角を$\theta$，おもりの位置座標を$(x, y)$，重力加速度の大きさを$g$として，次の問いに答えよ。

(1) この系の拘束条件を書け。また，自由度はいくつか。

(2) おもりの位置座標と速度を，$l$と$\theta$で表せ。

(3) ラグランジアンを求めよ。

(4) 運動方程式を求めよ。

(5) $\theta$が1に比べて十分に小さい微小振動で，$\sin\theta \simeq \theta$と近似でき，$g$

が $g=l\omega_0{}^2$， $y_0$ が $y_0=\dfrac{ga}{\omega^2}\sin\omega t$ と表されるとき（$a$ は無次元の定数），(3) の方程式はどのようになるか。最も簡単な形で表せ。

**[ 4 ]** 糸の長さとおもりの質量がそれぞれ $l$，$m$ で等しい 2 つの単振り子を一定の間隔に，互いに平行になるように作り，おもり同士をばね定数 $k$ の軽いばねで水平に連結してから振動させる。但し，ばねの自然長と振り子の間隔は等しく，おもりの運動はばねに平行な方向のみで発生すると考える。それぞれの振れ角を $\theta_1$， $\theta_2$，重力加速度の大きさを $g$ として，次の文章の空欄 (1) ～ (5) を埋めよ。但し，(2) 及び (3) は複数である。

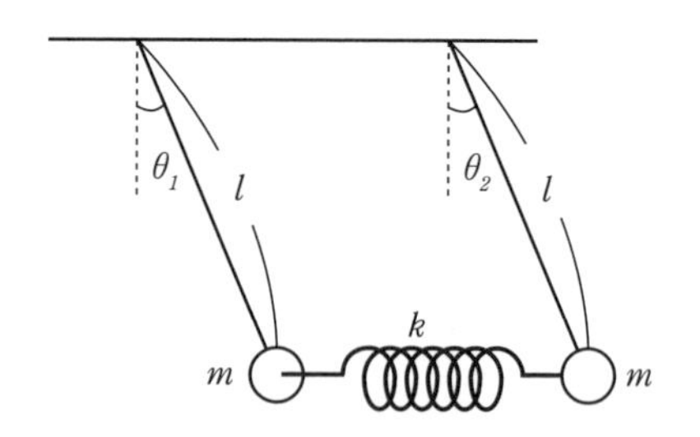


ラグランジアンは (1) であるから，運動方程式は (2) である。ここで， $\theta_1$， $\theta_2$ が 1 に比べて十分小さい微小振動で， $\sin\theta_i\simeq\theta_i$， $\sin(\theta_1-\theta_2)\simeq\theta_1-\theta_2$ と近似できるとき，重力に由来する角振動数 $\omega_g$，弾性力に由来する角振動数 $\omega_k$ を用いて，運動方程式は (3) と表せる。従って，振幅をそれぞれ $A_1$， $A_2$，初期位相をそれぞれ $\phi_1$， $\phi_2$ とすると， $\theta_1+\theta_2=$ (4)， $\theta_1-\theta_2=$ (5) である。

**[ 5 ]** 質量 $m_1$， $m_2$ の 2 つの粒子 1，2 が外力の影響を受けずに運動しているとする。このとき，物体系（2 粒子系）の重心（質量中心）の運動を考

える。重心座標を表す位置ベクトルを $\boldsymbol{R}$，粒子 1，2 の位置ベクトルをそれぞれ $\boldsymbol{r}_1$，$\boldsymbol{r}_2$，2 粒子間の相対座標を表す位置ベクトルを $\boldsymbol{r} = \boldsymbol{r}_2 - \boldsymbol{r}_1$，物体系のポテンシャルを $V = V(|\boldsymbol{r}|)$ として，次の問いに答えよ。

(1) $\boldsymbol{r}_1$， $\boldsymbol{r}_2$ を $\boldsymbol{R}$， $\boldsymbol{r}$ を用いて表せ。

(2) 物体系のラグランジアンを求めよ。

(3) 物体系の重心が等速度運動することを示せ。また，重心の持つこのような性質を物体の何というか。

(4) 重心に固定した座標系で考えたとき，物体系のラグランジアンを求めよ。

**[ 6 ]** 3 次元極座標系 $(r, \theta, \varphi)$ において，保存力 $\boldsymbol{F}$ の $r$ 方向の成分を $F_r$ とする。質量 $m$ の質点が従う $r$ 方向のニュートンの運動方程式を求めよ。但し，$x = r\sin\theta\cos\varphi$，$y = r\sin\theta\sin\varphi$，$z = r\cos\theta$ を用いて良い。

# 解答

## [1]

支点を原点として，水平右向きに $x$ 軸，鉛直下向きに $y$ 軸をとる（以下の [2]，[3]，[4] も同様とする）。

(1) $l=\sqrt{x^2+y^2}$ （$x^2+y^2=l^2$），自由度 $f=2\times1-1=1$

(2) 図より $(x, y)=(l\sin\theta, l\cos\theta)$，$(\dot{x}, \dot{y})=(l\dot{\theta}\cos\theta, -l\dot{\theta}\sin\theta)$

(3) $T=\sum_{i=1}^{nN}\frac{1}{2}m_i\dot{x}_i^2=\frac{1}{2}m(\dot{x}^2+\dot{y}^2)=\frac{1}{2}m\{l^2\dot{\theta}^2(\sin^2\theta+\cos^2\theta)\}=\frac{1}{2}ml^2\dot{\theta}^2$

$V=mg(-y)=-mgl\cos\theta$ （支点基準，ポテンシャルの基準より下にあるものは全て負の値）

$$\therefore\ L=T-V=\frac{1}{2}ml^2\dot{\theta}^2+mgl\cos\theta$$

(4) $\theta$ を一般座標にとると，

$$\frac{d}{dt}\left(\frac{\partial L}{\partial\dot{\theta}}\right)=\frac{\partial L}{\partial\theta}$$

(3) より

$\frac{\partial L}{\partial\theta}=-mgl\sin\theta$，$\frac{\partial L}{\partial\dot{\theta}}=\frac{1}{2}ml^2\times2\dot{\theta}=ml^2\dot{\theta}\ \Rightarrow\ \frac{d}{dt}\left(\frac{\partial L}{\partial\dot{\theta}}\right)=ml^2\ddot{\theta}$

従って，$ml^2\ddot{\theta}=-mgl\sin\theta$ （$ml$ は消去しても可）

(5) $\sin\theta\simeq\theta$ より，$ml^2\ddot{\theta}=-mgl\theta$

$$\therefore \ddot{\theta} = -\frac{g}{l}\theta$$

㊣補：これは，単振動の方程式

$$\ddot{x} = -\omega^2 x \qquad (\text{解}\ \ x = A\cos(\omega t + \phi))$$

の形であるから，(5) の解は

$$\theta = A\cos\left(\sqrt{\frac{g}{l}}\,t + \phi\right)$$

となる（$A$，$\phi$ は初期条件によって決まる定数で，それぞれ振幅と初期位相を表す）。

㊣別：最下点を原点として，水平右向きに $x$ 軸，鉛直下向きに $y$ 軸をとる。

(2) 図より

$$(x,\ y) = (l\sin\theta,\ l(1-\cos\theta)),\quad (\dot{x},\ \dot{y}) = (l\dot{\theta}\cos\theta,\ l\dot{\theta}\sin\theta)$$

(3) $T = \frac{1}{2}m(\dot{x}^2 + \dot{y}^2) = \frac{1}{2}m\{l^2\dot{\theta}^2(\sin^2\theta + \cos^2\theta)\} = \frac{1}{2}ml^2\dot{\theta}^2$

$V = mgl(1-\cos\theta)$（最下点基準，ポテンシャルの基準より上にあるものは全て正の値）

$$\therefore\ L = T - V = \frac{1}{2}ml^2\dot{\theta}^2 - mgl(1-\cos\theta)$$

以下同じ

どちらの $L$ で計算しても，同じ方程式 (4) が得られる。次章でも述べるが，ラグランジアンには不定性があり，様々な表し方が存在するのでその形は一意でない。しかし，適切に座標をとれば，得られる運動方程式は同じである（言い換えると，同じ運動方程式を与えるラグランジアンは複数存在する）。

[ 2 ]

(1) $l_1=\sqrt{{x_1}^2+{y_1}^2},\ l_2=\sqrt{(x_2-x_1)^2+(y_2-y_1)^2}$

$$\left({x_1}^2+{y_1}^2={l_1}^2,\ (x_2-x_1)^2+(y_2-y_1)^2={l_2}^2\right)$$

自由度 $f=2\times2-2=2$

(2) 図より，$x_1=l_1\sin\theta_1$，$y_1=l_1\cos\theta_1$，

$$x_2=l_2\sin\theta_2+x_1=l_1\sin\theta_1+l_2\sin\theta_2,$$

$$y_2=l_2\cos\theta_2+y_1=l_1\cos\theta_1+l_2\cos\theta_2$$

$$\therefore\begin{cases}(x_1,\,y_1)=(l_1\sin\theta_1,\,l_1\cos\theta_1)\\(x_2,\,y_2)=(l_1\sin\theta_1+l_2\sin\theta_2,\,l_1\cos\theta_1+l_2\cos\theta_2)\end{cases}$$

$$\dot{x}_1=l_1\dot{\theta}_1\cos\theta_1,\ \dot{y}_1=-l_1\dot{\theta}_1\sin\theta_1$$

$$\dot{x}_2=l_1\dot{\theta}_1\cos\theta_1+l_2\dot{\theta}_2\cos\theta_2,\ \dot{y}_2=-l_1\dot{\theta}_1\sin\theta_1-l_2\dot{\theta}_2\sin\theta_2$$

$$\therefore\begin{cases}(\dot{x}_1,\,\dot{y}_1)=(l_1\dot{\theta}_1\cos\theta_1,\,-l_1\dot{\theta}_1\sin\theta_1)\\(\dot{x}_2,\,\dot{y}_2)=(l_1\dot{\theta}_1\cos\theta_1+l_2\dot{\theta}_2\cos\theta_2,\,-l_1\dot{\theta}_1\sin\theta_1-l_2\dot{\theta}_2\sin\theta_2)\end{cases}$$

(3)

$$\begin{aligned}T&=\sum_{i=1}^{nN}\frac{1}{2}m_i{\dot{x}_i}^2=\frac{1}{2}m_1({\dot{x}_1}^2+{\dot{y}_1}^2)+\frac{1}{2}m_2({\dot{x}_2}^2+{\dot{y}_2}^2)\\&=\frac{1}{2}\{m_1({l_1}^2{\dot{\theta}_1}^2\cos^2\theta_1+{l_1}^2{\dot{\theta}_1}^2\sin^2\theta_1)+m_2({l_1}^2{\dot{\theta}_1}^2\cos^2\theta_1\\&\qquad+2l_1l_2\dot{\theta}_1\dot{\theta}_2\cos\theta_1\cos\theta_2+{l_2}^2{\dot{\theta}_2}^2\cos^2\theta_2+{l_1}^2{\dot{\theta}_1}^2\sin^2\theta_1\\&\qquad\qquad+2l_1l_2\dot{\theta}_1\dot{\theta}_2\sin\theta_1\sin\theta_2+{l_2}^2{\dot{\theta}_2}^2\sin^2\theta_2)\}\\&=\frac{1}{2}[m_1\{{l_1}^2{\dot{\theta}_1}^2(\sin^2\theta_1+\cos^2\theta_1)\}+m_2\{{l_1}^2{\dot{\theta}_1}^2(\sin^2\theta_1+\cos^2\theta_1)\\&\qquad+{l_2}^2{\dot{\theta}_2}^2(\sin^2\theta_2+\cos^2\theta_2)+2l_1l_2\dot{\theta}_1\dot{\theta}_2(\cos\theta_1\cos\theta_2+\sin\theta_1\sin\theta_2)\}]\\&=\frac{1}{2}m_1{l_1}^2{\dot{\theta}_1}^2+\frac{1}{2}m_2{l_1}^2{\dot{\theta}_1}^2+\frac{1}{2}m_2{l_2}^2{\dot{\theta}_2}^2+m_2l_1l_2\dot{\theta}_1\dot{\theta}_2\cos(\theta_1-\theta_2)\end{aligned}$$

$$=\frac{1}{2}\{(m_1+m_2)l_1{}^2\dot{\theta}_1{}^2+m_2l_2{}^2\dot{\theta}_2{}^2\}+m_2l_1l_2\dot{\theta}_1\dot{\theta}_2\cos(\theta_1-\theta_2)$$

$$V=V_1+V_2=m_1g(-y_1)+m_2g(-y_2) \qquad \text{(支点基準)}$$

$$=-(m_1l_1\cos\theta_1+m_2l_1\cos\theta_1+m_2l_2\cos\theta_2)g$$

$$=-\{(m_1+m_2)l_1\cos\theta_1+m_2l_2\cos\theta_2\}g$$

$$\therefore L=T-V$$

$$=\frac{1}{2}\{(m_1+m_2)l_1{}^2\dot{\theta}_1{}^2+m_2l_2{}^2\dot{\theta}_2{}^2\}+m_2l_1l_2\dot{\theta}_1\dot{\theta}_2\cos(\theta_1-\theta_2)$$

$$+\{(m_1+m_2)l_1\cos\theta_1+m_2l_2\cos\theta_2\}g$$

$$=(m_1+m_2)l_1\left(\frac{1}{2}l_1\dot{\theta}_1{}^2+g\cos\theta_1\right)$$

$$+m_2l_2\left\{\frac{1}{2}l_2\dot{\theta}_2{}^2+g\cos\theta_2+l_1\dot{\theta}_1\dot{\theta}_2\cos(\theta_1-\theta_2)\right\}$$

(4) $\theta_i\ (i=1,2)$を一般座標にとると,

$$\frac{d}{dt}\left(\frac{\partial L}{\partial\dot{\theta}_i}\right)=\frac{\partial L}{\partial\theta_i}$$

(3) より

$$\frac{\partial L}{\partial\theta_1}=-(m_1+m_2)l_1g\sin\theta_1-m_2l_1l_2\dot{\theta}_1\dot{\theta}_2\sin(\theta_1-\theta_2)$$

$$\frac{\partial L}{\partial\theta_2}=-m_2l_2g\sin\theta_2+m_2l_1l_2\dot{\theta}_1\dot{\theta}_2\sin(\theta_1-\theta_2)$$

$$\frac{\partial L}{\partial\dot{\theta}_1}=\frac{1}{2}(m_1+m_2)l_1{}^2\cdot2\dot{\theta}_1+m_2l_1l_2\dot{\theta}_2\cos(\theta_1-\theta_2)$$

$$=(m_1+m_2)l_1{}^2\dot{\theta}_1+m_2l_1l_2\dot{\theta}_2\cos(\theta_1-\theta_2)$$

$$\frac{\partial L}{\partial \dot{\theta}_2}=\frac{1}{2}m_2 l_2^2\cdot 2\dot{\theta}_2+m_2 l_1 l_2\dot{\theta}_1\cos(\theta_1-\theta_2)$$

$$=m_2 l_2^2\dot{\theta}_2+m_2 l_1 l_2\dot{\theta}_1\cos(\theta_1-\theta_2)$$

$$\frac{d}{dt}\left(\frac{\partial L}{\partial \dot{\theta}_1}\right)=(m_1+m_2)l_1^2\ddot{\theta}_1+m_2 l_1 l_2\ddot{\theta}_2\cos(\theta_1-\theta_2)$$

$$-m_2 l_1 l_2\dot{\theta}_2(\dot{\theta}_1-\dot{\theta}_2)\sin(\theta_1-\theta_2)$$

$$=(m_1+m_2)l_1^2\ddot{\theta}_1+m_2 l_1 l_2\ddot{\theta}_2\cos(\theta_1-\theta_2)$$

$$-m_2 l_1 l_2\dot{\theta}_1\dot{\theta}_2\sin(\theta_1-\theta_2)+m_2 l_1 l_2\dot{\theta}_2^2\sin(\theta_1-\theta_2)$$

$$\frac{d}{dt}\left(\frac{\partial L}{\partial \dot{\theta}_2}\right)=m_2 l_2^2\ddot{\theta}_2+m_2 l_1 l_2\ddot{\theta}_1\cos(\theta_1-\theta_2)$$

$$-m_2 l_1 l_2\dot{\theta}_1(\dot{\theta}_1-\dot{\theta}_2)\sin(\theta_1-\theta_2)$$

$$=m_2 l_2^2\ddot{\theta}_2+m_2 l_1 l_2\ddot{\theta}_1\cos(\theta_1-\theta_2)$$

$$+m_2 l_1 l_2\dot{\theta}_1\dot{\theta}_2\sin(\theta_1-\theta_2)-m_2 l_1 l_2\dot{\theta}_1^2\sin(\theta_1-\theta_2)$$

よって

$$\theta_1:(m_1+m_2)l_1^2\ddot{\theta}_1+m_2l_1l_2\ddot{\theta}_2\cos(\theta_1-\theta_2)-m_2l_1l_2\dot{\theta}_1\dot{\theta}_2\sin(\theta_1-\theta_2)$$

$$+m_2l_1l_2\dot{\theta}_2^2\sin(\theta_1-\theta_2)$$

$$=-(m_1+m_2)l_1g\sin\theta_1-m_2l_1l_2\dot{\theta}_1\dot{\theta}_2\sin(\theta_1-\theta_2)$$

$$\theta_2:m_2l_2^2\ddot{\theta}_2+m_2l_1l_2\ddot{\theta}_1\cos(\theta_1-\theta_2)+m_2l_1l_2\dot{\theta}_1\dot{\theta}_2\sin(\theta_1-\theta_2)$$

$$-m_2l_1l_2\dot{\theta}_1^2\sin(\theta_1-\theta_2)$$

$$=-m_2l_2g\sin\theta_2+m_2l_1l_2\dot{\theta}_1\dot{\theta}_2\sin(\theta_1-\theta_2)$$

$$\begin{cases}\theta_1:(m_1+m_2)l_1^2\ddot{\theta}_1+m_2 l_1 l_2\left\{\ddot{\theta}_2\cos(\theta_1-\theta_2)+\dot{\theta}_2^2\sin(\theta_1-\theta_2)\right\}\\ \qquad=-(m_1+m_2)l_1 g\sin\theta_1\\ \theta_2:m_2 l_2^2\ddot{\theta}_2+m_2 l_1 l_2\left\{\ddot{\theta}_1\cos(\theta_1-\theta_2)-\dot{\theta}_1^2\sin(\theta_1-\theta_2)\right\}\\ \qquad=-m_2 l_2 g\sin\theta_2\end{cases}$$

（$\theta_1$ は $l_1$ を，$\theta_2$ は $m_2 l_2$ を消去しても可）

(5) $\sin\theta_i \simeq \theta_i$, $\cos\theta_i \simeq 1$, $\sin(\theta_i - \theta_j) \simeq 0$, $\cos(\theta_i - \theta_j) \simeq 1$ より

$$\theta_1 : (m_1+m_2)l_1{}^2\ddot{\theta}_1 + m_2 l_1 l_2 \ddot{\theta}_2 = -(m_1+m_2)l_1 g\theta_1$$

$$\theta_2 : m_2 l_2{}^2\ddot{\theta}_2 + m_2 l_1 l_2 \ddot{\theta}_1 = -m_2 l_2 g\theta_2$$

$$\therefore (m_1+m_2)l_1\ddot{\theta}_1 + m_2 l_2\ddot{\theta}_2 = -(m_1+m_2)g\theta_1 \quad \cdots①$$

$$l_2\ddot{\theta}_2 = -g\theta_2 - l_1\ddot{\theta}_1 \quad \cdots②$$

②を①に代入

$$(m_1+m_2)l_1\ddot{\theta}_1 - m_2 g\theta_2 - m_2 l_1\ddot{\theta}_1 = -(m_1+m_2)g\theta_1$$

$$l_1\ddot{\theta}_1(m_1+m_2-m_2) = -(m_1+m_2)g\theta_1 + m_2 g\theta_2$$

$$\ddot{\theta}_1 = -\left(\frac{m_1+m_2}{m_1}\theta_1 - \frac{m_2}{m_1}\theta_2\right)\frac{g}{l_1}$$

②に代入

$$l_2\ddot{\theta}_2 = -g\theta_2 + \frac{m_1+m_2}{m_1}g\theta_1 - \frac{m_2}{m_1}g\theta_2$$

$$\ddot{\theta}_2 = \frac{-m_1 g\theta_2 - m_2 g\theta_2 + (m_1+m_2)g\theta_1}{m_1 l_2}$$

$$\ddot{\theta}_2 = \left(\frac{m_1+m_2}{m_1}\theta_1 - \frac{m_1+m_2}{m_1}\theta_2\right)\frac{g}{l_2}$$

㊫：本問のように，2つの単振り子を連結し，同一鉛直面内で全体を振動させたものを**二重振り子**という。二重振り子は複雑で非周期的な運動をすることが知られており，その運動は**カオス**に分類される（系の非周期性に由来する，乱雑で不規則な運動をカオスという）。

## [3]

(1) 単振り子の拘束条件 $l = \sqrt{x^2+y^2}$ の $y$ を $y+y_0$ に変えれば良い。

$l = \sqrt{x^2+(y+y_0)^2}$ （$x^2+(y+y_0)^2 = l^2$），自由度 $f = 2\times1-1 = 1$

(2) 鉛直方向に $y_0$ 動くので, $y+y_0=l\cos\theta$

$$\therefore\ (x, y)=(l\sin\theta, l\cos\theta-y_0)$$

$$(\dot{x}, \dot{y})=(l\dot{\theta}\cos\theta,\ -l\dot{\theta}\sin\theta-\dot{y}_0)$$

(3) $T=\frac{1}{2}m(\dot{x}^2+\dot{y}^2)=\frac{1}{2}m\left\{l^2\dot{\theta}^2(\sin^2\theta+\cos^2\theta)+2l\dot{\theta}\sin\theta\cdot\dot{y}_0+\dot{y}_0{}^2\right\}$

$$=\frac{1}{2}m\left(l^2\dot{\theta}^2+2l\dot{\theta}\dot{y}_0\sin\theta+\dot{y}_0{}^2\right)$$

$$V=mg(-y)=-mg(l\cos\theta-y_0)\ \text{(原点基準)}$$

$$\therefore L=T-V=\frac{1}{2}m\left\{l^2\dot{\theta}^2+2l\dot{\theta}\dot{y}_0\sin\theta+\dot{y}_0{}^2+2g(l\cos\theta-y_0)\right\}$$

$$\left(=\frac{1}{2}ml^2\dot{\theta}^2+ml\dot{\theta}\dot{y}_0\sin\theta+\frac{1}{2}m\dot{y}_0{}^2+mg(l\cos\theta-y_0)\right)$$

(4) $\theta$ を一般座標にとると,

$$\frac{d}{dt}\left(\frac{\partial L}{\partial\dot{\theta}}\right)=\frac{\partial L}{\partial\theta}$$

(3) より

$$\frac{\partial L}{\partial\theta}=ml\dot{\theta}\dot{y}_0\cos\theta-mgl\sin\theta$$

$$\frac{\partial L}{\partial\dot{\theta}}=\frac{1}{2}ml^2\cdot2\dot{\theta}+ml\dot{y}_0\sin\theta=ml^2\dot{\theta}+ml\dot{y}_0\sin\theta$$

$$\frac{d}{dt}\left(\frac{\partial L}{\partial\dot{\theta}}\right)=ml^2\ddot{\theta}+ml\ddot{y}_0\sin\theta+ml\dot{y}_0\dot{\theta}\cos\theta$$

よって

$$ml^2\ddot{\theta}+ml\ddot{y}_0\sin\theta=-mgl\sin\theta$$

$$ml^2\ddot{\theta}=-mgl\sin\theta-ml\ddot{y}_0\sin\theta$$

$$ml^2\ddot{\theta} = -ml(g + \ddot{y}_0)\sin\theta$$ （$ml$ は消去しても可）

(5)
$$y_0 = \frac{ga}{\omega^2}\sin\omega t \qquad \cdots ①$$

$$g = l{\omega_0}^2 \qquad \cdots ②$$

①より $\ddot{y}_0 = -\frac{ga}{\omega^2}\omega \cdot \omega\sin\omega t = -ga\sin\omega t$

②を代入 $\ddot{y}_0 = -l{\omega_0}^2 a\sin\omega t$ → (4) に代入

$$ml^2\ddot{\theta} = -ml(g - l{\omega_0}^2 a\sin\omega t)\sin\theta$$

$\sin\theta \simeq \theta$ と②より $ml^2\ddot{\theta} = -ml(l{\omega_0}^2 - l{\omega_0}^2 a\sin\omega t)\theta$

$$l^2\ddot{\theta} = l^2(-{\omega_0}^2 + {\omega_0}^2 a\sin\omega t)\theta$$

$$\therefore \ddot{\theta} = -{\omega_0}^2(1 - a\sin\omega t)\theta$$

㊌：本問では振り子の支点を変化させたが，糸の長さを変化させた場合にも (5) に対応する結果が得られる。本問のように，振り子の支点や糸の長さ，或いはばね定数や質量といった，振動系の振動状態を表す係数（パラメータ）を周期的に変動させることで振動を起こし，その振幅を変化（増大）させたり，その振動を継続させたりする方法を，**パラメータ励振**，または**係数励振**という（詳しくは文献 [4] §3.8 などを参照）。(5) はパラメータ励振を記述する運動方程式で，**マシュー方程式**と呼ばれる。

パラメータ励振は**強制振動**の一種で，これによってブランコを漕ぐ人の運動を説明することができる。ご存知のように，ブランコは 2 本（またはそれ以上）の鎖や紐を用いて踏み台を水平につり下げた遊具で，踏み台に座る（座り乗り）か，台上に立つこと（立ち乗り）で漕ぐことができる。座り乗りでは両足を，立ち乗りでは体全体を上下に揺らす運動が引き起されるが，これらの運動はいずれも，ブランコと人を合わせた系の重心を上下に揺らす運動と見做せる。つまり，両足や体全体が上下に振動するということは，ブランコの支点と重心の間の距離が周期的に上下して振動するということなので，振り子の支点や糸の長さが周期的に変化する場合としてモデル化することができるというわけである。

**[ 4 ]**

$$\begin{cases} (x_1, y_1) = (l\sin\theta_1,\ l\cos\theta_1) \\ (x_2, y_2) = (l\sin\theta_2,\ l\cos\theta_2) \\ (\dot{x}_1, \dot{y}_1) = (l\dot{\theta}_1\cos\theta_1,\ -l\dot{\theta}_1\sin\theta_1) \\ (\dot{x}_2, \dot{y}_2) = (l\dot{\theta}_2\cos\theta_2,\ -l\dot{\theta}_2\sin\theta_2) \end{cases}$$

よって

$$T = \frac{1}{2}m\{(\dot{x}_1{}^2 + \dot{y}_1{}^2) + (\dot{x}_2{}^2 + \dot{y}_2{}^2)\} = \frac{1}{2}m\left(l^2\dot{\theta}_1{}^2 + l^2\dot{\theta}_2{}^2\right)$$

$$V = mg(-y_1) + mg(-y_2) + \frac{1}{2}k\{(x_2 - x_1)^2 + (y_2 - y_1)^2\}$$

$$= -mg(y_1 + y_2) + \frac{1}{2}k\{(l\sin\theta_2 - l\sin\theta_1)^2 + (l\cos\theta_2 - l\cos\theta_1)^2\}$$

$$= -mg(l\cos\theta_1 + l\cos\theta_2) + \frac{1}{2}k[\{l(\sin\theta_2 - \sin\theta_1)\}^2 + \{l(\cos\theta_2 - \cos\theta_1)\}^2]$$

$$= -mgl(\cos\theta_1 + \cos\theta_2) + \frac{1}{2}k\{l^2(\sin\theta_2 - \sin\theta_1)^2 + l^2(\cos\theta_2 - \cos\theta_1)^2\}$$

$$= -mgl(\cos\theta_1 + \cos\theta_2) + \frac{1}{2}kl^2\{(\sin\theta_2 - \sin\theta_1)^2 + (\cos\theta_2 - \cos\theta_1)^2\}$$

$$\therefore L = T - V = \frac{1}{2}ml^2(\dot{\theta}_1{}^2 + \dot{\theta}_2{}^2) + mgl(\cos\theta_1 + \cos\theta_2)$$

$$-\frac{1}{2}kl^2\{(\sin\theta_2-\sin\theta_1)^2+(\cos\theta_2-\cos\theta_1)^2\}$$

$$=\frac{1}{2}\left[m(\dot{\theta}_1{}^2+\dot{\theta}_2{}^2)-k\{(\sin\theta_2-\sin\theta_1)^2+(\cos\theta_2-\cos\theta_1)^2\}\right]l^2$$
$$+mgl(\cos\theta_1+\cos\theta_2)$$

(1) 答

$\theta_i\,(i=1,2)$ を一般座標として，

$$\frac{d}{dt}\left(\frac{\partial L}{\partial\dot{\theta}_i}\right)=\frac{\partial L}{\partial\theta_i}$$

(1) より

$$\frac{\partial L}{\partial\theta_1}=\frac{1}{2}kl^2\cdot2\sin\theta_2\cos\theta_1-\frac{1}{2}kl^2\cdot2\sin\theta_1\cos\theta_1$$
$$-\frac{1}{2}kl^2\cdot2\sin\theta_1\cos\theta_2+\frac{1}{2}kl^2\cdot2\sin\theta_1\cos\theta_1-mgl\sin\theta_1$$
$$=-kl^2(\sin\theta_1\cos\theta_2-\cos\theta_1\sin\theta_2)-mgl\sin\theta_1$$
$$=-kl^2\sin(\theta_1-\theta_2)-mgl\sin\theta_1$$

$$\frac{\partial L}{\partial\theta_2}=-\frac{1}{2}kl^2\cdot2\sin\theta_2\cos\theta_2-\frac{1}{2}kl^2\cdot2\sin\theta_2\cos\theta_1$$
$$+\frac{1}{2}kl^2\cdot2\sin\theta_2\cos\theta_2+\frac{1}{2}kl^2\cdot2\sin\theta_1\cos\theta_2-mgl\sin\theta_2$$

$$=kl^2\sin(\theta_1-\theta_2)-mgl\sin\theta_2$$

$\frac{d}{dt}\left(\frac{\partial L}{\partial\dot{\theta}_1}\right)=\frac{d}{dt}\left(\frac{1}{2}ml^2\cdot2\dot{\theta}_1\right)=ml^2\ddot{\theta}_1$，同様に $\frac{d}{dt}\left(\frac{\partial L}{\partial\dot{\theta}_2}\right)=ml^2\ddot{\theta}_2$

よって

$$\begin{cases} ml^2\ddot{\theta}_1 = -kl^2\sin(\theta_1-\theta_2) - mgl\sin\theta_1 \\ ml^2\ddot{\theta}_2 = kl^2\sin(\theta_1-\theta_2) - mgl\sin\theta_2 \end{cases}$$
(2) 答
（$l$ は消去しても可）

$\sin\theta_i \simeq \theta_i$， $\sin(\theta_1-\theta_2) \simeq \theta_1-\theta_2$ より

$$ml^2\ddot{\theta}_1 = -kl^2(\theta_1-\theta_2) - mgl\theta_1 \qquad \cdots ①$$
$$ml^2\ddot{\theta}_2 = kl^2(\theta_1-\theta_2) - mgl\theta_2 \qquad \cdots ②$$

ここで，単振り子の周期 $T = \dfrac{2\pi}{\omega_g} = 2\pi\sqrt{\dfrac{l}{g}}$ より， $\omega_g = \sqrt{\dfrac{g}{l}}$

同様に，ばね振り子の周期 $T = \dfrac{2\pi}{\omega_k} = 2\pi\sqrt{\dfrac{m}{k}}$ より， $\omega_k = \sqrt{\dfrac{k}{m}}$

$$\therefore \begin{cases} g = {\omega_g}^2 l \\ k = {\omega_k}^2 m \end{cases} \longrightarrow$$ ①②に代入

$$ml^2\ddot{\theta}_1 = -{\omega_k}^2 ml^2(\theta_1-\theta_2) - m{\omega_g}^2 l^2\theta_1$$
$$ml^2\ddot{\theta}_2 = {\omega_k}^2 ml^2(\theta_1-\theta_2) - m{\omega_g}^2 l^2\theta_2$$
$$\therefore \begin{cases} \ddot{\theta}_1 = -{\omega_k}^2(\theta_1-\theta_2) - {\omega_g}^2\theta_1 \\ \ddot{\theta}_2 = {\omega_k}^2(\theta_1-\theta_2) - {\omega_g}^2\theta_2 \end{cases}$$
(3) 答

㊟：$(\theta_1-\theta_2)$ を一つの文字と見る（展開しない）。

$$\ddot{\theta}_1 = -{\omega_k}^2(\theta_1-\theta_2) - {\omega_g}^2\theta_1 \qquad \cdots ③$$
$$\ddot{\theta}_2 = {\omega_k}^2(\theta_1-\theta_2) - {\omega_g}^2\theta_2 \qquad \cdots ④$$

③＋④ $\qquad \ddot{\theta}_1 + \ddot{\theta}_2 = -{\omega_g}^2(\theta_1+\theta_2)$

③－④ $\qquad \ddot{\theta}_1 - \ddot{\theta}_2 = -2{\omega_k}^2(\theta_1-\theta_2) + {\omega_g}^2(\theta_2-\theta_1)$

$$= -2{\omega_k}^2(\theta_1-\theta_2) - {\omega_g}^2(\theta_1-\theta_2)$$
$$= -(2{\omega_k}^2 + {\omega_g}^2)(\theta_1-\theta_2)$$

ここで，

$$\ddot{\theta}_1+\ddot{\theta}_2=\frac{d^2\theta_1}{dt^2}+\frac{d^2\theta_2}{dt^2}=\frac{d^2}{dt^2}(\theta_1+\theta_2)$$

であるから，それぞれ

$$\begin{cases}\dfrac{d^2}{dt^2}(\theta_1+\theta_2)=-{\omega_g}^2(\theta_1+\theta_2)\\[2ex]\dfrac{d^2}{dt^2}(\theta_1-\theta_2)=-(2{\omega_k}^2+{\omega_g}^2)(\theta_1-\theta_2)\end{cases}$$

となる。

これは，$x=A\cos(\omega t+\phi)$ を解とする単振動の方程式

$$\ddot{x}=-\omega^2x=-\omega^2A\cos(\omega t+\phi)$$

の形であるから，

$$\begin{cases}\dfrac{d^2}{dt^2}(\theta_1+\theta_2)=-{\omega_g}^2A_1\cos(\omega_g t+\phi_1)\\[2ex]\dfrac{d^2}{dt^2}(\theta_1-\theta_2)=-(2{\omega_k}^2+{\omega_g}^2)A_2\cos\left(\sqrt{2{\omega_k}^2+{\omega_g}^2}\,t+\phi_2\right)\end{cases}$$

従って，

$$\begin{cases}\theta_1+\theta_2=A_1\cos(\omega_g t+\phi_1) & \text{(4) 答}\\ \theta_1-\theta_2=A_2\cos\left(\sqrt{2{\omega_k}^2+{\omega_g}^2}\,t+\phi_2\right) & \text{(5) 答}\end{cases}$$

㊑：本問のように，2 つの単振り子をばねでつないで振動させたものを(2 体)**連成振り子**という。本問の振動は，2 つ以上の振動系がばねなどにつながれて，互いに力を及ぼし合いながら振動するもので，**連成振動**と呼ばれる（連成振動の例はいくつもあるので，連成振動する振り子を総称して連成振り子という場合もある）。二重振り子も連成振動の一種である。ここで（4），（5）は連成振り子の振動の基本となる特定の振動状態で，**基準振動**，または**基準**

**モード**（ノーマルモード）という。二重振り子についても，得られた（微小振動の）方程式を行列で表し，固有値と固有ベクトルを求めることで，基準振動が得られる。

**[ 5 ]**

（1）重心$=\dfrac{\text{モーメントの和}}{\text{重力の和}}$ より，$\boldsymbol{R}=\dfrac{\boldsymbol{r}_1 m_1 g+\boldsymbol{r}_2 m_2 g}{m_1 g+m_2 g}=\dfrac{m_1\boldsymbol{r}_1+m_2\boldsymbol{r}_2}{m_1+m_2}$

変形して，$(m_1+m_2)\boldsymbol{R}=m_1\boldsymbol{r}_1+m_2\boldsymbol{r}_2$　…①

$\boldsymbol{r}=\boldsymbol{r}_2-\boldsymbol{r}_1$ より，$\boldsymbol{r}_1=\boldsymbol{r}_2-\boldsymbol{r}$　…②，　$\boldsymbol{r}_2=\boldsymbol{r}_1+\boldsymbol{r}$　…③

①に③②代入

$$(m_1+m_2)\boldsymbol{R}=m_1\boldsymbol{r}_1+m_2\boldsymbol{r}_1+m_2\boldsymbol{r}=(m_1+m_2)\boldsymbol{r}_1+m_2\boldsymbol{r}$$
$$=m_1\boldsymbol{r}_2-m_1\boldsymbol{r}+m_2\boldsymbol{r}_2=(m_1+m_2)\boldsymbol{r}_2-m_1\boldsymbol{r}$$

$$\therefore\quad \boldsymbol{r}_1=\frac{(m_1+m_2)\boldsymbol{R}-m_2\boldsymbol{r}}{m_1+m_2}=\boxed{\boldsymbol{R}-\frac{m_2}{m_1+m_2}\boldsymbol{r}}$$

$$\boldsymbol{r}_2=\frac{(m_1+m_2)\boldsymbol{R}+m_1\boldsymbol{r}}{m_1+m_2}=\boxed{\boldsymbol{R}+\frac{m_1}{m_1+m_2}\boldsymbol{r}}$$

（2）（1）より$\begin{cases}\dot{\boldsymbol{r}}_1=\dot{\boldsymbol{R}}-\dfrac{m_2}{m_1+m_2}\dot{\boldsymbol{r}}\\ \dot{\boldsymbol{r}}_2=\dot{\boldsymbol{R}}+\dfrac{m_1}{m_1+m_2}\dot{\boldsymbol{r}}\end{cases}$

$$\therefore\ L=T-V$$

$$=\frac{1}{2}m_1\dot{\boldsymbol{r}}_1{}^2+\frac{1}{2}m_2\dot{\boldsymbol{r}}_2{}^2-V(|\boldsymbol{r}|)$$

$$=\frac{1}{2}\left\{m_1\dot{\boldsymbol{R}}^2-\frac{2m_1m_2}{m_1+m_2}\dot{\boldsymbol{R}}\cdot\dot{\boldsymbol{r}}+\frac{m_1m_2{}^2}{(m_1+m_2)^2}\dot{\boldsymbol{r}}^2\right.$$

$$+m_2\dot{\boldsymbol{R}}^2+\frac{2m_1m_2}{m_1+m_2}\dot{\boldsymbol{R}}\cdot\dot{\boldsymbol{r}}+\frac{{m_1}^2m_2}{(m_1+m_2)^2}\dot{\boldsymbol{r}}^2\Bigg\}-V(\|\boldsymbol{r}\|)$$

$$=\frac{1}{2}\left\{(m_1+m_2)\dot{\boldsymbol{R}}^2+\frac{m_1{m_2}^2+{m_1}^2m_2}{(m_1+m_2)^2}\dot{\boldsymbol{r}}^2\right\}-V(\|\boldsymbol{r}\|)$$

$$=\frac{1}{2}\left\{(m_1+m_2)\dot{\boldsymbol{R}}^2+\frac{m_1m_2(m_1+m_2)}{(m_1+m_2)^2}\dot{\boldsymbol{r}}^2\right\}-V(\|\boldsymbol{r}\|)$$

$$=\frac{1}{2}\left\{(m_1+m_2)\dot{\boldsymbol{R}}^2+\frac{m_1m_2}{m_1+m_2}\dot{\boldsymbol{r}}^2\right\}-V(\|\boldsymbol{r}\|)$$

(3) $\boldsymbol{R}$を一般座標にとると

$$\frac{d}{dt}\left(\frac{\partial L}{\partial\dot{\boldsymbol{R}}}\right)=\frac{\partial L}{\partial\boldsymbol{R}}$$

(2) より

$$\frac{\partial L}{\partial\boldsymbol{R}}=0,\ \frac{\partial L}{\partial\dot{\boldsymbol{R}}}=\frac{1}{2}(m_1+m_2)\times2\dot{\boldsymbol{R}}\ \Rightarrow\ \frac{d}{dt}\left(\frac{\partial L}{\partial\dot{\boldsymbol{R}}}\right)=(m_1+m_2)\ddot{\boldsymbol{R}}$$

$\therefore\ (m_1+m_2)\ddot{\boldsymbol{R}}=0$　よって，重心は 等速度運動 する。

この結果は，物体系が外力を受けないか，受けていてもその合力が0であるとき，物体系の重心は等速度運動する（但し，静止も等速度運動に含む）ことを示している。重心の持つこのような性質を，物体の 慣性 という。

(4) 座標を重心に固定すると，重心の位置が原点となる（重心を原点として時間変化する）ので，$\boldsymbol{R}=0\ \Rightarrow\ \dot{\boldsymbol{R}}=0$となる。

(2) で$\dot{\boldsymbol{R}}=0$とすると，

$$L=\frac{1}{2}\frac{m_1m_2}{m_1+m_2}\dot{\boldsymbol{r}}^2-V(\|\boldsymbol{r}\|)$$

㊫：本問のポテンシャル$V=V(\|\boldsymbol{r}\|)$を，**中心力のポテンシャル**という。**中**

**心力**とは，質点間の距離だけを変数に持つ力（質点間の距離だけで力の大きさが決まる）のことで，質点同士を結ぶ直線方向にはたらく（向心力とは異なるので注意)。

（2）のラグランジアンの第1項は重心運動のエネルギーを表しており，物体系の全質量 $m_1+m_2$ を $M$ とすると，質量 $M$ の自由粒子のラグランジアンと同じ形になる(自由粒子のラグランジアンは系の運動エネルギーと等しい)。一方，第2項は相対運動のエネルギーを表しており，$\dfrac{m_1 m_2}{m_1+m_2}$ を $\mu$ とすると，第2項及び第3項は中心力のポテンシャルのもとでの質量 $\mu$ の粒子のラグランジアンと同じ形になる。このようにラグランジアンを用いると，系の重心運動（自明な部分）と相対運動（自明でない部分）を分離することができる。

（4）のように，重心に固定した座標系を**重心系**という。重心系は慣性系の一種であり，重心系では運動量の和が0になる

ここで，$\dfrac{\text{質量の積}}{\text{質量の和}}=\dfrac{m_1 m_2}{m_1+m_2}=\mu$ とすると（これを**換算質量**という）（4）のラグランジアンは前述のように

$$L=\frac{1}{2}\mu\dot{\boldsymbol{r}}^2-V$$

という，1粒子のラグランジアンの形に書ける。

すなわち，外力の影響を受けない場合，質量 $m_1$，$m_2$ を持つ2個の質点の問題は，換算質量 $\mu$ を持つ1個の質点の問題に単純化することができるということになる。

**[6]**

$$x = r\sin\theta\cos\varphi$$

$$y = r\sin\theta\sin\varphi$$

$$z = r\cos\theta$$

よって

$$\dot{x} = \dot{r}\sin\theta\cos\varphi + r\dot{\theta}\cos\theta\cos\varphi - r\dot{\varphi}\sin\theta\sin\varphi$$

$$\dot{y} = \dot{r}\sin\theta\sin\varphi + r\dot{\theta}\cos\theta\sin\varphi + r\dot{\varphi}\sin\theta\cos\varphi$$

$$\dot{z} = \dot{r}\cos\theta - r\dot{\theta}\sin\theta$$

$(a+b+c)^2 = a^2 + 2ab + b^2 + c^2 + 2bc + 2ca$ であるから

$$\begin{aligned}\dot{x}^2 = &\dot{r}^2\sin^2\theta\cos^2\varphi + 2r\dot{r}\dot{\theta}\sin\theta\cos\theta\cos^2\varphi + r^2\dot{\theta}^2\cos^2\theta\cos^2\varphi \\ &+ r^2\dot{\varphi}^2\sin^2\theta\sin^2\varphi - 2r^2\dot{\theta}\dot{\varphi}\sin\theta\cos\theta\sin\varphi\cos\varphi \\ &- 2r\dot{r}\dot{\varphi}\sin^2\theta\sin\varphi\cos\varphi \qquad \cdots①\end{aligned}$$

$$\begin{aligned}\dot{y}^2 = &\dot{r}^2\sin^2\theta\sin^2\varphi + 2r\dot{r}\dot{\theta}\sin\theta\cos\theta\sin^2\varphi + r^2\dot{\theta}^2\cos^2\theta\sin^2\varphi \\ &+ r^2\dot{\varphi}^2\sin^2\theta\cos^2\varphi + 2r^2\dot{\theta}\dot{\varphi}\sin\theta\cos\theta\sin\varphi\cos\varphi \\ &+ 2r\dot{r}\dot{\varphi}\sin^2\theta\sin\varphi\cos\varphi \qquad \cdots②\end{aligned}$$

$$\dot{z}^2 = \dot{r}^2\cos^2\theta - 2r\dot{r}\dot{\theta}\sin\theta\cos\theta + r^2\dot{\theta}^2\sin^2\theta \qquad \cdots③$$

①+②+③

$$\begin{aligned}\dot{x}^2 + \dot{y}^2 + \dot{z}^2 = &\dot{r}^2\sin^2\theta(\sin^2\varphi + \cos^2\varphi) + 2r\dot{r}\dot{\theta}\sin\theta\cos\theta(\sin^2\varphi + \cos^2\varphi - 1) \\ &+ r^2\dot{\theta}^2\cos^2\theta(\sin^2\varphi + \cos^2\varphi) + r^2\dot{\varphi}^2\sin^2\theta(\sin^2\varphi + \cos^2\varphi) \\ &+ \dot{r}^2\cos^2\theta + r^2\dot{\theta}^2\sin^2\theta \\ = &\dot{r}^2\sin^2\theta + 0 + r^2\dot{\theta}^2\cos^2\theta + r^2\dot{\varphi}^2\sin^2\theta + \dot{r}^2\cos^2\theta + r^2\dot{\theta}^2\sin^2\theta \\ = &\dot{r}^2(\sin^2\theta + \cos^2\theta) + r^2\dot{\theta}^2(\sin^2\theta + \cos^2\theta) + r^2\dot{\varphi}^2\sin^2\theta \\ = &\dot{r}^2 + r^2\dot{\theta}^2 + r^2\dot{\varphi}^2\sin^2\theta\end{aligned}$$

$$\therefore L = T - V = \frac{1}{2}m(\dot{x}^2 + \dot{y}^2 + \dot{z}^2) - V$$

$$= \frac{1}{2}m\dot{r}^2 + \frac{1}{2}mr^2\dot{\theta}^2 + \frac{1}{2}mr^2\dot{\varphi}^2\sin^2\theta - V$$

$r$を一般座標とすると，

$$\frac{d}{dt}\left(\frac{\partial L}{\partial \dot{r}}\right) = \frac{\partial L}{\partial r}$$

$$\frac{\partial L}{\partial r} = \frac{\partial}{\partial r}\left(\frac{1}{2}m\dot{r}^2 + \frac{1}{2}mr^2\dot{\theta}^2 + \frac{1}{2}mr^2\dot{\varphi}^2\sin^2\theta - V\right)$$
$$= \frac{1}{2}m\dot{\theta}^2 \cdot 2r + \frac{1}{2}m\dot{\varphi}^2\sin^2\theta \cdot 2r - \frac{\partial V}{\partial r}$$
$$= mr\dot{\theta}^2 + mr\dot{\varphi}^2\sin^2\theta - \frac{\partial V}{\partial r} = mr\dot{\theta}^2 + mr\dot{\varphi}^2\sin^2\theta + F_r$$

$$\frac{d}{dt}\left(\frac{\partial L}{\partial \dot{r}}\right) = \frac{d}{dt}\left\{\frac{\partial}{\partial \dot{r}}\left(\frac{1}{2}m\dot{r}^2 + \frac{1}{2}mr^2\dot{\theta}^2 + \frac{1}{2}mr^2\dot{\varphi}^2\sin^2\theta - V\right)\right\}$$
$$= \frac{d}{dt}\left(\frac{1}{2}m \cdot 2\dot{r}\right) = m\ddot{r}$$

従って，

$$F_r = m\{\ddot{r} - r(\dot{\theta}^2 + \dot{\varphi}^2\sin^2\theta)\}$$

# 変分原理

# 10.
# 汎関数

前章でラグランジュ方程式を導出したが，その導出は試行錯誤的なものであって，厳密性の伴うものではなかった。また，ニュートンの運動方程式を（座標変換の手間がかからないように）書き直しただけにも見え，その真の価値は未知数である。

ニュートンの運動方程式はニュートン力学の枠組みから理論的に導出することができないという点で原理であるが，ラグランジュ方程式はより基本的（で簡潔）な事柄から導出可能な式であって，原理とは見做されない。基本原理からラグランジュ方程式を導出し（それによって，運動の第二法則を完全に書き換える），その基本原理を理解することが本章の目的である。

実は，ラグランジュ方程式は純粋な数学の方程式としても導出可能であり，本節と次節はその導出の準備のための節になっている。従って，数学の話が続くことになるが，本章の内容を学ばなければ解析力学を勉強したとは言えないので，辛抱してついてきていただきたい。

本節では，関数の関数として位置付けられる「汎関数」を説明するが，まず初めにそもそも関数とは何かということを復習する。

**関数**とは，数と数を対応させる仕組みのことである。例えば，$x$ の値を決めると，それに応じて $y$ の値が決まる。このことについて古人は，関数を箱のようなものとして解釈したようである[1]。つまり，関数は関数という箱に或る数 $(x)$ を入れると，別の数 $(y)$ が出てくるシステムとして捉えることができる。

---

1　例えば，常用漢字が正式に定められる前まで，関数は箱の旧字体「函」を用いて，「函数」と書かれていた。現在でも高級な数学書では関数が「函数」と書かれることがある。

これまで我々は様々な箱（関数）に，様々な数を入れ続けてきたが，ここでは或る箱（関数）に対し，別の箱（関数）を入れることを考える。このように，関数と数を対応させる仕組みを**汎関数**という。汎関数は関数の関数である。

通常の関数では入力側の数が変数 $x$ となり，$y = f(x)$ または $y = y(x)$ と表されるのであるが，汎関数は関数を入力変数にするので，

$$I = I[y] \tag{10.1}$$

と書き，通常の関数と区別する。

なお，汎関数 $I$ の変数は関数 $y$ であって，$x$ ではないから，(10.1) を

$$I = I[f(x)]$$

や

$$I = I[y(x)]$$

とは表さないことにする（禁止されているわけではないが，紛らわしい）。$x$ の値に依らず，$y$ の関数形のみで $I$ が決まるのが汎関数である。

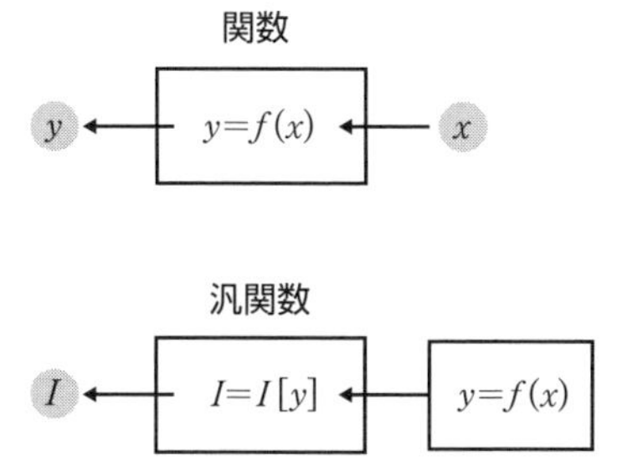

それでは，具体例を 1 つ示そう。

$$\text{例：}\ I[y]=\int_0^1 2y\,dx,\qquad y=y(x)=3x^2\ \text{のとき}$$

$$I[y]=\int_0^1 6x^2\,dx=\left[\frac{6}{3}x^{2+1}\right]_0^1=2\times1^3=2$$

$y$ の関数形を与えることで，$I$ の値が出てくる様子と，その過程に $x$ の値は関与していないことが分かるであろう。この例のように，汎関数はしばしば，

$$I[y]=\int_a^b f(x,\ y,\ y')\,dx \tag{10.2}$$

という定積分の形になる。

最後に，合成関数と汎関数は別物であることを注意しておきたい。次の図を見ていただきたい。

関数：□

数（値）：○　とする

<具体例>

① 通常の関数　$f(x)$

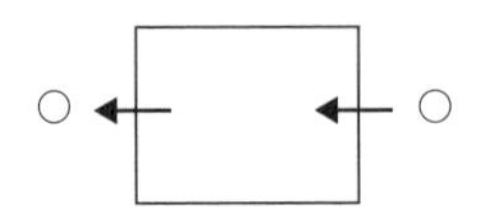

①

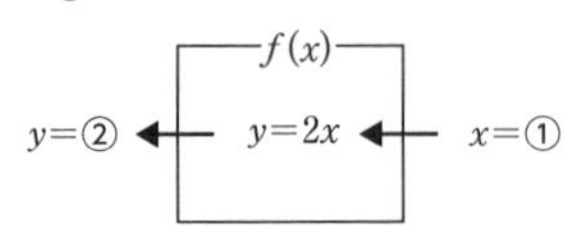


② 合成関数　$f(g(x))$

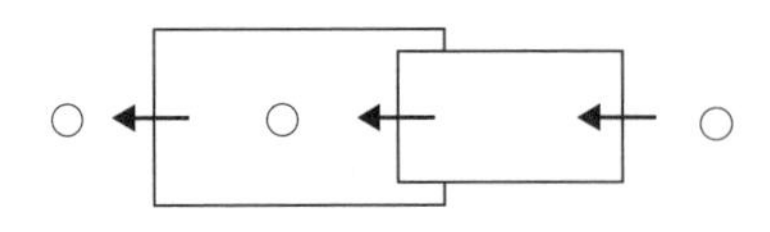

②

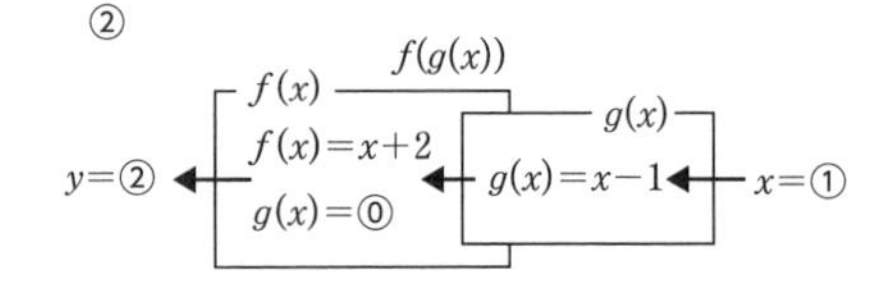


③ 汎関数　$I[y]$

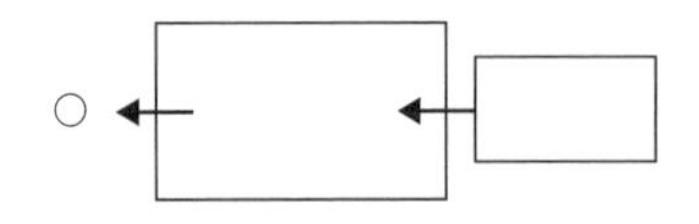

③

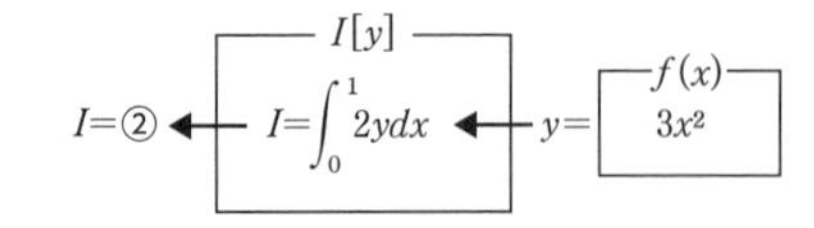

合成関数は，箱に箱が最初から挟まっていて（関数が関数を含む形），そこへ数を入れているのに対し，汎関数は箱に直接箱を入れている。関数は入力も出力も数値であるという点で，数と数同士のやり取りであるが，汎関数は入力が関数で出力は数値になるので，関数と数のやり取りになる。

## 11.

# 停留値

高校数学では，数学Ⅰで 2 次関数を習うとすぐに 2 次関数の最大値・最小値を求める問題を解かされ，また数学Ⅱでは 3 次関数や 4 次関数を扱うので，それらの極値（極大値・極小値）を求める問題を解かされることになる。さらに数学Ⅲになると，様々な関数の変曲点を求める問題が扱われる。

すぐ後で述べるが，関数の最大値，最小値，極値と，一部の変曲点にはとある共通点があるので，これらをまとめて[2]**停留値**という[3]。その共通点のために，上で挙げたような高校数学の中でも重要な位置を占める（はずの），関数の最大・最小や極値を求める問題は本質的には同じ種類の問題であり，**停留値問題**と呼ばれる。本節と次節では，汎関数の停留値問題を論じる。

議論に入る前に，ここで最大値，最小値，極値，変曲点の意味を確認しておこう。それぞれの定義は以下の通りである。

**(1) 最大値**：グラフの最上部の点で，関数がその定義域においてとり得る最も大きな値。

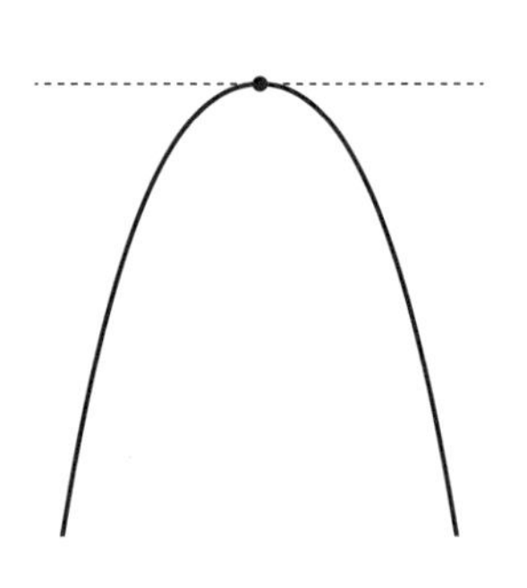

2　正確には，（微分可能な）鞍点なども含む。**鞍点**（あんてん）とは，或る方向から見ると極小点となるが，別の方向から見ると極大点となるような点のことで，多変数関数に見られる。

3　極値という用語をこれらの総称，すなわち停留値と同じ意味で用いる文献もあるので注意していただきたい。

**(2) 最小値**：グラフの最下部の点で，関数がその定義域においてとり得る最も小さな値。

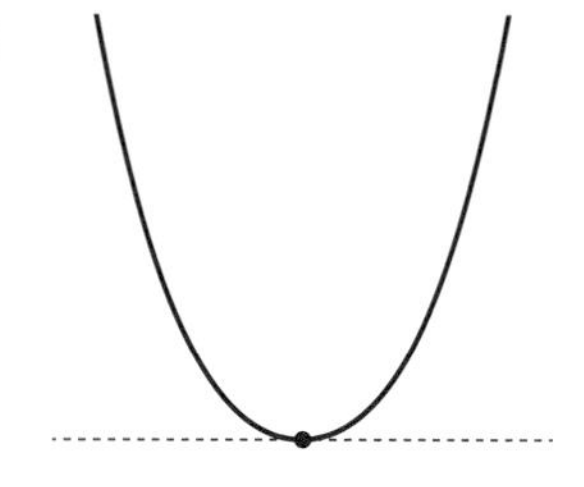

**(3) 極値**（極大値・極小値）：グラフの増加及び減少の傾向が入れ替わる点で，関数の十分小さな区間における局所的な最大・最小。

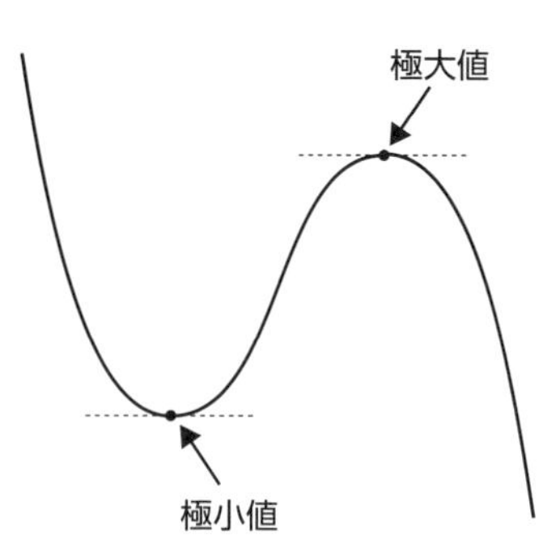


**(4) 変曲点**：グラフの曲がる方向（凹凸の状態）が変わる点で，グラフの内側の上下が入れ替わる点。

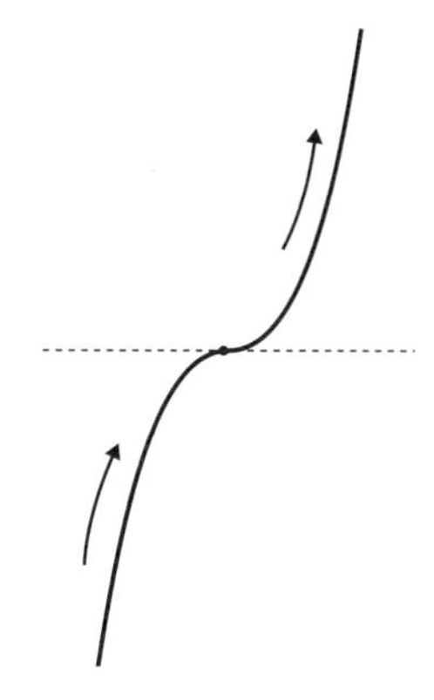

さて，関数の最大値，最小値，極値に接線を引いてみると，いずれもその傾きは $0$ になるという共通点があることに気付く。但し，変曲点については，常に接線の傾きが $0$ となるわけではないので，接線の傾きが $0$ となるような変曲点（**停留変曲点**）に限定して考える。

関数の接線の傾きが $0$ ということは，微分係数が $0$ ということであるから，

それらの点では，もとの関数の導関数が

$$f'(x)=0 \tag{11.1}$$

となっている。つまり，関数の停留値とは，接線の傾きを 0 にする（[11.1] が満たされる）点の値のことである。

一般に，関数 $y=f(x)$ において，$x$，$y$ の微小な変化量をそれぞれ $\Delta x$，$\Delta y$ とすると，$x$ が $x$ から $x+\Delta x$ まで変化するとき，$y$ も $y$ から $y+\Delta y$ まで変化するとすれば，

$$y+\Delta y=f(x+\Delta x) \tag{11.2}$$

となるから，

$$\begin{aligned}\Delta y&=f(x+\Delta x)-y\\&=f(x+\Delta x)-f(x)\end{aligned} \tag{11.3}$$

である。

ここで，(11.3) の右辺第 1 項をテイラー展開すると [4]（展開式［A.15］において $x \to x+\Delta x$，また $a \to x$），

$$\begin{aligned}f(x+\Delta x)&=f(x)+f'(x)(x+\Delta x-x)+\frac{1}{2!}f''(x)(x+\Delta x-x)^2+\cdots\\&=f(x)+f'(x)\Delta x+\frac{1}{2!}f''(x)(\Delta x)^2+\cdots\end{aligned} \tag{11.4}$$

となる。$\Delta x$ は微小量であるから，展開を 1 次までの項（第 2 項）までで打ち切り，(11.3) に代入すると，$\Delta y$ は以下のようになる。

$$\Delta y \simeq f(x)+f'(x)\Delta x-f(x)=f'(x)\Delta x \tag{11.5}$$

---

4　テイラー展開については，補遺 A を参照。

(11.5) から，(11.4) の展開で $\Delta x$ の 2 次以上の項が無視できる程度に小さな領域では，

$$f'(x)=0 \quad \Rightarrow \quad \Delta y=0 \tag{11.6}$$

となることが分かる。停留値（の位置）はこの式によって求めることができる[5]。

つまり，(11.1) を満たすような停留値の無限小のまわりでは，関数 $y$ の変化（高さ）は 0 であり，$x$ が $x$ から $x+\Delta x$ まで微小変化したとしても，もとの関数 $y=f(x)$ は変化しない。そして，この一連の議論は $y$ が 2 変数以上の多変数関数であったとしても成り立つ[6]。

ここまでの話をまとめると，関数 $y=f(x)$ の停留値は，$f'(x)=0$ が満たされる点に存在し，その無限小のまわりでは $\Delta y=0$ と見做せる，ということになるが，これからこの主張を汎関数の停留値についてのものに書き換える。

まず，重要な相違点として，普通の関数の停留値は数値で与えられるが，汎関数の停留値は関数で与えられることに注意する。つまり，汎関数 $I$ は変数が関数 $y$ になるので，普通の関数での $x$，$y$ が汎関数の $y$，$I$ にそれぞれ対応している。

よって，汎関数における $\Delta y=0$ は，

$$\Delta I[y]=0 \tag{11.7}$$

となる。これは，汎関数 $I$ が停留値をとるときは，$I$ の変化は 0 のはずだという意味である。また，$y$ は $I$ に停留値を与える関数であり，**停留関数**という。

次に，(11.3) を

---

5　但し，2 次以上の情報を全て捨ててしまったので，停留値の種類が何かまでは分からない。

6　(B.1)～(B.4) がちょうど 2 変数関数で行なった計算に対応する。

$$\Delta y = y(x+\Delta x) - y(x) = 0 \tag{11.8}$$

と書くと，(10.2) より，これに対応した式として，汎関数の変化 $\Delta I[y]$ の表式を次のように書くことができる。

$$\begin{aligned}\Delta I[y] &= I[y+\Delta y] - I[y] \\ &= \int_a^b f(x,\ y+\Delta y,\ y'+(\Delta y)')dx - \int_a^b f(x,\ y,\ y')dx \\ &= 0\end{aligned} \tag{11.9}$$

ここで，汎関数の式に $x$ は入っているものの，前節で述べたように，実際の計算では $x$ の値に関係なく $I$ の値が決まるので，$x$ の変化 $\Delta x$ は考える必要がない。右辺第 1 項の $x$ が $x+\Delta x$ にならないのはこのためである。

結論から言うと，普通の関数の停留値が（[11.6] と同等の）(11.8) で扱えることから，汎関数の停留値も (11.9) で考えることができるのではないかという上記の試みは，概ねうまくいく。概ねと書いたのは，(11.9) にはまだ若干の修正すべき点が残されているからである。次のグラフを見ていただきたい。

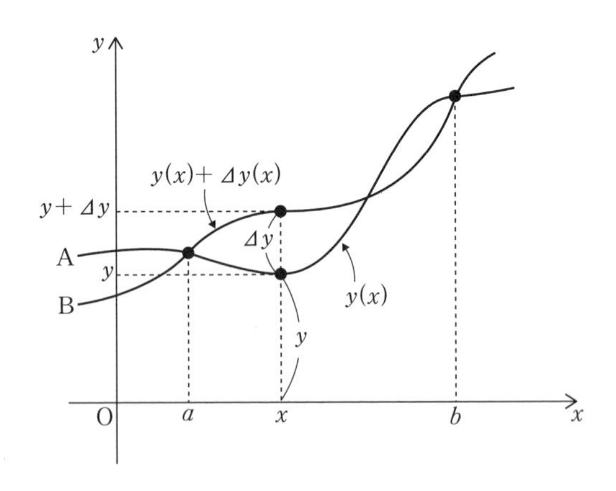

グラフ上の曲線 A は $I$ に停留値を与える関数 $y(x)$ で，曲線 B は $y(x)$ から微小量 $\Delta y(x)$ だけずれた関数 $y(x)+\Delta y(x)$ を表す。汎関数 $I$ が停留値をとるとき，$I$ の変化 $I[y+\Delta y]-I[y]$ が 0 になることを仮定しているので，A の表す汎関数と B の表す汎関数は同じ値にならなければならない。

しかし，A からわずかにずれた曲線であれば，B に限らず無数に存在し得る。B というのはその中の 1 つを抽出しただけで，B のような曲線形である必然性もない。すなわち，A を固定したとき，そこからわずかにずれた関数の曲線というのは確定するものではなく，任意である。

その上，A と B の間のずれも，ただ微小量であるとしか言っていないので，このようなずれは $\Delta y$ で表すべきではない。$\Delta y$ と書くと，特定の定数のずれが発生しているように見えるためである。このずれ（変位）は，あくまで停留値を求める目的で任意に選び出した思考実験的な変位であって，現実に発生するものではない。

そこで，このような想像上の変位のことを**仮想変位**と呼んで $\delta y$ と表し，$y$ が現実に変化したことを表す微小変位 $\Delta y$ や $dy$ とは明確に区別する。

上の議論によると，$\Delta I$ は仮想変位による変化であるから，同様の記号を用いて $\delta I$ と書かなければならず，(11.9) は

$$\begin{aligned}\delta I[y] &= I[y+\delta y]-I[y] \\ &= \int_a^b f(x, y+\delta y, y'+\delta y')dx-\int_a^b f(x, y, y')dx \\ &= 0 \end{aligned} \tag{11.10}$$

となる。このとき，(11.10) の左辺 $\delta I[y]$ を $I$ の**変分**という[7]。変分は数値ではなく $y$ の関数形 $y(x)$ 自体を仮想的に（微小）変化させる操作である。

ここで得た，$I$ が停留値をとるとき $I$ の変分が 0 となるという命題，

7　変分の記号として $\delta$ を用いたのは，ラグランジュが最初であるという。

$$I \text{ が停留値をとる} \quad \Rightarrow \quad \delta I[y]=0$$

は示唆に富む非常に重要な主張である。

変分は汎関数に対してだけでなく，一般の関数に対しても考えることができる。実際，仮想変位 $\delta y$ は汎関数ではなくただの関数であるが，変分の一種（$y$ の変分）である。

なお，微分と変分が重なったときは，どちらを優先しても良い。つまり，変分してから微分しても良いし，微分してから変分しても良い。これは，微分の定義により，$\delta y'$ に関して次の計算が成り立つためである。

$$\begin{aligned}
\delta y' &= \tilde{y}'(x) - y'(x) \\
&= \lim_{\Delta x \to 0}\left\{\frac{\tilde{y}(x+\Delta x)-\tilde{y}(x)}{\Delta x} - \frac{y(x+\Delta x)-y(x)}{\Delta x}\right\} \\
&= \lim_{\Delta x \to 0}\left\{\frac{\tilde{y}(x+\Delta x)-y(x+\Delta x)}{\Delta x} - \frac{\tilde{y}(x)-y(x)}{\Delta x}\right\} \\
&= \lim_{\Delta x \to 0}\left\{\frac{\delta y(x+\Delta x)}{\Delta x} - \frac{\delta y(x)}{\Delta x}\right\} \\
&= \lim_{\Delta x \to 0}\frac{\delta y(x+\Delta x)-\delta y(x)}{\Delta x} = \frac{d}{dx}\delta y(x)
\end{aligned} \tag{11.11}$$

このように，数値ではなく曲線（関数形）を仮想的に変化させることで，汎関数 $I$ を停留化する操作を**変分法**といい，汎関数の停留値問題（**変分問題**）を扱う数学（解析学）の分野を**変分学**という[8]。

8　本書では，解析力学の基礎に必要となる最低限の変分法しか扱わない。変分法の数学的な詳細については，寺沢寛一『自然科学者のための数学概論（増訂版）』（岩波書店，1954.10）の第 9 章や，文献［23］第 2 章，［80］などを参照されたい。

12.

# オイラー=ラグランジュ方程式

本節では，前節で求めた $I$ の変分を表す式（11.10）

$$\delta I[y] = \int_a^b f(x, y+\delta y,\ y'+\delta y')dx - \int_a^b f(x, y,\ y')dx$$

$$= \int_a^b \{f(x, y+\delta y,\ y'+\delta y') - f(x, y,\ y')\}dx = 0 \qquad (12.1)$$

を用いて，$I$ に停留値を与える関数，すなわち停留関数 $y=y(x)$ が満たすべき条件を導出する。この導出は今後非常に重要になるので，導出の流れを確実に理解していただきたい。

まず，$\delta I$ の被積分関数 $f(x,\ y+\delta y,\ y'+\delta y') - f(x,\ y,\ y')$ の第 1 項をテイラー展開すると（多変数関数のテイラー展開であるから，展開式［A.18］を用いる），

$$f(x, y+\delta y,\ y'+\delta y') - f(x, y,\ y')$$

$$= [f(x,\ y,\ y') + f_y'(x,\ y,\ y')\delta y + (f_{y'})'(x,\ y,\ y')\delta y'$$

$$+ \frac{1}{2!}\{f_{yy}''(x,\ y,\ y')\delta y^2 + 2(f_{yy'})''(x,\ y,\ y')\delta y\delta y' + (f_{y'y'})''(x,\ y,\ y')\delta y'^2\} + \cdots]$$

$$- f(x,\ y,\ y')$$

$$= f_y'(x, y, y')\delta y + (f_{y'})'(x, y, y')\delta y'$$

$$+ \frac{1}{2!}\{f_{yy}''(x, y, y')\delta y^2 + 2(f_{yy'})''(x,\ y,\ y')\delta y\delta y' + (f_{y'y'})''(x, y, y')\delta y'^2\} + \cdots$$

$$(12.2)$$

となる。

ここで，例えば $f_{y}{}'$ は

$$f_{y}{}' = \frac{\partial f}{\partial y} \tag{12.3}$$

を意味する（この場合プライム記号は省略できるが，微分であることを強調するために付けておく）。左辺のように偏微分をラグランジュ流の記号で表すことは通常推奨されないが，多変数関数のテイラー展開を書き出す際には便利である（その際独立変数を必ず添字に表示する）。

(12.2) では念のため $\delta y$，$\delta y'$ の 2 次まで示したが，例によって 1 次までで展開を打ち切るから，1 次の項が書ければそれで良い。但し，展開する関数が $f(x,\ y+\delta y,\ y'+\delta y')$ という多変数関数であり，変化する無限小量が $\delta y$ と $\delta y'$ の 2 つなので，1 次の項は 1 つではなく，2 つできることに注意する。

(12.2) で 1 次までの項を採用し，ライプニッツ流の記号に切り換えると，

$$\begin{aligned} f(x, y+\delta y,\ y'+\delta y') - f(x, y,\ y') &\simeq f_{y}{}'(x, y, y')\delta y + (f_{y'})'(x, y, y')\delta y' \\ &= \frac{\partial f(x, y, y')}{\partial y}\delta y + \frac{\partial f(x, y, y')}{\partial y'}\delta y' \end{aligned} \tag{12.4}$$

となる。なお，これ以後は $f$ の引数 $(x,\ y,\ y')$ を省略する。

最終的に目指すのは，(12.1) の被積分関数の全体が $\delta y$ で括られる形である。そこで，

$$\delta y' = \frac{d}{dx}\delta y(x) \tag{12.5}$$

を用いて $\delta y'$ を消去すると，(12.4) は

$$f(x,\ y+\delta y,\ y'+\delta y')-f(x,\ y,\ y')=\frac{\partial f}{\partial y}\delta y+\frac{\partial f}{\partial y'}\left\{\frac{d}{dx}\delta y(x)\right\} \tag{12.6}$$

となるから，これを（12.1）の被積分関数に戻すと，$\delta I[y]$ は

$$\begin{aligned}\delta I[y]&=\int_a^b\left[\frac{\partial f}{\partial y}\delta y+\frac{\partial f}{\partial y'}\left\{\frac{d}{dx}\delta y(x)\right\}\right]dx\\&=\int_a^b\frac{\partial f}{\partial y}\delta y dx+\int_a^b\frac{\partial f}{\partial y'}\left\{\frac{d}{dx}\delta y(x)\right\}dx\end{aligned} \tag{12.7}$$

と書ける[9]。

更に（12.7）の第2項は

$$\int_a^b fg'dx$$

の形になっているので，（定積分の）部分積分法[10]，

$$\int_a^b fg'dx=[fg]_a^b-\int_a^b f'gdx \tag{12.8}$$

が利用できて，

$$\int_a^b\frac{\partial f}{\partial y'}\left\{\frac{d}{dx}\delta y(x)\right\}dx=\left[\frac{\partial f}{\partial y'}\delta y(x)\right]_a^b-\int_a^b\frac{d}{dx}\left(\frac{\partial f}{\partial y'}\right)\delta y(x)\,dx \tag{12.9}$$

と積分できる。

---

9　この変分 $\delta I$ は，$\delta y$ と $\delta y'$ の1次までの項についての変分であるので，**第一変分**と呼ばれる。

10　部分積分は，積の微分

$$(fg)'=f'g+fg'$$

を移項した

$$fg'=(fg)'-f'g$$

の各項を積分することによって得られる。

$$\int fg'dx=fg-\int f'gdx$$

この結果を（12.7）に代入すると，

$$\delta I[y]=\int_a^b \frac{\partial f}{\partial y}\delta y dx+\left[\frac{\partial f}{\partial y'}\delta y(x)\right]_a^b-\int_a^b \frac{d}{dx}\left(\frac{\partial f}{\partial y'}\right)\delta y(x)\,dx$$
$$=\int_a^b\left\{\frac{\partial f}{\partial y}-\frac{d}{dx}\left(\frac{\partial f}{\partial y'}\right)\right\}\delta y(x)\,dx+\left[\frac{\partial f}{\partial y'}\delta y(x)\right]_a^b$$
$$=\int_a^b\left\{\frac{\partial f}{\partial y}-\frac{d}{dx}\left(\frac{\partial f}{\partial y'}\right)\right\}\delta y(x)\,dx+\frac{\partial f}{\partial y'}\delta y(b)-\frac{\partial f}{\partial y'}\delta y(a) \qquad (12.10)$$

が得られる。

前節で述べた通り，$\delta y$ の選び方は全く任意であるが，両端 $x=a$ と $x=b$ においては，停留値をとる曲線 A とそこからわずかにずれた曲線 B が一致していなければならないという境界条件が付く。つまり，

$$\delta y(a)=0\,,\quad \delta y(b)=0 \qquad (12.11)$$

である。

これらの条件がなければ，$I$ が停留値をとるとき，A の表す汎関数と B の表す汎関数が等しいなどという結論を出すことはできなくなってしまうであろう。そこで，両端は固定されていて，ずれはないことを表す（12.11）の境界条件を特に，**両端の条件**と呼ぶことにする。

従って，両端の条件により（12.10）の最後の 2 項は共に 0 であるから，$\delta I[y]$ は

$$\delta I[y]=\int_a^b\left\{\frac{\partial f}{\partial y}-\frac{d}{dx}\left(\frac{\partial f}{\partial y'}\right)\right\}\delta y(x)\,dx \qquad (12.12)$$

に帰着する。

そして前節の議論から，$I$ が停留値をとるとき，$I$ の変分は 0 となる

（ $\delta I = 0$ ）ので，上式が成り立つのは，任意の $\delta y(x)$（仮想変位）に対して，被積分関数が恒等的に 0 になるときである。これは，$\delta y$ が任意の値をとるので，$\delta I = 0$ が実現するためには $\{\cdots\}$ 内の被積分関数が 0 でなければならず，

$$\int_a^b \{\cdots\}\delta y dx = 0 \quad \Rightarrow \quad \{\cdots\} = 0 \tag{12.13}$$

が成り立つという主張である。(12.13) を**変分学の基本補題**という。数学の文献であればこれを証明しなければならないところであるが，物理の文献では (12.13) はほとんど自明な事柄として扱う見方が大多数であるので，本書もそれに従い，(12.13) の成立を証明抜きで承認する[11]。

よって，変分学の基本補題により，(12.12) から $\delta I = 0$ のための条件式として，

$$\frac{\partial f}{\partial y} - \frac{d}{dx}\left(\frac{\partial f}{\partial y'}\right) = 0 \tag{12.14}$$

すなわち

$$\frac{d}{dx}\left(\frac{\partial f}{\partial y'}\right) = \frac{\partial f}{\partial y} \tag{12.15}$$

が導かれる。これは，$f(x,\ y,\ y')$ についての微分方程式であり，$f$ の引数まで表示すると，

$$\frac{d}{dx}\left\{\frac{\partial f(x,\ y,\ y')}{\partial y'}\right\} = \frac{\partial f(x,\ y,\ y')}{\partial y} \tag{12.16}$$

となる。

(12.15) を**オイラー＝ラグランジュ方程式**という。オイラー＝ラグランジュ方程式は，汎関数 $I$ に停留値を与える関数が満たす条件式（汎関数の停留化条件）である。

---

11　文献［80］2-2 ①に，背理法による証明が記載されている。

以上の導出を振り返れば分かるように，$\delta I = 0$ となることとオイラー＝ラグランジュ方程式が成り立つことは同値であり[12]，次の命題が成り立つ。

$$I \text{ が停留値をとり，} \delta I = 0 \text{ となる} \Leftrightarrow \frac{d}{dx}\left(\frac{\partial f}{\partial y'}\right) = \frac{\partial f}{\partial y}$$

最後に，変分に関係する記法として，汎関数微分を紹介して本節を終えよう。(12.12) の表式

$$\delta I = \int_a^b \left\{\frac{\partial f}{\partial y} - \frac{d}{dx}\left(\frac{\partial f}{\partial y'}\right)\right\}\delta y dx \tag{12.17}$$

を

$$\delta I = \int_a^b \left\{\frac{\partial f}{\partial y} - \frac{d}{dx}\left(\frac{\partial f}{\partial y'}\right)\right\}\delta y dx = \int_a^b \frac{\delta I}{\delta y}\delta y dx \tag{12.18}$$

と定義し，(12.14) を

$$\frac{\delta I}{\delta y} = \frac{\partial f}{\partial y} - \frac{d}{dx}\left(\frac{\partial f}{\partial y'}\right) \tag{12.19}$$

と書いたとき，その左辺を**汎関数微分**と呼ぶ。汎関数微分を用いれば，オイラー＝ラグランジュ方程式は簡潔に

$$\frac{\delta I}{\delta y} = 0 \tag{12.20}$$

---

12 「オイラー＝ラグランジュ方程式は，極値関数を求めるための必要条件でしかない」と述べている文献もあるが，それは極値関数に限定するからであり，停留関数としておけば必要十分条件になる。

とまとまる。(12.19) を見れば，$\delta I = 0$ とオイラー＝ラグランジュ方程式が同値であることは一目瞭然であろう。

わざわざ指摘するまでもないことだが，(12.15) は前章の主役だったラグランジュ方程式にそっくりである。実際そっくりどころではなく同等と言って差し支えないのだが，ここまでは純粋に数学の記述に徹してきたから，本節までの結果の応用については節を改め，次節以降で取り扱うこととしよう。

13.

# 最小作用の原理

前節で導出したオイラー＝ラグランジュ方程式（12.15）の $y$，$y'$ をそれぞれ $y_i$，$y_i'$ に置き換えると，(12.15）は停留関数が複数個ある場合の連立微分方程式，

$$\frac{d}{dx}\left(\frac{\partial f}{\partial y_i'}\right)=\frac{\partial f}{\partial y_i} \tag{13.1}$$

に拡張される。ここで，

$$f=f(x,\ y,\ y')=f(x,\ \{y_i\},\ \{y_i'\}) \tag{13.2}$$

である。

この（13.1）は，次の汎関数

$$I[\{y_i\}]=\int_a^b f(x,\ y,\ y')dx=\int_a^b f(x,\ \{y_i\},\ \{y_i'\})dx \tag{13.3}$$

の変分 $\delta I[\{y_i\}]$ が

$$\begin{aligned}\delta I[\{y_i\}]&=\int_a^b f(x,\ y+\delta y,\ y'+\delta y')dx-\int_a^b f(x,\ y,\ y')dx\\&=\int_a^b f(x,\ \{y_i\}+\{\delta y_i\},\ \{y_i'\}+\{\delta y_i'\})dx-\int_a^b f(x,\ \{y_i\},\ \{y_i'\})dx\\&=0\end{aligned} \tag{13.4}$$

となるという停留化条件のもとで導出されるから，導出の流れは前節と全く

同じである。

(13.1) に対して

$$x \to t, \qquad f \to L, \qquad y_i \to q_i, \qquad y_i{}' \to \dot{q}_i \tag{13.5}$$

という置き換えを実行すると，次の方程式が得られる。

$$\frac{d}{dt}\left(\frac{\partial L}{\partial \dot{q}_i}\right)=\frac{\partial L}{\partial q_i} \tag{13.6}$$

これは，ラグランジュ方程式に他ならない[13]。

また，(13.5) の対応関係に

$$I \to S, \qquad a \to t_1, \qquad b \to t_2 \tag{13.7}$$

を加えて，(13.3) と (13.4) を置き換えると，それぞれ次のようになる。

$$S[\{q_i\}]=\int_{t_1}^{t_2} L(q,\ \dot{q}, t)dt=\int_{t_1}^{t_2} L(\{q_i\}, \{\dot{q}_i\}, t)dt \tag{13.8}$$

$$\begin{aligned}\delta S[\{q_i\}]&=\int_{t_1}^{t_2} L(q+\delta q,\ \dot{q}+\delta\dot{q},\ t)dt-\int_{t_1}^{t_2} L(q,\ \dot{q},\ t)dt\\&=\int_{t_1}^{t_2} L(\{q_i\}+\{\delta q_i\},\ \{\dot{q}_i\}+\{\delta\dot{q}_i\}, t)dt-\int_{t_1}^{t_2} L(\{q_i\},\ \{\dot{q}_i\}, t)dt\\&=0\end{aligned} \tag{13.9}$$

この置き換えによって得られた汎関数 $S$ を**作用積分**，または**作用汎関数**，或

13　本書では，文献［29］（Ⅰ巻）と同様に，汎関数の被積分関数が任意の $f$ であるときに導かれる方程式をオイラー＝ラグランジュ方程式と呼び，汎関数の被積分関数がラグランジアンであるときに導かれる方程式をラグランジュ方程式と呼ぶことにする。そうすると，オイラー＝ラグランジュ方程式は数学用語，ラグランジュ方程式は物理用語という位置付けになる。

いは単に**作用**という。

$$S=\int_{t_1}^{t_2}L(q,\ \dot{q},t)dt \tag{13.10}$$

以上の対応関係と，前節で見たオイラー＝ラグランジュ方程式の議論から，ラグランジュ方程式（13.6）は，作用積分 $S$ に停留値を与える関数 $q_i$（停留関数）が満たす条件（停留化条件）であり，作用 $S$ の変分が 0（$\delta S=0$）という条件のもとで導出されることが分かる[14]。

従って，次の**最小作用の原理**が成り立つ。

> 時刻 $t_1$ のときの位置を $q_1$，時刻 $t_2$ のときの位置を $q_2$ に固定すると，その間の任意の時刻 $t$ における系の運動は，作用 $S$ が停留値をとるような経路 $q_i(t)$ に沿って行なわれる。

$S$ が停留値をとる条件というのは

$$\delta S=0 \tag{13.11}$$

であるから，これが最小作用の原理を最も簡潔に表した式となる。また，前節で述べたように，$\delta I=0$ が成り立つこととオイラー＝ラグランジュ方程式が成り立つことは同値であるから，同様に

$$S\text{ が停留値をとり，}\ \delta S=0\text{ となる}\quad\Leftrightarrow\quad \frac{d}{dt}\left(\frac{\partial L}{\partial \dot{q}_i}\right)=\frac{\partial L}{\partial q_i}$$

---

14　その導出は，前節で述べた方法と全く同じであるから，説明の繰り返しを避けるためここでは述べない。その代わり復習問題として，章末問題［ 3 ］（1）に $\delta S=0$ から（変分法を用いて）ラグランジュ方程式を導く問題を載せておいたので，それを（できれば何も見ずにノーヒントで）解いていただきたい。

が成り立つ。

$\delta S = 0$（最小作用の原理）とラグランジュ方程式は同値なのであるが，系は $S$ が停留値をとるように運動するという物理的意味の明確さや，その表式の単純さ，そして $\delta S = 0$ からのラグランジュ方程式のエレガントな導出（定式化）といった観点から，ラグランジュ方程式でなく $\delta S = 0$ の方が基本原理に選ばれる。

そして，実現される運動の作用が停留値をとらなければならない理由は何か，また，自然は迷うことなく停留曲線を選ぶわけだが，なぜ自然は停留値となる経路を知っているのか，といった疑問は古典力学からすれば謎としか言いようがない（但し，古典力学は「量子力学」と呼ばれる物理を土台にしてできているため，量子力学の定式化の 1 つである「経路積分」を用いれば，実はこれらの疑問に答えることができる。VI 章の 34 節で経路積分を扱うので，そこでこれらの疑問を再検討することにしよう）[15]。これは，古典力学の範囲の究極まで突き詰めたということである（これらの疑問に古典力学の範囲で答えられる法則等があれば，そちらの方が基本原理になるはずである）。

古典力学の枠組からは，上で書いた意味での「最小作用の原理」を導出することは不可能であり，最小作用の原理は，解析力学が見出した古典力学の基本原理として理解される。このように，変分問題（汎関数の停留値問題）を解くことで運動の経路が決定することを力学の基本原理とする考えを，**変分原理**という。

(13.11) から，前節と全く同様の方法を用いて，ラグランジュ方程式 (13.6) が求められる。その後は 9 節[16] の (9.1)～(9.5) のようにしてニュートンの運

15　哲学的には，「自然は単純さを好み，無駄なことをしない」などの理由が付けられるかもしれないが，このような惹句を過信して科学を見失うことのないようにしなければならない。

16　9 節ではラグランジュ方程式の共変性を証明したが，ラグランジュ方程式に共変性があるのは，座標系が変わっても作用が停留値をとる点は変化しないからである。

動方程式，すなわち運動の第二法則が導かれることとなる。

これは，最小作用の原理から運動の第二法則が導出可能ということであり，第二法則は最小作用の原理にとって代わられる。なぜなら，第二法則から（厳密に）最小作用の原理を導くことはできないからである。最小作用の原理は第二法則を包含するが，その適用範囲の広さからも分かるように，同等な原理ではない。

最小作用の原理の適用範囲は，運動の第二法則に従う質点・質点系・剛体の力学のみならず，電磁気学，連続体の力学，量子物理学，特殊相対論，一般相対論まで及ぶ[17]。解析力学の応用範囲の広さは，最小作用の原理によって支えられていると言えるであろう。

ところで，作用がとるのは一般に停留値であって，最小値には限定されない（本当は「停留作用の原理」とでも呼ぶべきである）。そこで「最小作用の原理」という名称の由来を簡単に説明しておくことにする。

1661年に，**ピエール・ド・フェルマー**[18]によって，特定の2点を結ぶ光線の経路が直線であるとき，光は2点を通過する際にかかる時間が最小[19]になるような経路を進んでいることが発見された。これを**フェルマーの原理**という。

そしてフェルマーの原理は，屈折率 $n$ と真空中の光速 $c$ を用いて，

$$\delta T = \delta \int_{\mathrm{P}}^{\mathrm{Q}} \frac{n}{c} ds = 0 \tag{13.12}$$

という変分原理の形で書けることが判明し，そこから光の直進性や反射・屈折の法則などが説明・導出された。こうして，フェルマーの原理は幾何光学の基本原理としての地位を手に入れる（**幾何光学**とは光の直進を中心に扱う

17　これを簡潔に言うと，最小作用の原理 $\delta S = 0$ は，運動方程式のみならず波動方程式や「場の方程式」も導出可能である，ということになる。

18　フェルマーの最終定理（3以上の自然数 $n$ に対して，$x^n + y^n = z^n$ を満たす $x, y, z$ はない）で有名な数学者だが，法学部の出身であり，本職は法曹であった。

19　最小値に限定せず，停留値としておくと「経路が直線」という条件が不要になる。

理論のことで，干渉や回折といった光の波動性については説明できない。すなわち幾何光学は光の波動性を記述する**波動光学**の近似理論である)。

このような幾何光学での変分原理の成功を見て，**ピエール・ルイ・モーペルチュイ**は，18 世紀の中頃に力学も変分原理の形に定式化できるのではないかと考えた。その際にモーペルチュイが提案した力学の変分原理の名前が，「最小作用の原理」であったのである。つまり，「最小作用の原理」は，フェルマーの原理の「時間が最小」という部分をそのまま使ったために作られた歴史的な用語ということになる。

なお，モーペルチュイらが考えた作用は（13.10）ではなく，

$$S_0 = \int_{t_1}^{t_2} 2T dt \tag{13.13}$$

というものであったが（章末問題［３］(2))，これはエネルギー保存則を前提としないと成立しないなどの問題を抱えていたので，原理とは言えない「定理」であった。

その後様々な数学者・物理学者が力学の変分原理を探し始め，最終的にイギリスの**ウィリアム・ローワン・ハミルトン**が，力学の「ハミルトン形式」（V 章の主題となる）を建設する際に正しい作用の表式（13.10）に到達し，現代的な意味での最小作用の原理を定式化した。このため，最小作用の原理は**ハミルトンの原理**とも呼ばれる。

それでは最後に，前章で学んだラグランジュ方程式に関する知見を最小作用の原理の観点から見直しておこう。

運動の経路を決める作用積分は，ラグランジアンの時間積分になっている。つまり，運動の経路は作用（の変分が 0 となること）で定まり，作用はラグランジアンを与えることによって定まる。極論すれば，ラグランジアンで全てが決まってしまうわけである。

ラグランジアンとは何かということについて一般的に述べることは非常に

難しいが，ラグランジアンさえあれば力学は定式化できる。この意味で，ラグランジアンは運動（方程式）を生み出すもとになるものである，と言えるであろう。

前章では運動エネルギーから位置エネルギーの差を表す関数として「定義」してしまったが，厳密に言うとあれは普遍的な定義ではない。ラグランジュ方程式から質点（系）に対するニュートンの運動方程式が導かれるようにラグランジアンを決めると，普通

$$L = T - V \tag{13.14}$$

になるというだけである。

なお，ラグランジアンの単位を考えることにあまり意味はないが，ラグランジアンは（13.14）で表せるので，エネルギーの次元を持ち，SI単位では［J］となる。それを時間積分したものが作用となるので，作用はエネルギー×時間の次元を持ち，SI単位では［J･s］となる。一般に，エネルギー×時間の次元は**作用の次元**と呼ばれ，$[\mathrm{J \cdot s}] = [\mathrm{kg} \cdot (\mathrm{m^2/s^2}) \cdot \mathrm{s}] = [\mathrm{kg} \cdot \mathrm{m^2/s}]$であるから，作用の次元は位置×運動量の次元でもあり，これは角運動量の次元とも一致する。

本章のここまでの議論の中に（13.14）は出てこなかったが，実際（13.14）は最小作用の原理から導かれるものではないので，ラグランジアンの表式の一例ではあっても，真に一般的な定義とは言えない（それでも便利なのは間違いない）。本書で扱うほとんどの問題ではラグランジアンを（13.14）で扱うことができるが，実際の研究の現場では，ラグランジアンを系の持つ（時空間についての）対称性から決めている[20]。

このことから，ラグランジアンには不定性があり，一意的でないことが示

---

20 「対称性」についてはIV章（とV章の一部）で扱うが，文献［69］の第2章に，対称性からラグランジアンをどう決定するかについての解説がある。

唆される。つまり，1つの系に対して，その運動を与えるラグランジアンは複数存在する（**ラグランジアンの不定性**）。

例えば，1個の自由粒子（$V=0$）のラグランジアンは

$$L = T = \frac{1}{2}m\dot{x}_j^2 \tag{13.15}$$

であり，これをラグランジュ方程式に代入すると，

$$\frac{d}{dt}\left\{\frac{\partial}{\partial \dot{x}_j}\left(\frac{1}{2}m\dot{x}_j^2\right)\right\} = \frac{\partial}{\partial x_j}\left(\frac{1}{2}m\dot{x}_j^2\right) \tag{13.16}$$

$$\text{左辺} = \frac{d}{dt}\left(\frac{1}{2}m \times 2\dot{x}_j\right) = m\ddot{x}_j\,,\quad \text{右辺} = 0 \tag{13.17}$$

となり，自由粒子の（ニュートンの）運動方程式

$$m\ddot{x}_j = 0 \tag{13.18}$$

が導かれる。

しかし，ラグランジアンを

$$\widetilde{L} = e^{\sqrt{m}\dot{x}_j} \tag{13.19}$$

としても，ラグランジュ方程式は

$$\frac{d}{dt}\left\{\frac{\partial}{\partial \dot{x}_j}(e^{\sqrt{m}\dot{x}_j})\right\} = \frac{\partial}{\partial x_j}(e^{\sqrt{m}\dot{x}_j}) \tag{13.20}$$

$$\begin{aligned}\text{左辺} &= \frac{d}{dt}\left\{\frac{\partial}{\partial \dot{x}_j}(e^{\sqrt{m}\dot{x}_j})\right\} = \frac{d}{dt}(\sqrt{m}\,e^{\sqrt{m}\dot{x}_j}) \\ &= (\sqrt{m}\ )^2\,\ddot{x}_j\,e^{\sqrt{m}\dot{x}_j} = m\ddot{x}_j\,e^{\sqrt{m}\dot{x}_j},\quad \text{右辺} = 0\end{aligned} \tag{13.21}$$

となるから，

$$m\ddot{x}_j e^{\sqrt{m}\dot{x}_j} = 0 \tag{13.22}$$

が得られる。 $e^{\sqrt{m}\dot{x}_j} \neq 0$ であるから，両辺を $e^{\sqrt{m}\dot{x}_j}$ で割れば（13.22）は（13.18）になるのである。これは，同じ問題に対してのラグランジアンは 1 通りではないことを表している。

また，任意のラグランジアンに対して，座標についての任意関数 $W(x)$ [21] の時間に関する全微分を加え，

$$L \to L + \frac{dW(x)}{dt} \tag{13.23}$$

という変換を施しても，同じラグランジュ方程式が成り立つことを示すことができる [22]。

（13.23）の変換が行なわれると，ラグランジュ方程式は

$$\frac{d}{dt}\left(\frac{\partial L}{\partial \dot{q}_i}\right) + \frac{d}{dt}\left[\frac{\partial}{\partial \dot{q}_i}\left\{\frac{dW(x)}{dt}\right\}\right] = \frac{\partial L}{\partial q_i} + \frac{\partial}{\partial q_i}\left\{\frac{dW(x)}{dt}\right\} \tag{13.24}$$

に変わるから，項の変化は

$$\frac{\partial}{\partial q_i}\left\{\frac{dW(x)}{dt}\right\} - \frac{d}{dt}\left[\frac{\partial}{\partial \dot{q}_i}\left\{\frac{dW(x)}{dt}\right\}\right] \tag{13.25}$$

である。

ここで

$$\frac{dW(x)}{dt} = \frac{\partial W}{\partial x_j}\frac{dx_j}{dt} = \frac{\partial W}{\partial x_j}\dot{x}_j \tag{13.26}$$

を（13.25）の第 1 項のみに用いると，項の変化は

---

21　一般には $W(x)$ は $W(x,\ t)$ でもよい。

22　（13.23）は，電磁気学で言うところの「ゲージ変換」に相当する。以下で示すことは，**ラグランジアンのゲージ変換**に対して運動方程式は不変であるということである。

$$\frac{\partial}{\partial q_i}\left(\frac{\partial W}{\partial x_j}\dot{x}_j\right)-\frac{d}{dt}\left(\frac{\partial \dot{W}}{\partial \dot{q}_i}\right)=\frac{\partial}{\partial q_i}\left(\frac{\partial W}{\partial x_j}\right)\dot{x}_j+\frac{\partial \dot{x}_j}{\partial q_i}\frac{\partial W}{\partial x_j}-\frac{d}{dt}\left(\frac{\partial \dot{W}}{\partial \dot{q}_i}\right) \tag{13.27}$$

となる。

さらに，$W$ は一般速度（5.8）と同じ形式になっているから，「ドット記号の約分」（6.10），及び（7.3）の関係が使えて，上式は

$$\begin{aligned}
&\frac{\partial}{\partial q_i}\left(\frac{dW}{dx_j}\dot{x}_j\right)-\frac{d}{dt}\left(\frac{\partial \dot{W}}{\partial \dot{q}_i}\right)\\
&=\frac{\partial}{\partial q_i}\left(\frac{\partial W}{\partial x_j}\right)\dot{x}_j+\frac{\partial \dot{x}_j}{\partial q_i}\frac{\partial W}{\partial x_j}-\frac{d}{dt}\left(\frac{\partial W}{\partial q_i}\right)\\
&=\frac{\partial}{\partial q_i}\left(\frac{\partial W}{\partial x_j}\right)\dot{x}_j+\frac{\partial \dot{x}_j}{\partial q_i}\frac{\partial W}{\partial x_j}-\frac{\partial}{\partial q_i}\left(\frac{dW}{dt}\right)\\
&=\frac{\partial}{\partial q_i}\left(\frac{\partial W}{\partial x_j}\right)\dot{x}_j+\frac{\partial \dot{x}_j}{\partial q_i}\frac{\partial W}{\partial x_j}-\frac{\partial}{\partial q_i}\left(\frac{\partial W}{\partial x_j}\dot{x}_j\right)\\
&=\frac{\partial}{\partial q_i}\left(\frac{\partial W}{\partial x_j}\right)\dot{x}_j+\frac{\partial \dot{x}_j}{\partial q_i}\frac{\partial W}{\partial x_j}-\frac{\partial}{\partial q_i}\left(\frac{\partial W}{\partial x_j}\right)\dot{x}_j-\frac{\partial \dot{x}_j}{\partial q_i}\frac{\partial W}{\partial x_j}\\
&=0+0=0
\end{aligned} \tag{13.28}$$

に帰着する。なお，3 番目の等号で（13.26）を用いた。

（13.28）から結局，方程式の項の変化はなかったということが分かり，ラグランジアンを

$$L+\frac{dW(x,\ t)}{dt}$$

で置き換えても，同じラグランジュ方程式が与えられることが言える。これも，ラグランジアンの不定性を反映している。

# 14.
# 仮想仕事の原理

本節（の前半）では一時的にニュートン力学の範囲まで後退し,「仮想仕事の原理」を説明する。そして，その「仮想仕事の原理」が最小作用の原理を満たしていることと,「仮想仕事の原理」からラグランジュ方程式を導出することができることを見る。なお，本節では直交座標系を中心に考えることとし，アインシュタインの縮約規約は用いないことにするので，注意していただきたい。従って，和をとる場合には必ず$\Sigma$を明記し，$\Sigma$が付いていなければ，たとえ添字が2つあっても総和はとらない。

1節でも述べたように, 慣性の法則によれば, 外力または合力が0の質点の速度は保存され，等速度運動を続ける。この質点の運動は力のつり合い（静力学）で論じることができるので，この質点の状態を**静力学的状態**と呼ぼう。

$N$質点系に対して，$j$番目の質点にはたらく合力を$\boldsymbol{F}_j$とすると，静力学的状態においては

$$\boldsymbol{F}_j = 0 \qquad (j = 1,\ 2,\ \cdots,\ N) \tag{14.1}$$

が常に成り立つ。このように，運動方程式を合力$=0$の形に表せれば，それは静力学的状態であることになる。

速度が変化して，加速度が生じるようになると運動の第二法則が必要となり，運動方程式は

$$\boldsymbol{F}_j = m_j \ddot{\mathbf{r}}_j \tag{14.2}$$

の形になる。これは，$\boldsymbol{F}_j \neq \mathbf{0}$となるので**動力学的状態**である。

しかしこれを,

$$\boldsymbol{F}_j - m_j \ddot{\boldsymbol{r}}_j = \boldsymbol{0} \tag{14.3}$$

として $m_j \ddot{\boldsymbol{r}}_j$ を左辺に移項し，さらに $-m_j \ddot{\boldsymbol{r}}_j$ を一種の「力」と捉えると，(14.3) は（14.1）と同等のものと解釈でき，慣性の法則が動力学的状態でも成立しているように見える。$-m_j \ddot{\boldsymbol{r}}_j$ は加速度運動に基づく見かけの力であり，**慣性力**と呼ばれる。

このように，任意の動力学的状態は慣性力の導入によって，合力と慣性力のつり合いによる静力学的状態と見做すことができる。この主張を**ダランベールの原理**[23]という[24]。

ダランベールの原理を踏まえた上で，静力学的と見做した動力学の運動方程式（14.3）に，11 節で導入した仮想変位 $\delta \boldsymbol{r}_j$ を掛け，次のような式を作る。

$$\sum_{j=1}^{N} (\boldsymbol{F}_j - m_j \ddot{\boldsymbol{r}}_j) \cdot \delta \boldsymbol{r}_j = 0 \tag{14.4}$$

この式から，力のつり合いが保たれる程度に微小な $\delta \boldsymbol{r}_j$ を変位とする合力の仕事と慣性力の仕事の和は 0 であることが読み取れる。つまり，静力学的状態では任意の微小変位（仮想変位）に対する仕事（**仮想仕事**）は 0 ということになるので，（14.4）で与えられる関係を**仮想仕事の原理**と呼ぶ[25]。

ここまでの議論では自由運動を想定していたが，仮想仕事の原理は以下で

---

23　18 世紀のフランスの物理学者**ジャン・ル・ロン・ダランベール**にちなむ。1743 年の『動力学論』（*Traité de dynamique*）の中でダランベールの原理を提示した。数学・物理学の分野で活躍したが，哲学者のドゥニ・ディドロと共に『百科全書』を編纂するなどの業績もあり，啓蒙思想家としても知られる。

24　この用語は文献や文脈によって少しずつ意味が異なることがある。

25　慣性力を含めずに，

$$\sum_{j=1}^{N} \boldsymbol{F}_j \cdot \delta \boldsymbol{r}_j = 0$$

で与えられる関係を仮想仕事の原理と呼び，慣性力を含めた（14.4）をダランベールの原理と呼んでいる文献もある。

説明するように，(全てではないが）いくつかの拘束運動の場合にも適用することができる。

拘束条件によって生じる未知の力，すなわち拘束力を $\boldsymbol{F}_j{}'$，拘束力でない既知の力（重力，弾性力など）を $\boldsymbol{F}_j$ としよう。つまり，運動方程式は

$$\boldsymbol{F}_j + \boldsymbol{F}_j{}' = m_j \ddot{\boldsymbol{r}}_j \tag{14.5}$$

となるから，静力学的状態になるように変形して，

$$\boldsymbol{F}_j + \boldsymbol{F}_j{}' - m_j \ddot{\boldsymbol{r}}_j = \boldsymbol{0} \tag{14.6}$$

を得る。

これに仮想仕事の原理の式（14.4）をそのまま用いると，

$$\sum_{j=1}^{N} (\boldsymbol{F}_j + \boldsymbol{F}_j{}' - m_j \ddot{\boldsymbol{r}}_j) \cdot \delta \boldsymbol{r}_j = 0 \tag{14.7}$$

となるが，この式が成り立つためには

$$\sum_{j=1}^{N} \boldsymbol{F}_j \cdot \delta \boldsymbol{r}_j = 0 \tag{14.8}$$

$$\sum_{j=1}^{N} \boldsymbol{F}_j{}' \cdot \delta \boldsymbol{r}_j = 0 \tag{14.9}$$

$$\sum_{j=1}^{N} - m_j \ddot{\boldsymbol{r}}_j \cdot \delta \boldsymbol{r}_j = 0 \tag{14.10}$$

の全てが満たされ，かつ $\delta \boldsymbol{r}_j$ が拘束を破らないことが必要となる。

仮想仕事の原理により，(14.8) と (14.10) は常に成り立つが，(14.9) は常に成り立つとは限らない[26]。しかし，(14.9) が成り立つ重要な拘束の例は，

26　例えば摩擦力のように，変位と直交しない拘束力については（14.9）は成り立たない。

以下のように複数存在する。

例えば滑らかな平面・斜面上の質点の運動や（単）振り子では，拘束力（垂直抗力，張力）は質点の変位と直交するので，(14.9) で計算される仮想仕事は 0 である。また，剛体を形作る拘束力である内力のする仮想仕事は，作用反作用の法則から 0 となる。

そこで，(14.9) が成り立つような拘束力を**滑らかな拘束力**と呼ぶ。滑らかな拘束力であれば，(14.7) と (14.4) は全く同じ式になり，未知の力である拘束力を表に出さずに話を進めることができるようになる。このように，拘束力があったとしても滑らかな拘束力であれば拘束力は消去でき，(14.4) の静力学的状態で運動を記述することができる。この主張も**ダランベールの原理**と呼ばれることがある[27]。

通常のラグランジュ方程式には拘束力が登場しないが，これはダランベールの原理・仮想仕事の原理によって拘束力が予め消去されているからである。

以上の説明の通り，仮想仕事の原理自体はニュートン力学の範囲で理解されることであるが，仮想仕事の原理には解析力学において重要な 2 つの応用がある。その 1 つは，仮想仕事の原理から最小作用の原理の式 $\delta S=0$ を導くことができるというものである。以下で，このことを示そう。

(14.4) の $x$ 成分に関し $t_1$ から $t_2$ までの時間積分を行なった式を作り，

$$\begin{aligned}\delta I &= \int_{t_1}^{t_2} \sum_{j=1}^{nN} (F_j - m_j \ddot{x}_j)\delta x_j \, dt \\ &= \int_{t_1}^{t_2} \sum_{j=1}^{nN} F_j \delta x_j \, dt - \int_{t_1}^{t_2} \sum_{j=1}^{nN} m_j \ddot{x}_j \delta x_j \, dt = 0 \end{aligned} \tag{14.11}$$

とすると，これは $x_j$ の関数形によって定まる汎関数となる。そして，(14.4)

27 それどころか，これこそがダランベールの原理の本来の意味であり，拘束力が消去できることの議論をせずに，(14.3) や (14.4) のみをもってダランベールの原理の説明とするのはナンセンスであると強硬に主張する文献も見られる。

の右辺が 0 であることから，上のように $\delta I=0$ の形になり，汎関数の停留値問題（変分問題）に帰着する。

ここで既に拘束力は消去されており，残っているのはそれ以外の既知の力，すなわち保存力のみであるから，$F_j$ は保存力である。よって，(14.11）の第 1 項の積分を $\delta I_1$ とすると，

$$\delta I_1=\int_{t_1}^{t_2}\sum_{j=1}^{nN}\left(-\frac{\partial V}{\partial x_j}\right)\delta x_j\,dt \tag{14.12}$$

と書ける。ここで，$V=V(x)$ の変分は（全微分の形に），

$$\delta V(x)=\sum_{j=1}^{nN}\frac{\partial V}{\partial x_j}\delta x_j \tag{14.13}$$

と表されるから，

$$\delta I_1=-\int_{t_1}^{t_2}\delta V(x)dt=-\delta\int_{t_1}^{t_2}V\,dt \tag{14.14}$$

となる。

一方，(14.11）の第 2 項の積分 $\delta I_2$ は，部分積分によって

$$\begin{aligned}
\delta I_2&=-\int_{t_1}^{t_2}\sum_{j=1}^{nN}m_j\ddot{x}_j\delta x_j\,dt\\
&=-\sum_{j=1}^{nN}m_j\int_{t_1}^{t_2}\left(\frac{d}{dt}\dot{x}_j\delta x_j\right)dt\\
&=-\sum_{j=1}^{nN}m_j\left\{[\dot{x}_j\delta x_j]_{t_1}^{t_2}-\int_{t_1}^{t_2}\dot{x}_j\left(\frac{d}{dt}(\delta x_j)\right)dt\right\}\\
&=\sum_{j=1}^{nN}\int_{t_1}^{t_2}m_j\dot{x}_j\delta\dot{x}_j\,dt
\end{aligned} \tag{14.15}$$

と計算される（最後の等号で両端の条件を用いた）。ここで，被積分関数は

$$\begin{aligned}\frac{\partial T}{\partial \dot{x}_j}\delta\dot{x}_j &= \frac{\partial}{\partial \dot{x}_j}\left(\sum_{j=1}^{nN}\frac{1}{2}m\dot{x}_j^2\right)\delta\dot{x}_j \\ &= \frac{1}{2}m_j \times 2\dot{x}_j\delta\dot{x}_j = m_j\dot{x}_j\delta\dot{x}_j \end{aligned} \tag{14.16}$$

によって得られるから，

$$\delta I_2 = \sum_{j=1}^{nN}\int_{t_1}^{t_2}\frac{\partial T}{\partial \dot{x}_j}\delta\dot{x}_j\, dt \tag{14.17}$$

である。

また，(14.13) と同様に $T = T(\dot{x})$ の変分

$$\delta T(\dot{x}) = \sum_{j=1}^{nN}\frac{\partial T}{\partial \dot{x}_j}\delta\dot{x}_j \tag{14.18}$$

を考えると，$\delta I_2$ は

$$\delta I_2 = \int_{t_1}^{t_2}\delta T(\dot{x})dt = \delta\int_{t_1}^{t_2}T dt \tag{14.19}$$

の形にまとめられ，(14.11) は次のようになる。

$$\begin{aligned}\delta I &= \delta I_1 + \delta I_2 = -\delta\int_{t_1}^{t_2}V dt + \delta\int_{t_1}^{t_2}T dt \\ &= \delta\int_{t_1}^{t_2}(T - V)dt = \delta\int_{t_1}^{t_2}L dt \\ &= \delta S = 0 \end{aligned} \tag{14.20}$$

つまり，仮想仕事の原理と，ニュートン力学の範囲における最小作用の原理

は等価な原理となる。運動の第二法則が力学の基本原理であることを主張するのと同等の権利で，仮想仕事の原理もまた力学の基本原理であると言える。

もう一つの応用例は，仮想仕事の原理による（最小作用の原理を用いない）ラグランジュ方程式の導出である。これを説明して，本節を終えよう。

直交座標系と一般座標系の間の座標変換として，

$$x_j = x_j(\{q_i\}) \tag{14.21}$$

を考えると，その変分は

$$\delta x_j(q) = \sum_{i=1}^{f} \frac{\partial x_j}{\partial q_i}\delta q_i \tag{14.22}$$

となる。これを仮想仕事の原理に代入すると，

$$\sum_{i=1}^{f}\sum_{j=1}^{nN}\left((F_j - m_j\ddot{x}_j)\frac{\partial x_j}{\partial q_i}\delta q_i\right) = \sum_{i=1}^{f}\sum_{j=1}^{nN}\left(F_j\frac{\partial x_j}{\partial q_i}\delta q_i - m_j\ddot{x}_j\frac{\partial x_j}{\partial q_i}\delta q_i\right) = 0 \tag{14.23}$$

が得られる。

このとき，$F_j$ は保存力であるから，(14.23) の第 1 項は

$$\sum_{i=1}^{f}\sum_{j=1}^{nN} F_j\frac{\partial x_j}{\partial q_i}\delta q_i = \sum_{i=1}^{f}\sum_{j=1}^{nN} -\frac{\partial V}{\partial x_j}\frac{\partial x_j}{\partial q_i}\delta q_i = \sum_{i=1}^{f} -\frac{\partial V}{\partial q_i}\delta q_i \tag{14.24}$$

と変形できる。

一方，$\dot{x}_j\dfrac{\partial x_j}{\partial q_i}$ という量の時間微分は

$$\frac{d}{dt}\left(\dot{x}_j\frac{\partial x_j}{\partial q_i}\right) = \ddot{x}_j\frac{\partial x_j}{\partial q_i} + \dot{x}_j\frac{d}{dt}\left(\frac{\partial x_j}{\partial q_i}\right) \tag{14.25}$$

となるから，第 2 項に関して次の変形が成り立つ（一時的に $m_j\delta q_i$ は省略す

る)。

$$\sum_{j=1}^{nN}\ddot{x}_j\frac{\partial x_j}{\partial q_i}=\sum_{j=1}^{nN}\left\{\frac{d}{dt}\left(\dot{x}_j\frac{\partial x_j}{\partial q_i}\right)-\dot{x}_j\frac{d}{dt}\left(\frac{\partial x_j}{\partial q_i}\right)\right\}$$
$$=\sum_{j=1}^{nN}\left\{\frac{d}{dt}\left(\dot{x}_j\frac{\partial \dot{x}_j}{\partial \dot{q}_i}\right)-\dot{x}_j\frac{\partial}{\partial q_i}\left(\frac{dx_j}{dt}\right)\right\}$$
$$=\sum_{j=1}^{nN}\left\{\frac{d}{dt}\left(\dot{x}_j\frac{\partial \dot{x}_j}{\partial \dot{q}_i}\right)-\dot{x}_j\frac{\partial \dot{x}_j}{\partial q_i}\right\} \tag{14.26}$$

なお, 2番目の等号で「ドット記号の約分」(6.10) と (7.3) の関係を用いた。

さらに,

$$\sum_{j=1}^{nN}\frac{1}{2}\frac{d}{dt}\left(\frac{\partial \dot{x}_j^2}{\partial \dot{q}_i}\right)=\sum_{j=1}^{nN}\frac{1}{2}\frac{d}{dt}\left\{\frac{\partial}{\partial \dot{q}_i}(\dot{x}_j)^2\right\}$$
$$=\sum_{j=1}^{nN}\frac{1}{2}\frac{d}{dt}\left(\dot{x}_j\frac{\partial \dot{x}_j}{\partial \dot{q}_i}+\dot{x}_j\frac{\partial \dot{x}_j}{\partial \dot{q}_i}\right)=\sum_{j=1}^{nN}\frac{1}{2}\frac{d}{dt}\left(2\dot{x}_j\frac{\partial \dot{x}_j}{\partial \dot{q}_i}\right)$$
$$=\sum_{j=1}^{nN}\frac{d}{dt}\left(\dot{x}_j\frac{\partial \dot{x}_j}{\partial \dot{q}_i}\right) \tag{14.27}$$

と

$$\sum_{j=1}^{nN}\frac{1}{2}\left(\frac{\partial \dot{x}_j^2}{\partial q_i}\right)=\sum_{j=1}^{nN}\frac{1}{2}\left\{\frac{\partial}{\partial q_i}(\dot{x}_j\cdot\dot{x}_j)\right\}$$
$$=\sum_{j=1}^{nN}\frac{1}{2}\left(2\dot{x}_j\frac{\partial \dot{x}_j}{\partial q_i}\right)=\sum_{j=1}^{nN}\dot{x}_j\frac{\partial \dot{x}_j}{\partial q_i} \tag{14.28}$$

より, (14.26) は

$$\sum_{j=1}^{nN}\ddot{x}_j\frac{\partial x_j}{\partial q_i}=\sum_{j=1}^{nN}\left\{\frac{1}{2}\frac{d}{dt}\left(\frac{\partial \dot{x}_j^2}{\partial \dot{q}_i}\right)-\frac{1}{2}\left(\frac{\partial \dot{x}_j^2}{\partial q_i}\right)\right\} \tag{14.29}$$

となる。

これを (14.23) の第2項に代入して,

$$\begin{aligned}\sum_{i=1}^{f}\sum_{j=1}^{nN} m_j \ddot{x}_j \frac{\partial x_j}{\partial q_i}\delta q_i &= \sum_{i=1}^{f}\sum_{j=1}^{nN} m_j\left\{\frac{1}{2}\frac{d}{dt}\left(\frac{\partial \dot{x}_j^2}{\partial \dot{q}_i}\right)-\frac{1}{2}\left(\frac{\partial \dot{x}_j^2}{\partial q_i}\right)\right\}\delta q_i \\ &= \sum_{i=1}^{f}\left\{\frac{d}{dt}\left(\frac{\partial}{\partial \dot{q}_i}\right)-\left(\frac{\partial}{\partial q_i}\right)\right\}\sum_{j=1}^{nN}\frac{1}{2}m_j \dot{x}_j^2\delta q_i \\ &= \sum_{i=1}^{f}\left\{\frac{d}{dt}\left(\frac{\partial}{\partial \dot{q}_i}\right)-\left(\frac{\partial}{\partial q_i}\right)\right\}T\delta q_i \\ &= \sum_{i=1}^{f}\left\{\frac{d}{dt}\left(\frac{\partial T}{\partial \dot{q}_i}\right)-\left(\frac{\partial T}{\partial q_i}\right)\right\}\delta q_i \qquad (14.30)\end{aligned}$$

を得る。これと（14.24）より，（14.23）は

$$\sum_{i=1}^{f}\left[-\frac{\partial V}{\partial q_i}-\left\{\frac{d}{dt}\left(\frac{\partial T}{\partial \dot{q}_i}\right)-\left(\frac{\partial T}{\partial q_i}\right)\right\}\right]\delta q_i=0 \qquad (14.31)$$

の形になる。

（14.31）を適当に変形していくと最終的に

$$\sum_{i=1}^{f}\left\{-\frac{d}{dt}\left(\frac{\partial T}{\partial \dot{q}_i}\right)+\frac{\partial T}{\partial q_i}-\frac{\partial V}{\partial q_i}\right\}\delta q_i=0 \qquad (14.32)$$

$$\sum_{i=1}^{f}\left\{-\frac{d}{dt}\left\{\frac{\partial}{\partial \dot{q}_i}(T-V)\right\}+\frac{\partial}{\partial q_i}(T-V)\right\}\delta q_i=0 \qquad (14.33)$$

$$\sum_{i=1}^{f}\left\{-\frac{d}{dt}\left(\frac{\partial L}{\partial \dot{q}_i}\right)+\frac{\partial L}{\partial q_i}\right\}\delta q_i=0 \qquad (14.34)$$

へ帰着する。なお，（14.33）で $V$ が $\dot{q}$ に依らないことを利用した。

（14.34）は真の自由度（系の真に独立な変数の個数）についての式になっているから，各 $\delta q_i$ は互いに独立な仮想変位になっている。従って $\{\cdots\}$ 内は

独立に 0 であり[28]，ラグランジュ方程式

$$\frac{d}{dt}\left(\frac{\partial L}{\partial \dot{q}_i}\right)=\frac{\partial L}{\partial q_i} \tag{14.35}$$

が導かれることとなる。

28 (14.34) の形になったとき，$\delta q_i$ が独立でなければその前の $\{\cdots\}$ 内を独立に 0 とおくことはできない。これは積分形でも同じことである。

## 15.

# ラグランジュの未定乗数法

ラグランジュ方程式の中に拘束力は登場しないわけだが，拘束運動する物体の運動を解析する場合には，拘束力を実際に求めたり，拘束条件・拘束力を含んだ式が必要になったりすることがある。そのような状況に対処するために，拘束のある系を定量的に取り扱うための方法を，ここで説明しておきたい。なお，前節では例外的に縮約規約を用いなかったが，本節以降は再び縮約規約によって適宜 $\Sigma$ を省いていく。

$m$ 個の拘束条件がある系の自由度は $nN-m$ で計算され，ホロノミックな拘束条件は一般に，方程式

$$f_k=f_k(q,\ t)=0 \quad (k=1, 2, \cdots, m) \tag{15.1}$$

で記述される。

そこで，$m$ 個のホロノミックな拘束条件[29] $f_1$，$f_2$，…，$f_m$ に対して，その総和

$$f_1+f_2+f_3+\cdots+f_m$$

をとって各項に或る係数 $\lambda_k$ を掛ける（添字は $f$ の添字と連動するようにしておく）。これを**未定乗数**または**未定係数**という。

$$\lambda_1 f_1+\lambda_2 f_2+\lambda_3 f_3+\cdots+\lambda_m f_m=\sum_{k=1}^{m}\lambda_k f_k \tag{15.2}$$

29　ここでは簡単のためホロノミックな拘束条件の場合を取り扱うが，本節で述べる方法は等式型（拘束条件の変数（引数）に座標の導関数が含まれており，積分によってそれを消去できない形）の非ホロノミックな拘束条件も扱える。

縮約規約を用いると，Σは省略できるから，上式は（15.1）と組み合わせると，

$$\lambda_k f_k = \lambda_k f_k(q,\ t) = 0 \tag{15.3}$$

と表せる。

そして，甚だ形式的であるがラグランジアンを

$$L = L + 0 \tag{15.4}$$

と書いて，0 に（15.3）を代入することで

$$\begin{aligned}\widetilde{L} &= L + \lambda_k f_k \\ &= L + \lambda_1 f_1 + \lambda_2 f_2 + \lambda_3 f_3 + \cdots + \lambda_m f_m\end{aligned} \tag{15.5}$$

という式を作る。ここで $\widetilde{L}$ は，

$$\widetilde{L} = \widetilde{L}(q, \dot{q}, \lambda, t) \tag{15.6}$$

という拘束条件付きのラグランジアンであり，元の $L$ とは性質が異なるので別記号を用いた。

これから，$\widetilde{L}$ によるラグランジュ方程式を立てるのであるが，そのまま

$$\frac{d}{dt}\left(\frac{\partial \widetilde{L}}{\partial \dot{q}_i}\right) = \frac{\partial \widetilde{L}}{\partial q_i} \tag{15.7}$$

と書いただけでは，（今のところ）何のことだか分からないので，（15.5）の $L + \lambda_k f_k$ を拘束条件が存在しない，自由運動だとした場合のラグランジュ方

程式[30],

$$\frac{d}{dt}\left(\frac{\partial L}{\partial \dot{q}_i}\right)=\frac{\partial L}{\partial q_i} \quad (i=1,\ 2,\ \cdots,\ nN) \tag{15.8}$$

に代入しよう。

すると，$\lambda_k$ も $f_k$ も $\dot{q}$ には依存しないので，左辺は

$$\text{左辺}=\frac{d}{dt}\left\{\frac{\partial}{\partial \dot{q}_i}(L+\lambda_k f_k)\right\}=\frac{d}{dt}\left(\frac{\partial L}{\partial \dot{q}_i}\right) \tag{15.9}$$

となり，$\lambda_k$ を定数扱いすると[31]，右辺は

$$\text{右辺}=\frac{\partial}{\partial q_i}(L+\lambda_k f_k)=\frac{\partial L}{\partial q_i}+\lambda_k\frac{\partial f_k}{\partial q_i} \tag{15.10}$$

となる。よって，$\widetilde{L}$ による拘束条件付きのラグランジュ方程式（15.7）は次のように，右辺に追加項 $\lambda_k\dfrac{\partial f_k}{\partial q_i}$ が加わった形で表される。

$$\frac{d}{dt}\left(\frac{\partial L}{\partial \dot{q}_i}\right)=\frac{\partial L}{\partial q_i}+\lambda_k\frac{\partial f_k}{\partial q_i} \tag{15.11}$$

（15.8）のままでは $nN$ 個の方程式であり，通常そこから拘束条件の数を引いた $nN-m$ 個の方程式が立てられるわけであるが，今の場合（15.11）の第2項が（15.8）に加わることで，$nN+m$ 個の方程式になっている。

ここまでに述べた内容は変分原理の形にも定式化できる。作用積分の被積分関数を（15.8）に置き換えれば，それは拘束条件付の変分問題となり，停

---

30　拘束のない式に代入するのは，拘束条件に関する部分とそうでない部分を分離するためである。

31　一般には $\lambda_k=\lambda_k(t)$ という時間の関数であっても良いが，ここでは問題にならない。

留値を与える条件として（15.11）が導かれる。

ところで，（15.11）は非保存力を含むラグランジュ方程式

$$\frac{d}{dt}\left(\frac{\partial L}{\partial \dot{q}_i}\right)=\frac{\partial L}{\partial q_i}+Q_i'$$

$$=\frac{\partial L}{\partial q_i}+F_j'\frac{\partial x_j}{\partial q_i} \tag{15.12}$$

によく似ている。これらの 2 式を比較すると，未定乗数 $\lambda_k$ は拘束力に対応するのではないかと予想でき，実際にこの予想が正しいことが次のように示される。

拘束条件 $f_k(q)$ の変分，

$$\delta f_k(q)=\frac{\partial f_k}{\partial q_i}\delta q_i \tag{15.13}$$

を考える。各変分は $\delta f_k=0$ を満たすから，

$$\delta f_1=\delta f_2=\cdots=\delta f_m=0 \tag{15.14}$$

であり，

$$\sum_{k=1}^{m}\lambda_k\delta f_k(q)=\lambda_k\delta f_k(q)=0 \tag{15.15}$$

となる。これに（15.13）を代入し，

$$\lambda_k\delta f_k(q)=\lambda_k\frac{\partial f_k}{\partial q_i}\delta q_i=0 \tag{15.16}$$

を得る。

前節で見たように，仮想仕事の原理（ダランベールの原理）によれば，滑

らかな拘束力 $\boldsymbol{F}_j{}'$ による仮想仕事は 0 であり

$$\boldsymbol{F}_j{}' \cdot \delta \boldsymbol{r}_j = 0 \tag{15.17}$$

を満たす。この条件を一般座標系へ拡張して

$$Q_i{}' \delta q_i = 0 \tag{15.18}$$

と表し，(15.16) と比較すると，

$$Q_i{}' = \lambda_k \frac{\partial f_k}{\partial q_i} \tag{15.19}$$

が得られる。これは (15.11) で追加された第 2 項と等しいから，(15.11) と (15.12) は同値であり，未定乗数 $\lambda_k$ が拘束力を与えることが分かる。

このように (15.11)(と [15.1]) を用いると，$nN$ 個の $q_i$ と $m$ 個の $\lambda_k$，すなわち拘束運動における $nN+m$ 個の未知量を全て求めることができる。具体的には，(15.1) と (15.11) を連立するか，もしくは (15.1) の時間についての全微分を 0 とおいた微分方程式と (15.11) を連立すれば良い。

拘束系の運動における上記の取り扱いを**ラグランジュの未定乗数法**という[32]。ラグランジュの未定乗数法は拘束系をラグランジュ形式で扱う際の標準的で有用な解法である。

32 ラグランジュの未定乗数法は，純粋に数学的な内容としても定式化可能であるが，本書では扱わない。

## 章末問題

**[ 1 ]**　$xy$ 平面上の任意の 2 点を結ぶ曲線の内，その長さが最小になるのは直線の場合であることを証明せよ。

**[ 2 ]**　次の各問に答えよ。

(1) $x$ 軸上に沿って滑らずに回転する円周上の定点の軌跡をサイクロイドという。回転角を $\theta$ として，媒介変数表示 $x=a(\theta-\sin\theta)$，$y=a(1-\cos\theta)$（$a>0$，$0\leqq\theta\leqq 2\pi$）で表されるサイクロイドの微分方程式を求めよ。

(2) 原点 O を初速度 0 で出発した質点が，O と高さの異なる点 A まで静かに降下するとき，その降下時間が最短になるような曲線はサイクロイドであることを証明せよ。

**[ 3 ]**　次の各問に答えよ。

(1) 作用 $S=\int_{t_1}^{t_2}L(q,\ \dot{q},\ t)dt$ に停留値を与える関数 $q_i$ が満たす条件を求めよ。また，その条件式の名称を答えよ。

(2) エネルギー保存則が成り立つとき，最小作用の原理 $\delta S=0$ は運動エネルギー $T$ を用いて，

$$\delta\int_{t_1}^{t_2}2Tdt=0$$

と表せることを示せ。

**[ 4 ]**　水平となす角が $\theta$ の滑らかな斜面上の点 $(x,\ y)$ に質量 $m$ の質点を置いて静かに離すと，質点は斜面上を滑り出した。ラグランジュの未定乗

数法を用いて，$x$ 方向と $y$ 方向の運動方程式を求めよ。但し，斜面の最下端を原点とし，重力加速度の大きさを $g$ とする。

［5］ 長さ $l$ の糸に質量 $m$ のおもりをつけて単振り子を作り，振動させる。ラグランジュの未定乗数法を用いて，糸の張力の大きさを求めよ。但し，糸が鉛直線となす角を $\theta$，重力加速度の大きさを $g$ とする。

## 解答

**[ 1 ]**

曲線に沿った微小な弧の長さ $ds$ は,

$$ds=\sqrt{dx^2+dy^2}=\sqrt{dx^2\left(1+\frac{dy^2}{dx^2}\right)}$$

$$=dx\sqrt{1+\frac{dy^2}{dx^2}}=\sqrt{1+y'^2}\,dx$$

ここで

$$\sqrt{1+y'^2}=f(x,y,y')$$

とすると,

$$\text{汎関数 } I=\int_a^b f(x,\ y,\ y')dx=\int_a^b\sqrt{1+y'^2}\,dx\left(=\int_a^b ds\right)$$

オイラー＝ラグランジュ方程式より

$$\frac{d}{dx}\left(\frac{\partial f}{\partial y'}\right)=\frac{\partial f}{\partial y}$$

$f=\sqrt{1+y'^2}=(1+y'^2)^{-\frac{1}{2}}=u^{-\frac{1}{2}}$ とすると,

$$\frac{df}{dy'}=\frac{df}{du}\frac{du}{dy'}=\frac{1}{2}u^{-\frac{1}{2}}\frac{d}{dy'}(y'^2)=\frac{2y'}{2\sqrt{1+y'^2}}=\frac{y'}{\sqrt{1+y'^2}}$$

となるから

$$\text{左辺}=\frac{d}{dx}\left(\frac{\partial}{\partial y'}\sqrt{1+y'^2}\right)$$

$$=\frac{d}{dx}\left(\frac{y'}{\sqrt{1+y'^2}}\right)$$

$$右辺 = \frac{\partial}{\partial y}\left(\sqrt{1+y'^2}\right) = 0$$

すなわち

$$\frac{d}{dx}\left(\frac{y'}{\sqrt{1+y'^2}}\right) = 0$$

よって

$$\frac{y'}{\sqrt{1+y'^2}} = 一定 \quad \Rightarrow \quad y' = 一定$$

$y'$ が一定ということは，曲線の接線の傾きが曲線のどの場所でも一定（同じ）でなければならないが，そのような条件を満たす曲線は直線しか存在しない。故に，求める曲線は 直線 である。

㊉：曲線に沿った微小な弧長を**線素**という。線素とは曲線の最小単位のようなもので，線素の定義，

$$ds = \sqrt{dx^2 + dy^2}$$

は曲線の或る領域が直線に見える位に拡大して，その微小な一部分を取り出すと，三平方の定理が局所的に成り立つことを述べている。

**[ 2 ]**

(1)

$$x = a(\theta - \sin\theta) \quad \cdots①$$

$$y = a(1 - \cos\theta) \quad \cdots②$$

②より

$$1 - \cos\theta = \frac{y}{a}$$

$$\therefore \quad \cos\theta = 1 - \frac{y}{a}$$

①②を $\theta$ で微分して，

$$\frac{dx}{d\theta}=a(1-\cos\theta)$$

$$\frac{dy}{d\theta}=a\sin\theta$$

よって

$$\frac{dy}{dx}=\frac{dy}{d\theta}\frac{d\theta}{dx}=\frac{a\sin\theta}{a(1-\cos\theta)}$$

$$\left(\frac{dy}{dx}\right)^2=\frac{\sin^2\theta}{(1-\cos\theta)^2}=\frac{1-\cos^2\theta}{\left(\frac{y}{a}\right)^2}$$

$$=\frac{1-\left(1-\frac{y}{a}\right)^2}{\frac{y^2}{a^2}}=\frac{1-1+\frac{2y}{a}-\frac{y^2}{a^2}}{\frac{y^2}{a^2}}$$

$$=\frac{\frac{2y}{a}}{\frac{y^2}{a^2}}-1=\frac{2}{\frac{y}{a}}-1=\frac{2a}{y}-1$$

従って

$$\left(\frac{dy}{dx}\right)^2=\frac{2a}{y}-1$$

(2)

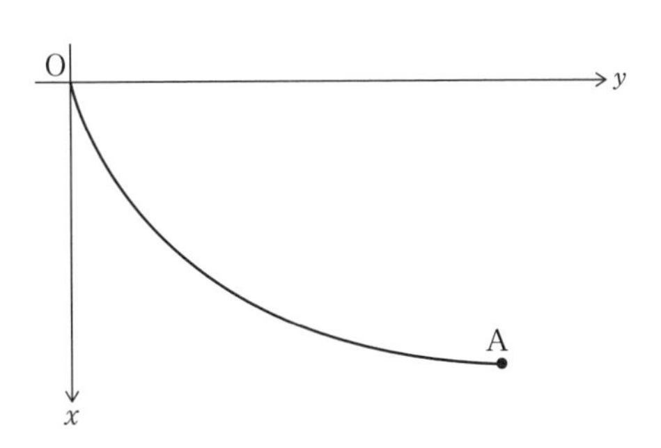


鉛直下向きに $x$ 軸，水平右向きに $y$ 軸をとると（A は $xy$ 平面の第 1 象限

内にあるようにとる)，曲線に沿った微小な弧長（線素）$ds$ は

$$ds=\sqrt{dx^2+dy^2}=\sqrt{dx^2\left(1+\frac{dy^2}{dx^2}\right)}$$

$$=dx\sqrt{1+\frac{dy^2}{dx^2}}=\sqrt{1+y'^2}\,dx \qquad \cdots ①$$

A に達する直前の質点の速さ $v$ は，力学的エネルギー保存則により

$$v=\sqrt{2gx} \qquad \cdots ②$$

(最下点Aでは水平方向の速度は 0 なので，A を基準として $0+mgx=\frac{1}{2}mv^2+0$，または $\Delta K=W_{外力}$ より $\frac{1}{2}mv^2=mgx$ )

また，(瞬間）速度は線素の時間微分としても表せるから

$$v=\frac{ds}{dt} \qquad \cdots ③$$

従って，O から A へ降下するまでにかかる時間を $T$ とすると，

$$T=\int_{t_O}^{t_A}dt=\int_O^A\frac{dt}{ds}ds$$

①～③を代入して

$$T=\int_O^A\frac{1}{v}ds$$

$$=\int_0^{x_A}\frac{1}{\sqrt{2gx}}\sqrt{1+y'^2}\,dx$$

$$=\frac{1}{\sqrt{2g}}\int_0^{x_A}\sqrt{\frac{1+y'^2}{x}}\,dx$$

$T$ は $y$ の汎関数であるから，

$$f(x,\ y,\ y')=\sqrt{\frac{1+y'^2}{x}}$$

とし，$\delta T=0$ （$T$ が最小（最短））のときを考えると，オイラー＝ラグランジュ方程式より

$$\frac{d}{dx}\left(\frac{\partial f}{\partial y'}\right)=\frac{\partial f}{\partial y}$$

$f=\sqrt{\dfrac{1+y'^2}{x}}=\left(\dfrac{1+y'^2}{x}\right)^{\frac{1}{2}}=u^{\frac{1}{2}}$ とすると，

$$\frac{\partial f}{\partial y'}=\frac{\partial f}{\partial u}\frac{\partial u}{\partial y'}=\frac{1}{2}u^{-\frac{1}{2}}\frac{\partial}{\partial y'}\left(\frac{y'^2}{x}\right)=\frac{2y'}{2x\sqrt{\dfrac{1+y'^2}{x}}}=\frac{y'}{\sqrt{x(1+y'^2)}}$$

よって

$$\begin{aligned}左辺&=\frac{d}{dx}\left(\frac{\partial}{\partial y'}\sqrt{\frac{1+y'^2}{x}}\right)\\&=\frac{d}{dx}\left(\frac{y'}{\sqrt{x(1+y'^2)}}\right)\end{aligned}$$

$$右辺=\frac{\partial}{\partial y}\sqrt{\frac{1+y'^2}{x}}=0$$

すなわち

$$\frac{d}{dx}\left(\frac{y'}{\sqrt{x(1+y'^2)}}\right)=0$$

従って

$$\frac{y'}{\sqrt{x(1+y'^2)}}=C\quad（定数）$$

$$y'^2=xC^2(1+y'^2)=xC^2+xC^2y'^2$$

$$y'^2(1-xC^2)=xC^2$$

$$y'^2=\frac{xC^2}{1-xC^2}$$

$$\frac{1}{y'^2}=\frac{1-xC^2}{xC^2}=\frac{1}{xC^2}-1$$

また

$$\frac{1}{y'^2}=\frac{1}{\left(\frac{dy}{dx}\right)^2}=\frac{dx^2}{dy^2}$$

であるから

$$\left(\frac{dx}{dy}\right)^2=\frac{1}{xC^2}-1 \qquad \cdots④$$

（1）より，サイクロイドの微分方程式は

$$\left(\frac{dy}{dx}\right)^2=\frac{2a}{y}-1$$

であるが，ここでは $x$ 軸を下向きにとったために，$x$，$y$ の対応が逆になってしまっているから，上記の式を現在の文字の対応に合わせると，

$$\left(\frac{dx}{dy}\right)^2=\frac{2a}{x}-1 \qquad \cdots⑤$$

④と⑤は同じ形の式であるから，求めた方程式④はサイクロイドを表していることが分かる$\left(\frac{1}{C^2}=2a\right.$ より，定数 $\left.a=\frac{1}{2C^2}\right)$。

故に，求める曲線は **サイクロイド** である。

㊢：水平右向きに $x$ 軸，鉛直下向きに $y$ 軸をとると（A は $xy$ 平面の第 1 象限内にあるようにとる），線素は

$$ds = \sqrt{1+y'^2}\,dx$$

であり，A に達する直前の質点の速さ $v$ は

$$v = \sqrt{2gy}$$

また，

$$v = \frac{ds}{dt}$$

であるから，O から A への降下時間 $T$ は

$$\begin{aligned} T &= \int_0^{\mathrm{A}} \frac{1}{v} ds \\ &= \int_0^{x_{\mathrm{A}}} \frac{1}{\sqrt{2gy}} \sqrt{1+y'^2}\,dx \\ &= \frac{1}{\sqrt{2g}} \int_0^{x_{\mathrm{A}}} \sqrt{\frac{1+y'^2}{y}}\,dx \end{aligned}$$

ここで，$T$ は $y$ の汎関数で

$$f(x,\ y,\ y') = \sqrt{\frac{1+y'^2}{y}}$$

とすると，右辺は $x$ に依存しないから

$$f(y,\ y') = \sqrt{\frac{1+y'^2}{y}} \qquad \cdots①$$

とおける。①を $x$ で全微分して，

$$\frac{df(y,\ y')}{dx} = \frac{\partial f}{\partial y}\frac{dy}{dx} + \frac{\partial f}{\partial y'}\frac{dy'}{dx} = \frac{\partial f}{\partial y} y' + \frac{\partial f}{\partial y'} y''$$

$$\therefore \quad \frac{\partial f}{\partial y}y' = \frac{df(y,\ y')}{dx} - \frac{\partial f}{\partial y'}y'' \qquad \cdots ②$$

また，オイラー＝ラグランジュ方程式

$$\frac{d}{dx}\left(\frac{\partial f}{\partial y'}\right) = \frac{\partial f}{\partial y}$$

より

$$\frac{d}{dx}\left(\frac{\partial f}{\partial y'}\right)y' = \frac{\partial f}{\partial y}y' \qquad \downarrow ②代入$$

$$= \frac{df(y,\ y')}{dx} - \frac{\partial f}{\partial y'}y''$$

$$\therefore \quad \frac{df(y,\ y')}{dx} = \frac{d}{dx}\left(\frac{\partial f}{\partial y'}\right)y' + \frac{\partial f}{\partial y'}y'' \qquad \cdots ③$$

$$\frac{d}{dx}\left(\frac{\partial f}{\partial y'}y'\right) = \frac{d}{dx}\left(\frac{\partial f}{\partial y'}\right)y' + \frac{\partial f}{\partial y'}\frac{dy'}{dx} = \frac{d}{dx}\left(\frac{\partial f}{\partial y'}\right)y' + \frac{\partial f}{\partial y'}y'' \quad \cdots ④$$

③＝④より

$$\frac{d}{dx}f(y,\ y') = \frac{d}{dx}\left(\frac{\partial f}{\partial y'}y'\right)$$

$$\frac{d}{dx}\left\{f(y,\ y') - \frac{\partial f}{\partial y'}y'\right\} = 0$$

すなわち

$$f(y,\ y') - \frac{\partial f}{\partial y'}y' = C \ (定数)$$

（これは $f(y,\ y')$ に対するオイラー＝ラグランジュ方程式で，**ベルトラミの公式**という。）

①を代入

$$\sqrt{\frac{1+y'^2}{y}}-\left(\frac{\partial}{\partial y'}\sqrt{\frac{1+y'^2}{y}}\right)y'=C$$

$$\begin{aligned}
\text{左辺}&=\sqrt{\frac{1+y'^2}{y}}-\frac{y'^2}{\sqrt{y(1+y'^2)}}\\
&=\sqrt{\frac{(1+y'^2)^2}{y(1+y'^2)}}-\frac{y'^2}{\sqrt{y(1+y'^2)}}\\
&=\frac{1}{\sqrt{y(1+y'^2)}}\{(1+y'^2)-y'^2\}\\
&=\frac{1}{\sqrt{y(1+y'^2)}}=C
\end{aligned}$$

両辺を 2 乗し

$$(y+yy'^2)C^2=1$$

$$yC^2+yy'^2C^2=1$$

$$y'^2=\frac{1-yC^2}{yC^2}$$

$$\therefore\quad\left(\frac{dy}{dx}\right)^2=\frac{1}{yC^2}-1 \qquad \cdots⑤$$

(1) で得たサイクロイドの微分方程式

$$\left(\frac{dy}{dx}\right)^2=\frac{2a}{y}-1$$

と比較すると，求めた方程式⑤はサイクロイドを表していることが分かる。

$\left(\frac{1}{C^2}=2a\right.$ より，定数 $\left.a=\frac{1}{2C^2}\right)$

従って，求める曲線は **サイクロイド** である。

㊗：ここで得た，一様な重力のみを受けて降下する質点の降下時間が最短になるような曲線を**最速降下線**（brachistochrone）という。最速降下線はどのような曲線であるかという問題（本問（2））は，1696 年に**ヨハン・ベルヌーイ**が 6 ヶ月を期限として全世界の数学者に向けて出題したものである。当時王立造幣局監事の地位にあったニュートンは仕事を終えて帰宅した後でこの問題を知らされたが，一晩で解決し，その解答をあえて匿名で提出した（その解答を見たベルヌーイは「爪跡を見ればあのライオンの仕業と分かる」と言った）。ニュートンの解答は当時の伝統に則った幾何学的なもので，解析的なものではなかったが，後のオイラーらの研究により，この問題を出発点として変分法の基礎づけがなされることとなった。

**［3］**

（1）$S$ が停留値をとるとき，

$$\delta S=\delta\int_{t_1}^{t_2}L(q,\ \dot{q},t)dt=\int_{t_1}^{t_2}L(q+\delta q,\ \dot{q}+\delta\dot{q},\ t)dt-\int_{t_1}^{t_2}L(q,\ \dot{q},t)dt=0$$

被積分関数は，第 1 項をテイラー展開することにより，

$$L(q+\delta q,\ \dot{q}+\delta\dot{q},\ t)-L(q,\ \dot{q},\ t)$$

$$=\{L(q,\ \dot{q},\ t)+L_{q_i}{}'(q,\ \dot{q},\ t)\delta q_i+L_{\dot{q}_i}{}'(q,\ \dot{q},\ t)\delta\dot{q}_i+\cdots\}-L(q,\ \dot{q},\ t)$$

$$\simeq L_{q_i}{}'(q,\ \dot{q},\ t)\delta q_i+L_{\dot{q}_i}{}'(q,\ \dot{q},\ t)\delta\dot{q}_i=\frac{\partial L}{\partial q_i}\delta q_i+\frac{\partial L}{\partial\dot{q}_i}\delta\dot{q}_i$$

$$=\frac{\partial L}{\partial q_i}\delta q_i+\frac{\partial L}{\partial\dot{q}_i}\left(\frac{d}{dt}\delta q_i\right)$$

これを $\delta S$ に戻し，第 2 項を部分積分すると，

$$\delta S=\int_{t_1}^{t_2}\frac{\partial L}{\partial q_i}\delta q_i\,dt+\int_{t_1}^{t_2}\frac{\partial L}{\partial \dot{q}_i}\left(\frac{d}{dt}\delta q_i\right)dt$$

$$=\int_{t_1}^{t_2}\frac{\partial L}{\partial q_i}\delta q_i\,dt+\left[\frac{\partial L}{\partial \dot{q}_i}\delta q_i\right]_{t_1}^{t_2}-\int_{t_1}^{t_2}\frac{d}{dt}\left(\frac{\partial L}{\partial \dot{q}_i}\right)\delta q_i\,dt$$

両端の条件より，上記の式の第 2 項は 0 となるから

$$\delta S=\int_{t_1}^{t_2}\frac{\partial L}{\partial q_i}\delta q_i\,dt-\int_{t_1}^{t_2}\frac{d}{dt}\left(\frac{\partial L}{\partial \dot{q}_i}\right)\delta q_i\,dt$$

$$=\int_{t_1}^{t_2}\left\{\frac{\partial L}{\partial q_i}-\frac{d}{dt}\left(\frac{\partial L}{\partial \dot{q}_i}\right)\right\}\delta q_i\,dt=0$$

変分学の基本補題より，$\{\cdots\}$ 内は恒等的に 0 であるから，$S$ が停留値をとるときに $q_i$ が満たすべき条件は

$$\frac{d}{dt}\left(\frac{\partial L}{\partial \dot{q}_i}\right)=\frac{\partial L}{\partial q_i}$$

すなわち

$$\frac{d}{dt}\left\{\frac{\partial L(q,\ \dot{q},\ t)}{\partial \dot{q}_i}\right\}=\frac{\partial L(q,\ \dot{q},\ t)}{\partial q_i}$$

となる。これは，ラグランジュ方程式である。

(2) エネルギー保存則が成り立つので，

$$E=T+V=一定$$

$V=E-T$ を $L=T-V$ に代入して，

$$L=T-E+T=2T-E$$

$$\therefore \quad \text{作用}\ S=\int_{t_1}^{t_2} L dt=\int_{t_1}^{t_2} 2T dt-\int_{t_1}^{t_2} E dt$$

エネルギーが保存しているので，その変化 $\delta E$ は $0$ である。従って，最小作用の原理 $\delta S=0$ は

$$\delta S=\delta\int_{t_1}^{t_2} 2T dt=0$$

㊫：エネルギー保存則が成り立つことを前提とした作用積分

$$S_0=\int_{t_1}^{t_2} 2T dt$$

を**簡約された作用**ということがある。また，簡約された作用に対し

$$\delta\int_{t_1}^{t_2} 2T dt=0$$

が成り立つことを**モーペルチュイの原理**という（無論これは基本原理ではない）。

**[ 4 ]**

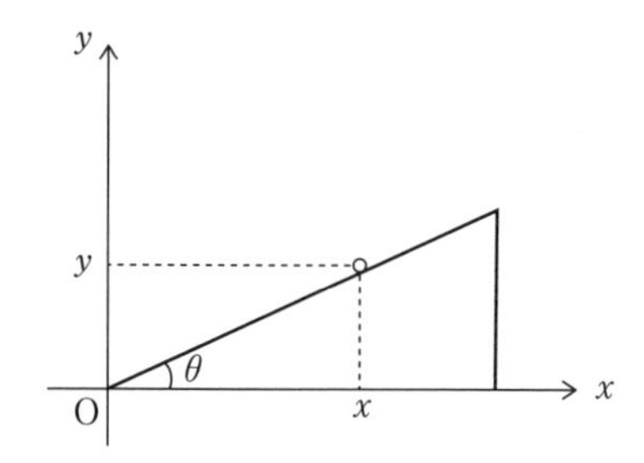


ラグランジアンは

$$L=\frac{1}{2}m(\dot{x}^2+\dot{y}^2)-mgy$$

であり，拘束条件は

$$y = x\tan\theta \quad \Rightarrow \quad f_k = y - x\tan\theta = 0$$

となるから，未定乗数 $\lambda$ を用いて，拘束条件付きラグランジアンは

$$\widetilde{L} = \frac{1}{2}m(\dot{x}^2 + \dot{y}^2) - mgy + \lambda(y - x\tan\theta)$$

よって

$$\frac{d}{dt}\left(\frac{\partial \widetilde{L}}{\partial \dot{x}}\right) = \frac{d}{dt}\left(\frac{1}{2}m \times 2\dot{x}\right) = m\ddot{x}$$

$$\frac{d}{dt}\left(\frac{\partial \widetilde{L}}{\partial \dot{y}}\right) = m\ddot{y}$$

$$\frac{\partial \widetilde{L}}{\partial x} = \frac{\partial}{\partial x}(-\lambda x\tan\theta) = -\lambda\tan\theta$$

$$\frac{\partial \widetilde{L}}{\partial y} = \frac{\partial}{\partial y}(-mgy + \lambda y) = -mg + \lambda$$

$$\therefore \quad m\ddot{x} = -\lambda\tan\theta \qquad \cdots①$$

$$m\ddot{y} = -mg + \lambda \qquad \cdots②$$

拘束条件 $y = x\tan\theta$ の両辺を時間微分すると（$\theta$ は時間変化しない），

$$\dot{y} = \dot{x}\tan\theta$$

よって

$$\ddot{y} = \ddot{x}\tan\theta \qquad \cdots③$$

①より $$\ddot{x} = -\frac{\lambda}{m}\tan\theta$$

②より $$\ddot{y} = -g + \frac{\lambda}{m}$$

③に代入して

$$-g+\frac{\lambda}{m}=-\frac{\lambda}{m}\tan^2\theta$$

$$-mg+\lambda+\lambda\tan^2\theta=0$$

$$\lambda(1+\tan^2\theta)=mg$$

$$\lambda=\frac{mg}{1+\tan^2\theta}=mg\cos^2\theta$$

①②に代入

$$m\ddot{x}=-mg\cos^2\theta\tan\theta$$

$$=-mg\cos^2\theta\frac{\sin\theta}{\cos\theta}$$

$$m\ddot{x}=-mg\sin\theta\cos\theta$$

$$\begin{aligned}m\ddot{y}&=-mg+mg\cos^2\theta\\&=mg(\cos^2\theta-1)\\&=mg(\cos^2\theta-\sin^2\theta-\cos^2\theta)\end{aligned}$$

$$m\ddot{y}=-mg\sin^2\theta$$

## [ 5 ]

2 次元極座標系のラグランジアン（[9.9]～[9.15] を参照）

$$L=\frac{1}{2}m(\dot{r}^2+r^2\dot{\theta}^2)-V$$

に，単振り子の拘束条件

$$r=l \quad\Rightarrow\quad f_k=r-l=0$$

と

$$V = -mgl\cos\theta$$

$$(V = mgl(1-\cos\theta)\text{でも可})$$

を用いると，拘束条件付きラグランジアンは，未定乗数 $\lambda$ を用いて

$$\begin{aligned}\widetilde{L} &= \frac{1}{2}m\dot{l}^2 + \frac{1}{2}ml^2\dot{\theta}^2 + mgl\cos\theta + \lambda(r-l)\\ &= \frac{1}{2}mr^2\dot{\theta}^2 + mgr\cos\theta + \lambda(r-l)\end{aligned}$$

となる（$l$ は時間変化しないから，元の第 1 項は 0 である）。

$\theta$ 方向についての運動方程式を立てると，通常の単振り子の運動方程式が出てくるので（II 章の章末問題［ 1 ］(4)），$r$ 方向についての運動方程式を作る。

$$\frac{d}{dt}\left(\frac{\partial\widetilde{L}}{\partial\dot{r}}\right) = \frac{d}{dt}(0) = 0$$

$$\begin{aligned}\frac{\partial\widetilde{L}}{\partial r} &= \frac{\partial}{\partial r}\left(\frac{1}{2}mr^2\dot{\theta}^2 + mgr\cos\theta + \lambda r\right)\\ &= \frac{1}{2}m\dot{\theta}^2\times 2r + mg\cos\theta + \lambda = mr\dot{\theta}^2 + mg\cos\theta + \lambda\end{aligned}$$

$$\therefore\quad mr\dot{\theta}^2 + mg\cos\theta - \lambda = 0 \quad (r\text{方向の運動方程式})$$

$$\lambda = -ml\dot{\theta}^2 - mg\cos\theta$$

よって，張力の大きさ $S$ は

$$S = -\lambda = ml\dot{\theta}^2 + mg\cos\theta$$

# IV

# 保存量と対称性

## 16.

# 循環座標

4 節で述べたように，系の自由度が $f$ であるとき，一般座標は

$$q_1, q_2, q_3, \cdots, \ q_{f-2}, q_{f-1}, q_f$$

の $f$ 個である。これを

$$q_1, q_2, \cdots, q_{k-1}, q_k, q_{k+1}, \cdots q_f \tag{16.1}$$

と書こう。両者は同じ内容である。

さて，(16.1) の中の $q_k$ という特定の座標に関するラグランジュ方程式

$$\frac{d}{dt}\left(\frac{\partial L}{\partial \dot{q}_k}\right) = \frac{\partial L}{\partial q_k} \tag{16.2}$$

の両辺を計算したところ，右辺が 0，すなわち

$$\frac{\partial L}{\partial q_k} = 0 \tag{16.3}$$

であることが判明したとする。このとき，ラグランジアンは

$$L = L(q_1, q_2, \cdots, q_{k-1}, q_{k+1}, \cdots, \ q_f, \{\dot{q}_i\}, t) \tag{16.4}$$

というように，$f$ 個ある一般座標の内，特定の座標 $q_k$ にだけ依存しない形となる。

右辺が 0 であるなら当然左辺も 0 であるので，(16.3) が成り立つとき

$$\frac{d}{dt}\left(\frac{\partial L}{\partial \dot{q}_k}\right) = 0 \tag{16.5}$$

も成り立つ。ここで（…）内は（8.34）で定義した一般運動量，

$$p_i = \frac{\partial L}{\partial \dot{q}_i} \tag{16.6}$$

を表すから，（16.5）は，

$$\frac{dp_k}{dt} = 0 \tag{16.7}$$

となる。

従って，（16.5）は一般運動量が時間変化しないことを主張しており，

$$p_k = \frac{\partial L(q_1, q_2, \cdots, q_{k-1}, q_{k+1}, \cdots, q_f, \{\dot{q}_i\}, t)}{\partial \dot{q}_k} = \text{一定} \tag{16.8}$$

という結論が得られる。すなわち，ラグランジアンが特定の一般座標 $q_k$ に依存しないとき， $q_k$ に対応する（共役な）一般運動量 $p_k$ が保存される。

或る量が「保存される」とは，時間が経ってもその量の値が変化せず，時間的に一定となるという意味であり，このような物理量を**保存量**，または**運動の積分**という。運動の積分の「積分」とは，運動方程式を積分したときの積分定数のことである。本章では，エネルギー，運動量，そして角運動量の3つが，力学における本質的な保存量であることが示される。

上の考察から，保存量は，ラグランジアンに含まれない一般座標 $q_k$ が存在することによって与えられることが分かる。このように，保存量を与えることのできる特定の一般座標 $q_k$ を**循環座標**という[1]。うまいこと循環座標を発

1 「循環座標（cyclic coordinate）」という言葉を最初に導入したのは**ヘルマン・フォン・ヘルムホルツ**であるが，字義的に見てあまり分かりやすい用語とは思われない。このことは同時代の科学者も感じていたようで，例えばイギリスの数学者**エドワード・ラウス**は $q_k$ のことを「無視できる座標（ignorable coordinate）」と呼んでいる。

見することができれば，保存量が得られて，循環座標に関する運動方程式は解く必要がなくなる[2]。

こうして保存量が循環座標によって与えられることが分かったが，循環座標を見つけて保存量を見出すこの方法は甚だ不完全であることも認めなければならない。例えば，循環座標を発見するための明確なプロセスが存在しないために系統的とは言えず，見出せる保存量の種類は一般運動量（16.6）の形式で書ける物理量に限られるしかないという意味で一般的でもない。

それでは，保存量を見出すためのより良い方法は存在するだろうか。問題となる系に循環座標が存在するかどうかについては，その系自体の性質や，何を一般座標として選ぶか等の要因が関わっており，常に存在するわけではない。

しかしながら，系に保存量，特にエネルギー・運動量・角運動量という本質的保存量が存在するかどうかについては，そのような問題設定や人為的要件とは全く関係がない。つまり，保存量を見出す一般的な方法の存在はこの段階でも十分に示唆されていると考えられる。

本章では，保存量を見出すための系統的で一般的な方法を示す。それによって，物理法則をより高いレベルから理解することが可能になるであろう。

---

2　例えば，II章の章末問題［５］の $\boldsymbol{R}$ は循環座標で，運動量 $(m_1+m_2)\dot{\boldsymbol{R}}$ が保存することが分かる。

17.

# エネルギー保存則

時間変化のある通常の物理現象を考察する場合，考察の対象となる系の範囲を十分広くとれば，どの時点から時間を計り始めても良い。この事実は，時間の原点をどこにとっても物理法則は変化しない，と言い換えられる。

原点がどこでも良いということは，$t$ 軸上の時刻 $t_1$ から時刻 $t_2$ までの時間（間隔）を $t_{12}$ とすると，$t_1$ は $t$ 軸上のどこにあっても良い。例えば $t_1$ の起点を，$t=t_1$ から $t=t_1+t_1'$ の位置にとったとしても，時間間隔の長さが合っていれば，全く同じである。

すなわち，

$$t \to t+t' \tag{17.1}$$

という変換を行ない，或る時刻 $t$ を別の時刻 $t+t'$ へ（$t$ 軸上で）平行移動しても観測結果は変わらない。これは，どの時刻にも特別な意味はないことを表しており，**時間の並進対称性**，または**時間の一様性**と呼ぶ。なお，**並進**とは平行移動のことであり，**対称性**とは，何らかの操作（変換）を施したときに，操作の前後で結果が変わらない性質をいう。

上で述べたことを，解析力学の視点で考えてみよう。これまでラグランジアンを基本的な量として扱ってきたので，ここでもラグランジアンを中心に考える。

時間の並進対称性があるということは，ラグランジアンの関数形が時間によって変化しない（ラグランジアンが時間に陽に依存しない）ことを意味している。これは，時間の原点をどこにとっても，得られるラグランジアンは同じであるという意味である。或いは，$q_i(t)$ がラグランジュ方程式の解であるとすれば，$q_i(t+t')$ も解である，となる。

そこで，ラグランジュ方程式を利用し，時間を含まないラグランジアン $L=L(q,\dot{q})$ の時間に関する全微分を求めると，次のようになる。

$$\begin{aligned}\frac{dL}{dt}&=\frac{dL(q,\dot{q})}{dt}\\&=\frac{\partial L}{\partial q_i}\frac{dq_i}{dt}+\frac{\partial L}{\partial \dot{q}_i}\frac{d\dot{q}_i}{dt}\\&=\frac{d}{dt}\left(\frac{\partial L}{\partial \dot{q}_i}\right)\dot{q}_i+\frac{\partial L}{\partial \dot{q}_i}\frac{d\dot{q}_i}{dt}\end{aligned}\tag{17.2}$$

一方，$\frac{\partial L}{\partial \dot{q}_i}\dot{q}_i$ という量の時間微分は，

$$\frac{d}{dt}\left(\frac{\partial L}{\partial \dot{q}_i}\dot{q}_i\right)=\frac{d}{dt}\left(\frac{\partial L}{\partial \dot{q}_i}\right)\dot{q}_i+\frac{d\dot{q}_i}{dt}\frac{\partial L}{\partial \dot{q}_i}\tag{17.3}$$

となって，(17.2) と等しくなることが示される。よって，

$$\frac{dL}{dt}=\frac{d}{dt}\left(\frac{\partial L}{\partial \dot{q}_i}\dot{q}_i\right)\tag{17.4}$$

ということになるが，(17.4) の右辺から左辺を引き，一般運動量 (16.6) を用いることで，

$$\frac{d}{dt}\left(\frac{\partial L}{\partial \dot{q}_i}\dot{q}_i\right)-\frac{dL}{dt}=\frac{d}{dt}(p_i\dot{q}_i-L)=0\tag{17.5}$$

と変形できる。従って，(17.5) から，

$$p_i\dot{q}_i-L=\text{一定}\tag{17.6}$$

が導かれる。

これは，時間の並進対称性を仮定することにより得られる保存量である。この (17.6) を**ハミルトニアン**，または**ハミルトン関数**といい，$H$ で表す。

$$H=p_i\dot{q}_i-L\tag{17.7}$$

ハミルトニアンもラグランジアンに比肩する重要な意味を持っており，次章ではラグランジアンに代わってハミルトニアンが主役となる理論形式が展開される。

しかし，本章ではその詳細には立ち入らず，ハミルトニアンの正体を簡単に探るだけにとどめよう。(17.7) で一般座標として直交座標をとると，

$$
\begin{aligned}
H &= p_{x_j}\dot{x}_j - L = \sum_{j=1}^{nN} m_j \dot{x}_j \cdot \dot{x}_j - L \\
&= \sum_{j=1}^{nN} \frac{1}{2} m_j \dot{x}_j^{\,2} \times 2 - L \\
&= 2T - L = 2T - (T - V) \\
&= T + V
\end{aligned}
\tag{17.8}
$$

と変形される。これの右辺は系の全エネルギー（力学的エネルギー）に他ならないから[3]，(17.8) が保存されるとすれば，それは**エネルギー保存則**が導かれたことになる。

ここで分かったことは，時間の並進対称性を仮定すると，全エネルギーが保存量として現れるということである。すなわち，次の命題が成立する。

| 時間の並進対称性があるとき，エネルギー保存則が成り立つ。 |
|---|

ニュートン力学からでも，もちろんエネルギー保存則は導出可能であるが，その背景に時間の並進対称性という，時間自体の性質が深く関わっていることは，解析力学を通して初めて得られる知見である。このように，物理現象を統一的に見ることができるようになったのも，これまでの一般化と抽象化の苦労の賜物と言えるであろう。

---

3　公理論的な立場では，(17.6) から導かれた保存量 (17.7) を系の「エネルギー」と定義する。

## 18.
# 運動量保存則

前節で行なった時間の並進対称性についての議論は，そのまま空間に対しても当てはまる。物体が空間を移動しているとき，どの地点から空間の座標を測り始めても良い。つまり，空間の原点をどこにとっても，物理法則は変化しない。

原点がどこでも良いということは，$x$ 軸上の座標 $x_1$ から $x_2$ までの距離（間隔）$x_{12}$ が一定であれば，$x_1$ は $x$ 軸上のどこにとっても良い。これは一般に，

$$\boldsymbol{x}_k \to \boldsymbol{x}_k + \boldsymbol{x}', \quad \dot{\boldsymbol{x}}_k \to \dot{\boldsymbol{x}}_k \tag{18.1}$$

と書くことができる（$\boldsymbol{x}'$ は一定であるから，速度 $\dot{\boldsymbol{x}}_k$ は変化しない）。(18.1) の変換で物理法則は変わらないから，或る座標 $\boldsymbol{x}_k$ を別の座標 $\boldsymbol{x}'$ へ平行移動しても観測結果が変わることはない。これは，空間のどこにも特別な位置はないことを表しており，**空間の並進対称性**，または**空間の一様性**という。

このことを解析力学の言葉で言うと，物体系（質点系）を構成する全質点の位置ベクトル $\boldsymbol{x}_k$ が全て一斉に $\boldsymbol{x}'$ だけ微小変化するとき，ラグランジアンは変化しない，となる。微小変化 $\boldsymbol{x}'$ を表す仮想変位を $\delta\boldsymbol{x}$ とすると，ラグランジアン $L = L(\boldsymbol{x}, \dot{\boldsymbol{x}})$ の変化が 0 なので，

$$\begin{aligned}\delta L(\boldsymbol{x}, \dot{\boldsymbol{x}}) &= \sum_{k=1}^{N}\left(\frac{\partial L}{\partial \boldsymbol{x}_k}\cdot\delta\boldsymbol{x} + \frac{\partial L}{\partial \dot{\boldsymbol{x}}_k}\cdot\delta\dot{\boldsymbol{x}}\right)\\ &= \sum_{k=1}^{N}\left(\frac{\partial L}{\partial \boldsymbol{x}_k}\cdot\delta\boldsymbol{x} + 0\right) = \left(\sum_{k=1}^{N}\frac{\partial L}{\partial \boldsymbol{x}_k}\right)\cdot\delta\boldsymbol{x}\end{aligned} \tag{18.2}$$

となる。これが任意の $\delta\boldsymbol{x}_j$ に対して成り立つから

$$\sum_{k=1}^{N}\frac{\partial L}{\partial \boldsymbol{x}_k}=0 \tag{18.3}$$

も成り立つ。

よって，ラグランジュ方程式より

$$\sum_{k=1}^{N}\frac{d}{dt}\left(\frac{\partial L}{\partial \dot{\boldsymbol{x}}_k}\right)=0 \tag{18.4}$$

となって，直ちに

$$\sum_{k=1}^{N}\frac{\partial L}{\partial \dot{\boldsymbol{x}}_k}=\text{一定} \tag{18.5}$$

が導かれる。これは，次の**運動量保存則**が成り立つことを示す。

$$\begin{aligned}\sum_{k=1}^{N}\frac{\partial}{\partial \dot{\boldsymbol{x}}_k}&\left\{\sum_{j=1}^{N}\frac{1}{2}m_j\dot{\boldsymbol{x}}_j{}^2-V\right\}\\&=\sum_{k=1}^{N}\frac{1}{2}m_k\times 2\dot{\boldsymbol{x}}_k=\sum_{k=1}^{N}m_k\dot{\boldsymbol{x}}_k\\&=\sum_{k=1}^{N}\boldsymbol{p}_k=\text{一定}\end{aligned} \tag{18.6}$$

こうして，空間の並進対称性を仮定すると，(全）運動量が保存量として現れるということが分かる。従って，次の命題が成立する。

| 空間の並進対称性があるとき，運動量保存則が成り立つ。 |
|---|

19.

# 角運動量保存則

時間は一方向に流れており，向きを勝手に指定できないので，時間軸上の平行移動しかできないが，空間は大きさだけでなく向きも考えることができる。そこで，空間の並進ではなく，回転について考える。

物体の座標を回転させる場合と，回転させない場合で物理法則は変化することはない。これは，空間のどこにも特別な向き（方向）はないことを表しており，**空間の回転対称性**，または**空間の等方性**という。

空間の回転は，角度ベクトル$\boldsymbol{\varphi}$を用いて，

$$\boldsymbol{x} \to \boldsymbol{x} + \delta\boldsymbol{\varphi} \times \boldsymbol{x} \tag{19.1}$$

$$\dot{\boldsymbol{x}} \to \dot{\boldsymbol{x}} + \delta\boldsymbol{\varphi} \times \dot{\boldsymbol{x}} \tag{19.2}$$

と表すことができる。ここで×記号はベクトルの外積を表す（補遺Cを参照）。空間の回転対称性があれば，座標の回転（19.1），（19.2）による角度の変化$\delta\boldsymbol{\varphi}$が生じても観測結果は変わらない。

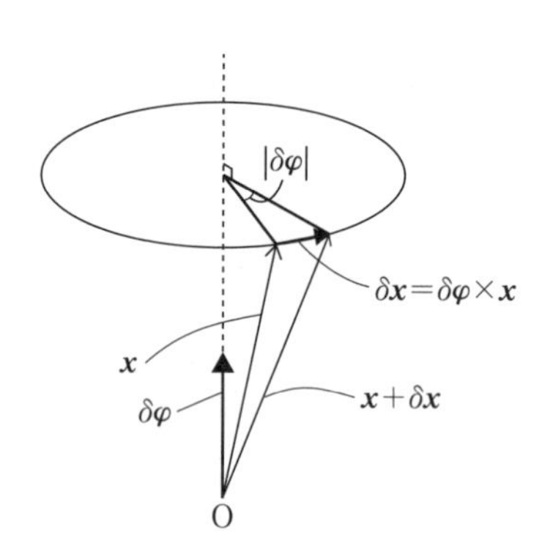

これを解析力学で扱うと，微小変化 $\delta\boldsymbol{\varphi}$ に対してのラグランジアン $L=L(\boldsymbol{x},\ \dot{\boldsymbol{x}})$ の変化 $\delta L(\boldsymbol{x},\ \dot{\boldsymbol{x}})$ が 0 ということになり，

$$\delta L(\boldsymbol{x},\ \dot{\boldsymbol{x}})=\frac{\partial L}{\partial \boldsymbol{x}}\cdot(\delta\boldsymbol{\varphi}\times\boldsymbol{x})+\frac{\partial L}{\partial \dot{\boldsymbol{x}}}\cdot(\delta\boldsymbol{\varphi}\times\dot{\boldsymbol{x}})=0 \tag{19.3}$$

が成り立つ。

これは内積と外積が混ざった式であるから，スカラー 3 重積（導出は [C.22] ～[C.25]）

$$\boldsymbol{A}\cdot(\boldsymbol{B}\times\boldsymbol{C})=\boldsymbol{B}\cdot(\boldsymbol{C}\times\boldsymbol{A}) \tag{19.4}$$

を用いると，

$$\begin{aligned}\delta L(\boldsymbol{x},\ \dot{\boldsymbol{x}})&=\delta\boldsymbol{\varphi}\cdot\left(\boldsymbol{x}\times\frac{\partial L}{\partial \boldsymbol{x}}\right)+\delta\boldsymbol{\varphi}\cdot\left(\dot{\boldsymbol{x}}\times\frac{\partial L}{\partial \dot{\boldsymbol{x}}}\right)\\&=\delta\boldsymbol{\varphi}\cdot\left(\boldsymbol{x}\times\frac{\partial L}{\partial \boldsymbol{x}}+\dot{\boldsymbol{x}}\times\frac{\partial L}{\partial \dot{\boldsymbol{x}}}\right)=0\end{aligned} \tag{19.5}$$

と変形できる。

上記の式を $N$ 質点系の場合に拡張し，ラグランジュ方程式と，一般運動量を代入すれば，

$$\begin{aligned}\delta L(\boldsymbol{x},\ \dot{\boldsymbol{x}})&=\sum_{j=1}^{N}\delta\boldsymbol{\varphi}\cdot\left\{\boldsymbol{x}_j\times\frac{d}{dt}\left(\frac{\partial L}{\partial \dot{\boldsymbol{x}}_j}\right)+\frac{d\boldsymbol{x}_j}{dt}\times\boldsymbol{p}_j\right\}\\&=\sum_{j=1}^{N}\delta\boldsymbol{\varphi}\cdot\left(\boldsymbol{x}_j\times\frac{d\boldsymbol{p}_j}{dt}+\frac{d\boldsymbol{x}_j}{dt}\times\boldsymbol{p}_j\right)\\&=\sum_{j=1}^{N}\delta\boldsymbol{\varphi}\cdot\frac{d}{dt}(\boldsymbol{x}_j\times\boldsymbol{p}_j)=0\end{aligned} \tag{19.6}$$

となる。なお，3 番目の等号で外積の微分公式，

$$\frac{d}{dt}(\boldsymbol{A}\times\boldsymbol{B})=\boldsymbol{A}\times\frac{d\boldsymbol{B}}{dt}+\frac{d\boldsymbol{A}}{dt}\times\boldsymbol{B} \tag{19.7}$$

を用いた（導出は［C.20］～［C.21]）。

（19.6）において，$\delta\boldsymbol{\varphi}$ は任意であるから，

$$\sum_{j=1}^{N}\boldsymbol{x}_j\times\boldsymbol{p}_j=\text{一定} \tag{19.8}$$

が得られる。これは，**角運動量保存則**である。

こうして，空間の並進対称性を仮定すると，（全）角運動量が保存量として現れるということが分かる。従って，次の命題が成立する。

| 空間の回転対称性があるとき，角運動量保存則が成り立つ。 |
|---|

20.
# ネーターの定理

本節では前節までに明らかとなった，対称性と保存則の関係を一般的な形にまとめることを考える。

まず，$\delta q_i$，$\delta\dot{q}_i$ を無限小量として，

$$q_i \rightarrow q_i + \delta q_i \tag{20.1}$$

$$\dot{q}_i \rightarrow \dot{q}_i + \delta\dot{q}_i \tag{20.2}$$

という連続的な微小変換（無限小点変換）を作用

$$S = \int_{t_1}^{t_2} L(q,\ \dot{q},\ t)dt \tag{20.3}$$

に施す。この変換を受けたとき，ラグランジアンが変化しないか，変化したとしても運動方程式に影響しない，任意関数の時間微分の変化にとどまったとしよう。ここで言うラグランジアンが「変化しない」とは，ラグランジアンの関数形が変化しないということであり，ラグランジアンの値[4]は変化して良い（ラグランジアンは保存量ではない）。

これは，ラグランジアンの変化 $\delta L$ が

$$\delta L = 0 \tag{20.4}$$

または

4　重要なのはラグランジアンの形（関数形）の方であって，ラグランジアンの値ではない。ラグランジアンの関数形は物体の運動について深い洞察をもたらすが，或る時刻でのラグランジアンの値を出したとしても，その値は物体の運動の理解にほとんど寄与しない。

$$\delta L = \frac{dK}{dt} \tag{20.5}$$

となる場合を考えるという仮定である。

13節で述べたように，ラグランジアンに任意関数 $K$ の全微分を加えても，運動方程式は変わらない。その場合，ラグランジアンに対し

$$L \to \widetilde{L} = L + \frac{dK}{dt} \tag{20.6}$$

という変換をしていることになるが，$\widetilde{L} - L$ が $\delta L$ に他ならないので，(20.5) のようになる。

ここで，$\delta L$ は作用の変分 $\delta S$ の被積分関数でもあるから，

$$\begin{aligned}
\delta L &= L(q+\delta q,\ \dot{q}+\delta\dot{q},\ t) - L(q,\ \dot{q},\ t) \\
&= \{L(q,\ \dot{q}, t) + L_{q_i}{}'(q,\ \dot{q}, t)\delta q_i + L_{\dot{q}_i}{}'(q,\ \dot{q},\ t)\delta\dot{q}_i + \cdots\} - L(q,\ \dot{q},\ t) \\
&\simeq L_{q_i}{}'(q,\ \dot{q},\ t)\delta q_i + L_{\dot{q}_i}{}'(q,\ \dot{q},\ t)\delta\dot{q}_i = \frac{\partial L}{\partial q_i}\delta q_i + \frac{\partial L}{\partial \dot{q}_i}\delta\dot{q}_i
\end{aligned} \tag{20.7}$$

と等しい。

一方，$\dfrac{\partial L}{\partial \dot{q}_i}\delta q_i$ という量の時間微分は

$$\begin{aligned}
\frac{d}{dt}\left(\frac{\partial L}{\partial \dot{q}_i}\delta q_i\right) &= \frac{d}{dt}\left(\frac{\partial L}{\partial \dot{q}_i}\right)\delta q_i + \frac{\partial L}{\partial \dot{q}_i}\frac{d}{dt}(\delta q_i) \\
&= \frac{d}{dt}\left(\frac{\partial L}{\partial \dot{q}_i}\right)\delta q_i + \frac{\partial L}{\partial \dot{q}_i}\delta\left(\frac{dq_i}{dt}\right) \\
&= \frac{d}{dt}\left(\frac{\partial L}{\partial \dot{q}_i}\right)\delta q_i + \frac{\partial L}{\partial \dot{q}_i}\delta\dot{q}_i
\end{aligned} \tag{20.8}$$

となるので，

$$\frac{\partial L}{\partial \dot{q}_i}\delta\dot{q}_i = \frac{d}{dt}\left(\frac{\partial L}{\partial \dot{q}_i}\delta q_i\right) - \frac{d}{dt}\left(\frac{\partial L}{\partial \dot{q}_i}\right)\delta q_i \tag{20.9}$$

である。これを（20.7）に代入すれば

$$
\begin{aligned}
\delta L &= \frac{\partial L}{\partial q_i}\delta q_i + \frac{d}{dt}\left(\frac{\partial L}{\partial \dot{q}_i}\delta q_i\right) - \frac{d}{dt}\left(\frac{\partial L}{\partial \dot{q}_i}\right)\delta q_i \\
&= \left\{\frac{\partial L}{\partial q_i} - \frac{d}{dt}\left(\frac{\partial L}{\partial \dot{q}_i}\right)\right\}\delta q_i + \frac{d}{dt}\left(\frac{\partial L}{\partial \dot{q}_i}\delta q_i\right) \\
&= \frac{d}{dt}\left(\frac{\partial L}{\partial \dot{q}_i}\delta q_i\right) \qquad (20.10)
\end{aligned}
$$

が得られる。なお，最後の等号でラグランジュ方程式を用いた。

これと（20.5）より，

$$
\frac{d}{dt}\left(\frac{\partial L}{\partial \dot{q}_i}\delta q_i\right) = \frac{dK}{dt} \qquad (20.11)
$$

が成り立つから

$$
N = \frac{d}{dt}\left(\frac{\partial L}{\partial \dot{q}_i}\delta q_i - K\right) = 0 \qquad (20.12)
$$

が得られて，

$$
N = \frac{\partial L}{\partial \dot{q}_i}\delta q_i - K = \text{一定} \qquad (20.13)
$$

という保存量の存在が示される。この $N$ を**ネーターチャージ**という。

ここまでの議論は次のようにまとめられる。

微小変換（20.1），(20.2）によるラグランジアンの変化 $\delta L$ が任意関数の時間に関する全微分項に等しくなるとき（[20.5]），一般にネーターチャージ

$$
N = \frac{\partial L}{\partial \dot{q}_{i\,i}}\delta q_i - K
$$

が保存量となる。

これは，ラグランジアンが（20.1），（20.2）の変換のもとで不変となることから運動導かれた結果であるが，前節までに見てきたように，ラグランジアンが（運動方程式に影響しない，時間についての全微分項を除き）変化しないということは，その系には（連続的な）対称性が潜んでいるということと同じだから，先ほど述べたまとめは，次のように言い換えられる。

| ラグランジアンが連続的な対称性を持つとき，それに対応した保存量が存在する。 |
| --- |

この主張を**ネーターの定理**という。ネーターの定理は，これを 1915 年に証明したドイツの数理物理学者**アマーリエ・エミー・ネーター**にちなんでいる。ネーターは，数学史における最も重要な女性である。

ネーターの定理は，保存量を発見するための系統的かつ一般的な手段であり，対称性と保存則の間の関係を規定する。実際に微小変換として時間並進，空間並進，空間回転を考えれば，それぞれエネルギー，運動量，角運動量の保存則がネーターの定理から得られる（章末問題［2］）。

本章で見てきたように，エネルギー保存則，運動量保存則，角運動量保存則の成立は，個々の系の性質ではなく，時空間自体の持つ対称性に起因する。

このことは，解析力学（ラグランジュ形式）が系の対称性を見るためにも適した理論形式になっていることで初めて明らかにされた驚くべき事実の一つである。前章で，ラグランジアンのことを「運動（方程式）を生み出すもとになるもの」と表現したが，ネーターの定理を考慮すると，この表現は以下のように修正されるべきであろう。ラグランジアンとは，「系の対称性についての情報を持つ，運動を生み出すもととなるもの」である。

このように，物理法則や方程式にある種の対称性が見出されたとき，自然の法則に畏敬の念を込め，その法則や方程式は**美しい**と表現することがある。

## 章末問題

**[1]** 質量 $m$ の惑星が，質量 $M$ の太陽を一つの焦点とする楕円軌道上を運動している。万有引力定数を $G$ として，次の文章の空欄（1)~(6）を埋めよ。但し，太陽は原点で静止しているものとする。

ラグランジアンは （1） であるから，$r$ 方向の運動方程式は （2） で，$\theta$ 方向の運動方程式は （3） である。このとき，（4） が循環座標となるので，（5） が保存する。よって，（6） 法則が成立していることが分かる。

**[2]** ネーターの定理を用いて，次の命題が成り立つことを示せ。

（1）時間の並進対称性があるとき，エネルギー保存則が成り立つ。

（2）空間の並進対称性があるとき，運動量保存則が成り立つ。

（3）空間の回転対称性があるとき，角運動量保存則が成り立つ。

# 解答

**[1]**

$x=r\cos\theta,\ y=r\sin\theta$ より

$$\dot{x}^2=\left(\dot{r}\cos\theta-r\dot{\theta}\sin\theta\right)^2=\dot{r}^2\cos^2\theta-2r\dot{r}\dot{\theta}\sin\theta\cos\theta+r^2\dot{\theta}^2\sin^2\theta$$

$$\dot{y}^2=\left(\dot{r}\sin\theta-r\dot{\theta}\cos\theta\right)^2=\dot{r}^2\sin^2\theta+2r\dot{r}\dot{\theta}\sin\theta\cos\theta+r^2\dot{\theta}^2\cos^2\theta$$

$$\therefore\quad L=T-V=\frac{1}{2}m(\dot{x}^2+\dot{y}^2)-V$$

$$=\frac{1}{2}m(\dot{r}^2+r^2\dot{\theta}^2)-\left(-\frac{GMm}{r}\right)$$

$$=\left\{\frac{1}{2}(\dot{r}^2+r^2\dot{\theta}^2)+\frac{GM}{r}\right\}m \qquad \text{(1) 答}$$

$r$を一般座標にとると,

$$\frac{d}{dt}\left(\frac{\partial L}{\partial \dot{r}}\right)=\frac{\partial L}{\partial r}$$

(1) より

$$\frac{\partial L}{\partial r}=\frac{1}{2}m\dot{\theta}^2\times 2r+GMm\times(-1)\,r^{-2}=mr\dot{\theta}^2-\frac{GMm}{r^2},$$

$$\frac{d}{dt}\left(\frac{\partial L}{\partial \dot{r}}\right)=\frac{d}{dt}\left(\frac{1}{2}m\times 2\dot{r}\right)=m\ddot{r}$$

$$\therefore\quad m\ddot{r}=mr\dot{\theta}^2-\frac{GMm}{r^2} \qquad \text{(2) 答}$$

補：(2)の右辺第1項は遠心力，第2項は万有引力を表している。万有引力に負符号が付くのは，物体が中心（原点）に向かって引かれるとき万有引力の向きは$r$方向正の向きと反対になるためである。

$\theta$ を一般座標にとると，

$$\frac{d}{dt}\left(\frac{\partial L}{\partial \dot{\theta}}\right)=\frac{\partial L}{\partial \theta}$$

（1）より

$$\frac{\partial L}{\partial \theta}=0 \quad \cdots ①,\quad \frac{\partial L}{\partial \dot{\theta}}=mr^2 2\dot{\theta} \quad \Rightarrow \quad \frac{d}{dt}\left(\frac{\partial L}{\partial \dot{\theta}}\right)=2mr\dot{r}\dot{\theta}+mr^2\ddot{\theta}$$

$$\therefore \quad m(2\dot{r}\dot{\theta}+r\ddot{\theta})=0$$ （3）答

㊫：(3) は惑星の公転運動では軌道の中心方向だけに力がはたらくことを示している。

①より，$\theta$ が循環座標となるので，$\theta$ を一般座標にとったときの一般運動量，すなわち 角運動量 が保存する。 （4）（5）答

（3）より，

$$\frac{d}{dt}\left(\frac{\partial L}{\partial \dot{\theta}}\right)=\frac{d}{dt}(mr^2\dot{\theta})=0 \quad \Rightarrow \quad mr^2\dot{\theta}=\text{一定}$$

$$\therefore \quad \text{角運動量}=mr^2\dot{\theta}=\text{一定}$$

両辺 $\times\dfrac{1}{2m}$

$$\frac{1}{2m}\cdot mr^2\dot{\theta}=\frac{1}{2}r^2\dot{\theta}$$

$$=\frac{1}{2}r\cdot r\dot{\theta}$$

$$=\frac{1}{2}rv_\theta=\frac{1}{2}\times\text{半径}\times\text{（接線方向の）速度}$$

$$=\text{面積速度}=\text{一定}$$

これは，ケプラーの第二 法則（面積速度一定の 法則）である。 （6）答

㊟：惑星と太陽を結ぶ線分が一定時間に描く面積を**面積速度**といい，惑星の公転運動では面積速度が一定であることを主張するのが**ケプラーの第二法則**である。ケプラーの第二法則から，惑星の（接線方向の）速度は太陽から遠いところでは遅いが，太陽から近いところでは速くなることが分かる。

㊓：ここで循環座標 $\theta$ が見つかったのは極座標をとったからである。もし直交座標のままであれば，ラグランジアンは

$$L=\frac{1}{2}m(\dot{x}^2+\dot{y}^2)-V(\sqrt{x^2+y^2})$$

という全ての変数 $x$, $y$, $\dot{x}$, $\dot{y}$ を含むものとなり，循環座標は発見されない。このように，循環座標の個数は座標系のとり方に依存することになる。

**[ 2 ]**

(1) 微小時間 $\Delta t$ に対し，

$$q_i(t) \to q_i(t+\Delta t)$$
$$\dot{q}_i(t) \to \dot{q}_i(t+\Delta t)$$

という時間並進を考える。変換後の $q_i(t+\Delta t)$, $\dot{q}_i(t+\Delta t)$ をテイラー展開すると

$$q_i(t+\Delta t)=q_i(t)+\dot{q}_i(t)\Delta t+\frac{1}{2!}\ddot{q}_i(t)(\Delta t)^2+\cdots$$

$$\dot{q}_i(t+\Delta t)=\dot{q}_i(t)+\ddot{q}_i(t)\Delta t+\frac{1}{2!}\dddot{q}_i(t)(\Delta t)^2+\cdots$$

$\Delta t$ は微小量であるから

$$q_i(t) \to q_i(t+\Delta t)\simeq q_i(t)+\dot{q}_i(t)\Delta t$$
$$\dot{q}_i(t) \to \dot{q}_i(t+\Delta t)\simeq \dot{q}_i(t)+\ddot{q}_i(t)\Delta t$$

$$\therefore \quad \delta q_i = \dot{q}_i \Delta t \qquad \cdots①$$

$$\delta \dot{q}_i = \ddot{q}_i \Delta t$$

これらをラグランジアンの変化（[20.7]）

$$\delta L = \frac{\partial L}{\partial q_i}\delta q_i + \frac{\partial L}{\partial \dot{q}_i}\delta \dot{q}_i$$

に代入して

$$\delta L = \frac{\partial L}{\partial q_i}\dot{q}_i \Delta t + \frac{\partial L}{\partial \dot{q}_i}\ddot{q}_i \Delta t \qquad \cdots②$$

時間並進対称性があれば，ラグランジアンは時間に陽に依存せず，

$$L = L(q,\ \dot{q})$$

となるので，ラグランジアンの時間についての全微分は

$$\frac{dL(q,\ \dot{q})}{dt} = \frac{\partial L}{\partial q_i}\frac{dq_i}{dt} + \frac{\partial L}{\partial \dot{q}_i}\frac{d\dot{q}_i}{dt} = \frac{\partial L}{\partial q_i}\dot{q}_i + \frac{\partial L}{\partial \dot{q}_i}\ddot{q}_i \qquad \cdots③$$

②③を比較して

$$\delta L = \frac{dL(q,\ \dot{q})}{dt}\Delta t = \frac{d}{dt}(L\Delta t) \qquad \cdots④$$

時間並進に対し，ラグランジアンは

$$L \to \tilde{L} = L + \frac{dK}{dt}$$

と変換されるから

$$\delta L = \frac{dK}{dt}$$

これと④を比較して

$$K = L\Delta t \qquad \cdots⑤$$

ネーターの定理から，

$$N=\frac{\partial L}{\partial \dot{q}_i}\delta q_i-K$$

が保存するので，①⑤を代入して

$$N=\frac{\partial L}{\partial \dot{q}_i}\dot{q}_i\Delta t-L\Delta t$$

$$=\left(\frac{\partial L}{\partial \dot{q}_i}\dot{q}_i-L\right)\Delta t$$

$$=(p_i\dot{q}_i-L)\Delta t$$

$$=H\Delta t$$

$$=\text{一定}$$

ここで，$\Delta t$ は任意の量であるから

$$H=\text{一定}$$

$H$（ハミルトニアン）は時間に陽に依存しないとき，$E$（エネルギー）を意味するので

$$E=\text{一定}$$

故に，時間の並進対称性があるとき，エネルギー保存則が成り立つ。

(2)

$$\boldsymbol{x}_j(t)\rightarrow\boldsymbol{x}_j(t)+\delta\boldsymbol{x}(t)$$

という空間並進を考える。この空間並進についての対称性があれば，ラグランジアンは変化しないから

$$\delta L=0$$

すなわち

$$K=0$$

また,

$$\delta q_i = \delta \boldsymbol{x}$$

$$\dot{q}_i = \dot{\boldsymbol{x}}_j$$

となるから，ネーターの定理により

$$N = \frac{\partial L}{\partial \dot{q}_i}\delta q_i - K$$

$$= \sum_{j=1}^{N} \frac{\partial L}{\partial \dot{\boldsymbol{x}}_j} \cdot \delta \boldsymbol{x} - 0 = 一定$$

ここで，$\delta \boldsymbol{x}$ は任意の仮想変位であるから

$$\sum_{j=1}^{N} \frac{\partial L}{\partial \dot{\boldsymbol{x}}_j} = \sum_{j=1}^{N} \boldsymbol{p}_j = 一定$$

故に，空間の並進対称性があるとき，運動量保存則が成り立つ。

(3) 或る軸のまわりで

$$\boldsymbol{x}_j \rightarrow \boldsymbol{x}_j + \delta \boldsymbol{\varphi} \times \boldsymbol{x}_j$$

という空間回転を考える。この空間回転についての対称性があれば，ラグランジアンが変化しないとすると

$$\delta L = 0$$

すなわち

$$K = 0$$

また,

$$\delta q_i = \delta \boldsymbol{x}_j = \delta \boldsymbol{\varphi} \times \boldsymbol{x}$$

$$\dot{q}_i = \dot{\boldsymbol{x}}$$

となるから，ネーターの定理より

$$\begin{aligned}
N &= \frac{\partial L}{\partial \dot{q}_i} \delta q_i - K \\
&= \sum_{j=1}^{N} \frac{\partial L}{\partial \dot{\boldsymbol{x}}_j} \cdot (\delta \boldsymbol{\varphi} \times \boldsymbol{x}_j) - 0 \\
&= \sum_{j=1}^{N} \boldsymbol{p}_j \cdot (\delta \boldsymbol{\varphi} \times \boldsymbol{x}_j) \\
&= \sum_{j=1}^{N} \delta \boldsymbol{\varphi} \cdot (\boldsymbol{x}_j \times \boldsymbol{p}_j) \\
&\qquad (\because \text{スカラー3重積 } \boldsymbol{A} \cdot (\boldsymbol{B} \times \boldsymbol{C}) = \boldsymbol{B} \cdot (\boldsymbol{C} \times \boldsymbol{A})) \\
&= \text{一定}
\end{aligned}$$

ここで，$\delta \boldsymbol{\varphi}$ は任意の仮想変位であるから

$$\sum_{j=1}^{N} \boldsymbol{x}_j \times \boldsymbol{p}_j = \text{一定}$$

故に，空間の回転対称性があるとき，角運動量保存則が成り立つ。

# V

# ハミルトン形式

21.

# 正準方程式

前章まで，一般座標と一般速度の関数であるラグランジアンを基本的な量として力学を構成する，ラグランジュ形式を論じてきた。しかし，解析力学の定式化の方法はラグランジュ形式だけではない。

本章では，一般座標と一般運動量の関数を基本的な量とするハミルトン形式を扱う。速度よりも運動量の方を基本とすることで，量子力学や統計力学への応用に適した理論形式を手にすることができ，また物理法則の普遍的な構造の理解を確かなものにしてくれるのである。

それでは早速，一般座標と一般運動量の関数を構成するために，$q$，$\dot{q}$，$t$ の関数（ラグランジアン）から $q$，$p$，$t$ の関数を作ることを考える。出発点となるのは，ラグランジアン $L = L(q, \dot{q}, t)$ の全微分，

$$dL = \frac{\partial L}{\partial q_i} dq_i + \frac{\partial L}{\partial \dot{q}_i} d\dot{q}_i + \frac{\partial L}{\partial t} dt \tag{21.1}$$

である。

この式の右辺第 1 項にはラグランジュ方程式

$$\frac{d}{dt}\left(\frac{\partial L}{\partial \dot{q}_i}\right) = \frac{\partial L}{\partial q_i} \tag{21.2}$$

が，また右辺第 2 項には一般運動量

$$p_i = \frac{\partial L}{\partial \dot{q}_i} \tag{21.3}$$

が含まれているので，それぞれを代入することにより，次のように表せる。

$$dL = \dot{p}_i dq_i + p_i d\dot{q}_i + \frac{\partial L}{\partial t} dt \tag{21.4}$$

なお，第1項ではラグランジュ方程式を

$$\dot{p}_i = \frac{\partial L}{\partial q_i} \tag{21.5}$$

として，一般運動量で表してから代入している。

さて，$L$ は $q$，$\dot{q}$，$t$ の関数であるので，自動的に $L$ の全微分 $dL$ も $q$，$\dot{q}$，$t$ の関数となる。このことは，$dL$ の右辺が（21.1），(21.4）のように $dq$，$d\dot{q}$，$dt$ の1次式の足し合わせであることからも保証される。すなわち，今得ようとしている $q$，$p$，$t$ の関数は，その全微分が

$$X_i dq_i + Y_i dp_i + Z dt \tag{21.6}$$

という $dq, dp, dt$ の1次式の足し合わせで表せなければならない。

（21.6）を（21.4）の右辺と比較すると，

$$|X_i| = \dot{p}_i \tag{21.7}$$

$$|Z| = \frac{\partial L}{\partial t} \tag{21.8}$$

となることが予想できる（符号は一意でないので，絶対値を付ける）が，このままでは $Y$ が不明であるので，$p_i d\dot{q}_i$ という項を $dp_i$ で表す必要がある。

そこで，$p_i \dot{q}_i$ に対し積の微分を適用すると，

$$d(p_i \dot{q}_i) = p_i d\dot{q}_i + \dot{q}_i dp_i \tag{21.9}$$

となり，$p_i d\dot{q}_i$ は

$$p_i d\dot{q}_i = d(p_i \dot{q}_i) - \dot{q}_i dp_i \tag{21.10}$$

と書ける。これを（21.4）に代入し，左辺を右辺に移項すると

$$dL = \dot{p}_i dq_i + d(p_i \dot{q}_i) - \dot{q}_i dp_i + \frac{\partial L}{\partial t} dt \tag{21.11}$$

$$\dot{p}_i dq_i + d(p_i \dot{q}_i) - \dot{q}_i dp_i + \frac{\partial L}{\partial t} dt - dL = 0 \tag{21.12}$$

となるから最終的に

$$d(p_i \dot{q}_i - L) = -\dot{p}_i dq_i + \dot{q}_i dp_i - \frac{\partial L}{\partial t} dt \tag{21.13}$$

を得る。

これは（21.6）において

$$X_i = -\dot{p}_i \tag{21.14}$$

$$Y_i = \dot{q}_i \tag{21.15}$$

$$Z = -\frac{\partial L}{\partial t} \tag{21.16}$$

とした場合の式であり，右辺が $dq$，$dp$，$dt$ の 1 次式の足し合わせであることから，左辺 $d(p_i \dot{q}_i - L)$ は $q$，$p$，$t$ の関数となる。この（…）内の関数を**ハミルトニアン**または**ハミルトン関数**といい，$H$ で表す。

$$\begin{aligned} H &= H(q,\ p,\ t) \\ &= p_i \dot{q}_i - L = \sum_{i=1}^{f} p_i \dot{q}_i - L \end{aligned} \tag{21.17}$$

最後の等号では念のため $\Sigma$ を復活させておいたが，本章でも引き続き縮約規約を用いていくので注意していただきたい。

こうして，$q$，$\dot{q}$，$t$ の関数であった $L$ から，$q$，$p$，$t$ の関数である $H$ を導くことができたのであるが，この一連の操作は，或る変数を別の変数に取り替え，取り替えた後の関数形を求めるというものであり，**ルジャンドル変換**[1]と呼ばれている。本書の記述は，ルジャンドル変換の一般論を知らなくても本論を読み進められるように工夫してあるので，必ずしも必須ということはないのだが，補遺Dでルジャンドル変換の基本について簡潔にまとめておいたので，参考にしていただきたい。

さて，$H$ を用いれば（21.13）は

$$dH = -\dot{p}_i dq_i + \dot{q}_i dp_i - \frac{\partial L}{\partial t} dt \tag{21.18}$$

となるが，一方 $H = H(q, p, t)$ の全微分は

$$dH = \frac{\partial H}{\partial q_i} dq_i + \frac{\partial H}{\partial p_i} dp_i + \frac{\partial H}{\partial t} dt \tag{21.19}$$

と書ける。この2式は同じ内容を表しているので，右辺同士を比較することで次の3式が得られる。

$$\dot{p}_i = -\frac{\partial H}{\partial q_i} \tag{21.20}$$

$$\dot{q}_i = \frac{\partial H}{\partial p_i} \tag{21.21}$$

---

1　フランスの数学者**アドリアン=マリ・ルジャンドル**にちなむ。19世紀初頭の数学界では大家として知られ，整数論と楕円積分の研究で特に有名だった。

$$\frac{\partial L}{\partial t}=-\frac{\partial H}{\partial t} \tag{21.22}$$

この内の（21.20）と（21.21）を合わせて，ハミルトニアンに対する**正準方程式**[2]，または**ハミルトンの運動方程式**という。正準方程式は $q$ と $p$ の交換に対して（符号の違いを別にすれば）対称な形で表されるのが特徴である[3]。

ハミルトニアンを基本的な量として，正準方程式を用いて物体の運動を記述する方法は**ハミルトン形式**の力学，または**正準形式**[4]の力学と呼ばれている。

ラグランジュ形式では，一般座標と一般速度の関数であるラグランジアンが基本量であるので，系の状態を指定する独立変数は $q$ と $\dot{q}$ であった。これに対し，ハミルトン形式では，一般座標と一般運動量の関数であるハミルトニアンが基本量であるので，系の状態を指定する独立変数は $q$ と $p$ になる。このように，独立変数を（$q$ と $\dot{q}$ ではなく）$q$ と $p$ に選んだとき，$q$ を**正準座標**，$p$ を（$q$ に共役な）**正準運動量**といい[5]，2 つをまとめて**正準変数**と呼ぶ。

---

2 （21.20），（21.21）を正準方程式（canonical equation）と名付けたのは**ヤコビ**（補遺 E の脚注 1 を参照）である。

3 本章の後半（26 節）では，符号も含めて正準方程式が対称になるような記法を導入する。

4 「正準」という用語は「正典的」「規範的」を意味する canonical という語を，東京帝国大学教授であった**山内恭彦**が訳したものである。正典（canon）とは本来，ユダヤ教でいうヘブライ語聖書や，キリスト教でいう旧約聖書及び新約聖書といった，信仰の基準となる公式文書に対して用いられる宗教用語であるが，例えばコナン・ドイル（Conan Doyle）が著した 60 編のホームズ作品を「正典」と呼ぶことがあるように（この場合，canon は Conan のアナグラムにもなる），宗教に限らず畏敬の念を抱かせるような正統性が存在する事物に対しても用いられることがある。もちろん，ラグランジュ形式とハミルトン形式は本質的には同等なのだから，どちらが正統な物理であるかというような問いは意味をなさないが，$q$ と $p$ に関して対称な形をとるハミルトンの運動方程式を見たときに，ヤコビら当時の科学者はこれこそ正準方程式（canonical equation）＝正統な方程式であり，その形式は正準形式（canonical formalism）＝真に正統な力学体系であると感じたのではないだろうか。

5 一般座標，一般運動量と特別な違いがあるわけではない。むしろ，ハミルトン形式では座標と運動量が対等の立場にある互いに独立な物理量であるために，両者をまとめた正準変数という呼び名が必要とされるということの方が重要である（23 節）。

また，ハミルトン形式では，(21.5) または (21.20) のように，或る物理量 $f$ の時間微分（偏微分でも良い）がラグランジアン，またはハミルトニアンを別の物理量 $g$ で偏微分したものになっているとき，$f$ は $g$ に**共役な運動量**であると言うことがある。この言い方を用いると，(21.22) から，エネルギー（ハミルトニアン）は $t$ に共役な運動量（の $-1$ 倍）であるということになる。

ここで，正準運動量は，ラグランジュ形式と同様に (21.3) で定義され，$\dot{q}$ は $q$ と $p$ から次式で与えられる。

$$\dot{q}_i = \dot{q}_i(q, p, t) \tag{21.23}$$

つまり，ハミルトニアンの定義 (21.17) は詳しく書けば

$$H(q,\ p,\ t) = p\dot{q}(q,\ p,\ t) - L(q,\ \dot{q},\ t) \tag{21.24}$$

となる。

$q$ と $p$ が独立であることを用いれば，以下のようにハミルトニアンの定義 (21.24) を直接偏微分・全微分することによっても正準方程式を示すことができる。なお，簡単のために自由度を 1 とし，添字を省略する[6]。また，適宜 (21.3) と (21.5) を利用する。

$$\begin{aligned}
\frac{\partial H}{\partial q} &= \frac{\partial}{\partial q}\{p\dot{q}(q,\ p,\ t) - L(q,\ \dot{q},\ t)\} \\
&= p\frac{\partial \dot{q}(q,\ p,\ t)}{\partial q} + \dot{q}\frac{\partial p}{\partial q} - \frac{\partial L(q,\ \dot{q},\ t)}{\partial q} \\
&= p\frac{\partial \dot{q}}{\partial q}\frac{\partial q}{\partial q} + p\frac{\partial \dot{q}}{\partial p}\frac{\partial p}{\partial q} + p\frac{\partial \dot{q}}{\partial t}\frac{\partial t}{\partial q} + 0 - \frac{\partial L}{\partial q}\frac{\partial q}{\partial q} - \frac{\partial L}{\partial \dot{q}}\frac{\partial \dot{q}}{\partial q} - \frac{\partial L}{\partial t}\frac{\partial t}{\partial q} \\
&= p\frac{\partial \dot{q}}{\partial q} + 0 + 0 + 0 - \dot{p} - p\frac{\partial \dot{q}}{\partial q} - 0 = -\dot{p}
\end{aligned} \tag{21.25}$$

---

6　添字の省略をしない場合も，(21.25)，(21.26) と同様の計算になるが，従属変数（ハミルトニアン）内で縮約規約が満たされるようにするために，従属変数 ($p\dot{q} - L$) 側の添字と，独立変数 ($q, p$) 側の添字を区別する必要があることに注意する（文献[69] §6.2 などを参照）。

$$
\begin{aligned}
\frac{\partial H}{\partial p} &= \frac{\partial}{\partial p}\{p\dot{q}(q,p,t)-L(q,\ \dot{q},t)\} \\
&= p\frac{\partial \dot{q}(q,p,t)}{\partial p}+\dot{q}\frac{\partial p}{\partial p}-\frac{\partial L(q,\ \dot{q},t)}{\partial p} \\
&= p\frac{\partial \dot{q}}{\partial q}\frac{\partial q}{\partial p}+p\frac{\partial \dot{q}}{\partial p}\frac{\partial p}{\partial p}+p\frac{\partial \dot{q}}{\partial t}\frac{\partial t}{\partial p}+\dot{q} \\
&\qquad\qquad -\frac{\partial L}{\partial q}\frac{\partial q}{\partial p}-\frac{\partial L}{\partial \dot{q}}\frac{\partial \dot{q}}{\partial p}-\frac{\partial L}{\partial t}\frac{\partial t}{\partial p} \\
&= 0+p\frac{\partial \dot{q}}{\partial p}+0+\dot{q}-0-p\frac{\partial \dot{q}}{\partial p}-0=\dot{q}
\end{aligned}
\tag{21.26}
$$

$q$ と $p$ は独立であるから，$p$ を $q$ で，または $q$ を $p$ で偏微分した結果は 0 である。また，$t$ は何にも依存しないので，$t$ が従属変数（微分される変数）になれば直ちに 0 と断定できる。厳密には，$L(q,\ \dot{q},\ t)$ の中の $\dot{q}$ にも（21.23）を代入し全微分すべきであるが，増えた分の項は（同様の理由で）0 になるので，最終結果に影響はない。このようにしていくと，それぞれ $-\dot{p}$ と $\dot{q}$ だけが残る。

ここまでの一連の議論からも分かる通り，ハミルトニアンさえ定義できれば，正準方程式はラグランジュ形式から導入することができるので，本質的にはラグランジュ方程式と同等である。この点において，正準方程式もまた解析力学の基礎方程式の一つであり，ハミルトン形式はニュートン力学，ラグランジュ形式に続く力学の第 3 の定式化であると言える。

ニュートンの運動方程式やラグランジュ方程式と比べ，方程式の本数が 2 個に増えているのは，ニュートンの運動方程式もラグランジュ方程式も $t$ に関する 2 階微分方程式であるのに対し，正準方程式は $t$ に関する 1 階微分方程式であるためである。つまり，1 本の 2 階微分方程式を 2 本の 1 階微分方程式に分離したのだと考えることができる。

次に，正準方程式には含まれない（21.22）について考える。ラグランジアンが時間に陽に依存しなければ，そもそも（21.1）の右辺第 3 項が存在しないのであるから，（21.22）の左辺は 0 であり，

$$\frac{\partial H}{\partial t} = 0 \tag{21.27}$$

となる。

（21.19）の両辺を $dt$ で割って，

$$\begin{aligned}\frac{dH}{dt} &= \frac{\partial H}{\partial q_i}\frac{dq_i}{dt} + \frac{\partial H}{\partial p_i}\frac{dp_i}{dt} + \frac{\partial H}{\partial t} \\ &= \frac{\partial H}{\partial q_i}\dot{q}_i + \frac{\partial H}{\partial p_i}\dot{p}_i + \frac{\partial H}{\partial t}\end{aligned} \tag{21.28}$$

と書き，正準方程式（21.20），（21.21）を代入すると，

$$\frac{dH}{dt} = -\dot{p}_i\dot{q}_i + \dot{q}_i\dot{p}_i + \frac{\partial H}{\partial t} = \frac{\partial H}{\partial t} \tag{21.29}$$

であることが分かる（[21.28]，[21.29] はラグランジアンが時間に陽に依存するかどうかに関係なく成り立つ）。

すなわち（21.27）は

$$\frac{dH}{dt} = 0 \tag{21.30}$$

と同等で，

$$H = 一定 \tag{21.31}$$

を意味する。これは逆も成り立ち，（21.31）が成り立つ場合，$H$ は時間に陽に依存しない。

従って，以下の命題が成り立つ。

$L$ または $H$ が時間に陽に依存しない　⇔　$H$ は保存量である

そして，17 節で述べたように，ハミルトニアンには時間の並進対称性を仮

定したときに得られる保存量という役割もあり，時間に陽に依存しない場合，ハミルトニアンは系の全エネルギーを表す。

一般に，

$$H(q, p) = T + V \tag{21.32}$$

が成り立つが，17節では $q$ が直交座標である場合しか示していないので（[17.8] を参照），どのような正準座標に対しても（21.32）が成り立つ理由をここで説明しておきたい。

例えば，3次元直交座標系の運動エネルギーは

$$T = T(\dot{x},\ \dot{y},\ \dot{z}) = \frac{1}{2}m(\dot{x}^2 + \dot{y}^2 + \dot{z}^2) \tag{21.33}$$

であるから，$\dot{x}$ で偏微分すれば

$$\begin{aligned}\frac{\partial T}{\partial \dot{x}} &= \frac{\partial}{\partial \dot{x}}\left(\frac{1}{2}m\dot{x}^2 + \frac{1}{2}m\dot{y}^2 + \frac{1}{2}m\dot{z}^2\right) = \frac{1}{2}m \times 2\dot{x} \\ &= m\dot{x}\end{aligned} \tag{21.34}$$

となり，$\dot{y}$，$\dot{z}$ についても同じように

$$\frac{\partial T}{\partial \dot{y}} = m\dot{y} \tag{21.35}$$

$$\frac{\partial T}{\partial \dot{z}} = m\dot{z} \tag{21.36}$$

と書ける。

ここで，（21.34）の両辺に $\dot{x}$ を掛け，同様のことを（21.35）と（21.36）に対しても行なうと，

$$\dot{x}\frac{\partial T}{\partial \dot{x}} = m\dot{x}^2 \tag{21.37}$$

$$\dot{y}\frac{\partial T}{\partial \dot{y}} = m\dot{y}^2 \tag{21.38}$$

$$\dot{z}\frac{\partial T}{\partial \dot{z}} = m\dot{z}^2 \tag{21.39}$$

が得られる。これらの辺々を足し合わせると，

$$\begin{aligned}\dot{x}\frac{\partial T}{\partial \dot{x}} + \dot{y}\frac{\partial T}{\partial \dot{y}} + \dot{z}\frac{\partial T}{\partial \dot{z}} &= m\dot{x}^2 + m\dot{y}^2 + m\dot{z}^2 \\ &= \frac{1}{2}m(\dot{x}^2 + \dot{y}^2 + \dot{z}^2) \times 2 \\ &= 2T \end{aligned} \tag{21.40}$$

となって，両辺を $T$ で表すことができる。

では，なぜこのようなことができたのか。それは，$T$ の表式（21.33）の各項の次数が同じだからである。仮に $T$ が

$$\frac{1}{2}m(\dot{x}^4 + \dot{y}^3 + \dot{z}^2)$$

のような形であったとしたら，(偏）微分したときの係数がバラバラになってしまうので，（21.40）のように両辺を $T$ で表すことはできない。(21.33）のように，各項の次数が同じである関数は**同次関数**，または**斉次関数**(せいじ)[7] と呼ばれる。運動エネルギーは 2 次の同次関数である。

以上のことを一般化しよう。どのような正準座標に対しても，$T$ は 2 次の同次関数の形に書けるので，（21.40）から考えると

7 「同次」とは見ての通り「次数が同じ」という意味であるが,「斉次」もまた「次数が同じ」という意味を持つ。「斉」という字は「斉しい」と書いて「ひとしい（等しい)」と読む場合があり，この字義に照らせば「斉次」は「次数が等しいこと」，つまり「次数が同じ」ことを意味すると解釈される。

$$\dot{q}_i \frac{\partial T}{\partial \dot{q}_i} = \dot{q}_1 \frac{\partial T}{\partial \dot{q}_1} + \dot{q}_2 \frac{\partial T}{\partial \dot{q}_2} + \cdots + \dot{q}_f \frac{\partial T}{\partial \dot{q}_f} = 2T \tag{21.41}$$

となるはずである。

$V$ は通常 $\dot{q}$ に依存しないから

$$\frac{\partial V}{\partial \dot{q}_i} = 0 \tag{21.42}$$

となる。従って，(21.40) は

$$\dot{q}_i \left( \frac{\partial T}{\partial \dot{q}_i} - \frac{\partial V}{\partial \dot{q}_i} \right) = \dot{q}_i \frac{\partial L}{\partial \dot{q}_i}$$

$$= p_i \dot{q}_i = 2T \tag{21.43}$$

と変形することができる。なお，2 番目の等号では正準運動量の定義 (21.3) を用いた。

また，$V$ が $\dot{q}$ に依存し，(21.42) の右辺が 0 にならないような場合であっても，8 節で述べたようにラグランジアンの中身を (8.16) に調整すれば，(21.43) はそのまま成り立つ。

(21.43) をハミルトニアンの定義 (21.17) に代入すれば，次のように任意の正準座標に対し (21.32) が一般的に成り立つことが示される。

$$\begin{aligned} H = H(q, p) &= 2T - L \\ &= 2T - (T - V) = T + V \end{aligned} \tag{21.44}$$

但し，$H$ を (21.44) のように表した場合，その関数形を

$$\frac{1}{2} m(\dot{x}^2 + \dot{y}^2 + \dot{z}^2) + V(x, y, z)$$

のように書くのは（完全な間違いではないが）正しくない。$H$ は $q$，$p$ の関数であるから，運動エネルギーは $\dot{q}$ で表してはならず，$p$ で表されなければならないのである。

簡単のために，1 次元直交座標で考える。(21.2) に $L=\dfrac{1}{2}m\dot{x}^2-V$ を代入することで得られる

$$p_x = m\dot{x} \tag{21.45}$$

を，

$$\dot{x} = \frac{p_x}{m} \tag{21.46}$$

と変形して運動エネルギーに代入すると，速度が消去され，

$$T = \frac{1}{2}m \times \frac{{p_x}^2}{m^2} = \frac{{p_x}^2}{2m} \tag{21.47}$$

となるので，この場合ハミルトニアンは

$$H(x,\,p) = T(p) + V(x) = \frac{{p_x}^2}{2m} + V(x) \tag{21.48}$$

と書ける。

(21.48) を一般的に書けば，

$$H(q,\,p) = T(p) + V(q) = \sum_{i=1}^{f} \frac{{p_i}^2}{2m_i} + V(q) \tag{21.49}$$

ということになる。すなわち，これが (21.44) の正しい関数形である。

正準方程式の意味を掴むために，(21.48) を (21.20) に代入してみよう。

$$\dot{p}_x = -\frac{\partial}{\partial x}\left\{\frac{{p_x}^2}{2m} + V(x)\right\} = (-0) - \frac{\partial V}{\partial x} = F \tag{21.50}$$

これは保存力の式に他ならない。すなわち，(21.20) は保存力の運動方程式を表している。よって，非保存力が含まれる場合は，非保存力による一般力 $Q_i'$ を (21.20) の右辺に加え，

$$\dot{p}_i = -\frac{\partial H}{\partial q_i} + Q_i' \tag{21.51}$$

とすれば良い。

(21.21) にも (21.48) を代入してみると，

$$\dot{x} = \frac{\partial}{\partial p_x}\left\{\frac{{p_x}^2}{2m} + V(x)\right\} = \frac{1}{2m} \times 2p_x\,(+0) = \frac{p_x}{m} \tag{21.52}$$

という，(21.46) と同様の結果が現れるので，(21.21) は運動量の定義を表していることが分かる。このように理解しておけば，正準方程式の右辺の正負を間違えることはないであろう。

以上のように，ハミルトニアンを $T+V$ と考えると何かと便利なのであるが，ハミルトニアンの定義はあくまで (21.17) の方であって，(21.44) ではないということを強調しておきたい。ハミルトニアンが系の全エネルギーを表すというのは間違いではないが，それはハミルトニアンが時間に陽に依存しないという条件のもとでの話であって，常に全エネルギーと等しいとは言えない。つまり，ハミルトニアンはエネルギーを含む，エネルギーよりもさらに広い概念である。

最後に，ラグランジュ形式と同様に，最小作用の原理から正準方程式を導出できることを示そう。

ハミルトニアンの定義 (21.17) を $L$ について解くと，

$$L = p_i \dot{q}_i - H \tag{21.53}$$

になるので[8]，作用 $S$ は

$$
\begin{aligned}
S &= \int_{t_1}^{t_2} L dt \\
&= \int_{t_1}^{t_2} (p_i \dot{q}_i - H) dt \\
&= \int_{t_1}^{t_2} \{p_i \dot{q}_i - H(q, p, t)\} dt
\end{aligned} \tag{21.54}
$$

と書ける。

これが停留値をとるとき

$$
\begin{aligned}
\delta S &= \delta \int_{t_1}^{t_2} \{p_i \dot{q}_i - H(q, p, t)\} dt \\
&= \int_{t_1}^{t_2} \delta \{p_i \dot{q}_i - H(q, p, t)\} dt \\
&= 0
\end{aligned} \tag{21.55}
$$

となれば良い。

被積分関数を計算すると，

$$
\begin{aligned}
\delta\{p_i \dot{q}_i - H(q, p, t)\} &= p_i \delta \dot{q}_i + \dot{q}_i \delta p_i - \{H(q+\delta q, p+\delta p, t) - H(q, p, t)\} \\
&= p_i \frac{d}{dt}(\delta q_i) + \dot{q}_i \delta p_i - [\{H(q, p, t) + H'_{q_i}(q, p, t)\delta q_i \\
&\qquad + H'_{p_i}(q, p, t)\delta p_i + \cdots\} - H(q, p, t)] \\
&\simeq p_i \frac{d}{dt}(\delta q_i) + \dot{q}_i \delta p_i - (H'_{q_i}\delta q_i + H'_{p_i}\delta p_i) \\
&= p_i \frac{d}{dt}(\delta q_i) + \dot{q}_i \delta p_i - \left(\frac{\partial H}{\partial q_i}\delta q_i + \frac{\partial H}{\partial p_i}\delta p_i\right)
\end{aligned} \tag{21.56}
$$

となるから，(21.54) に代入し，第 1 項を部分積分すると次のようになる。

8 この表式も重要で， $H = p_i \dot{q}_i - L$ というルジャンドル変換の逆変換に相当する。

$$\delta S=\int_{t_1}^{t_2}p_i\frac{d}{dt}(\delta q_i)dt+\int_{t_1}^{t_2}\dot{q}_i\delta p_i\,dt-\int_{t_1}^{t_2}\left(\frac{\partial H}{\partial q_i}\delta q_i+\frac{\partial H}{\partial p_i}\delta p_i\right)dt$$
$$=[p_i\delta q_i]_{t_1}^{t_2}-\int_{t_1}^{t_2}\frac{dp_i}{dt}\delta q_i\,dt+\int_{t_1}^{t_2}\dot{q}_i\delta p_i\,dt-\int_{t_1}^{t_2}\frac{\partial H}{\partial q_i}\delta q_i\,dt-\int_{t_1}^{t_2}\frac{\partial H}{\partial p_i}\delta p_i\,dt$$
$$=0+\int_{t_1}^{t_2}\left(-\dot{p}_i\delta q_i+\dot{q}_i\delta p_i-\frac{\partial H}{\partial q_i}\delta q_i-\frac{\partial H}{\partial p_i}\delta p_i\right)dt$$
$$=\int_{t_1}^{t_2}\left\{-\left(\dot{p}_i+\frac{\partial H}{\partial q_i}\right)\delta q_i+\left(\dot{q}_i-\frac{\partial H}{\partial p_i}\right)\delta p_i\right\}dt=0 \tag{21.57}$$

なお，3番目の等号で両端の条件を用いた。

$\delta S=0$ であり，ハミルトン形式では $\delta q_i$ と $\delta p_i$ は互いに独立かつ任意の変分となるから，{…} 内は恒等的に 0 である。故に，$S$ が停留値をとる場合に $q$，$p$ が満たす条件として，次の正準方程式が得られる。

$$\dot{p}_i+\frac{\partial H}{\partial q_i}=0 \quad\Longrightarrow\quad \dot{p}_i=-\frac{\partial H}{\partial q_i} \tag{21.58}$$

$$\dot{q}_i+\frac{\partial H}{\partial p_i}=0 \quad\Longrightarrow\quad \dot{q}_i=-\frac{\partial H}{\partial p_i} \tag{21.59}$$

また，作用（21.54）を

$$S=\int_{t_1}^{t_2}p_i\dot{q}_i\,dt-\int_{t_1}^{t_2}H\,dt \tag{21.60}$$

と展開し，さらに

$$S=\int_{t_1}^{t_2}p_i\frac{dq_i}{dt}dt-\int_{t_1}^{t_2}H\,dt$$
$$=\int_{q_1}^{q_2}p_i\,dq_i-\int_{t_1}^{t_2}H\,dt \tag{21.61}$$

と第1項を変数変換する。エネルギーが保存し，$H$ が時間に陽に依存しない場合，第2項の積分を変分すると 0 となり，第1項のみが残る。

（21.60）の第1項は簡約された作用（を変数変換したもの）であるが，空間を周期運動する系の軌道に沿って一周だけ積分したものとも見ることができ，数学的には**周回積分**（閉曲線に沿った線積分）に相当する。周回積分の記号を用いると，(21.60) の第 1 項は，

$$\int_{q_1}^{q_2} p_i dq_i = \oint p_i dq_i \tag{21.62}$$

と書ける。これを**作用変数**といい，$J$ で表す。

$$J = \oint p_i dq_i \tag{21.63}$$

作用変数はこの先度々現れるので，その性質についてはその都度述べていくことにして，本節では紹介だけに留めておく。

22.

# 配位空間・位相空間

運動方程式を解くと，物体の運動の軌道（の関数形）を知ることができる。ニュートン力学では，軌道（運動方程式の解）はどのような関数形になるか，或いは軌道の形はどのような図形になるかといったことを問題にしてきたが，ここでは軌道の形ではなく，軌道はそもそもどのような空間に描かれるのかという問題を議論する。我々は前章までに，ニュートン力学，ラグランジュ形式，そしてハミルトン形式という3つの力学の定式化を手に入れているので，この問題の答えは一意ではない。それぞれ順に見ていこう。

まず，ニュートン力学を例にとる。3次元直交座標系において，1個の質点が運動する場合であれば，$x$方向，$y$方向，$z$方向のそれぞれに対して，運動方程式が1本ずつ立式される。つまり，1本の軌道が$xyz$空間内に描かれる。

質点の個数が2個になれば，$x$方向，$y$方向，$z$方向のそれぞれに対して，運動方程式は2本ずつ立式されるので，2本の軌道が$xyz$空間内に描かれることになる。これは，ニュートン力学では考える物体の個数の分だけ軌道が描かれる仕組みになっているためである。

上に述べたことなどは，当然だろうと思われるかもしれないが，ラグランジュ形式ではそうではない。ニュートンの運動方程式は物体ごと，$(xyz)$成分ごとに立てられるのに対し，ラグランジュ方程式は自由度ごとに立てられるからである。そして，質点が何個あろうとも，1つのラグランジアンから必要な数だけの運動方程式が導かれるので，軌道は常に1本である。

また，ラグランジュ形式で用いられる座標は一般座標$q_i$であるが，この$i$というのが自由度を表すダミーの添字なのだから，座標軸の数は必然的に自由度の数と等しくなる。

例えば，単振り子は 2 次元平面内で 1 個の質点が運動する場合であるので，ニュートン力学では 1 本の軌道が $xy$ 平面内に描かれる。これに対しラグランジュ形式では，単振り子の自由度が 1 であることから，1 次元 $q_1$ 軸上の 1 本の軌道で表現される。自由度 2 の二重振り子の場合は，ニュートン力学では 2 本の軌道が $xy$ 平面内に描かれるが，ラグランジュ形式では 1 本の軌道が 2 次元 $q_1 q_2$ 平面内に描かれる。

ニュートン力学では，質点の個数を中心に考えているので，質点の数だけ軌道が増えていく。その代わり座標軸は 3 以上には増えないという点で具体的である。しかし，ラグランジュ形式では自由度を中心に考えることができるので, 質点が何個あっても軌道は（1 本のまま）増えない。その代わり, 自由度の数だけ座標軸が増えていく。

座標軸の数のことを「次元」と呼ぶならば，ラグランジュ形式で記述される質点の運動が描かれる空間は，一般座標を座標軸とする $f$ 次元の空間である（$f$ は自由度の数）。このように， $q_i$ 軸が張る $f$ 次元空間を**配位空間**という。配位空間は，ラグランジュ方程式の解が表す軌道を描くための空間である。

すなわち**ラグランジュ形式**とは，ラグランジュ方程式によって定められる，配位空間内の 1 点の運動として系の運動を記述する方法であると言える。

それでは，本章の主題であるハミルトン形式の場合はどうなるであろうか。正準方程式は 2 本で 1 つであり， $q_i$ と $p_i$ がそれぞれの解であるから，$i$ の数の 2 倍，つまり自由度の 2 倍の数の座標軸が必要となる。

従って，ハミルトン形式で記述される質点の運動が描かれる空間は，正準座標と正準運動量を座標軸とする $2f$ 次元の空間である。このように，$q_i$, $p_i$ 軸が張る $2f$ 次元空間を**位相空間**，または数学用語の位相空間と区別するために**相空間**という [9]。位相空間は, 正準方程式の解が表す軌道を描くための空

9 物理用語の位相空間は phase space で，数学用語の位相空間は topological space であるから，英語に直せば混乱は生じない。

間である。

すなわち**ハミルトン形式**とは，正準方程式によって定められる，位相空間内の 1 点の運動として系の運動を記述する方法であると言える。この 1 点のことを特に**位相点**，または**代表点**，或いは**状態点**という。

この内「状態点」という用語は，系の 1 つの**状態**を指定するために必要な 1 点の座標は $(q, p)$ である，という意味で用いられる。位相空間を用いると，系の状態の全体を集合として表すことができるようになるので，位相空間は統計力学でも活用されている。

このように，ハミルトン形式では $q$，$p$ という正準変数の組は $2f$ 次元位相空間における座標 $(q, p)$ と考えることができるため，$q$ と $p$ を対等の立場で扱えるようになる。

また，位相点の軌道を**トラジェクトリー**，或いは**位相空間軌跡**と呼ぶ。トラジェクトリーは流体力学で言うところの**流線**[10] に相当するので，運動方程式を解かずとも，トラジェクトリーを描けば運動の大まかな様子は知ることができる。

正準方程式の左辺は $q$ 及び $p$ の時間微分であったから，位相空間において正準方程式は，位相点 $(q, p)$ の進む速さを表す。速度の方向は，トラジェクトリーの接線方向である。

例として，単振り子のトラジェクトリーを右の図に示す。単振り子の自由度は 1 であるから，位相空間は 2 次元 $q_1 p_1 (= \theta p_\theta)$ 平面である。

図において，楕円形の閉じた図形は振り子の往復運動を，波状の曲線は振り子の回転運動を表す。$\theta$ には $2\pi n$ の差（$n$ は整数）の不定性があるので，$\theta$ と $\theta+2\pi$ は区別しない。また，これらの境界では $\theta = -\pi$，$\pi$ で $p_\theta = 0$ となるような周期的構造が作られているが，これは天井で一瞬静止するという状

10　流体の流れ方を示す曲線のこと。流体は必ず流線に沿って流れるので，流体の速度の向きは流線上の各点の接線方向となる。

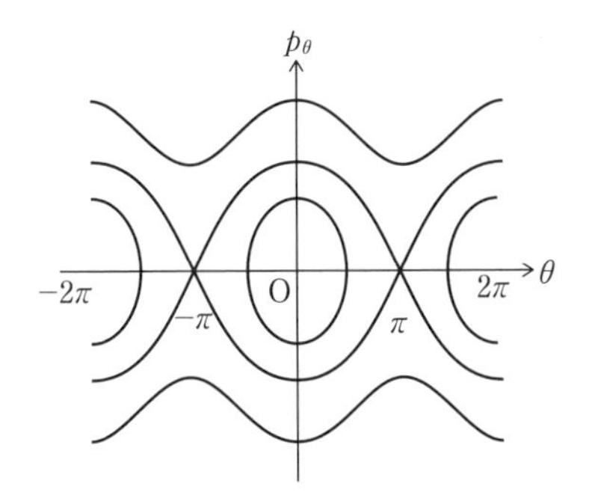


況であり，通常は起こり得ない（理論的にはそういうものが考えられるというだけである)。これらの曲線は，エネルギーの値によって分けられている。

一般に，ハミルトニアンが時間に陽に依存せず，エネルギー保存則が成り立つとき，トラジェクトリーは閉じた図形（閉曲線または閉曲面）を構成する。その場合，位相点の運動は周期運動となるため，作用変数（21.63）がトラジェクトリーの面積を与える。

位相空間は一般に $2f$ 次元の抽象的な空間となるが，この $2f$ という数字は位相点を指定するのに必要な変数の数のことである。ハミルトン形式では，系の一つの状態は1点の位相点で表され，様々な時刻の多数の位相点をつないだものが系のトラジェクトリーとなる。つまり，点を指定するために $2f$ 個の変数が必要なのであって，トラジェクトリー（線・面）を指定するだけであれば変数は $2f-1$ 個で良い。これは，時間の並進対称性によって時間の原点の選択は任意であることに対応している。

従って，自由度1でエネルギーが保存しているとき，位相空間は2次元で，位相点は $E=$ 一定の1次元等エネルギー曲線上にあるが，自由度が2になれば位相空間は4次元で，位相点は $E=$ 一定の3次元等エネルギー曲面上にあることが分かる。

## 23.

# 正準変換

9節で見たように，ラグランジュ形式ではあらゆる座標が対等の立場にあるため，どのような座標をとってもラグランジュ方程式の形は変わらない(ラグランジュ方程式の共変性)。しかし，このことが成り立つのは「座標」に対してだけである。当然ながら，ラグランジュ方程式の $q$ に $q$ 以外の（次元（単位）を持つ）変数を代入することはできない（ラグランジアンの引数が変化するので，ラグランジアンがラグランジアンでなくなってしまう)。

これに対し，ハミルトン形式では座標と運動量が対等の立場にあり，基礎方程式である正準方程式が $q$ と $p$ に関して対称的な形で表されているため，座標と運動量を混合させた変数変換を行なうことが可能となる。そこで本章では，正準方程式の形を変えずに，正準変数間の変換を実現するための方法について考える。

正準変数 $q, p$ と $t$ を引数に持つ新しい正準変数の組を$Q_i$，$P_i$としよう（この $Q_i$ はもちろん一般力とは関係ない)。

$$Q_i = Q_i(q, p, t) \tag{23.1}$$

$$P_i = P_i(q, p, t) \tag{23.2}$$

この新変数$Q_i$，$P_i$を用いたハミルトニアン $K$ は，対応するラグランジアンを$\widetilde{L}$として

$$K = K(Q, P, t) = P_i \dot{Q}_i - \widetilde{L} \tag{23.3}$$

と書けるが，この $K$ が

$$\dot{P}_i = -\frac{\partial K}{\partial Q_i} \tag{23.4}$$

$$\dot{Q}_i = \frac{\partial K}{\partial P_i} \tag{23.5}$$

という，正準方程式と同形の運動方程式を満たすように，或る正準変数の組 $(q, p)$ を別の正準変数の組 $(Q_i, P_i)$ へ変換することを**正準変換**という。

それでは，変数変換（23.1），（23.2）が正準変換となるために必要（十分）な条件式を検討しよう。変換後のラグランジアンは（23.3）より

$$\widetilde{L} = P_i \dot{Q}_i - K \tag{23.6}$$

で与えられるが，任意関数 $W$ の時間に関する全微分の項を加えても同じラグランジアンを表現できるという，ラグランジアンの不定性を利用すると $\widetilde{L}$ は

$$\widetilde{L} = P_i \dot{Q}_i - K + \frac{dW}{dt} \tag{23.7}$$

とおける。

（23.7）から作られる作用 $\widetilde{S}$ は

$$\begin{aligned} \widetilde{S} &= \int_{t_1}^{t_2} \widetilde{L}\, dt \\ &= \int_{t_1}^{t_2} \left( P_i \dot{Q}_i - K + \frac{dW}{dt} \right) dt \\ &= \int_{t_1}^{t_2} (P_i \dot{Q}_i - K)\, dt + [W]_{t_1}^{t_2} \end{aligned} \tag{23.8}$$

となるが，最小作用の原理に基づいてこれの変分 $\delta \widetilde{S} = 0$ をとったとき，$\delta [W]_{t_1}^{t_2}$ が両端の条件により消えるため，（23.8）の作用と変換前のラグラン

ジアンから作った作用（21.54）からは，同じ形の正準方程式が導出されるはずである。

従って，$\widetilde{L}$ を（23.1）と（23.2）で変換したとき，正準方程式と同形の運動方程式が満たされるには，変換前のラグランジアン

$$L=p_i\dot{q}_i-H \tag{23.9}$$

と変換後のラグランジアン（23.7）が等しければ良く，正準変換となるために必要（十分）な条件式は

$$P_i\dot{Q}_i-K+\frac{dW}{dt}=p_i\dot{q}_i-H \tag{23.10}$$

ということになる。

（23.10）から，正準変換を与えるためには（23.10）が成り立つときの $W$ を定めなければならないことが分かる。このとき $W$ は正準変換を作り出す基になる関数であるから，正準変換の**母関数**と呼ばれる。

（23.10）を

$$\begin{aligned}\frac{dW}{dt}&=p_i\dot{q}_i-H-P_i\dot{Q}_i+K\\&=p_i\frac{dq_i}{dt}-P_i\frac{dQ_i}{dt}+(K-H)\end{aligned} \tag{23.11}$$

と変形し，両辺に $dt$ を掛けると

$$dW=p_i\,dq_i-P_i\,dQ_i+(K-H)\,dt \tag{23.12}$$

という全微分の表式が得られる。

（23.12）の右辺は $dq_i$，$dQ_i$，$dt$ の 1 次式の足し合わせであるから，$dW$ は $q$，$Q$，$t$ の関数で，今の場合

$$W = W(q, Q, t) \tag{23.13}$$

である。

改めて（23.13）の全微分をとり，

$$dW = \frac{\partial W}{\partial q_i} dq_i + \frac{\partial W}{\partial Q_i} dQ_i + \frac{\partial W}{\partial t} dt \tag{23.14}$$

を得る。(23.10）が成り立つとき，(23.12）と（23.14）は等しいので，両辺を比較すると

$$p_i = \frac{\partial W}{\partial q_i} \tag{23.15}$$

$$P_i = -\frac{\partial W}{\partial Q_i} \tag{23.16}$$

$$K = H + \frac{\partial W}{\partial t} \tag{23.17}$$

が導かれる。$W$ が時間に陽に依存しない場合，$K = H$ となりハミルトニアンは不変に保たれる（エネルギー保存)。

(23.15)～(23.17）は $W = W(q,\ Q,\ t)$ という母関数が与える正準変換の関係式であり，正準変換を行なうためにはこの 3 式全てが必要である。

$W(q,\ Q,\ t)$ が実際に正準変換 $(q,\ p) \to (Q,\ P)$ を与えていることは，以下のように確認できる。まず（23.15）を

$$p_i = \frac{\partial W(q,\ Q,\ t)}{\partial q_i} \tag{23.18}$$

と書いて偏微分し，その結果を $Q$ について解けば（23.1）と同等の式が得ら

れる。そして,得られた $Q_i$ を (23.16) に代入して偏微分を実行すれば (23.2) と同等の式が得られ，最後に (23.17) に $W(q, Q, t)$ を代入すればハミルトニアンも得られる。

このように，$q_i$，$p_i$ の情報と関係式 (23.15)～(23.18) のみから，$Q_i$，$P_i$，を知ることができているので，$(q, p) \to (Q, P)$ という正準変換が $W(q, Q, t)$ という母関数によって実現されていることが分かる。

但し，$W(q, Q, t)$ という母関数だけでは全ての正準変換を表現することはできず，変換前の $q$，$p$ と変換後の $Q$，$P$ という 4 つの正準変数の内，$q$，$p$ のいずれかと $Q$，$P$ のいずれか，及び時間 $t$ から成る 4 通りの母関数が必要となる。その組合せは以下の通りである。

$$W_1 = W_1(q, Q, t) \tag{23.19}$$

$$W_2 = W_2(q, P, t) \tag{23.20}$$

$$W_3 = W_3(p, Q, t) \tag{23.21}$$

$$W_4 = W_4(p, P, t) \tag{23.22}$$

関係式として導かれる組は，それぞれの引数に含まれない正準変数と $K$ であるから，$W_1$ からは $p$，$P$，$K$，$W_2$ からは $p$，$Q$，$K$，$W_3$ からは $q$，$P$，$K$，$W_4$ からは $q$，$Q$，$K$ が得られる。

残りの (23.20)～(23.22) から得られる関係式も順に導出しよう。

まず，$P_i Q_i$ の時間微分を求めると

$$\frac{d}{dt}(P_i Q_i) = \dot{P}_i Q_i + P_i \dot{Q}_i \tag{23.23}$$

となる。これを

$$P_i \dot{Q}_i = \frac{d}{dt}(P_i Q_i) - \dot{P}_i Q_i \tag{23.24}$$

と変形し，変換後のラグランジアン（23.7）に代入する。

$$\begin{aligned}\widetilde{L} &= P_i \dot{Q}_i - K + \frac{dW}{dt} \\ &= \frac{d}{dt}(P_i Q_i) - \dot{P}_i Q_i - K + \frac{dW}{dt} \\ &= -\dot{P}_i Q_i - K + \frac{d}{dt}(P_i Q_i + W)\end{aligned} \tag{23.25}$$

ここで，(…) 内の $P_i Q_i + W$ を $W'$ とすると

$$\widetilde{L} = -\dot{P}_i Q_i - K + \frac{dW'}{dt} \tag{23.26}$$

となる。(23.26) と変換前のラグランジアンが等しくなっていれば良いので

$$-\dot{P}_i Q_i - K + \frac{dW'}{dt} = p_i \dot{q}_i - H \tag{23.27}$$

が正準変換の条件である。

(23.27) から

$$\begin{aligned}\frac{dW'}{dt} &= p_i \dot{q}_i - H + \dot{P}_i Q_i + K \\ &= p_i \frac{dq_i}{dt} + Q_i \frac{dP_i}{dt} + (K - H)\end{aligned} \tag{23.28}$$

が得られる。これの両辺に $dt$ を掛ければ，

$$dW' = p_i dq_i + Q_i dP_i + (K - H)dt \tag{23.29}$$

となるので，$dW'$ が $q$，$P$，$t$ の関数であることが分かる。すなわち $W'$ は母

関数 $W_2(q,\ P,\ t)$ を表している[11]。

$W_2(q,\ P,\ t)$ の全微分は

$$dW_2 = \frac{\partial W_2}{\partial q_i}dq_i + \frac{\partial W_2}{\partial P_i}dP_i + \frac{\partial W_2}{\partial t}dt \tag{23.30}$$

であるから，(23.29) と比較して

$$p_i = \frac{\partial W_2}{\partial q_i} \tag{23.31}$$

$$Q_i = \frac{\partial W_2}{\partial P_i} \tag{23.32}$$

$$K = H + \frac{\partial W_2}{\partial t} \tag{23.33}$$

を得る。(23.31)～(23.33) が (23.20) の母関数 $W_2 = W_2(q,\ P,\ t)$ が与える正準変換の関係式である。4 種類の母関数 (23.19)～(23.22) によって与えられる正準変換の関係式の中で，$W_2(q,\ P,\ t)$ による関係式には唯一負符号が付かない。

次に，$q_i p_i$ の時間微分を求めると

$$\frac{d}{dt}(q_i p_i) = \dot{q}_i p_i + q_i \dot{p}_i \tag{23.34}$$

となるので

$$\dot{q}_i p_i = p_i \dot{q}_i = \frac{d}{dt}(q_i p_i) - q_i \dot{p}_i \tag{23.35}$$

---

11　$W_2(q, P, t) = P_i Q_i + W_1$ は，$W_1(q,\ Q,\ t)$ の $Q$ に関するルジャンドル変換である((D.10) の逆変換になっているので第 2 項の符号は $-$ ではなく $+$ となる)。

である。正準変換の条件（23.10）に代入すると

$$P_i \dot{Q}_i - K + \frac{dW}{dt} = p_i \dot{q}_i - H$$

$$= \frac{d}{dt}(q_i p_i) - q_i \dot{p}_i - H \tag{23.36}$$

となるが，これを

$$\frac{d}{dt}(W - q_i p_i) = -q_i \dot{p}_i - H - P_i \dot{Q}_i + K$$

$$= -q_i \frac{dp_i}{dt} - P_i \frac{dQ_i}{dt} + (K - H) \tag{23.37}$$

と書いて，左辺（…）内の $W - q_i p_i$ を $W''$ としよう。

（23.37）の両辺に $dt$ を掛けると

$$dW'' = -q_i dp_i - P_i dQ_i + (K - H)dt \tag{23.38}$$

となるので，$dW''$ が $p$, $Q$, $t$ の関数であることが分かる。すなわち $W''$ は母関数 $W_3(p, Q, t)$ を表している[12]。

$W_3(p, Q, t)$の全微分は

$$dW_3 = \frac{\partial W_3}{\partial p_i} dp_i + \frac{\partial W_3}{\partial Q_i} dQ_i + \frac{\partial W_3}{\partial t} dt \tag{23.39}$$

であるから，（23.38）と比較して

$$q_i = -\frac{\partial W_3}{\partial p_i} \tag{23.40}$$

$$P_i = -\frac{\partial W_3}{\partial Q_i} \tag{23.41}$$

12　$W_3(p, Q, t) = W_1 - q_i p_i$ は，$W_1(q, Q, t)$ の $q$ に関するルジャンドル変換である。

$$K = H + \frac{\partial W_3}{\partial t} \tag{23.42}$$

を得る。(23.40)～(23.41) が (23.21) の母関数 $W_3 = W_3(p,\ Q,\ t)$ が与える正準変換の関係式である。

先ほどの (23.34)～(23.42) は，変換前の正準変数の積 $q_i p_i$ の微分を出発点としたが，今度は同じことを変換後の正準変数の積 $Q_i P_i$ に関しても行なう。$Q_i P_i$ の時間微分

$$\frac{d}{dt}(Q_i P_i) = \dot{Q}_i P_i + Q_i \dot{P}_i \tag{23.43}$$

より

$$\dot{Q}_i P_i = P_i \dot{Q}_i = \frac{d}{dt}(Q_i P_i) - Q_i \dot{P}_i \tag{23.44}$$

となる。これを正準変換の条件に代入するのだが，(23.10) ではなく (23.36) の方に代入する。

$$\frac{d}{dt}(Q_i P_i) - Q_i \dot{P}_i - K + \frac{dW}{dt} = \frac{d}{dt}(q_i P_i) - q_i \dot{p}_i - H \tag{23.45}$$

(23.45) は

$$\begin{aligned} \frac{d}{dt}(W + Q_i P_i - q_i p_i) &= -q_i \dot{p}_i - H + Q_i \dot{P}_i + K \\ &= -q_i \frac{dp_i}{dt} + Q_i \frac{dP_i}{dt} + (K - H) \end{aligned} \tag{23.46}$$

と変形できるので，左辺 (…) 内の $W + Q_i P_i - q_i p_i$ を $W'''$ とおき，両辺に $dt$ を掛けると

$$dW''' = -q_i dp_i + Q_i dP_i + (K - H)dt \tag{23.47}$$

が得られる。この結果は，$dW'''$ が $p$，$P$，$t$ の関数であることを示しているから，$W'''$ は母関数 $W_4(p, P, t)$ を表している[13]。

$W_4(p, P, t)$ の全微分は

$$dW_4 = \frac{\partial W_4}{\partial p_i} dp_i + \frac{\partial W_4}{\partial P_i} dP_i + \frac{\partial W_4}{\partial t} dt \tag{23.48}$$

であるから，(23.47) と比較して

$$q_i = -\frac{\partial W_4}{\partial p_i} \tag{23.49}$$

$$Q_i = \frac{\partial W_4}{\partial P_i} \tag{23.50}$$

$$K = H + \frac{\partial W_4}{\partial t} \tag{23.51}$$

を得る。(23.49)～(23.51) が (23.22) の母関数 $W_4 = W_4(p, P, t)$ が与える正準変換の関係式である。

導出が終わったので，ここで一度各母関数とその関係式をまとめておこう。

① $W_1 = W_1(q, Q, t)$：$p_i = \frac{\partial W_1}{\partial q_i}$，$P_i = -\frac{\partial W_1}{\partial Q_i}$，$K = H + \frac{\partial W_1}{\partial t}$

② $W_2 = W_2(q, P, t)$：$p_i = \frac{\partial W_2}{\partial q_i}$，$Q_i = -\frac{\partial W_2}{\partial P_i}$，$K = H + \frac{\partial W_2}{\partial t}$

13　$W_4(p, P, t) = W_1 + Q_i P_i - q_i p_i$ は，$W_1(q, Q, t)$ の $q$，$Q$ に関するルジャンドル変換である。

$$③\ W_3 = W_3(p,\ Q,\ t)：q_i = -\frac{\partial W_3}{\partial p_i},\ P_i = -\frac{\partial W_3}{\partial Q_i},\ K = H + \frac{\partial W_3}{\partial t}$$

$$④\ W_4 = W_4(p,\ P,\ t)：q_i = -\frac{\partial W_4}{\partial p_i},\ Q_i = \frac{\partial W_4}{\partial P_i},\ K = H + \frac{\partial W_4}{\partial t}$$

こうして見ると，パターンは決まっていることに気付く。$W_1(q,\ Q,\ t)$ と $W_2(q,\ P,\ t)$ はいずれの引数にも含まれない $p$ が共通であり，$W_3(p,\ Q,\ t)$ と $W_4(p,\ P,\ t)$ もいずれの引数にも含まれない $q$ が共通である。同様に，$W_1(q,\ Q,\ t)$ と $W_3(p,\ Q,\ t)$ は $P$ が共通で，$W_2(q,\ P,\ t)$ と $W_4(p,\ P,\ t)$ は $Q$ が共通になっている。また，$K$ の表式は全てにおいて共通である。

母関数の引数にない変数が導かれることは前に述べたが，母関数の引数は独立変数（微分する変数）となる。また，同じ式の中で変換前の $q$，$p$ と変換後の $Q$, $P$ が混ざることはなく，変換前の変数の式と変換後の変数の式は別々に与えられる。

また，符号は $q$, $P$ がマイナスで，$p$, $Q$ がプラスである。これに関しては覚えるしかないが，$W_2(q,\ P,\ t)$ が関係式の中で唯一負符号が入らない母関数であることを知っていれば，その引数である $q$, $P$ の符号はマイナス，$W_2(q,\ P,\ t)$ から導かれる $p$, $Q$ の符号はプラスであると判断できるであろう。このように理解しておけば，正準変換の関係式の再現には苦労しないはずである。

最後に，正準変換のいくつかの簡単な実例を述べて本節を終えよう。

### (1) 交換変換

座標と運動量を交換する正準変換（交換変換）の母関数は

$$W_1(q,\ Q) = \pm q_i Q_i \tag{23.52}$$

で与えられる。$W_1(q,\ Q,\ t)$ の関係式（23.15）と（23.16）より

$$p_i = \frac{\partial}{\partial q_i}(\pm q_i Q_i) = \pm Q_i \tag{23.53}$$

$$P_i = -\frac{\partial}{\partial Q_i}(\pm q_i Q_i) = \mp q_i \tag{23.54}$$

となる（複号同順）。これは $(q,\ p) \to (\pm p,\ \mp q)$ という正準変換になっており，座標と運動量の立場が変換前と変換後で入れ替わっている。なお，正準方程式における $\dot{p}$ のマイナスが満たされなければならないので，変換前の符号と変換後の符号が一致するような変換は，正準変換にならない。

このように，正準変換を行なうと座標と運動量が入れ替わったり，混ざり合ったりするので，ハミルトン形式では座標と運動量を区別することは本質的ではない。正準座標と正準運動量をまとめた「正準変数」という用語はまさしく，正準変換のために存在している。

### (2) 恒等変換

変換前の $q$, $p$ と変換後の $Q$, $P$ が完全に一致するような正準変換の母関数は

$$W_2(q,\ P) = q_i P_i \tag{23.55}$$

または

$$W_3(p,\ Q) = -p_i Q_i \tag{23.56}$$

で与えられる。

$W_2(q,\ P,\ t)$ の関係式（23.31）と（23.32）から

$$p_i = \frac{\partial}{\partial q_i}(q_i P_i) = P_i \tag{23.57}$$

$$Q_i = \frac{\partial}{\partial P_i}(q_i P_i) = q_i \tag{23.58}$$

また，$W_3(p,\ Q,\ t)$ の関係式（23.40）と（23.41）から

$$q_i = -\frac{\partial}{\partial p_i}(-p_i Q_i) = Q_i \tag{23.59}$$

$$P_i = -\frac{\partial}{\partial Q_i}(-p_i Q_i) = p_i \tag{23.60}$$

となる。これらは共に $(q,\ p) \to (q,\ p)$ という正準変換を表しており，正準変換の前後で正準変数が等しくなっている。これを**恒等変換**という。

### (3) 点変換（通常の座標変換）

通常の座標変換

$$q_i = q_i(Q,\ t) \tag{23.61}$$

やその逆

$$Q_i = Q_i(q, t) \tag{23.62}$$

は運動量に依存しない変換であり，**点変換**と呼ばれる。恒等変換は点変換の特別な場合である。

ラグランジュ方程式は座標変換に対する共変性を持つので，9 節の結論は「ラグランジュ方程式は点変換に対して不変である」とまとめることもできる。

点変換も正準変換の代表的な一例であり，母関数は

$$W_2(q,\ P) = f_i(q) P_i \tag{23.63}$$

または

$$W_3(p,\ Q) = -g_i(Q) p_i \tag{23.64}$$

で与えられる。ここで $f_i(q)$ は $q$ の任意関数，$g_i(Q)$ は $f_i(q)$ の逆関数である。

$W_2(q, P, t)$ の関係式（23.31）と（23.32）から

$$p_i = \frac{\partial}{\partial q_i}\{f_i(q)P_i\} = P_i\frac{\partial f_i(q)}{\partial q_i} \tag{23.65}$$

$$Q_i = \frac{\partial}{\partial P_i}\{f_i(q)P_i\} = f_i(q) \tag{23.66}$$

また，$W_3(p, Q, t)$ の関係式（23.40）と（23.41）から

$$q_i = -\frac{\partial}{\partial p_i}\{-g_i(Q)p_i\} = g_i(Q) \tag{23.67}$$

$$P_i = -\frac{\partial}{\partial Q_i}\{-g_i(Q)p_i\} = p_i\frac{\partial g_i(Q)}{\partial Q_i} \tag{23.68}$$

となる。(23.66) は（23.62），(23.67) は（23.61）を表している。

### (4) 正準変換の合成

正準方程式が満たされるように $(q, p)$ を $(Q, P)$ へ変換することが正準変換なので，$(Q, P)$ をさらに $(Q', P')$ へ正準変換した場合，この過程は $(q, p) \to (Q', P')$ という（合成された）正準変換を表す。このように正準変換を続けて行なうと，それ自体が一つの正準変換であると見做せる（**正準変換の合成**）[14]。

つまり，$(q, p) \to (Q, P) \to (Q', P')$ という複数の連続した正準変換は $(q, p) \to (Q', P')$ という合成された一つの正準変換となる。この $(q, p)$

14　章末問題［７］(2) にポアソン括弧による証明が，文献［69］§7.10 に母関数による証明が書かれている。

$\rightarrow (Q', P')$ の合成の際に，以下の式が成り立つ。

$$((q, p) \rightarrow (Q, P)) \rightarrow (Q', P') = (q, p) \rightarrow ((Q, P) \rightarrow (Q', P')) \quad (23.69)$$

これは，順序に関係なくどの部分から変換しても良いという意味であり，正準変換の合成において結合法則が成り立つことを示している。

また，正準変換は常に逆変換が可能であり，$(q, p) \rightarrow (Q, P)$ という正準変換が行なえれば $(Q, P) \rightarrow (q, p)$ という正準変換も行なうことができる。逆変換の母関数を得るには，もとの母関数に $-1$ を掛ければ良い。

以上で示されたことは，合成された正準変換もまた一つの正準変換であり，合成については結合法則が成立し，また恒等変換が存在し，逆変換は常に可能であるということである。

ここで，正準変換とその合成を代数学的な演算体系と見ると，正準変換の合成は積（乗法）に相当する。そして，恒等変換は変換の前後で変数の値を変えないものであるので，正準変換に関する**単位元**[15] となる。同様に考えると逆変換は正準変換に関する**逆元**[16] となる。

数学，特に代数学において，ある種の「積」が一意に定義され，その「積」について結合法則が成立し，単位元が存在し，さらに逆元が存在するような構造は**群**と総称される。すなわち，正準変換は群をなす（**正準変換群**）。

一般的に，対称性が見られる変換や操作全体の集合は群を構成すると言え

---

15　全ての $a$ に対し，$a * e = e * a = a$ となるような $e$ のこと。演算記号 ＊ が ＋（通常の初等的加法）であれば $e = 0$，＊が×（通常の初等的乗法）であれば $e = 1$ となる。ここで述べているのは，＊が正準変換の合成であれば $a$ は正準変換，$e$ は恒等変換に相当するということである。なお，元とは集合の要素のことを指す。

16　$e$ を単位元として，それぞれの $a$ に対し，$a * b = b * a = e$ となるような $b$ のこと。演算記号＊が ＋ であれば $b = -a$，＊が×であれば $b = a^{-1} = \dfrac{1}{a}$（但し，$a \neq 0$）となる。ここで述べているのは，＊が正準変換の合成であれば $b$ は正準変換の逆変換に相当するということである。

るので，対称性を重んじる現代物理学にとって**群論**は有益な道具である[17]。

### (5) 位相空間における任意の質点系の運動

ハミルトン形式において，作用は

$$S=\int_{q_1}^{q_2} p_i\,dq_i-\int_{t_1}^{t_2} H\,dt$$

の形に書くことができる（(21.61)）。これを微分すれば

$$dS=p_2\,dq_2-p_1\,dq_1-\{H(q(t_2),\ p(t_2))-H(q(t_1),\ p(t_1))\}dt \tag{23.70}$$

となるので，$S$ は $q_1$，$q_2$，$t$ の関数である。

ここで

$$q_1=q_i\,,\quad q_2=Q_i\,,\quad p_1=p_i\,,\quad p_2=P_i\,,\quad H(q(t_2),\ p(t_2))=K\,,$$
$$H(q(t_1),\ p(t_1))=H$$

とし，(23.12) と比較すると，(23.70) と $dW=dW_1(q,\ Q)$ は符号が反対になっているだけであることが分かる。

すなわち，任意時刻 $t_1$ から $t_2$ の質点系の運動は，

$$W_1(q,Q)=-S \tag{23.71}$$

という，作用（の $-1$ 倍）を母関数とする正準変換であると理解される。これは，位相空間内の位相点の運動は作用積分 (21.54) によって生成されているということである。

---

17　本書で群論は扱わないが，群論の入門書として横田一郎『初めて学ぶ人のための群論入門』（現代数学社，1997.6）と，石井俊全『ガロア理論の頂を踏む』（ベレ出版，2013.8）の前半，さらに詳しい教科書として雪江明彦『代数学１ 群論入門』（日本評論社，2010.11）を挙げておく。また，物理（特に素粒子論）への応用に的を絞り，物理数学としての群論を解説した専門書として文献［21］などがある。

## 24.

# 無限小変換

前節で紹介した正準変換の例の一つとして，恒等変換を紹介した。本節では恒等変換を応用し，恒等変換から無限小だけわずかにずれた正準変換を扱う。

恒等変換には $W_2(q,\ P,\ t)$ によるものと，$W_3(p,\ Q,\ t)$ によるものの 2 つがあるが，いずれの場合も

$$Q_i = q_i \tag{24.1}$$

$$P_i = p_i \tag{24.2}$$

という風に，正準変換の前後で正準変数が一致する。

ここで，(24.1) と (24.2) にそれぞれ $\delta q_i$，$\delta p_i$ だけのわずかなずれが生じれば

$$Q_i = q_i + \delta q_i \tag{24.3}$$

$$P_i = p_i + \delta p_i \tag{24.4}$$

となるであろう。このように，恒等変換を基にして，正準変数をわずかに微小変化させるような正準変換を，**無限小正準変換**，または単に**無限小変換**，或いは**微小正準変換**という。

無限小変換を正準変換の理論を用いて定式化しよう。手始めに，無限小変換の母関数を $G$ として，無限小変換による変化分 $\delta q_i$，$\delta p_i$ を $G$ で表すことを考える。

恒等変換の母関数としては，$W_2(q,\ P,\ t)$ と $W_3(p,\ Q,\ t)$ のどちらをとることもできるが，負符号が入らない $W_2(q,\ P,\ t)$ を使おう。つまり，

$$W_2(q,\ P,\ t) = q_i P_i \tag{24.5}$$

が無限小変換によって変化する前の母関数であるとし，対応する $G$ も

$$G = G(q,\ P,\ t) \tag{24.6}$$

で表されるとする。

(24.5) より，無限小変換によって変化した後の母関数 $W_2'$ は，無限小変換によって発生する $W_2$ の微小な変化を $\delta W$ として

$$W_2' = q_i P_i + \delta W \tag{24.7}$$

と書ける。

但し，$W_2'$ も $\delta W$ も $G$ と等しくはないということに注意しなければならない。$W_2'$ というのは変化が終わった後の母関数なのであって，無限小変換という変化そのものを記述する $G$ とは別物である。$\delta W$ は無限小変換によって生じるから $G$ を含んでいるが，単に微小変化を表しているに過ぎず，$G$ と等しいとは言えない。

そこで，$\delta W$ から $G$ を無理矢理叩き出すことにする。$W_2$ の微小な変化 $\delta W$ は，微小変化を表す部分と，無限小変換の母関数から成るはずなので，前者を $\varepsilon$，後者を $G$ として次のように分離した形で表せるはずだと考えるのである（$\varepsilon$ は**無限小パラメータ**で，微分記号に準じた扱いとする)。

$$\delta W = \varepsilon G \tag{24.8}$$

これを (24.7) に代入すれば，

$$W_2' = q_i P_i + \varepsilon G \tag{24.9}$$

となり，$G$ を登場させることができる。

そして，前節で得た正準変換の関係式を使うために，$W_2'$ と $W_2(q,\ P,\ t)$ の違いは $\delta W$ というわずかなずれだけであるから，$W_2'$ においても関係式の形は損なわれることなくそのまま成り立っているとする。これは，「無限小」変換であることを理由に

$$W_2' \simeq W_2 \tag{24.10}$$

という近似が成り立つことを仮定するということである。

(24.10) の近似は，「無限小変換 $\simeq$ 恒等変換」を意味しており，無限小変換後の $W_2'$ と無限小変換前の $W_2$ との違いはほとんど無いことを認めてしまっている。そこで，上の近似が成り立つならば，

$$Q_i \simeq q_i \tag{24.11}$$

$$P_i \simeq p_i \tag{24.12}$$

という近似も成り立つと考え，この内 (24.12) を都合良く利用する。例えば，(24.12) を (24.6) に用いて

$$G = G(q,\ P,\ t) \simeq G(q,\ p,\ t) \tag{24.13}$$

と表す，といった具合である。

従って，$W_2(q,\ P,\ t)$ の正準変換の関係式

$$Q_i = \frac{\partial W_2}{\partial P_i}$$

$$p_i = \frac{\partial W_2}{\partial q_i}$$

に (24.9)，(24.10)，(24.12) を代入して

$$Q_i = \frac{\partial}{\partial P_i}(q_i P_i + \varepsilon G) = q_i + \varepsilon \frac{\partial G}{\partial P_i} \simeq q_i + \varepsilon \frac{\partial G}{\partial p_i} \tag{24.14}$$

$$p_i = \frac{\partial}{\partial q_i}(q_i P_i + \varepsilon G) = P_i + \varepsilon \frac{\partial G}{\partial q_i} \tag{24.15}$$

となる。

(24.15) で，$P_i$ について解けば

$$P_i = p_i - \varepsilon \frac{\partial G}{\partial q_i} \tag{24.16}$$

となるので，(24.3) と (24.14)，及び (24.4) と (24.16) を比較することにより，

$$\delta q_i = \varepsilon \frac{\partial G}{\partial p_i} \tag{24.17}$$

$$\delta p_i = -\varepsilon \frac{\partial G}{\partial q_i} \tag{24.18}$$

という，$\delta q_i$，$\delta p_i$ を $G$ で表した式が得られる。

導かれた (24.17) と (24.18) の形を見たときに，まず気付くのは正準方程式との類似であろう。正準方程式をライプニッツ流に

$$\frac{dq_i}{dt} = \frac{\partial H}{\partial p_i} \tag{24.19}$$

$$\frac{dp_i}{dt} = -\frac{\partial H}{\partial q_i} \tag{24.20}$$

と書き，両辺に $dt$ を掛けると

$$dq_i = dt \frac{\partial H}{\partial p_i} \tag{24.21}$$

$$dp_i = -dt \frac{\partial H}{\partial q_i} \tag{24.22}$$

が得られる。すなわち,

$$\varepsilon = dt\,, \qquad G = H \tag{24.23}$$

とおいたとき,(24.17)と(24.18)は正準方程式と同等の式になることが分かる。

ここで示されたことは,ハミルトニアンが母関数になるような無限小変換が存在し,そのときの無限小パラメータは $dt$ であるということである。無限小パラメータが $dt$ であるので,ハミルトニアンを母関数とするこの無限小変換は,$t$ から $t+dt$ への時間並進による無限小変換(系の無限小時間発展)を表している。この事実は,時間並進による無限小変換の母関数はハミルトニアンである,とまとめられる。

また,無限小を積み重ねれば或る程度の大きさを持った有限になるので,時間についての無限小変換の積み重ねである有限の時間発展そのものが正準変換と見做せる[18]。これは正準変換の合成により,連続的な正準変換はそれ全体が一つの正準変換になるためである。

さらに,母関数には正準変換を生成する役割があること,そして有限の時間発展という正準変換はハミルトニアンを母関数とする無限小変換の積み重ねで表されることを考えれば,トラジェクトリー上の位相点 $(q,\ p)$ が $(q+\delta q,\ p+\delta p)$ へと動いて行くのは,ハミルトニアンが時刻 $t$ から $t+dt$ への

---

18 しかしながら,あらゆる有限の正準変換が無限小変換の集まりとして定義される訳ではない。この場合は系の無限小時間発展が無限小変換として定義できるので,正準変換の合成が適用されると言っているだけである。

無限小変換を生成し続けているためであると解釈できる。

上の例は，ハミルトニアンという保存量を母関数とする無限小変換であったが，保存量が母関数になる場合で言えば，運動量と角運動量を母関数とする無限小変換も考えることができる。

$G=P_i$，$\delta W=\varepsilon_i P_i$ とすると，(24.9) より

$$W_2{}'=q_i P_i+\varepsilon_i P_i \tag{24.24}$$

となるので，(24.14)，(24.15) と同様に

$$Q_i=\frac{\partial}{\partial P_i}(q_i P_i+\varepsilon_i P_i)=q_i+\varepsilon_i \tag{24.25}$$

$$p_i=\frac{\partial}{\partial q_i}(q_i P_i+\varepsilon_i P_i)=P_i+0=P_i \tag{24.26}$$

が得られる。なお，(24.26) では座標$(q_i)$と運動量$(P_i)$が独立であることを用いた。

(24.25) を (24.3) と比較すると，この場合の無限小パラメータは $\delta q_i$ に相当することが分かる。従って，運動量を母関数とする無限小変換は，$q_i$ から $q_i+\delta q_i$ への空間並進による無限小変換（系の無限小平行移動）を表す。すなわち，空間並進による無限小変換の母関数は運動量である。

また，上の $P_i$ は$\sum_i P_i$に置き換えても同様であるから，(24.26) は空間の並進対称性があるとき，運動量保存則が成り立つというネーターの定理（の一つ）の結果を示していると言える。

空間並進による無限小変換を考えたので，続いて空間回転による無限小変換（系の無限小回転）について考察する。

単位円上の点$(x, y)=(\cos\theta, \sin\theta)$を微小な角 $\delta\varphi$ だけ回転した点を$(X, Y)$とすると，加法定理より

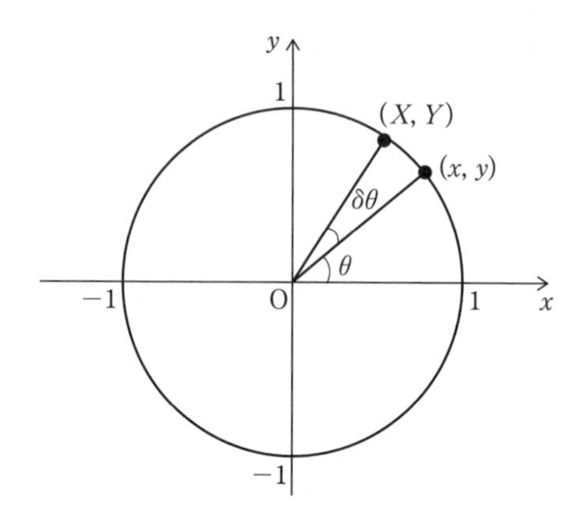


$$X = \cos(\theta + \delta\varphi) = \cos\theta\cos\delta\varphi - \sin\theta\sin\delta\varphi$$
$$= x\cos\delta\varphi - y\sin\delta\varphi \tag{24.27}$$
$$Y = \sin(\theta + \delta\varphi) = \sin\theta\cos\delta\varphi + \cos\theta\sin\delta\varphi$$
$$= y\cos\delta\varphi + x\sin\delta\varphi \tag{24.28}$$

となる。$\delta\varphi$は微小量であるから，$\delta\varphi = \varepsilon$（無限小パラメータ）として，

$$\cos\varepsilon \simeq 1, \quad \sin\varepsilon \simeq \varepsilon \tag{24.29}$$

と近似すると，(24.27) と (24.28) は次のように表せる。

$$X = x\cos\varepsilon - y\sin\varepsilon \simeq x - \varepsilon y \tag{24.30}$$
$$Y = y\cos\varepsilon + x\sin\varepsilon \simeq y + \varepsilon x \tag{24.31}$$

よって，各微小変化は

$$\delta x = X - x = -\varepsilon y \tag{24.32}$$
$$\delta y = Y - y = \varepsilon x \tag{24.33}$$

である。ここでは直交座標系を用いているから，上記の式の各項の時間微分をとって質量を掛ければ運動量（の微小変化）が次のように得られる。

$$\delta p_x = -\varepsilon m\dot{y} = -\varepsilon p_y \tag{24.34}$$

$$\delta p_y = \varepsilon m\dot{x} = \varepsilon p_x \tag{24.35}$$

$\delta z = 0$， $\delta p_z = 0$とすると，(24.32)～(24.35) は$z$軸まわりの空間回転を表す。ここで (24.17) により

$$\delta x = \varepsilon \frac{\partial G}{\partial p_x} \tag{24.36}$$

$$\delta y = \varepsilon \frac{\partial G}{\partial p_y} \tag{24.37}$$

となるから，同様に (24.18) を用いて

$$\delta p_x = -\varepsilon \frac{\partial G}{\partial x} \tag{24.38}$$

$$\delta p_y = -\varepsilon \frac{\partial G}{\partial y} \tag{24.39}$$

であることが示される。

従って，(24.32)～(24.35) と (24.36)～(24.39) を比較すると，以下の4式が得られる。

$$\frac{\partial G}{\partial p_x} = -y \tag{24.40}$$

$$\frac{\partial G}{\partial p_y} = x \tag{24.41}$$

$$\frac{\partial G}{\partial x} = p_y \tag{24.42}$$

$$\frac{\partial G}{\partial y} = -p_x \tag{24.43}$$

$x$，$y$，$p_x$，$p_y$の組合せからできる整式の内，(24.40)～(24.43) の全ての要

求を満たす最も簡潔な式は

$$G = xp_y - yp_x \tag{24.44}$$

となるが（実際に代入して確かめて頂きたい），これは角運動量

$$\boldsymbol{L} = \boldsymbol{r} \times \boldsymbol{p} = (yp_z - zp_y,\ zp_x - xp_z,\ xp_y - yp_x) \tag{24.45}$$

の $z$ 成分に他ならない。

$z$ 軸は任意に選べるから，ここでの議論は一般的に成り立ち，角運動量を母関数とする無限小変換は（$\delta\varphi$ で定められる）原点のまわりの空間回転による無限小変換（系の無限小回転）を表していると言える。従って，空間回転による無限小変換の母関数は角運動量となる。

以上の議論から，時間並進・空間並進・空間回転というラグランジアンの対称性に由来する（微小）変換は，ネーターの定理から得られる，力学において本質的な保存量を母関数とする無限小変換によって生じていることが分かる。

つまり，時間並進による無限小変換はエネルギーによって，空間並進による無限小変換は運動量によって，空間回転による無限小変換は角運動量によって生成されている。これは一般に，保存量によって連続的対称性のもとになる微小変換が生み出されているということであるから，系の連続的対称性の存在が保存量の存在を保証するというネーターの定理（対称性　⇒　保存量）と逆の主張になる。この意味において，**ネーターの定理の逆**（保存量　⇒　対称性）も成り立つと言える。

## 25.
# リウヴィルの定理

正準変換$(q,\ p)\to(Q,\ P)$で繋がった2つの位相空間，$qp$平面と$QP$平面を考える。$qp$平面内の或る微小領域を$R$とすると，$R$の面積$S$は

$$S=\iint_R f(q,\ p)\,dqdp \tag{25.1}$$

という2重積分で表される（多重積分については補遺Fを参照）。

前節で，有限の時間発展（時間変化）が正準変換であることが判明したので，本節では$qp$平面内の領域$R$が，時間発展という正準変換で$QP$平面の領域$R'$に変換されたとき，領域の面積はどうなるかという問題を考察する。

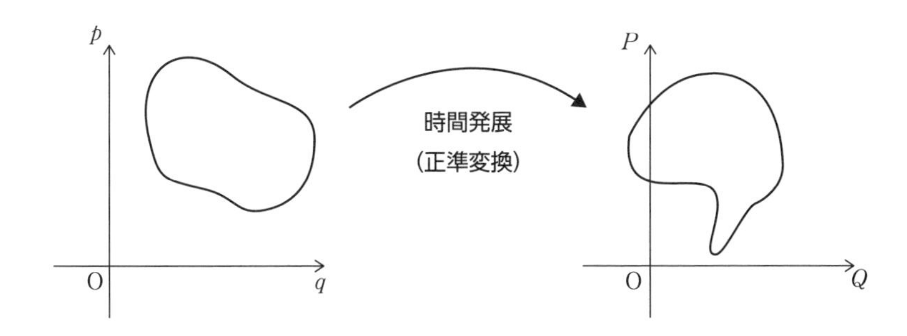


2重積分の変数変換の公式（F.28）を用いると，(25.1）は

$$S=\iint_R f(q,\ p)\,dqdp=\iint_{R'} f(q(Q,\ P,\ t),\ p(Q,\ P,\ t))JdQdP \tag{25.2}$$

となる。ここで$R'$は$R$に対応する$QP$平面内の微小領域を表す。

また，$J$ はヤコビアンであり（ヤコビアンについては補遺 E を参照），この場合は次式で定められる。

$$J=\frac{\partial(q,\ p)}{\partial(Q,\ P)}=\begin{vmatrix}\dfrac{\partial q}{\partial Q} & \dfrac{\partial q}{\partial P}\\ \dfrac{\partial p}{\partial Q} & \dfrac{\partial p}{\partial P}\end{vmatrix}=\frac{\partial q}{\partial Q}\frac{\partial p}{\partial P}-\frac{\partial p}{\partial Q}\frac{\partial q}{\partial P} \tag{25.3}$$

以下では $f=f(Q(q,\ p,\ t), P(q,\ p,\ t))$ の部分は本質的でないので，便宜上 $f=1$ として話を進める。$S$ が時間変化するときを考えるので，(25.2) を $t$ で微分し

$$\frac{dS}{dt}=\frac{d}{dt}\iint_R JdQdP=\iint_{R'}\frac{dJ}{dt}dQdP \tag{25.4}$$

を得る。

積の微分の要領で，被積分関数を展開すると

$$\frac{dJ}{dt}=\frac{d}{dt}\left\{\frac{\partial(q,\ p)}{\partial(Q,\ P)}\right\}=\frac{\partial(\dot{q},\ p)}{\partial(Q,\ P)}+\frac{\partial(q,\ \dot{p})}{\partial(Q,\ P)} \tag{25.5}$$

となる。(25.5) の第 1 項は

$$\begin{aligned}\frac{\partial(\dot{q},\ p)}{\partial(Q,\ P)}&=\frac{\partial\dot{q}}{\partial Q}\frac{\partial p}{\partial P}-\frac{\partial p}{\partial Q}\frac{\partial\dot{q}}{\partial P}\\&=\frac{\partial\dot{q}(q)}{\partial Q}\frac{\partial p}{\partial P}-\frac{\partial p}{\partial Q}\frac{\partial\dot{q}(q)}{\partial P}\\&=\frac{\partial\dot{q}}{\partial q}\frac{\partial q}{\partial Q}\frac{\partial p}{\partial P}-\frac{\partial p}{\partial Q}\frac{\partial\dot{q}}{\partial q}\frac{\partial q}{\partial P}\\&=\frac{\partial\dot{q}}{\partial q}\left(\frac{\partial q}{\partial Q}\frac{\partial p}{\partial P}-\frac{\partial p}{\partial Q}\frac{\partial q}{\partial P}\right)\\&=\frac{\partial\dot{q}}{\partial q}J\end{aligned} \tag{25.6}$$

と計算できるから（最後の等号で（25.3）を用いた），第 2 項も同様に考えて

$$\frac{\partial(q,\ \dot{p})}{\partial(Q,\ P)} = \frac{\partial \dot{p}}{\partial p} J \tag{25.7}$$

となる。

従って，（25.5）を

$$\frac{dJ}{dt} = \left(\frac{\partial \dot{q}}{\partial q} + \frac{\partial \dot{p}}{\partial p}\right) J \tag{25.8}$$

となるから，（25.4）は

$$\frac{dS}{dt} = \iint_{R'} \left(\frac{\partial \dot{q}}{\partial q} + \frac{\partial \dot{p}}{\partial p}\right) J dQdP \tag{25.9}$$

と書ける。

ここで $R'$ は微小領域であるから，（…）内はほとんど一定値であるとしてよく，

$$\frac{dS}{dt} \simeq \left(\frac{\partial \dot{q}}{\partial q} + \frac{\partial \dot{p}}{\partial p}\right) \iint_{R'} J dQdP = \left(\frac{\partial \dot{q}}{\partial p} + \frac{\partial \dot{p}}{\partial p}\right) S \tag{25.10}$$

と変形できる。最後に正準方程式を代入すると，次のようになる。

$$\begin{aligned} \frac{dS}{dt} &= \left\{\frac{\partial}{\partial q}\left(\frac{\partial H}{\partial p}\right) + \frac{\partial}{\partial p}\left(-\frac{\partial H}{\partial q}\right)\right\} S = \left(\frac{\partial^2 H}{\partial q\,\partial p} - \frac{\partial^2 H}{\partial p\,\partial q}\right) S \\ &= 0 \times S = 0 \end{aligned} \tag{25.11}$$

以上の議論は自由度 1 での話であるが，正準変数に添字を付け $S$ を体積 $V$

で置き換えれば，任意自由度の場合にも拡張されるので[19]，上の議論の一般的な結論として

$$\frac{dV}{dt}=0 \tag{25.12}$$

を得る。

ここで示されたことは，時間発展という正準変換によって，$qp$ 空間内の領域 $R$ が $QP$ 空間の領域 $R'$ に変換されても領域の体積[20]は変化せず，保存されるということである。

つまり，位相空間内の複数の質点が正準方程式に従って運動するとき，質点の集団がなす領域の形は時間発展（という正準変換）に従って変化していくが，位相空間内の領域の面積や体積は時間が経っても変わることなく，一定に保たれる。これを，（相空間の体積に関する）**リウヴィルの定理**という[21]。リウヴィルの定理は，統計力学の基礎付けにも用いられる重要な定理である。

---

19　但し，(25.2) などの 2 重積分を多重積分に拡張する場合は，(F.29) に従い

$$\iint\cdots\iint_R f\,dq_1\,dp_1\cdots dq_f\,dp_f=\iint\cdots\iint_{R'} fJ\,dQ_1\,dP_1\cdots dQ_f\,dP_f$$

というように，積の形になることを忘れてはならない（$f$ の引数は省略）。もし安易に $dq_i\,dp_i$ などと書いてしまった場合，実際には $dq_1\,dp_1\times\cdots\times dq_f\,dp_f$ という総乗であるにもかかわらず，縮約規約が用いられていると誤読して $dq_1\,dp_1+\cdots+dq_f\,dp_f$ という総和をとってしまう恐れがあるので，このような場面ではダミーの添字を用いずに表現する（どうしてもダミーの添字で簡略に書きたい場合は，総乗記号 $\Pi$ を使う）。

20　一般には，$2f$ 次元位相空間の領域の「体積」，すなわち**超体積**（多次元図形の体積）となる。

21　19 世紀のフランスの数学者**ジョゼフ・リウヴィル**にちなむ。「リウヴィルの定理」という名の定理は本節のもの以外に 3 つあり，その中の「可積分系に関するリウヴィルの定理」はハミルトン形式の数理物理的側面に関わる問題であるので（残りの 2 つは複素関数論と数論に関するもの），場合によっては「相空間の体積における」などの断り書きが必要となろう（このような断り書きが必要になるとすれば，数学的文脈に限られるので，数学用語の位相空間を優先して，予め「位」を除いておく）。但し，可積分系に関するリウヴィルの定理については本書の範囲を超えるので，興味を持たれた方は文献［29］（II 巻）8.1.2 や文献［89］11 などを参照していただきたい。

但し，非保存力が関わる場合は，$\dot{p}$ が（21.51）になるので，（25.11）の（…）内が 0 とならず，$V$ は保存されない（時間が経つごとに減少していく）。言い換えると，リウヴィルの定理の適用条件は全エネルギーが保存する場合であるということになる。

リウヴィルの定理は，次のようにもっと直接的に示すこともできる。

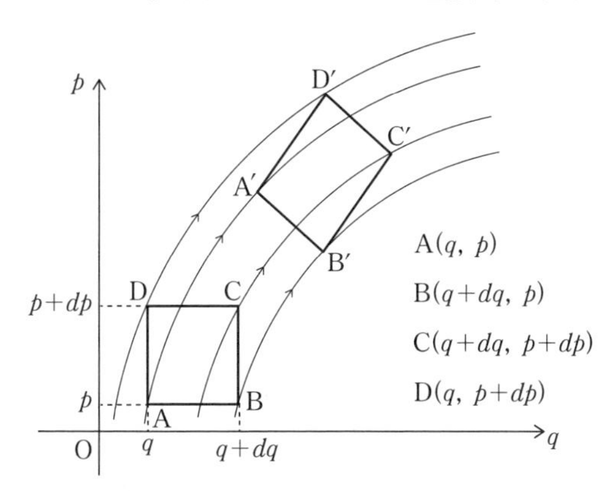


図のように，$qp$ 平面内に初期条件の異なる 4 本のトラジェクトリーを引き，時刻 $t$ における各位相点を A，B，C，D とする。それぞれの座標は

$$A(q,\ p),\quad B(q+dq,\ p),\quad C(q+dq,\ p+dp),\quad D(q,\ p+dp) \qquad (25.13)$$

であり，この 4 点で面積が

$$dS = dqdp \qquad (25.14)$$

となる微小長方形を構成するとしよう。

（F.25）より，（25.14）を変数変換すると

$$dqdp = JdQdP \qquad (25.15)$$

となるので，リウヴィルの定理を示すためには，$J=1$ を示せば良いことになる。

時間 $dt$ の経過によって，正準変換 $(q,\ p) \to (Q,\ P)$ が行なわれると，位相点 A，B，C，D は正準方程式に従って運動し，その結果各点はそれぞれ

$$
\begin{aligned}
&A'(Q(q, p),\ \ P(q, p)),\ \ B'(Q(q+dq, p),\ \ P(q+dq, p)),\\
&C'(Q(q+dq, p+dp),\ \ P(q+dq, p+dp)),\\
&D'(Q(q, p+dp),\ \ P(q, p+dp))
\end{aligned}
\tag{25.16}
$$

へと移動する。

この内，C′ をテイラー展開し，1 次までの項で近似すると（[A.18]を用いる），

$$
\begin{aligned}
&C'(Q(q+dq,\ p+dp),\ P(q+dq,\ p+dp))\\
&\quad=([(Q(q,\ p)+Q'_q(q,\ p)\,dq+Q'_p(q,\ p)\,dp+(dq,\ dp\text{の2次以上})],\\
&\qquad[P(q,\ p)+P'_q(q,\ p)\,dq+P'_p(q,\ p)\,dp+(dq,\ dp\text{の2次以上})])\\
&\quad\simeq(Q(q, p)+Q'_q(q, p)\,dq+Q'_p(q, p)\,dp,\\
&\qquad P(q,\ p)+P'_q(q,\ p)\,dq+P'_p(q,\ p)\,dp)\\
&\quad=\left(Q(q, p)+\frac{\partial Q(q, p)}{\partial q}dq+\frac{\partial Q(q, p)}{\partial p}dp,\right.\\
&\qquad\left.P(q, p)+\frac{\partial P(q, p)}{\partial q}dq+\frac{\partial P(q, p)}{\partial p}dp\right)
\end{aligned}
\tag{25.17}
$$

となる。

B′は（25.17）で $dp$ の項がない場合，D′は（25.17）で $dq$ の項がない場合であるから，それぞれ次のように近似できる。

$$
B'\left(Q(q,\ p)+\frac{\partial Q(q,\ p)}{\partial q}dq,\ P(q,\ p)+\frac{\partial P(q,\ p)}{\partial q}dq\right) \tag{25.18}
$$

$$\mathrm{D}'\left(Q(q,\ p)+\frac{\partial Q(q,\ p)}{\partial p}dp,\ P(q,\ p)+\frac{\partial P(q,\ p)}{\partial p}dp\right) \tag{25.19}$$

よって，(25.17)～(25.19) から，$\overrightarrow{\mathrm{A'B'}}$，$\overrightarrow{\mathrm{A'C'}}$，$\overrightarrow{\mathrm{A'D'}}$というベクトルを求めると（以後，引数は省略する），

$$\overrightarrow{\mathrm{A'B'}}=\left(Q+\frac{\partial Q}{\partial q}dq-Q,\ P+\frac{\partial P}{\partial q}dq-P\right)=\left(\frac{\partial Q}{\partial q}dq,\ \frac{\partial P}{\partial q}dq\right) \tag{25.20}$$

$$\begin{aligned}\overrightarrow{\mathrm{A'C'}}&=\left(Q+\frac{\partial Q}{\partial q}dq+\frac{\partial Q}{\partial p}dp-Q,\ P+\frac{\partial P}{\partial q}dq+\frac{\partial P}{\partial p}dp-P\right)\\&=\left(\frac{\partial Q}{\partial q}dq+\frac{\partial Q}{\partial p}dp,\ \frac{\partial P}{\partial q}dq+\frac{\partial P}{\partial p}dp\right)\end{aligned} \tag{25.21}$$

$$\overrightarrow{\mathrm{A'D'}}=\left(Q+\frac{\partial Q}{\partial p}dp-Q,\ P+\frac{\partial P}{\partial p}dp-P\right)=\left(\frac{\partial Q}{\partial p}dp,\ \frac{\partial P}{\partial p}dp\right) \tag{25.22}$$

となるので，変化後の図形の各辺には

$$\overrightarrow{\mathrm{A'B'}}+\overrightarrow{\mathrm{A'D'}}=\overrightarrow{\mathrm{A'C'}} \tag{25.23}$$

の関係があることが分かる。すなわち，変化後の図形は（$\overrightarrow{\mathrm{A'B'}}$，$\overrightarrow{\mathrm{A'D'}}$ の張る）平行四辺形である。

ベクトル $\overrightarrow{\mathrm{OA}}$，$\overrightarrow{\mathrm{OB}}$ の張る平行四辺形の面積は

$$S=a_1b_2-a_2b_1 \tag{25.24}$$

であるから[22]（(F.17) の両辺を 2 倍したもの），変化後の図形の微小面積 $dS'$ は

22 (25.20)～(25.22) の計算によって，実質的に A′を原点（0，0）へ移動したことになっているので，この式を利用できる。

$$dS' = \frac{\partial Q}{\partial q} dq \frac{\partial P}{\partial p} dp - \frac{\partial P}{\partial q} dq \frac{\partial Q}{\partial p} dp$$
$$= \left( \frac{\partial Q}{\partial q} \frac{\partial P}{\partial p} - \frac{\partial P}{\partial q} \frac{\partial Q}{\partial p} \right) dq dp$$
$$= \begin{vmatrix} \frac{\partial Q}{\partial q} & \frac{\partial Q}{\partial P} \\ \frac{\partial P}{\partial q} & \frac{\partial P}{\partial p} \end{vmatrix} dS \tag{25.25}$$

となる。このとき，$\dfrac{dS'}{dS}$ が表す行列式は

$$\begin{vmatrix} \frac{\partial Q}{\partial q} & \frac{\partial Q}{\partial P} \\ \frac{\partial P}{\partial q} & \frac{\partial P}{\partial p} \end{vmatrix} = \frac{\partial(Q,\ P)}{\partial(q,\ p)} = J \tag{25.26}$$

というヤコビアンになる。

ここで，変換後の変数 $Q$ は $q = q(t)$ の $dt$ 後の姿であるから

$$Q = q(t+dt) \tag{25.27}$$

と表せる。これをテイラー展開し，$dt$ の 1 次までで近似すると

$$Q = q(t) + \dot{q}(t)dt + \frac{1}{2!}\ddot{q}(t)dt^2 + \cdots \simeq q + \dot{q}dt = q + \frac{\partial H}{\partial p}dt \tag{25.28}$$

が得られる（最後の等号で正準方程式を用いた）。

$P$ も同様に

$$P \simeq p + \dot{p}dt = p - \frac{\partial H}{\partial q}dt \tag{25.29}$$

と書けるので，(25.28) と共に (25.26) に代入すれば，ヤコビアンの値が求まる。

$$
J=\begin{vmatrix} \dfrac{\partial}{\partial q}\left(q+\dfrac{\partial H}{\partial p}dt\right) & \dfrac{\partial}{\partial p}\left(q+\dfrac{\partial H}{\partial p}dt\right) \\ \dfrac{\partial}{\partial q}\left(p-\dfrac{\partial H}{\partial q}dt\right) & \dfrac{\partial}{\partial p}\left(p-\dfrac{\partial H}{\partial q}dt\right) \end{vmatrix}
$$

$$
=\begin{vmatrix} 1+\dfrac{\partial^2 H}{\partial q\,\partial p}dt & 0+\dfrac{\partial^2 H}{\partial p^2}dt \\ 0-\dfrac{\partial^2 H}{\partial q^2}dt & 1-\dfrac{\partial^2 H}{\partial p\,\partial q}dt \end{vmatrix}
$$

$$
=\left(1+\frac{\partial^2 H}{\partial q\partial p}dt\right)\left(1-\frac{\partial^2 H}{\partial p\partial q}dt\right)-\left(-\frac{\partial^2 H}{\partial q^2}dt\right)\frac{\partial^2 H}{\partial p^2}dt
$$

$$
=1-\left(\frac{\partial^2 H}{\partial q\partial p}\right)^2 dt^2+\frac{\partial^2 H}{\partial q^2}\frac{\partial^2 H}{\partial p^2}dt^2
$$

$$
=1+\left(\frac{\partial H}{\partial q\partial p}\right)^2 dt^2-\left(\frac{\partial H}{\partial q\partial p}\right)^2 dt^2
$$

$$
=1+0=1 \tag{25.30}
$$

従って，(25.25) は

$$
dS'=dS \tag{25.31}
$$

となる。

ここでの議論を任意自由度へ拡張する際は，

$$
\frac{\partial(Q_1,\ \cdots,\ Q_f,\ P_1,\ \cdots,\ P_f)}{\partial(q_1,\ \cdots,\ q_f,\ p_1,\ \cdots,\ p_f)} \tag{25.32}
$$

という厄介なヤコビアンを計算する必要が生じるが[23]，この場合も $dt$ に関する 2 次以上の微小量を無視し，1 次の項のみを採用するので，最終的には

23 文献［67］9.4 では，(25.32) のヤコビアンも (25.30) と同様に 1 となることが，(25.26) ～ (25.30) と同じ方法をそのまま任意自由度へ拡張する形で詳しく説明されている。一方，文献［20］5.3 c や文献［33］4.6.1 などではもっとスマートな方法として，線形代数の知識（転置行列の行列式がもとの行列式と等しくなること）を用いれば，(25.32) の値は近似計算を介することなく直ちに 1 と結論されることが述べられている。

(25.30) と同じ結論に帰着する。

以上より，(25.31) は一般的に

$$dV' = dV \tag{25.33}$$

と書けるので，時間発展に従って位相空間の領域の形は変化するが，体積は変化しないというリウヴィルの定理が成り立つことが示される。

さて，(25.30) で $J = 1$ が示されたので，(25.15) は

$$dqdp = dQdP \tag{25.34}$$

となり，その任意自由度への拡張として

$$dq_1 dp_1 \cdots dq_f dp_f = dQ_1 dP_1 \cdots dQ_f dP_f \tag{25.35}$$

を得る。これは，正準変換に対して位相空間の体積要素が保存されることを表している。

リウヴィルの定理は，正準変換としての時間発展に対して，位相空間の体積が不変に保たれることを述べる定理であるが，(25.35) から，位相空間の微小体積要素は（時間発展に限らず）一般の正準変換に対して不変となることが分かる。このように，任意の正準変換に対して不変となる量を**正準不変量**という。

26.

# ポアソン括弧

$q, p, t$ を変数に持つ任意の物理量 $f=f(q, p, t)$ を考える。$f$ の時間に関する全微分は，正準方程式を用いて

$$\frac{df}{dt}=\frac{df(\{q_k\}, \{p_k\}, t)}{dt}=\frac{\partial f}{\partial q_k}\frac{dq_k}{dt}+\frac{\partial f}{\partial p_k}\frac{dp_k}{dt}+\frac{\partial f}{\partial t}\frac{dt}{dt}$$

$$=\frac{\partial f}{\partial q_k}\frac{\partial H}{\partial p_k}-\frac{\partial f}{\partial p_k}\frac{\partial H}{\partial q_k}+\frac{\partial f}{\partial t} \tag{26.1}$$

と書ける（便宜上，ダミーの添字を $k$ で揃える）。

このとき，右辺第 1 項と第 2 項は

$$\frac{\partial f}{\partial q_k}\frac{\partial H}{\partial p_k}-\frac{\partial f}{\partial p_k}\frac{\partial H}{\partial q_k}=\begin{vmatrix}\dfrac{\partial f}{\partial q_k} & \dfrac{\partial H}{\partial q_k}\\ \dfrac{\partial f}{\partial p_k} & \dfrac{\partial H}{\partial p_k}\end{vmatrix}=\begin{vmatrix}\dfrac{\partial f}{\partial q_k} & \dfrac{\partial f}{\partial p_k}\\ \dfrac{\partial H}{\partial q_k} & \dfrac{\partial H}{\partial p_k}\end{vmatrix}=\frac{\partial(f, H)}{\partial(\{q_k\}, \{p_k\})} \tag{26.2}$$

というヤコビアンを表しており，1 つの記号で簡略に表すのが自然であるように思われる。

しかし，$f$，$H$ の情報は明示しておきたいので 1 文字でおきたくはない。そこで

$$\frac{\partial f}{\partial q_k}\frac{\partial H}{\partial p_k}-\frac{\partial f}{\partial p_k}\frac{\partial H}{\partial q_k}$$

を

$$\{f, H\}$$

という記号で表すことにする。これを**ポアソン括弧**という[24]。

$$\{f, H\} = \frac{\partial f}{\partial q_k}\frac{\partial H}{\partial p_k} - \frac{\partial f}{\partial p_k}\frac{\partial H}{\partial q_k} \tag{26.3}$$

$q$，$p$ の関数であれば何でも，(26.3) の $f$ に代入してポアソン括弧を構成することができるので，そこから様々な式や条件を導くことができる。例えば，正準座標を代入しよう。(26.3) で $f = q_i$ とすると，

$$\{q_i,\ H\} = \frac{\partial q_i}{\partial q_k}\frac{\partial H}{\partial p_k} - \frac{\partial q_i}{\partial p_k}\frac{\partial H}{\partial q_k} \tag{26.4}$$

となる。

ここで，$\dfrac{\partial q_i}{\partial q_k}$ の値は $i = k$ のときは 1 で，$i \neq k$ のときは 0 である。これを記号で $\delta_{ik}$ と書き[25]，**クロネッカーのデルタ**と呼ぶ[26]。$\delta_{ik}$ は $\delta_{ki}$ と書いても同じである（添字の順に依らない）。

$$\delta_{ik} = \begin{cases} 1 & (i = k) \\ 0 & (i \neq k) \end{cases} \tag{26.5}$$

(26.5) を導入すると，(26.4) は $q$，$p$ が独立であることから

$$\{q_i, H\} = \delta_{ik}\frac{\partial H}{\partial p_k} - 0 \tag{26.6}$$

---

24　ポアソンの法則（$pV^\gamma$ = 一定），ポアソン方程式（$\nabla^2 u = -\rho$）などにも名を残す 19 世紀のフランスの数理物理学者**シメオン・ドニ・ポアソン**にちなむ。なお，記号 $\{f,\ H\}$ は $[f,\ H]$ と書かれることもあるが，量子力学における交換子 $[A,\ B]$ との混同を避けるため，本書では $\{f,\ H\}$ を用いる。

25　$\delta_{ik}$ は単位行列（対角要素が 1 で他は 0 である行列）を一般化したものである。

26　19 世紀のドイツの数学者**レオポルト・クロネッカー**にちなむ。「自然数は神が創り給うた。その他は人の業である」という言葉を残し，整数的直観や有限性を重要視する立場をとった。

となる。$k=i$ として（$k$ についての和をとることで），$\delta_{ik}$ を 1 にすると（それに伴い，添字が全て $i$ に変わる），

$$\{q_i, H\}=\frac{\partial H}{\partial p_i}=\dot{q}_i \tag{26.7}$$

が得られる。すなわち，ポアソン括弧 $\{q_i, H\}$ は正準方程式（21.21）を表す。

正準運動量についても，同様の議論が成り立つ。(26.3) で $f=p_i$ として

$$\begin{aligned}\{p_i, H\}&=\frac{\partial p_i}{\partial q_k}\frac{\partial H}{\partial p_k}-\frac{\partial p_i}{\partial p_k}\frac{\partial H}{\partial q_k}\\&=0-\delta_{ik}\frac{\partial H}{\partial q_k}=-1\times\frac{\partial H}{\partial q_i}\\&=-1\times(-\dot{p}_i)=\dot{p}_i\end{aligned} \tag{26.8}$$

を得る。このポアソン括弧 $\{p_i, H\}$ は正準方程式（21.20）を表すが，注目すべきは $\dot{p}_i$ の負符号が打ち消されていることである。

通常の正準方程式

$$\dot{q}_i=\frac{\partial H}{\partial p_i}$$
$$\dot{p}_i=-\frac{\partial H}{\partial q_i}$$

は，$q$，$p$ の入れ替えに関して対称的な形になってはいるが，符号の違いにより完全に対称にはなっていない。一方，ポアソン括弧を用いて書いた正準方程式

$$\dot{q}_i=\{q_i, H\} \tag{26.9}$$
$$\dot{p}_i=\{p_i, H\} \tag{26.10}$$

は，$q$，$p$ の入れ替えに関して符号も含めて完全に対称である。実際，(26.9) で $q \to p$ とすれば (26.10) になり，(26.10) で $p \to q$ とすれば (26.9) になることはすぐに分かる。

さて，ポアソン括弧を使って書くと (26.1) は

$$\frac{df}{dt} = \{f,\ H\} + \frac{\partial f}{\partial t} \tag{26.11}$$

と簡潔に表せるわけだが，ここで $f = H(q,\ p)$ (時間に陽に依存しないハミルトニアン) とすると，

$$\begin{aligned} \frac{dH}{dt} &= \{H,\ H\} + \frac{\partial H}{\partial t} \\ &= \frac{\partial H}{\partial q_k}\frac{\partial H}{\partial p_k} - \frac{\partial H}{\partial p_k}\frac{\partial H}{\partial q_k} + \frac{\partial H}{\partial t} \\ &= 0 + 0 = 0 \end{aligned} \tag{26.12}$$

となる (3 番目の等号の最後の項で，(21.27) を用いた)。ポアソン括弧を用いれば，ハミルトニアンが時間に陽に依存しないとき $\left(\frac{\partial H}{\partial t} = 0\right)$，$H$ が保存量になることもこのように簡単に示すことができる (ポアソン括弧を用いない場合は，(21.27)～(21.30) のようになる)。

上の議論から，21 節で述べた

$$H \text{ が時間に陽に依存しない} \Leftrightarrow H \text{ は保存量である}$$

という命題は次のように言い換えられることが分かる。

$$H \text{が時間に陽に依存しない} \Leftrightarrow \{H, H\} = 0$$

以上のことを一般化すると，時間に陽に依存しない関数 $f(q,\ p)$ が保存量 (運動の積分) となるための必要十分条件は

$$\{f,\ H\}=0 \tag{26.13}$$

となることであると言える。

続いて，ポアソン括弧をさらに一般化する。本節ではポアソン括弧を(26.3) の$\{f,\ H\}$で定義することによって導入し，$f$ は$q,\ p,\ t$ を変数に持つ任意の物理量であるとした。しかし, $f$ に$H$ を代入している時点で分かるように， $q,\ p,\ t$ を変数に持つという意味では$H$ も立場は同じである。従って， $\{f,\ H\}$ の$H$ の部分は$H$ に固定されている必要はなく，むしろここも$q,\ p,\ t$ を変数に持つ任意の物理量とすべきであろう。

従って， $f=f(q,\ p,\ t)$ と同等な任意の物理量$g=g(q,\ p,\ t)$ を用いて，ポアソン括弧は

$$\{f,\ g\}=\frac{\partial f}{\partial q_k}\frac{\partial g}{\partial p_k}-\frac{\partial f}{\partial p_k}\frac{\partial g}{\partial q_k} \tag{26.14}$$

と再定義される。(26.3) は (26.14) で$g=H$ とした特別な場合である。

なお、(26.14) はポアソン括弧の一般的な定義式であるが，文献 [7] が

$$\{f,\ g\}=\frac{\partial f}{\partial p_k}\frac{\partial g}{\partial q_k}-\frac{\partial f}{\partial q_k}\frac{\partial g}{\partial p_k} \tag{26.15}$$

という，第1項と第2項の符号を逆にした定義を採用していることからも分かるように（記号の使い方は，本書と同一のものに揃えた)，ポアソン括弧の定義式の正負は実は一意でない（どちらの定義を使用しても，引き出される結論は全て同じである)。

$\{q_i,\ H\}$， $\{p_i, H\}$ というポアソン括弧が正準方程式を表すことは既に述べた通りであるが，実際は$H$ の部分も任意なので，2つずつの$q$，$p$ からできる4通りのポアソン括弧の組$\{q_i,\ q_j\}$， $\{q_i,\ p_j\}$， $\{p_i,\ q_j\}$， $\{p_i,\ p_j\}$ を

求めておこう。

まず，$q$ 同士，$p$ 同士の組合せは，ハミルトニアンの場合 $\{H,\ H\}$ がそうであったように，共に 0 になる。

$$\{q_i,\ q_j\}=\frac{\partial q_i}{\partial q_k}\frac{\partial q_j}{\partial p_k}-\frac{\partial q_i}{\partial p_k}\frac{\partial q_j}{\partial q_k}$$

$$=\delta_{ik}\times 0-0\times\delta_{jk}=0 \tag{26.16}$$

$$\{p_i,\ p_j\}=\frac{\partial p_i}{\partial q_k}\frac{\partial p_j}{\partial p_k}-\frac{\partial p_i}{\partial p_k}\frac{\partial p_j}{\partial q_k}$$

$$=0\times\delta_{jk}-\delta_{ik}\times 0=0 \tag{26.17}$$

残りの 2 つについては，クロネッカーのデルタの性質の 1 つ，

$$\delta_{ik}\delta_{kj}\left(=\sum_k\delta_{ik}\delta_{kj}\right)=\delta_{ij} \tag{26.18}$$

が必要になる。(26.18) は，単位行列同士の積は単位行列に一致するということを述べているのだが，何も難しいことはなく，（乱暴な言い方をすると）$1\times1=1$ と同じことを行列の言葉で言っているだけである。

(26.18) を用いると，

$$\{q_i,\ p_j\}=\frac{\partial q_i}{\partial q_k}\frac{\partial p_j}{\partial p_k}-\frac{\partial q_i}{\partial p_k}\frac{\partial p_j}{\partial q_k}$$

$$=\delta_{ik}\delta_{jk}-0=\delta_{ij} \tag{26.19}$$

$$\{p_i,\ q_j\}=\frac{\partial p_i}{\partial q_k}\frac{\partial q_j}{\partial p_k}-\frac{\partial p_i}{\partial p_k}\frac{\partial q_j}{\partial q_k}$$

$$=0-\delta_{ik}\delta_{jk}=-\delta_{ij} \tag{26.20}$$

となることが分かる。つまり，$q$，$p$ のポアソン括弧に対して

$$\{q_i,\ p_j\} = -\{p_i,\ q_j\} \tag{26.21}$$

が成り立つ。

$\{q_i,\ p_j\}$ と $\{p_i,\ q_j\}$ の 2 つはどちらか一方があればもう一方は一意に定まるので，$\{q_i,\ p_j\}$ の方だけ考えればよく，重要なのは（26.16），（26.17），（26.19）の 3 つである。この 3 つをまとめて，**基本ポアソン括弧**と呼ぶ。

ところで，ポアソン括弧内の $q$，$p$ の順番を変えると元の $-1$ 倍になったのは偶然ではなく，どのような $f$，$g$ をとっても一般的に成り立つ。このことは（26.14）から次のように確認することができる。

$$\begin{aligned}\{f, g\} &= \frac{\partial f}{\partial q_k}\frac{\partial g}{\partial p_k} - \frac{\partial f}{\partial p_k}\frac{\partial g}{\partial q_k}\\ &= -\left(\frac{\partial f}{\partial p_k}\frac{\partial g}{\partial q_k} - \frac{\partial f}{\partial q_k}\frac{\partial g}{\partial p_k}\right)\\ &= -\left(\frac{\partial g}{\partial q_k}\frac{\partial f}{\partial p_k} - \frac{\partial g}{\partial p_k}\frac{\partial f}{\partial q_k}\right)\\ &= -\{g,\ f\}\end{aligned} \tag{26.22}$$

これはポアソン括弧の基本的な性質の一つであり，ポアソン括弧の**反対称性**という。

このようにポアソン括弧内の $f$，$g$ は通常交換しないのだが，例えば $f=g$ や $g$ = 定数のときは

$$\frac{\partial f}{\partial q_k}\frac{\partial g}{\partial p_k} = \frac{\partial f}{\partial p_k}\frac{\partial g}{\partial q_k} \tag{26.23}$$

となり，ポアソン括弧の値は 0 になる。すなわち，（26.23）が成り立つとき，

$$\{f,\ g\}=\{g,\ f\}=0 \tag{26.24}$$

と書けるのでポアソン括弧内の $f$, $g$ は交換可能となる。このような状況を**ポアソン可換**と呼ぶ。

時間に陽に依存しない関数 $f$ が保存量（運動の積分）となるための必要十分条件（26.13）は反対称性により

$$-\{H,\ f\}=0$$

とも書けるわけだが，これは

$$\{H,\ f\}=0 \tag{26.25}$$

と同値であるから，次の命題が成立する。

$f(q,\ p)$ と $H$ はポアソン可換である　⇔　$f$ は保存量である

反対称性以外に，ポアソン括弧に対して一般的に成り立つ基本的で重要な性質が 3 つある。それらを順に見ていこう。

$f(q,\ p,\ t)$ や $g(q,\ p,\ t)$ と同様の 3 つ目の任意関数を $h(q,\ p,\ t)$ とすると，

$$\{af+bg,\ h\}=a\{f,\ h\}+b\{g,\ h\} \tag{26.26}$$

が成り立つ。ここで $a$, $b$ は定数である。

定義に従って計算すれば，(26.26) は以下のように直ちに示される。

$$\{af+bg,\ h\}=\frac{\partial(af+bg)}{\partial q_k}\frac{\partial h}{\partial p_k}-\frac{\partial(af+bg)}{\partial p_k}\frac{\partial h}{\partial q_k}$$

$$=\left(a\frac{\partial f}{\partial q_k}+b\frac{\partial g}{\partial q_k}\right)\frac{\partial h}{\partial p_k}-\left(a\frac{\partial f}{\partial p_k}+b\frac{\partial g}{\partial p_k}\right)\frac{\partial h}{\partial q_k}$$

$$= a\frac{\partial f}{\partial q_k}\frac{\partial h}{\partial p_k} + b\frac{\partial g}{\partial q_k}\frac{\partial h}{\partial p_k} - a\frac{\partial f}{\partial p_k}\frac{\partial h}{\partial q_k} - b\frac{\partial g}{\partial p_k}\frac{\partial h}{\partial q_k}$$

$$= a\left(\frac{\partial f}{\partial q_k}\frac{\partial h}{\partial p_k} - \frac{\partial f}{\partial p_k}\frac{\partial h}{\partial q_k}\right) + b\left(\frac{\partial g}{\partial q_k}\frac{\partial h}{\partial p_k} - \frac{\partial g}{\partial p_k}\frac{\partial h}{\partial q_k}\right)$$

$$= a\{f,\ h\} + b\{g,\ h\} \tag{26.27}$$

ポアソン括弧の右側に $ag+bh$ が来た場合も，(26.26) と同じ形の式，

$$\{f,\ ag+bh\} = a\{f, g\} + b\{f, h\} \tag{26.28}$$

が成り立つので（章末問題［５］(1)），これをポアソン括弧の**双線形性**という。

そして，その $f$, $g$, $h$ の間には

$$\{f,\ gh\} = g\{f,\ h\} + h\{f,\ g\} \tag{26.29}$$

が成り立つ。これもまた，定義通りに計算すれば

$$\{f,\ gh\} = \frac{\partial f}{\partial q_k}\frac{\partial (gh)}{\partial p_k} - \frac{\partial f}{\partial p_k}\frac{\partial (gh)}{\partial q_k}$$

$$= \frac{\partial f}{\partial q_k}\left(g\frac{\partial h}{\partial p_k} + h\frac{\partial g}{\partial p_k}\right) - \frac{\partial f}{\partial p_k}\left(g\frac{\partial h}{\partial q_k} + h\frac{\partial g}{\partial q_k}\right)$$

$$= g\frac{\partial f}{\partial q_k}\frac{\partial h}{\partial p_k} + h\frac{\partial f}{\partial q_k}\frac{\partial g}{\partial p_k} - g\frac{\partial f}{\partial p_k}\frac{\partial h}{\partial q_k} - h\frac{\partial f}{\partial p_k}\frac{\partial g}{\partial q_k}$$

$$= g\left(\frac{\partial f}{\partial q_k}\frac{\partial h}{\partial p_k} - \frac{\partial f}{\partial p_k}\frac{\partial h}{\partial q_k}\right) + h\left(\frac{\partial f}{\partial q_k}\frac{\partial g}{\partial p_k} - \frac{\partial f}{\partial p_k}\frac{\partial g}{\partial q_k}\right)$$

$$= g\{f,\ h\} + h\{f,\ g\} \tag{26.30}$$

となる。全く同様に，

$$\{fg, h\} = f\{g, h\} + g\{f, h\} \tag{26.31}$$

も成立する（章末問題［５］(2)）。

(26.30) の流れからも分かるように，この等式は $gh$ に関して積の微分

$$(fg)' = f'g + fg'$$

と同じ仕組みで演算が行なわれることを示している。すなわち，ポアソン括弧は**ライプニッツ則**[27]を満たす（このため，(26.29)，(26.31) を単にライプニッツ則と呼ぶ)。

さらに，ポアソン括弧の中にポアソン括弧が入った場合として，$f$，$g$，$h$ の間に次式が成立する。

$$\{f, \{g, h\}\} + \{g, \{h, f\}\} + \{h, \{f, g\}\} = 0 \tag{26.32}$$

これを**ヤコビの恒等式**という。

(26.32) を示す場合，計算が大変であるという理由で専門書は，線形微分演算子で置換[28]するか，テンソルで計算[29]するなどして，計算量を抑える工夫をとっている。しかし，定義に沿った直接的な方法が一番単純で分かりやすいのである。

確かに，直接的な方法では長い計算が強いられるが，計算量の少ない方法をとると，その方法自体を正しく理解するために相応の時間が費やされることとなり，総合的な労力の度合いでいうと直接的な方法と比べて大した違いはない。このような数式は，定義通りに展開すれば必ず結果に辿り着けるので，

---

27　積の微分法を発見したとされるライプニッツにちなみ，積の微分の計算法の原理を一般化した法則をこのように呼ぶ。

28　文献［7］§42，［81］問 5.1 など。

29　文献［57］5.5.3，［69］6.8.2，［89］9.1 など。

ここでは確実な理解を優先させ，直接的に示す方法をとることにする。計算量の少ないスマートなやり方は，レベルの高い専門書で学べばよいことである。

計算に取り掛かる前に，ヤコビの恒等式を定義から直接的に示す場合は，添字を付けて計算すると混乱に陥る（少なくとも，本質的でないところで苦労する）ことを指摘しておく。添字を付けた計算では，展開がある程度終わったところで，例えば

$$\frac{\partial f}{\partial q_k}\frac{\partial^2 g}{\partial p_k\,\partial q_l}\frac{\partial h}{\partial p_l}$$

や

$$-\frac{\partial h}{\partial p_k}\frac{\partial^2 g}{\partial q_k\,\partial p_l}\frac{\partial f}{\partial q_l}$$

というような項が現れるのだが，上側の式の意味は

$$\begin{aligned}&\sum_{k=1}^{f}\sum_{l=1}^{f}\frac{\partial f}{\partial q_k}\frac{\partial^2 g}{\partial p_k\partial q_l}\frac{\partial h}{\partial p_l}\\&\qquad=\frac{\partial f}{\partial q_1}\frac{\partial^2 g}{\partial p_1\,\partial q_1}\frac{\partial h}{\partial p_1}+\cdots+\frac{\partial f}{\partial q_f}\frac{\partial^2 g}{\partial p_f\,\partial q_f}\frac{\partial h}{\partial p_f}\end{aligned}\tag{26.33}$$

であり，下側の式の意味は

$$\begin{aligned}&-\sum_{k=1}^{f}\sum_{l=1}^{f}\frac{\partial h}{\partial p_k}\frac{\partial^2 g}{\partial q_k\,\partial p_l}\frac{\partial f}{\partial q_l}\\&\qquad=-\sum_{k=1}^{f}\sum_{l=1}^{f}\frac{\partial f}{\partial q_l}\frac{\partial^2 g}{\partial p_l\partial q_k}\frac{\partial h}{\partial p_k}\\&\qquad=-\frac{\partial f}{\partial q_1}\frac{\partial^2 g}{\partial p_1\partial q_1}\frac{\partial h}{\partial p_1}-\cdots-\frac{\partial f}{\partial q_f}\frac{\partial^2 g}{\partial p_f\partial q_f}\frac{\partial h}{\partial p_f}\end{aligned}\tag{26.34}$$

であるので，この 2 つは符号の違いを除けば同じ式を表している。よって，

(26.33) と (26.34) を足せば 0 となる。

これだけで済めば良いのだが, 上のような組は合計で 12 組現れる。つまり, バラバラになっている 24 の項から絶対値の同じものを探し出して 12 組にまとめないと, どれとどれが打ち消し合うのか分からないのである。このようなときに 2 種類も添字が付いているとただ邪魔なだけで, 混乱の元以外の何物でもない。それどころか, (26.33) と (26.34) を見ても分かるように, 添字が付いていても結局消してしまうのだから, 最初から付けておく必要性すら希薄であると言えるだろう。

従って, 自由度 1 の場合を証明するが, これは手抜きというより, むしろ素早く納得していただくための配慮であると考えていただきたい。任意自由度の場合でももちろんヤコビの恒等式は成り立っている。

定義より, (26.34) の左辺は

$$
\begin{aligned}
\text{左辺} &= \frac{\partial f}{\partial q}\frac{\partial\{g,h\}}{\partial p} - \frac{\partial f}{\partial p}\frac{\partial\{g,h\}}{\partial q} + \frac{\partial g}{\partial q}\frac{\partial\{h,f\}}{\partial p} \\
&\quad - \frac{\partial g}{\partial p}\frac{\partial\{h,f\}}{\partial q} + \frac{\partial h}{\partial q}\frac{\partial\{f,\ g\}}{\partial p} - \frac{\partial h}{\partial p}\frac{\partial\{f,\ g\}}{\partial q} \\
&= \frac{\partial f}{\partial q}\frac{\partial}{\partial p}\left(\frac{\partial g}{\partial q}\frac{\partial h}{\partial p} - \frac{\partial g}{\partial p}\frac{\partial h}{\partial q}\right) - \frac{\partial f}{\partial p}\frac{\partial}{\partial q}\left(\frac{\partial g}{\partial q}\frac{\partial h}{\partial p} - \frac{\partial g}{\partial p}\frac{\partial h}{\partial q}\right) \\
&\quad + \frac{\partial g}{\partial q}\frac{\partial}{\partial p}\left(\frac{\partial h}{\partial q}\frac{\partial f}{\partial p} - \frac{\partial h}{\partial p}\frac{\partial f}{\partial q}\right) - \frac{\partial g}{\partial p}\frac{\partial}{\partial q}\left(\frac{\partial h}{\partial q}\frac{\partial f}{\partial p} - \frac{\partial h}{\partial p}\frac{\partial f}{\partial q}\right) \\
&\quad + \frac{\partial h}{\partial q}\frac{\partial}{\partial p}\left(\frac{\partial f}{\partial q}\frac{\partial g}{\partial p} - \frac{\partial f}{\partial p}\frac{\partial g}{\partial q}\right) - \frac{\partial h}{\partial p}\frac{\partial}{\partial q}\left(\frac{\partial f}{\partial q}\frac{\partial g}{\partial p} - \frac{\partial f}{\partial p}\frac{\partial g}{\partial q}\right)
\end{aligned}
\tag{26.35}
$$

と書ける。積の微分を用いて展開を続けると, 次のようになる。

$$
\begin{aligned}
\text{左辺} = & \frac{\partial f}{\partial q}\frac{\partial^2 g}{\partial p \partial q}\frac{\partial h}{\partial p} + \frac{\partial f}{\partial q}\frac{\partial^2 h}{\partial p^2}\frac{\partial g}{\partial q} - \frac{\partial f}{\partial q}\frac{\partial^2 g}{\partial p^2}\frac{\partial h}{\partial q} - \frac{\partial f}{\partial q}\frac{\partial^2 h}{\partial p \partial q}\frac{\partial g}{\partial p} \\
& - \frac{\partial f}{\partial p}\frac{\partial^2 g}{\partial q^2}\frac{\partial h}{\partial p} - \frac{\partial f}{\partial p}\frac{\partial^2 h}{\partial q \partial p}\frac{\partial g}{\partial q} + \frac{\partial f}{\partial p}\frac{\partial^2 g}{\partial q \partial p}\frac{\partial h}{\partial q} + \frac{\partial f}{\partial p}\frac{\partial^2 h}{\partial q^2}\frac{\partial g}{\partial p} \\
& + \frac{\partial g}{\partial q}\frac{\partial^2 h}{\partial p \partial q}\frac{\partial f}{\partial p} + \frac{\partial g}{\partial q}\frac{\partial^2 f}{\partial p^2}\frac{\partial h}{\partial q} - \frac{\partial g}{\partial q}\frac{\partial^2 h}{\partial p^2}\frac{\partial f}{\partial q} - \frac{\partial g}{\partial q}\frac{\partial^2 f}{\partial p \partial q}\frac{\partial h}{\partial p} \\
& - \frac{\partial g}{\partial p}\frac{\partial^2 h}{\partial q^2}\frac{\partial f}{\partial p} - \frac{\partial g}{\partial p}\frac{\partial^2 f}{\partial q \partial p}\frac{\partial h}{\partial q} + \frac{\partial g}{\partial p}\frac{\partial^2 h}{\partial q \partial p}\frac{\partial f}{\partial q} + \frac{\partial g}{\partial p}\frac{\partial^2 f}{\partial q^2}\frac{\partial h}{\partial p} \\
& + \frac{\partial h}{\partial q}\frac{\partial^2 f}{\partial p \partial q}\frac{\partial g}{\partial p} + \frac{\partial h}{\partial q}\frac{\partial^2 g}{\partial p^2}\frac{\partial f}{\partial q} - \frac{\partial h}{\partial q}\frac{\partial^2 f}{\partial p^2}\frac{\partial g}{\partial q} - \frac{\partial h}{\partial q}\frac{\partial^2 g}{\partial p \partial q}\frac{\partial f}{\partial p} \\
& - \frac{\partial h}{\partial p}\frac{\partial^2 f}{\partial q^2}\frac{\partial g}{\partial p} - \frac{\partial h}{\partial p}\frac{\partial^2 g}{\partial q \partial p}\frac{\partial f}{\partial q} + \frac{\partial h}{\partial p}\frac{\partial^2 f}{\partial q \partial p}\frac{\partial g}{\partial q} + \frac{\partial h}{\partial p}\frac{\partial^2 g}{\partial q^2}\frac{\partial f}{\partial p}
\end{aligned}
\tag{26.36}
$$

こうして得られた 24 項の絶対値を順に①，②，…，㉔としよう。各項の中身が交換可能であることから，この 24 項の中には絶対値が等しく，符号が反対のものが（2 項で 1 組とすると）12 組あることが分かる。

具体的には，

①＝㉒，②＝⑪，③＝⑱，④＝⑮，⑤＝㉔，⑥＝⑨，⑦＝⑳，
⑧＝⑬，⑩＝⑲，⑫＝㉓，⑭＝⑰，⑯＝㉑

であり，(26.32) は

左辺 ＝ ① ＋ ② － ③ － ④ － ⑤ － ⑥ ＋ ⑦ ＋ ⑧
＋ ⑥ ＋ ⑩ － ② － ⑫ － ⑧ － ⑭ ＋ ④ ＋ ⑯
＋ ⑭ ＋ ③ － ⑩ － ⑦ － ⑯ － ① ＋ ⑫ ＋ ⑤

という構造になっている。この式の値が 0 であることは一目瞭然であろう。

こうして左辺＝ 0 が証明されるので，ヤコビの恒等式 (26.32) が成り立つことが分かる。

ポアソン括弧の性質を駆使して，$f$，$g$ が保存量であるとき，ポアソン括弧 $\{f, g\}$ はどのようになるかについて考えてみよう。

$f$，$g$ が保存量であるということは，

$$\frac{df}{dt}=0, \qquad \frac{dg}{dt}=0 \tag{26.37}$$

が成り立つので，(26.11) より

$$\{f, H\}=-\frac{\partial f}{\partial t} \tag{26.38}$$

$$\{g, H\}=-\frac{\partial g}{\partial t} \tag{26.39}$$

のようになる。また，(26.11) で $f=\{f, g\}$ とすることで，

$$\frac{d}{dt}\{f, g\}=\{\{f, g\}, H\}+\frac{\partial}{\partial t}\{f, g\} \tag{26.40}$$

が得られる。

(26.40) の右辺第 1 項 $\{\{f, g\}, H\}$ を求めるために，ヤコビの恒等式

$$\{f, \{g, h\}\}+\{g, \{h, f\}\}+\{h, \{f, g\}\}=0$$

にポアソン括弧の反対称性を用いると

$$\{f, \{g, h\}\}+\{g, \{h, f\}\}-\{\{f, g\}, h\}=0 \tag{26.41}$$

$$\{\{f, g\}, h\}=\{f, \{g, h\}\}+\{g, \{h, f\}\} \tag{26.42}$$

となる。よって，$h=H$ とすると，次のようになる。

$$\begin{aligned}\{\{f, g\}, H\}&=\{f, \{g, H\}\}+\{g, \{H, f\}\}\\&=\{f, \{g, H\}\}+\{g, -\{f, H\}\}\end{aligned} \tag{26.43}$$

ここで (26.39)，(26.38) を代入すると，

$$\{\{f, g\}, H\} = \left\{f, -\frac{\partial g}{\partial t}\right\} + \left\{g, \frac{\partial f}{\partial t}\right\}$$
$$= -\left\{-\frac{\partial g}{\partial t}, f\right\} + \left\{g, \frac{\partial f}{\partial t}\right\}$$
$$= \left\{\frac{\partial g}{\partial t}, f\right\} + \left\{g, \frac{\partial f}{\partial t}\right\} \qquad (26.44)$$

となることが分かる。なお，最右辺への変形に際しては，第1項でポアソン括弧の双線形性を用いた（[26.26]）において $a=-1$，$b=0$，$f \to \dfrac{\partial g}{\partial t}$，$h \to f$）。

(26.40) の右辺第2項には，ライプニッツ則を用いる。ライプニッツ則が成り立つということは，積の微分と同じ要領で計算できるということなので，

$$\frac{\partial}{\partial t}\{f, g\} = \left\{\frac{\partial f}{\partial t}, g\right\} + \left\{f, \frac{\partial g}{\partial t}\right\}$$
$$= -\left\{g, \frac{\partial f}{\partial t}\right\} - \left\{\frac{\partial g}{\partial t}, f\right\} \qquad (26.45)$$

となる。これは，$\dfrac{\partial}{\partial t}$ を作用させた定義の式 (26.14) に対して，積の微分法及び $\dfrac{\partial}{\partial t}$ と $\dfrac{\partial}{\partial q_i}$，$\dfrac{\partial}{\partial p_i}$ が交換できることを用いることで証明することができる。

以上をまとめると，(26.40) は

$$\frac{d}{dt}\{f, g\} = \left\{\frac{\partial g}{\partial t}, f\right\} + \left\{g, \frac{\partial f}{\partial t}\right\} - \left\{g, \frac{\partial f}{\partial t}\right\} - \left\{\frac{\partial g}{\partial t}, f\right\} = 0 \qquad (26.46)$$

に帰着し，

$$\{f, g\} = 一定 \qquad (26.47)$$

という結論を得る。つまり，$f$，$g$ が保存量であるならば，そのポアソン括弧

$\{f,\ g\}$ も保存量となる。これを**ポアソンの定理**という。

このように，ポアソン括弧の性質（反対称性，双線形性，ライプニッツ則，ヤコビの恒等式）を用いると，ある程度ポアソン括弧を代数的に計算できるようになる。

ポアソン括弧の基本的性質を論じてきたので，応用へ移ろう。ポアソン括弧を用いることによる効用はいくつかあるが，正準変換への利用は特に重要な応用例となっている。というのも，或る変換が正準変換であるかどうかを，基本ポアソン括弧を用いて判定することができ，またポアソン括弧は正準変換の前後で不変に保たれることが示されるからである。

$f(q,\ p,\ t)$ の時間微分は，$\{f,\ H\}$ を用いて（26.11）で表せるので，$f$ が正準変換によって $f(Q, P, t)$ に変換された場合についても全く同様に，

$$\frac{df}{dt}=\{f, K\}_{Q,P}+\frac{\partial f}{\partial t} \tag{26.48}$$

と与えられる。ここで $K(Q,\ P,\ t)$ は変換後のハミルトニアンである。また，$\{f,\ K\}$ の右下に付けた添字は，$\{f,\ K\}$ の独立変数の組が $Q,\ P$ になっていることを表している。

$$\{f, K\}_{Q,P}=\frac{\partial f}{\partial Q_k}\frac{\partial K}{\partial P_k}-\frac{\partial f}{\partial P_k}\frac{\partial K}{\partial Q_k} \tag{26.49}$$

（26.11）と（26.48）から，

$$\frac{df}{dt}-\frac{\partial f}{\partial t}=\{f,\ H\}=\{f,\ K\}_{Q,P} \tag{26.50}$$

が得られる。以下では，

$$\{f, H\}=\{f, K\}_{Q,P} \tag{26.51}$$

が成り立っていて，簡単のため母関数が時間に陽に依存しないという前提で話を進める。

$f=Q_i$ とすると，定義から，$H$ とのポアソン括弧は

$$\{Q_i,\ H\}=\frac{\partial Q_i}{\partial q_k}\frac{\partial H}{\partial p_k}-\frac{\partial Q_i}{\partial p_k}\frac{\partial H}{\partial q_k} \tag{26.52}$$

となる。$\{q_i,\ H\}$というポアソン括弧が正準方程式になることから，$\{Q_i,\ K\}_{Q,P}$ は対応する同形の方程式，

$$\{Q_i,\ K\}_{Q,P}=\dot{Q}_i=\frac{\partial K}{\partial P_i} \tag{26.53}$$

を表すことが分かる。

母関数が時間に陽に依存しないとき，$K$ と $H$ は等しいから

$$\frac{\partial K}{\partial P_i}=\frac{\partial H}{\partial P_i}=\frac{\partial H(\{q_k\},\ \{p_k\})}{\partial P_i}=\frac{\partial H}{\partial q_k}\frac{\partial q_k}{\partial P_i}+\frac{\partial H}{\partial p_k}\frac{\partial p_k}{\partial P_i} \tag{26.54}$$

また，(26.51) より

$$\{Q_i,\ H\}=\{Q_i,\ K\}_{Q,P} \tag{26.55}$$

が成り立つので，(26.52) と (26.54) は等しくなる。

$$\frac{\partial Q_i}{\partial q_k}\frac{\partial H}{\partial p_k}-\frac{\partial Q_i}{\partial p_k}\frac{\partial H}{\partial q_k}=\frac{\partial H}{\partial q_k}\frac{\partial q_k}{\partial P_i}+\frac{\partial H}{\partial p_k}\frac{\partial p_k}{\partial P_i} \tag{26.56}$$

これの両辺を比較することにより，

$$\frac{\partial Q_i}{\partial q_k}=\frac{\partial p_k}{\partial P_i} \tag{26.57}$$

$$\frac{\partial Q_i}{\partial p_k} = -\frac{\partial q_k}{\partial P_i} \tag{26.58}$$

という，正準変換の前後関係を表す式を得る。なお，これらは次のように正準変換の関係式を直接微分することによっても導くことができるから，母関数が時間に陽に依存する場合にも成り立つ。

$$\begin{aligned}\frac{\partial Q_i}{\partial q_k} &= \frac{\partial}{\partial q_k}\left(\frac{\partial W_2}{\partial P_i}\right) \\ &= \frac{\partial}{\partial P_i}\left(\frac{\partial W_2}{\partial q_k}\right) = \frac{\partial p_k}{\partial P_i}\end{aligned} \tag{26.59}$$

$$\begin{aligned}\frac{\partial Q_i}{\partial p_k} &= \frac{\partial}{\partial p_k}\left(\frac{\partial W_4}{\partial P_i}\right) \\ &= \frac{\partial}{\partial P_i}\left(\frac{\partial W_4}{\partial p_k}\right) = \frac{\partial}{\partial P_i}(-q_k) \\ &= -\frac{\partial q_k}{\partial P_i}\end{aligned} \tag{26.60}$$

同様の計算を $f = P_i$ についても行なう。定義より，$H$とのポアソン括弧は

$$\{P_i,\ H\} = \frac{\partial P_i}{\partial q_k}\frac{\partial H}{\partial p_k} - \frac{\partial P_i}{\partial p_k}\frac{\partial H}{\partial q_k} \tag{26.61}$$

となり，$\{p_i,\ H\}$ が正準方程式になることから，$\{P_i,\ K\}_{Q,P}$ からも同形の

$$\{P_i,\ K\}_{Q,P} = \dot{P}_i = -\frac{\partial K}{\partial Q_i} \tag{26.62}$$

が導かれる。母関数が時間に陽に依存しないとき，$K = H$ であるので，

$$\begin{aligned}-\frac{\partial K}{\partial Q_i} &= -\frac{\partial H}{\partial Q_i} = -\frac{\partial H(\{q_k\},\ \{p_k\})}{\partial Q_i} \\ &= -\frac{\partial H}{\partial q_k}\frac{\partial q_k}{\partial Q_i} - \frac{\partial H}{\partial p_k}\frac{\partial p_k}{\partial Q_i}\end{aligned} \tag{26.63}$$

と計算できる。

(26.51) より,

$$\{P_i, H\} = \{P_i, K\}_{Q,P} \tag{26.64}$$

となるから, (26.61) と (26.63) は等しく,

$$\frac{\partial P_i}{\partial q_k}\frac{\partial H}{\partial p_k} - \frac{\partial P_i}{\partial p_k}\frac{\partial H}{\partial q_k} = -\frac{\partial H}{\partial q_k}\frac{\partial q_k}{\partial Q_i} - \frac{\partial H}{\partial p_k}\frac{\partial p_k}{\partial Q_i} \tag{26.65}$$

が成り立つ。これの両辺を比較することにより,

$$\frac{\partial P_i}{\partial q_k} = -\frac{\partial p_k}{\partial Q_i} \tag{26.66}$$

$$\frac{\partial P_i}{\partial p_k} = \frac{\partial q_k}{\partial Q_i} \tag{26.67}$$

を得る。これらもまた, 正準変換の関係式を直接微分することによって導ける。

$$\begin{aligned}\frac{\partial P_i}{\partial q_k} &= \frac{\partial}{\partial q_k}\left(-\frac{\partial W_1}{\partial Q_i}\right)\frac{\partial p_k}{\partial P_i} \\ &= -\frac{\partial}{\partial Q_i}\left(\frac{\partial W_1}{\partial q_k}\right) = -\frac{\partial p_k}{\partial Q_i}\end{aligned} \tag{26.68}$$

$$\begin{aligned}\frac{\partial P_i}{\partial p_k} &= \frac{\partial}{\partial p_k}\left(-\frac{\partial W_3}{\partial Q_i}\right) \\ &= -\frac{\partial}{\partial Q_i}\left(\frac{\partial W_3}{\partial p_k}\right) = -\frac{\partial}{\partial Q_i}(-q_k) \\ &= \frac{\partial q_k}{\partial Q_i}\end{aligned} \tag{26.69}$$

以上のことを用いて, 変換後の正準変数 $Q$, $P$ 間の基本ポアソン括弧を計

算すると，それぞれ次のようになる。

$$\{Q_i,\ Q_j\} = \frac{\partial Q_i}{\partial q_k}\frac{\partial Q_j}{\partial p_k} - \frac{\partial Q_i}{\partial p_k}\frac{\partial Q_j}{\partial q_k}$$

$$= \frac{\partial Q_i}{\partial q_k}\left(-\frac{\partial q_k}{\partial P_j}\right) - \frac{\partial Q_i}{\partial p_k}\frac{\partial p_k}{\partial P_j}$$

$$= -\left(\frac{\partial Q_i}{\partial q_k}\frac{\partial q_k}{\partial P_j} + \frac{\partial Q_i}{\partial p_k}\frac{\partial p_k}{\partial P_j}\right)$$

$$= -\frac{\partial Q_i(q,\ p)}{\partial P_j} = -\frac{\partial Q_i}{\partial P_j} = 0 = \{q_i,\ q_j\} \tag{26.70}$$

$$\{Q_i,\ P_j\} = \frac{\partial Q_i}{\partial q_k}\frac{\partial P_j}{\partial p_k} - \frac{\partial Q_j}{\partial p_k}\frac{\partial P_j}{\partial q_k}$$

$$= \frac{\partial Q_i}{\partial q_k}\frac{\partial q_k}{\partial Q_j} - \frac{\partial Q_j}{\partial p_k}\left(-\frac{\partial p_k}{\partial Q_j}\right)$$

$$= \frac{\partial Q_i}{\partial q_k}\frac{\partial q_k}{\partial Q_j} + \frac{\partial Q_j}{\partial p_k}\frac{\partial p_k}{\partial Q_j}$$

$$= \frac{\partial Q_i(q,\ p)}{\partial Q_j} = \frac{\partial Q_i}{\partial Q_j} = \delta_{ij} = \{q_i,\ p_j\} \tag{26.71}$$

$$\{P_i,\ P_j\} = \frac{\partial P_i}{\partial q_k}\frac{\partial P_j}{\partial p_k} - \frac{\partial P_i}{\partial p_k}\frac{\partial P_j}{\partial q_k}$$

$$= \frac{\partial P_i}{\partial q_k}\frac{\partial q_k}{\partial Q_j} - \frac{\partial P_i}{\partial p_k}\left(-\frac{\partial p_k}{\partial Q_j}\right)$$

$$= \frac{\partial P_i}{\partial q_k}\frac{\partial q_k}{\partial Q_j} + \frac{\partial P_i}{\partial p_k}\frac{\partial p_k}{\partial Q_j}$$

$$= \frac{\partial P_i(q,\ p)}{\partial Q_j} = \frac{\partial P_i}{\partial Q_j} = 0 = \{p_i,\ p_j\} \tag{26.72}$$

(26.70) では 2 番目の等号で (26.58)，(26.57) を，(26.71) と (26.72) では 2 番目の等号で (26.67)，(26.66) を用いた。

こうして得られた式（26.70）～（26.72）は，基本ポアソン括弧が正準変換後についてもそのまま成立していることを示す。つまり，変換 $(q, p)\to(Q, P)$ が正準変換であるなら，変換の前後で基本ポアソン括弧が変わることはない。

これは逆も成り立つので，変換後において（26.70）～（26.72）が成り立つことは，変換 $(q, p)\to(Q, P)$ が正準変換であることの必要十分条件になっている（3 式のいずれかでは不足で，全て成り立っていなければならない）。変換前には常に基本ポアソン括弧（26.16），（26.17），（26.19）が成り立っているので，変換後に（26.70）～（26.72）を計算し，変換前と等しくなるかどうかを調べれば，任意の変数変換が正準変換であるかどうかを判定することが可能となる。

ここで分かったことは，正準変換の前後において基本ポアソン括弧が不変に保たれるということであるが，この結論を一般化し，基本ポアソン括弧に限らず，正準変換の前後においてポアソン括弧は不変に保たれる，すなわち

$$\{f, g\}=\{f, g\}_{Q,P} \tag{26.73}$$

が任意の $f$，$g$ に対して一般に成り立つのではないかと予想しよう。(26.73) は（26.51）の一般化であるが，（26.3）が（26.14）に一般化された経緯を考えれば，妥当な推論と言えよう。

この予想が正しいことは，次のように確かめられる。ポアソン括弧 (26.14)

$$\{f, g\}=\frac{\partial f}{\partial q_k}\frac{\partial g}{\partial p_k}-\frac{\partial f}{\partial p_k}\frac{\partial g}{\partial q_k}$$

の $f$，$g$ を

$$f=f(\{Q_i\}, \{P_i\}, t), \qquad g=g(\{Q_j\}, \{P_j\}, t) \tag{26.74}$$

とおいて全微分すると，

$$
\begin{aligned}
\{f,\ g\} = &\left(\frac{\partial f}{\partial Q_i}\frac{\partial Q_i}{\partial q_k}+\frac{\partial f}{\partial P_i}\frac{\partial P_i}{\partial q_k}+\frac{\partial f}{\partial t}\frac{\partial t}{\partial q_k}\right)\left(\frac{\partial g}{\partial Q_j}\frac{\partial Q_j}{\partial p_k}+\frac{\partial g}{\partial P_j}\frac{\partial P_j}{\partial p_k}+\frac{\partial g}{\partial t}\frac{\partial t}{\partial p_k}\right) \\
&-\left(\frac{\partial f}{\partial Q_i}\frac{\partial Q_i}{\partial p_k}+\frac{\partial f}{\partial P_i}\frac{\partial P_i}{\partial p_k}+\frac{\partial f}{\partial t}\frac{\partial t}{\partial p_k}\right)\left(\frac{\partial g}{\partial Q_j}\frac{\partial Q_j}{\partial q_k}+\frac{\partial g}{\partial P_j}\frac{\partial P_j}{\partial q_k}+\frac{\partial g}{\partial t}\frac{\partial t}{\partial q_k}\right) \\
= &\left(\frac{\partial f}{\partial Q_i}\frac{\partial Q_i}{\partial q_k}+\frac{\partial f}{\partial P_i}\frac{\partial P_i}{\partial q_k}+0\right)\left(\frac{\partial g}{\partial Q_j}\frac{\partial Q_j}{\partial p_k}+\frac{\partial g}{\partial P_j}\frac{\partial P_j}{\partial p_k}+0\right) \\
&-\left(\frac{\partial f}{\partial Q_i}\frac{\partial Q_i}{\partial p_k}+\frac{\partial f}{\partial P_i}\frac{\partial P_i}{\partial p_k}+0\right)\left(\frac{\partial g}{\partial Q_j}\frac{\partial Q_j}{\partial q_k}+\frac{\partial g}{\partial P_j}\frac{\partial P_j}{\partial q_k}+0\right) \\
= &\frac{\partial f}{\partial Q_i}\frac{\partial Q_i}{\partial q_k}\frac{\partial g}{\partial Q_j}\frac{\partial Q_j}{\partial p_k}+\frac{\partial f}{\partial Q_i}\frac{\partial Q_i}{\partial q_k}\frac{\partial g}{\partial P_j}\frac{\partial P_j}{\partial p_k} \\
&+\frac{\partial f}{\partial P_i}\frac{\partial P_i}{\partial q_k}\frac{\partial g}{\partial Q_j}\frac{\partial Q_j}{\partial p_k}+\frac{\partial f}{\partial P_i}\frac{\partial P_i}{\partial q_k}\frac{\partial g}{\partial P_j}\frac{\partial P_j}{\partial p_k} \\
&-\frac{\partial f}{\partial Q_i}\frac{\partial Q_i}{\partial p_k}\frac{\partial g}{\partial Q_j}\frac{\partial Q_j}{\partial q_k}-\frac{\partial f}{\partial Q_i}\frac{\partial Q_i}{\partial p_k}\frac{\partial g}{\partial P_j}\frac{\partial P_j}{\partial q_k} \\
&-\frac{\partial f}{\partial P_i}\frac{\partial P_i}{\partial p_k}\frac{\partial g}{\partial Q_j}\frac{\partial Q_j}{\partial q_k}-\frac{\partial f}{\partial P_i}\frac{\partial P_i}{\partial p_k}\frac{\partial g}{\partial P_j}\frac{\partial P_j}{\partial q_k} \\
= &\frac{\partial f}{\partial Q_i}\frac{\partial g}{\partial Q_j}\left(\frac{\partial Q_i}{\partial q_k}\frac{\partial Q_j}{\partial p_k}-\frac{\partial Q_i}{\partial p_k}\frac{\partial Q_j}{\partial q_k}\right) \\
&+\frac{\partial f}{\partial Q_i}\frac{\partial g}{\partial P_j}\left(\frac{\partial Q_i}{\partial q_k}\frac{\partial P_j}{\partial p_k}-\frac{\partial Q_i}{\partial p_k}\frac{\partial P_j}{\partial q_k}\right) \\
&+\frac{\partial f}{\partial P_i}\frac{\partial g}{\partial Q_j}\left(\frac{\partial P_i}{\partial q_k}\frac{\partial Q_j}{\partial p_k}-\frac{\partial P_i}{\partial p_k}\frac{\partial Q_j}{\partial q_k}\right) \\
&+\frac{\partial f}{\partial P_i}\frac{\partial g}{\partial P_j}\left(\frac{\partial P_i}{\partial q_k}\frac{\partial P_j}{\partial p_k}-\frac{\partial P_i}{\partial p_k}\frac{\partial P_j}{\partial q_k}\right)
\end{aligned}
$$

$$
= \frac{\partial f}{\partial Q_i}\frac{\partial g}{\partial Q_j}\{Q_i,\ Q_j\} + \frac{\partial f}{\partial Q_i}\frac{\partial g}{\partial P_j}\{Q_i,\ P_j\}
$$

$$
+ \frac{\partial f}{\partial P_i}\frac{\partial g}{\partial Q_j}\{P_i,\ Q_j\} + \frac{\partial f}{\partial P_i}\frac{\partial g}{\partial P_j}\{P_i,\ P_j\} \tag{26.75}
$$

となる。ここで，(26.70)～(26.72) を用いて整理し，さらに $i=j$ としてクロネッカーのデルタを 1 に変えると，最終的に次式へ帰着する。

$$
\{f,\ g\} = 0 + \frac{\partial f}{\partial Q_i}\frac{\partial g}{\partial P_j}\delta_{ij} + \frac{\partial f}{\partial P_i}\frac{\partial g}{\partial Q_j}(-\delta_{ij}) + 0
$$

$$
= \frac{\partial f}{\partial Q_i}\frac{\partial g}{\partial P_i} - \frac{\partial f}{\partial P_i}\frac{\partial g}{\partial Q_i} = \{f,\ g\}_{Q,P} \tag{26.76}
$$

こうして，どのような正準変数に対しても，正準変換の前後でポアソン括弧は不変に保たれること，すなわちポアソン括弧が正準不変量であることが示された。つまり，ポアソン括弧の右下に付けていた $Q$，$P$ の添字は不要であったことになる。

23 節で述べた正準変換の定義は，「正準方程式と同形の運動方程式を満たすように，或る正準変数の組 $(q,\ p)$ を別の正準変数の組 $(Q,\ P)$ へ変換すること」であったが，ここで証明された (26.73) の立場から，正準変換を「ポアソン括弧が不変に保たれるように，或る正準変数の組 $(q,\ p)$ を別の正準変数の組 $(Q_i, P_i)$ へ変換すること」と再定義することができる [30]。

最後に，無限小変換との関係を考察しておこう。無限小変換は正準変換の一種であるから，ポアソン括弧は任意の無限小変換に対しても不変となる（章末問題［8］）。

また，時間に陽に依存しない任意の物理量 $f(q,\ p)$ がそれぞれわずかに $\delta q$，

30　実際，文献［69］7.1.3 では，正準変換の定義として「正準方程式と同形の運動方程式を満たすような変換」では広すぎ，「ポアソン括弧を不変に保つような変換」の方がふさわしいという旨が述べられている。

$\delta p$ だけ変化したとき（無限小変換），$f(q+\delta q,\ p+\delta p)$ のテイラー展開は(24.17)，(24.18) より

$$
\begin{aligned}
&f(q+\delta q,\ p+\delta p)\\
&\qquad = f\left(q+\varepsilon\frac{\partial G}{\partial p},\ p-\varepsilon\frac{\partial G}{\partial q}\right)\\
&\qquad = f(q,\ p)+f'_q(q,\ p)\,\varepsilon\frac{\partial G}{\partial p}+f'_p(q,\ p)\left(-\varepsilon\frac{\partial G}{\partial q}\right)+(\varepsilon\text{の2次以上})
\end{aligned}
\tag{26.77}
$$

となる（$G$ は無限小変換の母関数）。

$\varepsilon$ は微小量であるから，$\varepsilon$ の1次の項までで展開を打ち切ると

$$
\begin{aligned}
f(q+\delta q,\ p+\delta p) &\simeq f(q,\ p)+f'_{q_k}(q,\ p)\,\varepsilon\frac{\partial G}{\partial p_k}+f'_{p_k}(q,\ p)\left(-\varepsilon\frac{\partial G}{\partial q_k}\right)\\
&= f(q,\ p)+\varepsilon\frac{\partial f(q,\ p)}{\partial q_k}\frac{\partial G}{\partial p_k}-\varepsilon\frac{\partial f(q,\ p)}{\partial p_k}\frac{\partial G}{\partial q_k}\\
&= f(q,\ p)+\varepsilon\left(\frac{\partial f}{\partial q_k}\frac{\partial G}{\partial p_k}-\frac{\partial f}{\partial p_k}\frac{\partial G}{\partial q_k}\right)\\
&= f(q,\ p)+\varepsilon\{f,\ G\}
\end{aligned}
\tag{26.78}
$$

と書ける。

この式から

$$
\begin{aligned}
\delta f &= f(q+\delta q,\ p+\delta p)-f(q,\ p)\\
&= \varepsilon\{f,\ G\}
\end{aligned}
\tag{26.79}
$$

が言えるので，$f=q_i$ とおけば，ポアソン括弧

$$\varepsilon\{f,\ G\}=\varepsilon\{q_i,\ G\}=\varepsilon\left(\frac{\partial q_i}{\partial q_k}\frac{\partial G}{\partial p_k}-\frac{\partial q_i}{\partial p_k}\frac{\partial G}{\partial q_k}\right)$$

$$=\varepsilon\delta_{ik}\frac{\partial G}{\partial p_k}-0=\varepsilon\frac{\partial G}{\partial p_i}=\delta q_i \tag{26.80}$$

が無限小変換の式（24.17）を表すことが分かる。$f=p_i$ の場合も同様に，ポアソン括弧 $\varepsilon\{p_i,\ G\}$ が（24.18）となる。

$G$ が時間に陽に依存しない場合，$G$ の時間に関する全微分は（26.11）より

$$\frac{dG}{dt}=\{G,\ H\}=-\{H,\ G\} \tag{26.81}$$

となるので，$f=H$ とすると，上式と（26.79）より

$$\delta H=\varepsilon\{H,\ G\}=-\varepsilon\frac{dG}{dt} \tag{26.82}$$

が得られる。このとき $\delta H$ は無限小変換によるハミルトニアンの変化を意味している。

（26.82）から，$\delta H=0$ であれば $\dfrac{dG}{dt}=0$ となるので，$G$ は保存量である[31]。従って，$\delta H=0$ が成り立つということは，無限小変換の母関数がハミルトニアンを変化させない（不変に保つ）ということでもある。

これによって，或る変換を受けたときのハミルトニアンの不変性は，無限小変換の母関数と有機的に結びついていることが分かる。

31　この「$\delta H=0 \Rightarrow G$ は保存量である」という主張は，ネーターの定理と同一の内容であるから，この命題もネーターの定理と言う場合がある。

27.

# ハミルトン＝ヤコビ方程式

正準変換 $(q,\ p) \to (Q,\ P)$ を用いて，正準方程式の解 $q$，$p$ を求める方法について考えよう。正準変換の前に成り立っていた正準方程式は，変換後でも同じ形で成り立っているので，変換後の正準変数 $Q$，$P$ は

$$\dot{P}_i = -\frac{\partial K}{\partial Q_i} \tag{27.1}$$

$$\dot{Q}_i = \frac{\partial K}{\partial P_i} \tag{27.2}$$

を満たす。また，任意の母関数に対して，変換後のハミルトニアン $K$ は

$$K = \frac{\partial W}{\partial t} + H \tag{27.3}$$

で与えられる。

正準方程式の解 $q$，$p$ を求めるためには，(27.3) の $K$ が可能な限り簡単な形になる正準変換を行なう必要があるのだが，そのような正準変換は後で見つけることにして，とりあえず $K$ が単純な形になったと仮定する。

つまり，この段階では $K$ をどのように決めても良いわけである。そこで，思いきって $K=0$ とする。このように考えると，正準方程式の解 $q$，$p$ を求めるという問題を，$K=0$ となるような正準変換の母関数を求める問題に書き換えることができるようになるのである。このアイデアは，正準方程式を解くための方法としてヤコビが提示したもので，**ヤコビの解法**と呼ばれる。

$K=0$ であれば，(27.1) と (27.2) はそれぞれ

$$\dot{P}_i = \frac{dP_i}{dt} = 0 \tag{27.4}$$

$$\dot{Q}_i = \frac{dQ_i}{dt} = 0 \tag{27.5}$$

となることが直ちに分かるので，$Q_i$，$P_i$ は

$$P_i = \text{一定} = \alpha_i \quad (\text{定数}) \tag{27.6}$$

$$Q_i = \text{一定} = \beta_i \quad (\text{定数}) \tag{27.7}$$

と求まる。ここで $\alpha_i$，$\beta_i$ は初期条件によって決まる定数で，**正準定数**という（積分定数に相当）。$\alpha$, $\beta$ の対応関係は $Q$，$P$ ではなく $P$，$Q$ であるが，アルファベット順の $P$, $Q$ がギリシャ文字の順 $\alpha$，$\beta$ に対応していると考えれば間違えることはないであろう。

また，$K=0$ のとき (27.3) は

$$\frac{\partial W}{\partial t} + H = 0 \tag{27.8}$$

となるが，これは $W$ を解とする 1 階偏微分方程式である。(27.8) の意味で用いる母関数 $W$ を特に**ハミルトンの主関数**といい，$S$ で表す。

$$\frac{\partial S}{\partial t} + H = 0 \tag{27.9}$$

ハミルトニアンの関数形は $H=H(q,\ p,\ t)$ であるが，正準変換の関係式（(23.15) または (23.31)）を用いると，$p_i$ は

$$p_i = \frac{\partial W}{\partial q_i} = \frac{\partial S}{\partial q_i} \tag{27.10}$$

というように，$S$ を用いて表せる。

従って，(27.9) のハミルトニアンの関数形は

$$\begin{aligned} H &= H(q,\ p,\ t) \\ &= H\left(q,\ \frac{\partial S}{\partial q},\ t\right) \end{aligned} \tag{27.11}$$

となる。

(27.11) を (27.9) に代入することで，次の偏微分方程式を得る。

$$\frac{\partial S}{\partial t} + H\left(q,\ \frac{\partial S}{\partial q},\ t\right) = 0 \tag{27.12}$$

これを**ハミルトン＝ヤコビ方程式**という。

(27.12) は，$q_i\,(i=1,\ 2,\ \cdots,\ f)$ と $t$ の $f+1$ 個を（独立）変数とする偏微分方程式で，詳しく書けば

$$\frac{\partial S}{\partial t} + H\left(q_1,\ q_2,\ \cdots,\ q_f,\ \frac{\partial S}{\partial q_1},\ \frac{\partial S}{\partial q_2},\ \cdots,\ \frac{\partial S}{\partial q_f},\ t\right) = 0 \tag{27.13}$$

となる。ハミルトン＝ヤコビ方程式は，変数がどれだけ増えたとしても 1 本の偏微分方程式のままであり，連立微分方程式になったりしないので，$S$ を通して（座標に関する）数多くの初期条件に対応する複数の運動を 1 つの式 (27.13) でまとめて扱うことができる。

続いて，$S$ の関数形を決定する。導出の過程で既に (27.10) を使っているので，(27.10) が成り立つような $W$（つまり $W_1(q,\ Q,\ t)$ と $W_2(q,\ P,\ t)$ のい

ずれか)と $S$ の関数形は同じ形でなければならない。逆に言うと $W_1(q,\ Q,\ t)$ と $W_2(q,\ P,\ t)$ のどちらを選んでも良いということなので，与えられる関係式の単純さから $W_2(q,\ P,\ t)$ を採用する。すなわち $S$ の関数形を

$$S = S(q,\ P,\ t) = S(q,\ \alpha,\ t) \tag{27.14}$$

で定める。

ところで，$S$ の意味に関して 1 つ注意点があるので，それについて先に述べておく。

(27.14) の時間に関する全微分は

$$\frac{dS(q,\ \alpha,\ t)}{dt} = \frac{\partial S}{\partial q_i}\frac{dq_i}{dt} + \frac{\partial S}{\partial \alpha_i}\frac{d\alpha_i}{dt} + \frac{\partial S}{\partial t}\frac{dt}{dt} \tag{27.15}$$

であるが，$\alpha$ が定数であることを考慮し，(27.10) と (27.9) を代入すると上式は

$$\begin{aligned}\frac{dS(q,\ \alpha,\ t)}{dt} &= \frac{\partial S}{\partial q_i}\dot{q}_i + 0 + \frac{\partial S}{\partial t} \\ &= p_i\dot{q}_i - H = L\end{aligned} \tag{27.16}$$

に帰着し，ラグランジアンが登場する。

時間微分してラグランジアンになるのだから，$S(q,\ \alpha,\ t)$ は

$$S(q,\ \alpha,\ t) = \int L dt \tag{27.17}$$

となる。右辺の表式は積分範囲が指定されていない作用積分であるから，ハミルトンの主関数は定数項を加える任意性を除けば作用と一致する。ハミルトンの主関数を表す文字に $S$ が選ばれるのは，このような事情による。

しかし，ハミルトンの主関数は運動方程式（ハミルトン＝ヤコビ方程式）

から導かれるものに過ぎず，運動方程式本体を導く能力を持つ作用積分とは全くの別物である。そもそも解 $q_i(t)$ が求まっていないと，(27.15)〜(27.17) を得ることはできないのであるから，解を求めるために（27.17）を使うわけにはいかない。また，作用積分は定積分であり，関数 $q_i(t)$ を変数とする汎関数（関数の関数）であるが，ハミルトンの主関数は不定積分であるから，その名の通りただの関数である。

それでは（27.14）に話を戻そう。(27.14) は

$$S=S(\{q_i\},\ \{\alpha_i\},\ t)=S(q_1,\ q_2,\ \cdots,\ q_f,\ \alpha_1,\ \alpha_2,\ \cdots,\ \alpha_f,\ t) \quad (27.18)$$

という，$f+1$ 個の変数（$q_i$ と $t$），$f$ 個の定数（$\alpha_i$）から成るハミルトン=ヤコビ方程式の一般解となっている。

但し，ハミルトン=ヤコビ方程式を見て分かるように，$S$ は（偏）微分した形でしか出てこないのであるから，この $S$ には任意定数を加える任意性が残されている。その任意定数を $f+1$ 番目の定数 $\alpha_{f+1}$ とすると，ハミルトン=ヤコビ方程式の解は

$$S=S(q_1,\ q_2,\ \cdots,\ q_f,\ \alpha_1,\ \alpha_2,\ \cdots,\ \alpha_f,\ t)+\alpha_{f+1} \quad (27.19)$$

と書ける。

こうして，独立変数の個数と積分定数の個数が一致するようになった。この意味において（27.19）を，ハミルトン=ヤコビ方程式の**完全解**という。

完全解（27.19）が求まれば，$W_2(q,\ P,\ t)$ が与える正準変換の関係式

$$Q_i=\frac{\partial W_2}{\partial P_i}$$

から

$$\beta_i=\frac{\partial S}{\partial \alpha_i} \quad (27.20)$$

が計算でき，

$$p_i = \frac{\partial S}{\partial q_i}$$

と連立することにより，正準方程式の解

$$q_i = q_i(Q, P, t) = q_i(\beta, \alpha, t) \tag{27.21}$$

$$p_i = p_i(Q,\ P,\ t) = p_i(\beta,\ \alpha,\ t) \tag{27.22}$$

が得られる。すなわち，ハミルトン＝ヤコビ方程式の完全解が分かれば，正準方程式を解くことができる（ヤコビの解法）。

ところで，ハミルトニアンが時間に陽に依存しないとき，ハミルトン＝ヤコビ方程式は

$$\frac{\partial S}{\partial t} + H\left(q,\ \frac{\partial S}{\partial q}\right) = 0 \tag{27.23}$$

と書ける。これに（27.14）を代入すれば

$$\frac{\partial S(q,\ \alpha,\ t)}{\partial t} + H\left(q,\ \frac{\partial S(q, \alpha, t)}{\partial q}\right) = 0 \tag{27.24}$$

となる。

この $S(q,\ \alpha,\ t)$ が $q$ の関数 $W(q,\ \alpha)$ と，$t$ のみの関数 $\Theta(t)$ の足し合わせ，

$$S(q,\ \alpha,\ t) = W(q,\ \alpha) + \Theta(t) \tag{27.25}$$

で表せたとしよう。ハミルトン＝ヤコビ方程式（27.12）を，引数を省略して

$$H = -\frac{\partial S}{\partial t} \tag{27.26}$$

と書き，(27.25) を代入すると

$$H = -\frac{\partial}{\partial t}\{W(q,\ \alpha) + \Theta(t)\}$$
$$= -\frac{\partial \Theta(t)}{\partial t} = -\frac{d\Theta}{dt} \tag{27.27}$$

となる (最右辺への変形では，変数が 1 個であることから常微分に直した)。

そして，ハミルトニアンが時間に陽に依存しないとき，ハミルトニアンは全エネルギーを表すこと ($H = E$) を用いると，(27.27) は

$$\frac{d\Theta}{dt} = -E \tag{27.28}$$

となるので，これを積分して

$$\Theta = -\int E dt = -Et + C \tag{27.29}$$

を得る。$C$ は積分定数であるが，ここでの $C$ は $\alpha_{f+1}$ と同じく付加的なものであって，理論の構成に影響を与えるようなものではないから $C = 0$ として良い。

従って，(27.25) は

$$S(q,\ \alpha,\ t) = W(q,\ \alpha) - Et \tag{27.30}$$

となり，$W$ は偏微分方程式

$$E = H\left(q,\ \frac{\partial W}{\partial q}\right) \tag{27.31}$$

の解となる。(27.31) はハミルトニアンが時間に陽に依存しない場合のハミ

ルトン=ヤコビ方程式で，(27.31) の解としての $W$ を**ハミルトンの特性関数**という[32]。

ハミルトン=ヤコビ方程式もまた，古典力学の定式化の1つであり，その性質上，ニュートン力学，ラグランジュ形式，及びハミルトン形式のいずれとも異なった理論形式となっている。

例えば，ハミルトン=ヤコビ方程式の解（27.30）の値が一定になるような面 $\mathrm{C}(t)$ を考える。運動量の表式，

$$p = \frac{\partial S(q,\ \alpha,\ t)}{\partial q} = \frac{\partial W(q,\ \alpha)}{\partial q} \tag{27.32}$$

を3次元へ拡張すると

$$\boldsymbol{p} = \nabla S(\boldsymbol{r}, t) = \nabla W(\boldsymbol{r}) \tag{27.33}$$

となるが，このときの運動の方向は図のように，$S$ = 一定の曲面 $\mathrm{C}(t)$ の法線方向（曲面 $\mathrm{C}(t)$ に垂直な向き）となっている。

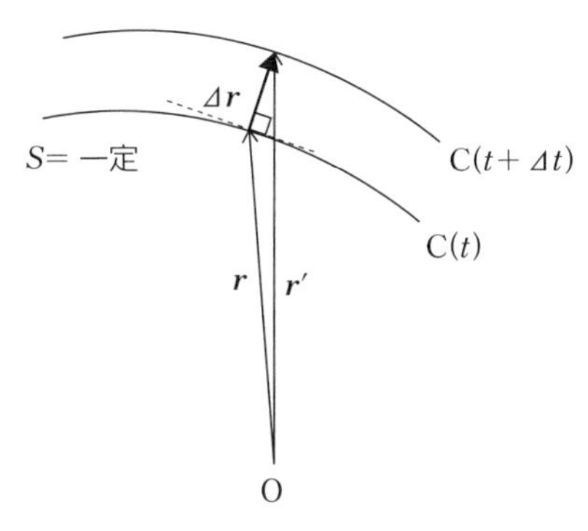


この $S$= 一定の曲面 $\mathrm{C}(t)$ が進む速さ（正準方程式を立ててみれば分かるよ

32　文献によっては，本書での $S$（ハミルトンの主関数）と $W$（ハミルトンの特性関数）の記号の使い方が逆になっている場合があるので，注意していただきたい（例えば，文献［1］，［6］，［14］，［33］，［40］など）。

うに，質点の速さとは異なる）を求めよう。$S$ が一定であるので，

$$\frac{dS}{dt}=0 \tag{27.34}$$

である。(27.16) より，(23.34) の左辺はラグランジアンと等しいから，上式は

$$p_i\dot{q}_i-H=\boldsymbol{p}\cdot\boldsymbol{v}-E=0 \tag{27.35}$$

と書ける（エネルギーが保存するので，$H=E$）。従って，曲面 $\mathrm{C}(t)$ の進む速さ $v$ は

$$v=\frac{E}{p} \tag{27.36}$$

となる。

(21.61) より，作用 $S$ は

$$S=\int_{q_1}^{q_2}p\,dq-\int_{t_1}^{t_2}H\,dt$$

と変形されるが，(27.36) を用いると，この場合の最小作用の原理は

$$\delta S=\delta\int_{q_1}^{q_2}\frac{E}{v}dq=0 \tag{27.37}$$

と書ける（エネルギーが保存するので第1項のみが残る）。

これは幾何光学におけるフェルマーの原理（[13.12]），

$$\delta T=\delta\int_{P}^{Q}\frac{n}{c}ds=0$$

と完全に対応した式であり，$S=$ 一定の曲面 $\mathrm{C}(t)$ は，運動の軌道を光線（等

位相面の法線）と見たときの波面（等位相面）に相当することを示している。

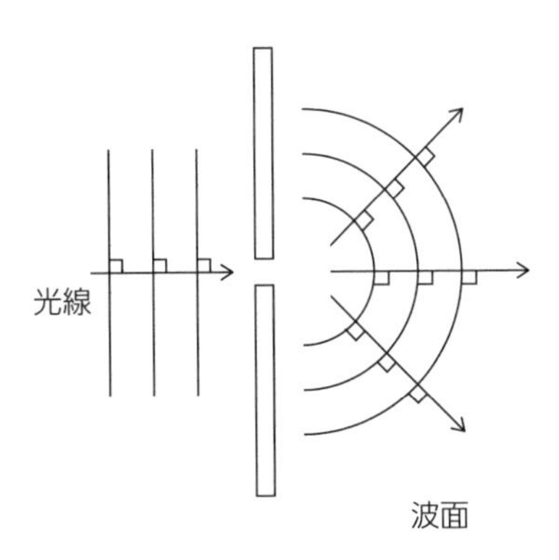


このように，ハミルトン＝ヤコビ方程式は粒子の運動を波動論の視点から表現することのできる（古典力学の中では唯一の）理論形式である。

ハミルトン＝ヤコビ方程式の登場によって，力学の根底には或る種の波動現象が潜んでいるのではないか，さらに幾何光学が光の波動性を無視した場合の近似理論であったように，古典力学は粒子の波動性を無視した場合の近似理論なのではないか，という壮大な疑問符が物理学に突きつけられることとなった。これらの問題はのちに，**量子力学**の誕生によって肯定的に解決される。

最後に，ハミルトンの特性関数 $W(q,\ \alpha)$ が母関数となるような正準変換を考えよう。$\alpha=P$ という対応を考えれば，$W_2(q,\ P)$ による関係式（23.31），(23.32) をそのまま用いることができるから，$W(q,\ \alpha)$ の時間に関する全微分は

$$\frac{dW}{dt}=\frac{\partial W}{\partial q_i}\frac{dq_i}{dt}+\frac{\partial W}{\partial \alpha_i}\frac{d\alpha_i}{dt}=p_i\frac{dq_i}{dt}+0 \tag{27.38}$$

となる。

両辺に $dt$ を掛けると

$$dW = p_i dq_i \tag{27.39}$$

となるから，この場合のハミルトンの特性関数は

$$W = \int p_i dq_i \tag{27.40}$$

である。

(27.40) を $q_i$ の式 (23.32) に代入すると，

$$Q_i = \frac{\partial W}{\partial P_i} = \frac{\partial}{\partial \alpha_i}\int p_i dq_i \tag{27.41}$$

が得られる。

ここからは，自由度 1 の周期的回転運動を考える。一般に $Q$ は $t$ の関数であるから，時刻 $t$ における $Q$ から，1 周期 $T$ が経過した時刻 $t+T$ のときの $Q$ に変化したとき，その変化 $\Delta Q$ は (27.41) より

$$\begin{aligned}\Delta Q &= Q(t+T) - Q(t)\\ &= \frac{\partial}{\partial \alpha}\oint p dq\end{aligned} \tag{27.42}$$

となる。$t$ から $t+T$ への（1 周期分の）変化ということで，(27.41) の積分は周回積分（1 周期の運動のトラジェクトリーに沿った線積分）となるわけである。21 節で定義した作用変数を用いると，(27.42) は

$$\Delta Q = \frac{\partial J}{\partial \alpha} \tag{27.43}$$

と書ける。

一方，(27.30) を (27.20) に代入すると

$$\beta = \frac{\partial}{\partial \alpha}\{W(q, \alpha) - Et\}$$
$$= \frac{\partial W}{\partial \alpha} - \frac{\partial E}{\partial \alpha} t \tag{27.44}$$

となるが[33]，$\beta$ も $\frac{\partial W}{\partial \alpha}$ も或る $Q_i$ を表すので，両者の差をとって $t$ を $T(=t+T-t)$ に変えれば $Q$ の変化 $\Delta Q$ が得られるであろう。すなわち，(27.44) は

$$\Delta Q = \frac{\partial W}{\partial \alpha} - \beta = \frac{\partial E}{\partial \alpha} T \tag{27.45}$$

と変形できるので，(27.43) と (27.45) を等置すれば，

$$\frac{\partial J}{\partial \alpha} = \frac{\partial E}{\partial \alpha} T \tag{27.46}$$

となる。

ここで，右辺を

$$\frac{\partial E}{\partial \alpha} T = \frac{\partial E}{\partial P} T = \omega T \tag{27.47}$$

として，角振動数（角速度）に対応するように $T$ を定めることにすると，

$$T = \frac{2\pi}{\omega} \tag{27.48}$$

であることから，(27.47) は $2\pi$ に等しくなり，(27.46) より作用変数 $J$ が

$$J = 2\pi\alpha = 2\pi P \tag{27.49}$$

と求まる。

---

33　この式は定数であるはずの $\beta$ が時間に陽に依存するかのようであるが，第 2 項の $t$ は $W$ の中にある $q$ の時間依存性と連動しているので，依然として定数のままであると考えて差し支えない。

$Q$ の時間変化を考えることで（27.49）を得たが，$\omega$ を角振動数と見做せば $Q$ は周期運動に対しての角度となる（1 周期ごとに $\theta=\omega T=2\pi$ だけ増えていくから）。そのため，このときの $Q$ を**角変数**といい，$w$ または $\theta$ で表す。

（27.44）に（27.47），$\dfrac{\partial W}{\partial \alpha}=Q=w$（角変数）を代入すると，

$$\beta = w - \omega t \tag{27.50}$$

となるので，角変数 $w$ は

$$w = \omega t + \beta \tag{27.51}$$

という $t$ の 1 次関数で書ける。

さて，$J$ が $2\pi P$ であるということが分かったが，（27.49）の各辺を $2\pi$ で割ると，

$$\frac{J}{2\pi} = \alpha\ (\text{定数}) = P \tag{27.52}$$

となる。これは，変換後の正準運動量が作用変数（の $\dfrac{1}{2\pi}$）と等しく，なおかつそれが保存量となるような正準変換が存在するということを示している。

そこで，作用変数 $=P_i$ となるような正準変換を見越して，作用変数を

$$I_i = \frac{1}{2\pi}\oint p_i\,dq_i = \frac{J_i}{2\pi} \tag{27.53}$$

で定義する流儀を採用する教科書も多い（この場合は，特に断らない限り $i$ についての和はとらない）[34]。(27.53) の方で作用変数を定義した場合は，$I=P$ なので，ハミルトンの特性関数が

34 文献［1］，［7］，［14］，［29］Ⅱ巻，［40］，［60］など。

$$W = W(q,\ I) \tag{27.54}$$

に変わり，角変数は（$\alpha = P = I$ より）

$$w = \frac{\partial W(q,\ I)}{\partial I} \tag{27.55}$$

となる。

さらに，$w$，$I$ を正準変数にとったときの正準方程式を書いてみると，

$$\dot{w} = \frac{\partial H}{\partial I} \tag{27.56}$$

$$\dot{I} = -\frac{\partial H}{\partial w}(=0) \tag{27.57}$$

となるが，(27.57) から，(27.53) で定義した作用変数は角変数に共役な運動量になっていることが明らかとなる。このように，作用変数を (27.53) で定義しておくと作用変数と角変数の関係をより直接的な形で与えることができるようになる。

# 章末問題

**[1]** 3次元極座標系 $(r, \theta, \varphi)$ において，質量 $m$ の質点の運動をハミルトン形式で扱うことを考える。ポテンシャルを $V = V(r,\ \theta,\ \varphi)$ として，次の各問に答えよ。但し，$x = r\sin\theta\cos\varphi$，$y = r\sin\theta\sin\varphi$，$z = r\cos\theta$ を用いて良い。

(1) ラグランジアンを運動量 $p_r$，$p_\theta$，$p_\varphi$ を用いて表せ。

(2) (1) を用いて，ハミルトニアンを求めよ。

**[2]** 質量 $m$ の質点が，ばね定数 $k$ のばねにつながれて水平方向に振動している。この系のラグランジアンは［ ① ］であるから，ハミルトニアンは［ ② ］である。このとき，［ ③ ］ため，系の全エネルギー $E$ が保存し，$E =$［ ② ］となる。これを変形すれば［ ④ ］$= 1$ となるので，この質点のトラジェクトリーは $xp$ 平面の位相空間における［ ⑤ ］になることが分かる。また，②を用いて正準方程式を立てると，［ ⑥ ］および［ ⑦ ］となるが，これらは位相空間内における［ ⑧ ］を表す。

(1) 空欄①〜⑧を埋めよ。

(2) 質点のトラジェクトリーを $xp$ 平面に図示せよ。その際，位相点の進む向きを図に書き込んでおくこと。

**[3]** ハミルトニアンが $H = \dfrac{1}{2}\omega(q^2 + p^2)$ で表されるような系において，母関数 $W(q,\ Q) = \dfrac{q^2}{2\tan Q}$ から生成される正準変換 $(q,\ p) \to (Q,\ P)$ を考える。

(1) 生成される正準変換 $(q,\ p)$ を求めよ。また，その基本ポアソン括弧がそれぞれ $\{q,\ p\} = 1$，$\{q,\ q\} = 0$，$\{p,\ p\} = 0$ となることを確かめよ。ただし，$q > 0$，$p > 0$ とする。

(2)　変換後の正準変数 $(Q,\ P)$ を $q$, $p$ で表せ。

(3)　正準方程式を用いて，この変換 $(q,\ p) \to (Q,\ P)$ が正準変換であることを説明せよ。

(4)　ポアソン括弧を用いて，この変換 $(q,\ p) \to (Q,\ P)$ が正準変換であることを説明せよ。

(5)　系の全エネルギーを $E$ とする。変換後の正準変数 $Q,P$ による正準方程式を解き，$Q(t)$，$P(t)$ を求めよ。また，それを用いて $q(t)$，$p(t)$ を求めよ。

**[ 4 ]**　等式

$$\oint p_i\,dq_i = \oint P_i\,dQ_i$$

を証明し，作用変数が正準不変量であることを示せ。

**[ 5 ]**　ポアソン括弧の性質を用いて，次の等式が成り立つことを示せ。

(1) $\{f,\ ag+bh\} = a\{f,\ g\}+b\{f,\ h\}$　($a$, $b$ は定数)

(2) $\{fg,\ h\} = f\{g,\ h\}+g\{f,\ h\}$

(3) $\{g,\ h\}=0$ のとき，$\{\{f,\ g\},\ h\} = \{\{f, h\},\ g\}$

**[ 6 ]**　角運動量 $\boldsymbol{L}=(L_x,\ L_y,\ L_z)$ に関する次のポアソン括弧を求めよ。但し，$i$ を虚数単位として，$L_\pm = L_x \pm iL_y$ と定める（複号同順）。

(1) $\{L_x,\ L_y\}$　(2) $\{L_y,\ L_z\}$　(3) $\{L_z,\ L_x\}$　(4) $\{L_+, L_-\}$

(5) $\{L_\pm, L_z\}$　(6) $\{\boldsymbol{L}^2, L_z\}$

**[ 7 ]**　ポアソン括弧が正準不変量であることを用いて，次の命題を証明せよ。

(1) 変換 $(q,\ p) \to (Q,\ P)$ が正準変換であれば，逆変換

$(Q,\ P) \to (q,\ p)$ も正準変換である。

(2)　変換 $(q,\ p) \to (Q,\ P)$ と変換 $(Q,\ P) \to (Q',\ P')$ がともに正準変換であれば，合成変換 $(q,\ p) \to (Q',\ P')$ も正準変換である。

**[8]** 自由度1の系において，ポアソン括弧が任意の無限小変換に対して不変であることを示せ。

**[9]** 質量 $m$ の惑星が，質量 $M$ の太陽を一つの焦点とする楕円軌道上を運動している。万有引力定数を $G$ として，次の文章の空欄 (1)〜(7) を埋めよ。但し，太陽は原点で静止しているものとする。また，(4)〜(7) は積分形で良い。

ハミルトニアンは [ (1) ] であるから，系の全エネルギーを $E$，ハミルトンの特性関数を $W$ とすると，ハミルトン＝ヤコビ方程式は [ (2) ] である。惑星の運動では $\theta$ が循環座標となるので，$\theta$ 方向の正準運動量は保存され，一定値をとる。この一定値を $\alpha_\theta$ とすると，$r$ 方向の正準運動量は [ (3) ] であり，ハミルトンの特性関数は [ (4) ] と表されるから，ハミルトンの主関数 $S(q,\ \alpha,\ t)$ は [ (5) ] となる。よって，$r$ と $\theta$ の関係を与える軌道の方程式は [ (6) ] であり，$r(t)$ を定める方程式は [ (7) ] である。

## 解答

**[1]**

(1) $x = r\sin\theta\cos\varphi$, $y = r\sin\theta\sin\varphi$, $z = r\cos\theta$ より

$$\dot{x} = \dot{r}\sin\theta\cos\varphi + r\dot{\theta}\cos\theta\cos\varphi - r\dot{\varphi}\sin\theta\sin\varphi$$

$$\dot{y} = \dot{r}\sin\theta\sin\varphi + r\dot{\theta}\cos\theta\sin\varphi + r\dot{\varphi}\sin\theta\cos\varphi$$

$$\dot{z} = \dot{r}\cos\theta - r\dot{\theta}\sin\theta$$

であるから

$$\dot{x}^2 + \dot{y}^2 + \dot{z}^2 = \dot{r}^2 + r^2\dot{\theta}^2 + r^2\dot{\varphi}^2\sin^2\theta$$

$$\therefore \quad L = T - V = \frac{1}{2}m(\dot{x}^2 + \dot{y}^2 + \dot{z}^2) - V$$

$$= \frac{1}{2}m(\dot{r}^2 + r^2\dot{\theta}^2 + r^2\dot{\varphi}^2\sin^2\theta) - V(r, \theta, \varphi) \qquad \cdots①$$

$p_i = \dfrac{\partial L}{\partial \dot{q}_i}$ より

$$p_r = \frac{\partial L}{\partial \dot{r}} = \frac{1}{2}m \times 2\dot{r} = m\dot{r}$$

$$p_\theta = \frac{\partial L}{\partial \dot{\theta}} = \frac{1}{2}mr^2 \times 2\dot{\theta} = mr^2\dot{\theta}$$

$$p_\varphi = \frac{\partial L}{\partial \dot{\varphi}} = \frac{1}{2}mr^2\sin^2\theta \times 2\dot{\varphi} = mr^2\sin^2\theta \cdot \dot{\varphi}$$

よって

$$\dot{r}^2 = \frac{{p_r}^2}{m^2}, \quad \dot{\theta}^2 = \frac{{p_\theta}^2}{m^2r^4}, \quad \dot{\varphi}^2 = \frac{{p_\varphi}^2}{m^2r^4\sin^4\theta}$$

①に代入

$$L = \frac{1}{2}m\left(\frac{{p_r}^2}{m^2} + \frac{r^2{p_\theta}^2}{m^2r^4} + \frac{r^2{p_\varphi}^2}{m^2r^4\sin^4\theta}\sin^2\theta\right) - V(r, \theta, \varphi)$$

$$= \frac{1}{2m}\left({p_r}^2 + \frac{{p_\theta}^2}{r^2} + \frac{{p_\varphi}^2}{r^2\sin^2\theta}\right) - V(r, \theta, \varphi)$$

(2) $H = p_i \dot{q}_i - L = \sum_{i=1}^{f} p_i \dot{q}_i - L$ より

$$H = p_r \frac{p_r}{m} + p_\theta \frac{p_\theta}{mr^2} + p_\varphi \frac{p_\varphi}{mr^2 \sin^2\theta} - L = \frac{1}{m}\left(p_r{}^2 + \frac{p_\theta{}^2}{r^2} + \frac{p_\varphi{}^2}{r^2 \sin^2\theta}\right) - L$$

$\frac{1}{m}\left(p_r{}^2 + \frac{p_\theta{}^2}{r^2} + \frac{p_\varphi{}^2}{r^2 \sin^2\theta}\right) = X$ とすると，(1) より

$$H = X - \left(\frac{1}{2}X - V\right) = \frac{1}{2}X + V = \frac{1}{2m}\left(p_r{}^2 + \frac{p_\theta{}^2}{r^2} + \frac{p_\varphi{}^2}{r^2 \sin^2\theta}\right) + V(r,\ \theta,\ \varphi)$$

**[ 2 ]**

(1) ① $L = T - V = \frac{1}{2}m\dot{x}^2 - \frac{1}{2}kx^2 = \frac{1}{2}(m\dot{x}^2 - kx^2)$

② $p = \frac{\partial L}{\partial \dot{x}} = \frac{1}{2}m \times 2\dot{x} = m\dot{x}$ より，$\dot{x} = \frac{p}{m}$ となるから

$$H = p_i \dot{q}_i - L = p\dot{x} - \frac{1}{2}m\dot{x}^2 + \frac{1}{2}kx^2 = \frac{p^2}{m} - \frac{m}{2} \times \frac{p^2}{m^2} + \frac{1}{2}kx^2$$

$$= \frac{2p^2 - p^2}{2m} + \frac{1}{2}kx^2 = \frac{p^2}{2m} + \frac{1}{2}kx^2$$

③ ハミルトニアンが時間に陽に依存しない

㊞ ラグランジアンが時間に陽に依存しない

④ ②より $E = \frac{p^2}{2m} + \frac{1}{2}kx^2 \Rightarrow \frac{p^2}{2mE} + \frac{kx^2}{2E} = 1$

⑤ ④は $\frac{x^2}{\left(\sqrt{\frac{2E}{k}}\right)^2} + \frac{p^2}{(\sqrt{2mE})^2} = 1$ と変形できる。これは $\frac{x^2}{a^2} + \frac{y^2}{b^2} = 1$ の

形であるから，トラジェクトリーは 楕円 である。

⑥ $\dot{x}=\dfrac{\partial H}{\partial p}=\dfrac{\partial}{\partial p}\left(\dfrac{p^2}{2m}+\dfrac{1}{2}kx^2\right)=\dfrac{p}{2m}\times 2 \quad \Rightarrow \quad \dot{x}=\dfrac{p}{m}$

⑦ $\dot{p}=-\dfrac{\partial H}{\partial x}=-\dfrac{\partial}{\partial x}\left(\dfrac{p^2}{2m}+\dfrac{1}{2}kx^2\right)=-\dfrac{1}{2}kx\times 2 \quad \Rightarrow \quad \dot{p}=-kx$

⑧ 位相点$(x,\ p)$の進む速さ（⑥，⑦は$(x,\ p)$の時間微分であるから）

(2)

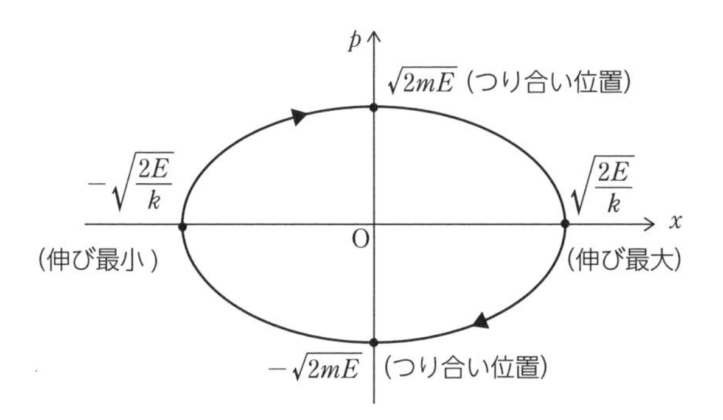


$p=m\dot{x}$より，$p$と$\dot{x}$は比例するので，$p>0$のときは$x$を増加させる向きに，$p<0$のときは$x$を減少させる向きに動く。従って位相点の進む向きは図のように（反時計回りに）なる。

**[3]**

(1) $W_1(q,\ Q)$による関係式

$$p_i=\frac{\partial W_1}{\partial q_i},\quad P_i=-\frac{\partial W_1}{\partial Q_i}$$

より

$$p=\frac{\partial}{\partial q}\left(\frac{q^2}{2\tan Q}\right)=\frac{2q}{2\tan Q}=\frac{q}{\tan Q} \qquad \cdots ①$$

$$P=-\frac{\partial}{\partial Q}\left(\frac{q^2}{2\tan Q}\right)=-\frac{1}{2}q^2\frac{\partial}{\partial Q}\left(\frac{\cos Q}{\sin Q}\right)$$

$$=-\frac{1}{2}q^2\,\frac{(\cos Q)'\sin Q-\cos Q(\sin Q)'}{\sin^2 Q}$$

$$=\frac{1}{2}q^2\cdot\frac{-\sin^2 Q-\cos^2 Q}{\sin^2 Q}$$

$$=-\frac{1}{2}q^2\cdot\frac{-(\sin^2 Q+\cos^2 Q)}{\sin^2 Q}=\frac{q^2}{2\sin^2 Q} \qquad \cdots②$$

②より

$$q^2=2P\sin^2 Q$$

$q>0$ から

$$q=\sqrt{2P}\sin Q \qquad \cdots③$$

①に代入して

$$p=\frac{\sqrt{2P}\sin Q}{\tan Q}=\sqrt{2P}\sin Q\frac{\cos Q}{\sin Q}=\sqrt{2P}\cos Q \qquad \cdots④$$

よって

$$(q,\ p)=(\sqrt{2P}\sin Q, \sqrt{2P}\cos Q)$$

また

$$\{f, g\}=\frac{\partial f}{\partial q_k}\frac{\partial g}{\partial p_k}-\frac{\partial f}{\partial p_k}\frac{\partial g}{\partial q_k}$$

より

$$\{q, p\}=\frac{\partial}{\partial q}(\sqrt{2P}\sin Q)\frac{\partial}{\partial p}(\sqrt{2}\,P^{\frac{1}{2}}\cos Q)$$

$$-\frac{\partial}{\partial p}(\sqrt{2}\,P^{\frac{1}{2}}\sin Q)\frac{\partial}{\partial q}(\sqrt{2P}\cos Q)$$

$$= \sqrt{2P}\cos Q \times \sqrt{2}\cos Q \times \frac{1}{2\sqrt{P}}$$

$$- \sqrt{2}\sin Q \times \frac{1}{2\sqrt{P}}\sqrt{2P} \times (-\sin Q)$$

$$= \sin^2 Q + \cos^2 Q = \boxed{1}$$

$$\{p, p\} = \frac{\partial}{\partial q}(\sqrt{2P}\cos Q)\frac{\partial}{\partial p}(\sqrt{2P}\cos Q)$$

$$- \frac{\partial}{\partial p}(\sqrt{2P}\cos Q)\frac{\partial}{\partial q}(\sqrt{2P}\cos Q) = \boxed{0}$$

$$\{q, q\} = \frac{\partial}{\partial q}(\sqrt{2P}\sin Q)\frac{\partial}{\partial p}(\sqrt{2P}\sin Q)$$

$$- \frac{\partial}{\partial p}(\sqrt{2P}\sin Q)\frac{\partial}{\partial q}(\sqrt{2P}\sin Q) = \boxed{0}$$

(2) ③÷④より

$$\frac{q}{p} = \tan Q$$

$$\therefore \quad Q = \tan^{-1}\frac{q}{p}$$

$③^2+④^2$より

$$q^2 + p^2 = 2P(\sin^2 Q + \cos^2 Q) = 2P$$

$$\therefore \quad P = \frac{1}{2}(q^2 + p^2)$$

よって

$$\boxed{(Q,\ P) = \left(\tan^{-1}\frac{q}{p},\ \frac{1}{2}(q^2 + p^2)\right)}$$

(3)　正準方程式より，

$$\dot{q}=\frac{\partial H}{\partial p}=\frac{\partial}{\partial p}\left(\frac{1}{2}\omega q^2+\frac{1}{2}\omega p^2\right)=\frac{1}{2}\omega\times 2p=\omega p$$

$$\dot{p}=-\frac{\partial H}{\partial q}=-\frac{\partial}{\partial q}\left(\frac{1}{2}\omega q^2+\frac{1}{2}\omega p^2\right)=-\frac{1}{2}\omega\times 2q=-\omega q$$

一般に

$$y=\tan^{-1}x \quad \Rightarrow \quad x=\tan y$$

に対して

$$\frac{dx}{dy}=\frac{1}{\cos^2 y} \quad \Rightarrow \quad \frac{dy}{dx}=\cos^2 y=\frac{1}{1+(\tan y)^2}=\frac{1}{1+x^2}$$

となるので，

$$\{\tan^{-1}f(x)\}'=\frac{f'(x)}{1+\{f(x)\}^2}$$

よって

$$\dot{Q}=\frac{d}{dt}\left(\tan^{-1}\frac{q}{p}\right)=\frac{1}{1+\left(\dfrac{q}{p}\right)^2}\times\frac{\dot{q}p-q\dot{p}}{p^2}$$

$$=\frac{1}{\dfrac{p^2+q^2}{p^2}}\times\frac{\omega p^2+\omega q^2}{p^2}=\frac{p^2}{p^2+q^2}\times\frac{\omega(p^2+q^2)}{p^2}=\omega$$

$$\dot{P}=\frac{d}{dt}\left(\frac{1}{2}q^2+\frac{1}{2}p^2\right)=\frac{1}{2}(\dot{q}q+q\dot{q})+\frac{1}{2}(\dot{p}p+p\dot{p})$$

$$=\frac{1}{2}(\omega pq\times 2)+\frac{1}{2}(-\omega qp\times 2)=0$$

また，母関数が時間に陽に依存しないので，変換後のハミルトニアン $K$ は変換前の $H$ と等しく，

$$K=\frac{1}{2}\omega(q^2+p^2)=\omega P$$

よって

$$\frac{\partial K}{\partial P}=\omega\,,\quad -\frac{\partial K}{\partial Q}=0$$

以上より

$$\dot{Q}=\frac{\partial K}{\partial P}\,,\quad \dot{P}=-\frac{\partial K}{\partial Q}$$

変換後も正準方程式と同形の運動方程式が成り立つから，この変換 $(q,\ p)\to(Q,\ P)$ は正準変換である。

(4)

$$\frac{\partial}{\partial q}\left(\tan^{-1}\frac{q}{p}\right)=\frac{1}{1+\left(\frac{q}{p}\right)^2}\times\frac{1}{p}=\frac{1}{\left(\frac{p^2+q^2}{p^2}\right)p}=\frac{p}{p^2+q^2}$$

$$\frac{\partial}{\partial p}\left(\tan^{-1}\frac{q}{p}\right)=\frac{q}{1+\left(\frac{q}{p}\right)^2}\times(-1)\times\frac{1}{p^2}=\frac{-q}{\left(\frac{p^2+q^2}{p^2}\right)p^2}=-\frac{q}{p^2+q^2}$$

より

$$\begin{aligned}\{Q,\ P\}&=\frac{\partial}{\partial q}\left(\tan^{-1}\frac{q}{p}\right)\frac{\partial}{\partial p}\left(\frac{1}{2}q^2+\frac{1}{2}p^2\right)\\&\qquad-\frac{\partial}{\partial p}\left(\tan^{-1}\frac{q}{p}\right)\frac{\partial}{\partial q}\left(\frac{1}{2}q^2+\frac{1}{2}p^2\right)\\&=\frac{p}{p^2+q^2}\times\frac{1}{2}\times 2p+\frac{q}{p^2+q^2}\times\frac{1}{2}\times 2q\\&=\frac{1}{p^2+q^2}(p^2+q^2)=1\end{aligned}$$

$$\{Q,\ Q\} = \frac{\partial}{\partial q}\left(\tan^{-1}\frac{q}{p}\right)\frac{\partial}{\partial p}\left(\tan^{-1}\frac{q}{p}\right)$$

$$-\frac{\partial}{\partial p}\left(\tan^{-1}\frac{q}{p}\right)\frac{\partial}{\partial q}\left(\tan^{-1}\frac{q}{p}\right) = 0$$

$$\{P,\ P\} = \frac{\partial}{\partial q}\left(\frac{1}{2}q^2 + \frac{1}{2}p^2\right)\frac{\partial}{\partial p}\left(\frac{1}{2}q^2 + \frac{1}{2}p^2\right)$$

$$-\frac{\partial}{\partial p}\left(\frac{1}{2}q^2 + \frac{1}{2}p^2\right)\frac{\partial}{\partial q}\left(\frac{1}{2}q^2 + \frac{1}{2}p^2\right) = 0$$

変換後の正準変数 $(Q,\ P)$ は変換前の正準変数 $(q,\ p)$ による基本ポアソン括弧を満たすから，この変換 $(q,\ p) \to (Q,\ P)$ は正準変換である。

(5) (3) より，変換後の正準方程式は

$$\frac{dQ}{dt} = \frac{\partial K}{\partial P} = \omega \quad \cdots ⑤$$

$$\frac{dP}{dt} = -\frac{\partial K}{\partial Q} = 0 \quad \cdots ⑥$$

となる。⑥から直ちに

$$P = 一定$$

であることが分かるが，ハミルトニアンが変化しないので系の全エネルギーは

$$E = H = K = \omega P = 一定$$

よって，$P$ が与える一定値は

$$P = \frac{E}{\omega}$$

また，⑤の両辺を積分して，

$$Q = \int \omega dt = \omega t + C$$

従って，

$$\begin{cases} Q(t) = \omega t + C \quad (C：定数) \\ P(t) = \dfrac{E}{\omega} \end{cases}$$

これらを③④に代入して

$$\begin{cases} q(t) = \sqrt{\dfrac{2E}{\omega}} \sin(\omega t + C) \\ p(t) = \sqrt{\dfrac{2E}{\omega}} \cos(\omega t + C) \end{cases}$$

補：これは，正準変換を利用することで運動方程式を簡単に解くことができることの一例であるが，この方法を用いるためにはまず母関数を知らなければならない。つまり運動方程式を解くための苦労はなくなったのではなく，母関数を求めるところに集約されたというだけである。逆に考えると，母関数を求めることと運動方程式を解くことは同等ということになり，これがハミルトン＝ヤコビ方程式の発想（ヤコビの解法）の原点となる。

**[ 4 ]**

母関数 $W_1 = W_1(q,\ Q)$ の全微分

$$dW_1(q,\ Q) = \frac{\partial W_1}{\partial q_i} dq_i + \frac{\partial W_1}{\partial Q_i} dQ_i$$

と（作用変数はトラジェクトリーで囲まれる面積であり，トラジェクトリーが閉曲線であればエネルギーは保存するので，$W_1$ は時間に陽に依存しな

い)，$W_1(q,\ Q)$ が与える関係式

$$p_i = \frac{\partial W_1}{\partial q_i},\quad P_i = -\frac{\partial W_1}{\partial Q_i}$$

より

$$dW_1(q,\ Q) = p_i\,dq_i - P_i\,dQ_i$$

([23.12] とエネルギー保存 $K = H$ から考えても同じ)。

両辺の周回積分（1周期の運動のトラジェクトリーに沿った線積分）を実行すると，

$$W_1(q_2,\ Q_2) - W_1(q_1,\ Q_1) = \oint p_i\,dq_i - \oint P_i\,dQ_i$$

1周期にわたっての積分では，始点と終点が一致 $(q_1 = q_2,\ Q_1 = Q_2)$ するので，左辺は

$$W_1(q_2,\ Q_2) - W_1(q_1,\ Q_1) = W_1(q_1,\ Q_1) - W_1(q_1,\ Q_1) = 0$$

従って，

$$\oint p_i\,dq_i - \oint P_i\,dQ_i = 0$$

$$\therefore\quad \boxed{\oint p_i\,dq_i = \oint P_i\,dQ_i}$$

**[ 5 ]**

(1)　$\{f,\ ag+bh\} = -\{ag+bh,\ f\}$（反対称性より）

$= -(a\{g, f\} + b\{h, f\})$（双線形性より）

$$= -a\{g,\ f\} - b\{h,\ f\}$$

$$= a\{f,\ g\} + b\{f,\ h\}$$

(2) $\{fg,\ h\} = -\{h,\ fg\}$ (反対称性より)

$= -f\{h,\ g\} - g\{h,\ f\}$ (ライプニッツ則より)

$= f\{g,\ h\} + g\{f,\ h\}$

(3) ヤコビの恒等式 $\{f,\ \{g,\ h\}\} + \{g,\ \{h,\ f\}\} + \{h,\ \{f,\ g\}\} = 0$ において，$\{g,\ h\} = 0$ であるから

$$\{h,\ \{f,\ g\}\} = -\{g,\ \{h,\ f\}\}$$

反対称性より

$$-\{\{f,\ g\}, h\} = \{\{h, f\}, g\}$$

$$\therefore\ \{\{f,\ g\},\ h\} = -\{\{h,\ f\},\ g\}$$

$$= \{g,\ \{h,\ f\}\}$$

$$= \{g,\ -\{f,\ h\}\}$$

$$= -\{-\{f,\ h\},\ g\}$$

(双線形性［26.26］において $g = 0$，$b = 0$，$a = -1$)

$$= \{\{f,\ h\},\ g\}$$

**[ 6 ]**

$\boldsymbol{L}=\boldsymbol{r}\times\boldsymbol{p}$ より，$\boldsymbol{L}=(L_x, L_y, L_z)=(yp_z-zp_y, zp_x-xp_z, xp_y-yp_x)$ となる。

(1)

$$\{L_x,\ L_y\}=\frac{\partial L_x}{\partial q_k}\frac{\partial L_y}{\partial p_k}-\frac{\partial L_x}{\partial p_k}\frac{\partial L_y}{\partial q_k}$$

$$=\sum_{k=1}^{3}\frac{\partial L_x}{\partial q_k}\frac{\partial L_y}{\partial p_k}-\frac{\partial L_x}{\partial p_k}\frac{\partial L_y}{\partial q_k}\quad (q_1=x, q_2=y,\ q_3=z)$$

$$=\left(\frac{\partial L_x}{\partial x}\frac{\partial L_y}{\partial p_x}-\frac{\partial L_x}{\partial p_x}\frac{\partial L_y}{\partial x}\right)+\left(\frac{\partial L_x}{\partial y}\frac{\partial L_y}{\partial p_y}-\frac{\partial L_x}{\partial p_y}\frac{\partial L_y}{\partial y}\right)$$

$$+\left(\frac{\partial L_x}{\partial z}\frac{\partial L_y}{\partial p_z}-\frac{\partial L_x}{\partial p_z}\frac{\partial L_y}{\partial z}\right)$$

異なる成分間，及び $q$，$p$ 間の微分が 0 になることに注意し，$L_x=yp_z-zp_y$，$L_y=zp_x-xp_z$ を代入すると

$$\{L_x,\ L_y\}=(0-0)\times\frac{\partial L_y}{\partial p_k}-(0-0)\times\frac{\partial L_y}{\partial x}+\frac{\partial L_x}{\partial y}\times(0-0)-\frac{\partial L_x}{\partial p_y}\times(0-0)$$

$$+\left(0-p_y\frac{\partial z}{\partial z}\right)\times\left(0-x\frac{\partial p_z}{\partial p_z}\right)-\left(y\frac{\partial p_z}{\partial p_z}-0\right)\times\left(p_x\frac{\partial z}{\partial z}-0\right)$$

$$=xp_y-yp_x=\boxed{L_z}$$

別：$\{L_x,\ L_y\}=\{yp_z-zp_y,\ L_y\}$ と書き，双線形性とライプニッツ則を用いる。このとき，例えば $yp_z$ であれば，$y$ を定数とし $p_z$ を変数とする括弧と，$p_z$ を定数とし $y$ を変数とする括弧の 2 つの項ができることに注意する（偏微分における積の微分と同じ要領）。

$$\{L_x,\ L_y\}=y\{p_z, L_y\}+p_z\{y, L_y\}-z\{p_y, L_y\}-p_y\{z, L_y\}\qquad(\text{双線形性より})$$

$$=-y\{zp_x-xp_z, p_z\}-p_z\{zp_x-xp_z, y\}+z\{zp_x-xp_z, p_y\}$$

$$+p_y\{zp_x-xp_z, z\}$$

$$=-yz\{p_x, p_z\}-yp_x\{z, p_z\}+yx\{p_z, p_z\}+yp_z\{x, p_z\}$$

$$-p_z z\{p_x, y\}-p_z p_x\{z, y\}+p_z x\{p_z, y\}+p_z x\{p_z, y\}$$
$$+z^2\{p_x, p_y\}+zp_x\{z, p_y\}-zx\{p_z, p_y\}-zp_z\{x, p_y\}$$
$$+p_y z\{p_x, z\}+p_y p_x\{z, z\}-p_y x\{p_z, z\}-p_y p_z\{x, z\}$$

基本ポアソン括弧 $\{q_i, q_j\}=0$，$\{p_i, p_j\}=0$，$\{q_i, p_j\}=\delta_{ij}=1(i=j)$，$0(i\neq j)$ より，成分の等しい，座標と運動量についてのポアソン括弧のみが残るので，

$$\{L_x, L_y\}=-yp_x\{z, p_z\}-p_y x\{p_z, z\}=xp_y\{z, p_z\}-yp_x\{z, p_z\}$$
$$=xp_y-yp_x=L_z$$

(2)

$$\{L_y, L_z\}=\frac{\partial L_y}{\partial q_k}\frac{\partial L_z}{\partial p_k}-\frac{\partial L_y}{\partial p_k}\frac{\partial L_z}{\partial q_k}$$
$$=\left(\frac{\partial L_y}{\partial x}\frac{\partial L_z}{\partial p_x}-\frac{\partial L_y}{\partial p_x}\frac{\partial L_z}{\partial x}\right)+\left(\frac{\partial L_y}{\partial y}\frac{\partial L_z}{\partial p_y}-\frac{\partial L_y}{\partial p_y}\frac{\partial L_z}{\partial y}\right)$$
$$+\left(\frac{\partial L_y}{\partial z}\frac{\partial L_z}{\partial p_z}-\frac{\partial L_y}{\partial p_z}\frac{\partial L_z}{\partial z}\right)$$
$$=\left(0-p_z\frac{\partial x}{\partial x}\right)\times\left(0-y\frac{\partial p_x}{\partial p_x}\right)-\left(z\frac{\partial p_x}{\partial p_x}-0\right)\times\left(p_y\frac{\partial x}{\partial x}-0\right)$$
$$+(0-0)\times\frac{\partial L_z}{\partial p_y}-(0-0)\times\frac{\partial L_z}{\partial y}+\frac{\partial L_y}{\partial z}\times(0-0)$$
$$-\frac{\partial L_y}{\partial p_z}\times(0-0)$$
$$=yp_z-zp_y=L_x$$

(3)

$$
\begin{aligned}
\{L_z,\ L_x\} &= \frac{\partial L_z}{\partial q_k}\frac{\partial L_x}{\partial p_k} - \frac{\partial L_z}{\partial p_k}\frac{\partial L_x}{\partial q_k} \\
&= \left(\frac{\partial L_z}{\partial x}\frac{\partial L_x}{\partial p_x} - \frac{\partial L_z}{\partial p_x}\frac{\partial L_x}{\partial x}\right) + \left(\frac{\partial L_z}{\partial y}\frac{\partial L_x}{\partial p_y} - \frac{\partial L_y}{\partial p_y}\frac{\partial L_x}{\partial y}\right) \\
&\qquad + \left(\frac{\partial L_z}{\partial z}\frac{\partial L_x}{\partial p_z} - \frac{\partial L_z}{\partial p_z}\frac{\partial L_x}{\partial z}\right) \\
&= \frac{\partial L_z}{\partial x}\times(0-0) - \frac{\partial L_z}{\partial p_x}\times(0-0) \\
&\qquad + \left(0 - p_x\frac{\partial y}{\partial y}\right)\times\left(0 - z\frac{\partial p_y}{\partial p_y}\right) \\
&\qquad - \left(x\frac{\partial p_y}{\partial p_y} - 0\right)\times\left(p_z\frac{\partial y}{\partial y} - 0\right) + (0-0) \\
&\qquad \times\frac{\partial L_x}{\partial p_z} - (0-0)\times\frac{\partial L_x}{\partial z} \\
&= zp_x - xp_z = L_y
\end{aligned}
$$

㊓：**レヴィ・チヴィタの記号**[35]（3 階完全反対称テンソル），

$$
\varepsilon_{ijk} = \begin{cases} 1 & (\text{添字の並びが } xyz,\ yzx,\ zxy \text{ のとき}) \\ -1 & (\text{添字の並びが } xzy,\ zyx,\ yxz \text{ のとき}) \\ 0 & (\text{それ以外}) \end{cases}
$$

を導入すると，本問の（1)～(3）は

$$
\{L_i,\ L_j\} = \varepsilon_{ijk} L_k
$$

35　20 世紀初頭にテンソル解析の分野で活躍したイタリアの数学者**トゥーリオ・レヴィ・チヴィタ**にちなむ。

という1本の式にまとめられる。これを**角運動量の代数**（$SU(2)$ 群のリー代数）という。次の（4)〜(6）も，角運動量の代数の表現の一つである。

(4) $L_\pm = L_x \pm iL_y$ より

$$\{L_+, L_-\} = \left(\frac{\partial L_x}{\partial q_k} + i\frac{\partial L_y}{\partial q_k}\right)\left(\frac{\partial L_x}{\partial p_k} - i\frac{\partial L_y}{\partial p_k}\right) - \left(\frac{\partial L_x}{\partial p_k} + i\frac{\partial L_y}{\partial p_k}\right)\left(\frac{\partial L_x}{\partial q_k} - i\frac{\partial L_y}{\partial q_k}\right)$$

$$= \frac{\partial L_x}{\partial q_k}\frac{\partial L_x}{\partial p_k} - i\frac{\partial L_x}{\partial q_k}\frac{\partial L_y}{\partial p_k} + i\frac{\partial L_y}{\partial q_k}\frac{\partial L_x}{\partial p_k} - i^2\frac{\partial L_y}{\partial q_k}\frac{\partial L_y}{\partial p_k} - \frac{\partial L_x}{\partial p_k}\frac{\partial L_x}{\partial q_k} + i\frac{\partial L_x}{\partial p_k}\frac{\partial L_y}{\partial q_k} - i\frac{\partial L_y}{\partial p_k}\frac{\partial L_x}{\partial q_k} + i^2\frac{\partial L_y}{\partial p_k}\frac{\partial L_y}{\partial q_k}$$

$$= i\left(\frac{\partial L_y}{\partial q_k}\frac{\partial L_x}{\partial p_k} - \frac{\partial L_y}{\partial p_k}\frac{\partial L_x}{\partial q_k}\right) + i\left(\frac{\partial L_y}{\partial q_k}\frac{\partial L_x}{\partial p_k} - \frac{\partial L_y}{\partial p_k}\frac{\partial L_x}{\partial q_k}\right)$$

$$= 2i\{L_y, L_x\} = -2i\{L_x, L_y\}$$

$$= -2iL_z \quad ((1)\text{ より})$$

(5) $\{L_\pm, L_z\} = \{L_x \pm iL_y, L_z\}$

$$= \left(\frac{\partial L_x}{\partial q_k} \pm i\frac{\partial L_y}{\partial q_k}\right)\frac{\partial L_z}{\partial p_k} - \left(\frac{\partial L_x}{\partial p_k} \pm i\frac{\partial L_y}{\partial p_k}\right)\frac{\partial L_z}{\partial q_k}$$

$$= \frac{\partial L_x}{\partial q_k}\frac{\partial L_z}{\partial p_k} \pm i\frac{\partial L_y}{\partial q_k}\frac{\partial L_z}{\partial p_k} - \frac{\partial L_x}{\partial p_k}\frac{\partial L_z}{\partial q_k} \mp i\frac{\partial L_y}{\partial p_k}\frac{\partial L_z}{\partial q_k}$$

$$= \left(\frac{\partial L_x}{\partial q_k}\frac{\partial L_z}{\partial p_k} - \frac{\partial L_x}{\partial p_k}\frac{\partial L_z}{\partial q_k}\right) \pm i\left(\frac{\partial L_y}{\partial q_k}\frac{\partial L_z}{\partial p_k} - \frac{\partial L_y}{\partial p_k}\frac{\partial L_z}{\partial q_k}\right)$$

$$= \{L_x, L_z\} \pm i\{L_y, L_z\} = -L_y \pm iL_x \quad ((3),\ (2)\text{ より})$$

$$= i^2 L_y \pm iL_x$$

$$= \pm i(L_x \pm iL_y)$$

$$= \pm iL_\pm$$

㊟：$iL_{\pm}=iL_x\pm i^2 L_y=iL_x\pm(-L_y)=iL_x\mp L_y$ なので，

$\pm iL_{\pm}=\pm iL_x\pm(\mp L_y)=\pm iL_x-L_y=-\{L_z,\ L_x\}\pm iL_x=\cdots=\{L_{\pm},\ L_z\}$

となる。

(6) $\{\boldsymbol{L}^2, L_z\}$

$$
\begin{aligned}
&=\{L_x{}^2+L_y{}^2+L_z{}^2, L_z\}\\
&=\{L_xL_x+L_yL_y+L_zL_z, L_z\}\\
&=L_x\{L_x, L_z\}+L_x\{L_x, L_z\}+L_y\{L_y, L_z\}+L_y\{L_y, L_z\}\\
&\qquad+L_z\{L_z, L_z\}+L_z\{L_z, L_z\} \quad \text{（双線形性とライプニッツ則より）}\\
&=-2L_x\{L_z, L_x\}+2L_y\{L_y, L_z\}+0+0 \quad \text{（反対称性より）}\\
&=-2L_xL_y+2L_yL_x \quad \text{(（3），（2）より)}\\
&=0
\end{aligned}
$$

㊮：本問の計算は量子力学で扱われる，角運動量の交換子（交換関係）を求める問題の古典（力学）バージョンに相当する。31 節で扱うことだが，交換子はポアソン括弧 $\{A,\ B\}$ に $i\hbar$ を掛け，中身の $A$，$B$ をそれぞれに対応する演算子 $\widehat{A}$，$\widehat{B}$ で置き換えることによって得られる（正準量子化）。つまり，量子力学では，本問の（1)～(6）の結果は次のようになる(交換子は中括弧ではなく大括弧で表す)。

$$
\begin{aligned}
&[\widehat{L}_x,\ \widehat{L}_y]=i\hbar\widehat{L}_z\\
&[\widehat{L}_y,\ \widehat{L}_z]=i\hbar\widehat{L}_x\\
&[\widehat{L}_z,\ \widehat{L}_x]=i\hbar\widehat{L}_y\\
&[\widehat{L}_+,\ \widehat{L}_-]=2\hbar\widehat{L}_z\\
&[\widehat{L}_{\pm},\ \widehat{L}_z]=\mp\hbar\widehat{L}_{\pm}\\
&[\widehat{\boldsymbol{L}}^2,\ \widehat{L}_z]=0
\end{aligned}
$$

特に，5番目の$[\hat{L}_\pm,\ \hat{L}_z]=\mp\hbar\hat{L}_\pm$から，$[\hat{L}_z,\ \hat{L}_\pm]=\pm\hbar\hat{L}_\pm$となることが分かる。$\hat{L}_\pm$には角運動量の$z$成分（の固有状態）を$\pm\hbar$だけ変化（増減）させるはたらきがあるので，$\hat{L}_\pm$は**昇降演算子**，$\hat{L}_+$は**上昇演算子**，$\hat{L}_-$は**下降演算子**と呼ばれる。

**[ 7 ]**

(1) ポアソン括弧は正準不変量であるから，

$$\{f,\ g\}=\{f,\ g\}_{Q,P}$$

よって

$$\{q_i,\ p_j\}_{Q,P}=\{q_i,\ p_j\}=\delta_{ij}$$
$$\{q_i,\ q_j\}_{Q,P}=\{q_i,\ q_j\}=0$$
$$\{p_i,\ p_j\}_{Q,P}=\{p_i,\ p_j\}=0$$

変換後の正準変数$(q,\ p)$は変換前の正準変数$(Q,\ P)$による基本ポアソン括弧を満たすから，逆変換$(Q,\ P)\ \rightarrow\ (q,\ p)$は正準変換である。

(2)
$$\begin{aligned}\{Q_i',\ P_j'\}&=\frac{\partial Q_i'}{\partial q_k}\frac{\partial P_j'}{\partial p_k}-\frac{\partial Q_i'}{\partial p_k}\frac{\partial P_j'}{\partial q_k}\\&=\frac{\partial Q_i'}{\partial q_k}\frac{\partial}{\partial p_k}\left(-\frac{\partial W_3}{\partial Q_j'}\right)-\frac{\partial Q_i'}{\partial p_k}\frac{\partial}{\partial q_k}\left(-\frac{\partial W_1}{\partial Q_j'}\right)\\&=\frac{\partial Q_i'}{\partial q_k}\frac{\partial}{\partial Q_j'}\left(-\frac{\partial W_3}{\partial p_k}\right)-\frac{\partial Q_i'}{\partial p_k}\frac{\partial}{\partial Q_j'}\left(-\frac{\partial W_1}{\partial q_k}\right)\\&=\frac{\partial Q_i'}{\partial q_k}\frac{\partial q_k}{\partial Q_j'}+\frac{\partial Q_j'}{\partial p_k}\frac{\partial p_k}{\partial Q_j'}\\&=\frac{\partial Q_i'(q,\ p)}{\partial Q_j'}=\frac{\partial Q_i'}{\partial Q_j'}=\delta_{ij}\ (=\{q_i,\ p_j\})\end{aligned}$$

同様に

$$\{Q_i', \ Q_j'\} = 0 (= \{q_i, \ q_j\})$$

$$\{P_i', \ P_j'\} = 0 (= \{p_i, \ p_j\})$$

（[26.70]，[26.72] と同じように計算すれば良い）

従って

$$\{f, \ g\} = \{f, \ g\}_{Q,P}$$

より

$$\{Q_i', \ P_j'\} = \{Q_i', \ P_j'\}_{Q,P} = \delta_{ij}$$
$$\{Q_i', \ Q_j'\} = \{Q_i', \ Q_j'\}_{Q,P} = 0$$
$$\{P_i', \ P_j'\} = \{P_i', \ P_j'\}_{Q,P} = 0$$

変換後の正準変数 $(Q', \ P')$ は変換前の正準変数 $(q, \ p)$ による基本ポアソン括弧を満たすから，合成変換 $(q, \ p) \to (Q', \ P')$ は正準変換である。

**[ 8 ]**

$$\delta q = \varepsilon \frac{\partial G}{\partial p}$$

$$\delta p = -\varepsilon \frac{\partial G}{\partial q}$$

より

$$Q = q + \varepsilon \frac{\partial G}{\partial p}$$

$$P = p - \varepsilon \frac{\partial G}{\partial q}$$

$$h = h(Q, \ P)$$

とおくと（$t$ を含んでいても良いが，結果は同じである），

$$\frac{\partial h}{\partial q}=\frac{\partial h}{\partial Q}\frac{\partial Q}{\partial q}+\frac{\partial h}{\partial P}\frac{\partial P}{\partial q}$$

$$=\frac{\partial h}{\partial Q}\left\{\frac{\partial}{\partial q}\left(q+\varepsilon\frac{\partial G}{\partial p}\right)\right\}+\frac{\partial h}{\partial P}\left\{\frac{\partial}{\partial q}\left(p-\varepsilon\frac{\partial G}{\partial q}\right)\right\}$$

$$=\frac{\partial h}{\partial Q}\left(1+\varepsilon\frac{\partial^2 G}{\partial q\partial p}\right)+\frac{\partial h}{\partial P}\left(0-\varepsilon\frac{\partial^2 G}{\partial q^2}\right)$$

$$=\frac{\partial h}{\partial Q}+\varepsilon\frac{\partial h}{\partial Q}\frac{\partial^2 G}{\partial q\partial p}-\varepsilon\frac{\partial h}{\partial P}\frac{\partial^2 G}{\partial q^2}$$

$$\frac{\partial h}{\partial p}=\frac{\partial h}{\partial Q}\frac{\partial Q}{\partial p}+\frac{\partial h}{\partial P}\frac{\partial P}{\partial p}$$

$$=\frac{\partial h}{\partial Q}\left\{\frac{\partial}{\partial p}\left(q+\varepsilon\frac{\partial G}{\partial p}\right)\right\}+\frac{\partial h}{\partial P}\left\{\frac{\partial}{\partial p}\left(p-\varepsilon\frac{\partial G}{\partial q}\right)\right\}$$

$$=\frac{\partial h}{\partial Q}\left(0+\varepsilon\frac{\partial^2 G}{\partial p^2}\right)+\frac{\partial h}{\partial P}\left(1-\varepsilon\frac{\partial^2 G}{\partial p\partial q}\right)$$

$$=\frac{\partial h}{\partial P}-\varepsilon\frac{\partial h}{\partial P}\frac{\partial^2 G}{\partial p\partial q}+\varepsilon\frac{\partial h}{\partial Q}\frac{\partial^2 G}{\partial p^2}$$

従って

$$\{f,g\}=\frac{\partial f}{\partial q}\frac{\partial g}{\partial p}-\frac{\partial f}{\partial p}\frac{\partial g}{\partial q}$$

$$=\left(\frac{\partial f}{\partial Q}+\varepsilon\frac{\partial f}{\partial Q}\frac{\partial^2 G}{\partial q\partial p}-\varepsilon\frac{\partial f}{\partial P}\frac{\partial^2 G}{\partial q^2}\right)\left(\frac{\partial g}{\partial P}-\varepsilon\frac{\partial g}{\partial P}\frac{\partial^2 G}{\partial p\partial q}+\varepsilon\frac{\partial g}{\partial Q}\frac{\partial^2 G}{\partial p^2}\right)$$

$$-\left(\frac{\partial f}{\partial P}-\varepsilon\frac{\partial f}{\partial P}\frac{\partial^2 G}{\partial p\partial q}+\varepsilon\frac{\partial f}{\partial Q}\frac{\partial^2 G}{\partial p^2}\right)\left(\frac{\partial g}{\partial Q}+\varepsilon\frac{\partial g}{\partial Q}\frac{\partial^2 G}{\partial q\partial p}-\varepsilon\frac{\partial g}{\partial P}\frac{\partial^2 G}{\partial q^2}\right)$$

$$=\frac{\partial f}{\partial Q}\frac{\partial g}{\partial P}-\varepsilon\frac{\partial f}{\partial Q}\frac{\partial g}{\partial P}\frac{\partial^2 G}{\partial p\partial q}+\varepsilon\frac{\partial f}{\partial Q}\frac{\partial g}{\partial Q}\frac{\partial^2 G}{\partial p^2}$$

$$+\varepsilon\frac{\partial f}{\partial Q}\frac{\partial g}{\partial P}\frac{\partial^2 G}{\partial q\partial p}-\varepsilon^2\frac{\partial f}{\partial Q}\frac{\partial g}{\partial P}\left(\frac{\partial^2 G}{\partial q\partial p}\right)^2-\varepsilon^2\frac{\partial f}{\partial Q}\frac{\partial g}{\partial Q}\frac{\partial^2 G}{\partial q\partial p}\frac{\partial^2 G}{\partial p^2}$$

$$-\varepsilon\frac{\partial f}{\partial P}\frac{\partial g}{\partial P}\frac{\partial^2 G}{\partial q^2}+\varepsilon^2\frac{\partial f}{\partial P}\frac{\partial g}{\partial P}\frac{\partial^2 G}{\partial q^2}\frac{\partial^2 G}{\partial p\partial q}$$

$$-\varepsilon^2\frac{\partial f}{\partial P}\frac{\partial g}{\partial Q}\frac{\partial^2 G}{\partial q^2}\frac{\partial^2 G}{\partial p^2}-\frac{\partial f}{\partial P}\frac{\partial g}{\partial Q}-\varepsilon\frac{\partial f}{\partial P}\frac{\partial g}{\partial Q}\frac{\partial^2 G}{\partial q\partial p}$$

$$+\varepsilon\frac{\partial f}{\partial P}\frac{\partial g}{\partial P}\frac{\partial^2 G}{\partial q^2}+\varepsilon\frac{\partial f}{\partial P}\frac{\partial g}{\partial Q}\frac{\partial^2 G}{\partial p\partial q}+\varepsilon^2\frac{\partial f}{\partial P}\frac{\partial g}{\partial Q}\left(\frac{\partial^2 G}{\partial p\partial q}\right)^2$$

$$-\varepsilon^2\frac{\partial f}{\partial P}\frac{\partial g}{\partial P}\frac{\partial^2 G}{\partial p\partial q}\frac{\partial^2 G}{\partial q^2}-\varepsilon\frac{\partial f}{\partial Q}\frac{\partial g}{\partial Q}\frac{\partial^2 G}{\partial p^2}$$

$$-\varepsilon^2\frac{\partial f}{\partial Q}\frac{\partial g}{\partial Q}\frac{\partial^2 G}{\partial p^2}\frac{\partial^2 G}{\partial q\partial p}+\varepsilon^2\frac{\partial f}{\partial Q}\frac{\partial g}{\partial P}\frac{\partial^2 G}{\partial p^2}\frac{\partial^2 G}{\partial q^2}$$

ここで，得られた18項の絶対値を順に①，②，…，⑱とすると

②＝④，③＝⑯，⑦＝⑫，⑪＝⑬

であり，上式は

$$\{f, g\}=\frac{\partial f}{\partial Q}\frac{\partial g}{\partial P}+②+③-②-⑦$$

$$-\frac{\partial f}{\partial P}\frac{\partial g}{\partial Q}-⑪+⑦+⑪-③+（\varepsilon^2 を含む項）$$

$$=\frac{\partial f}{\partial Q}\frac{\partial g}{\partial P}-\frac{\partial f}{\partial P}\frac{\partial g}{\partial Q}+（\varepsilon^2 を含む項）$$

という構造になっている（$\varepsilon$の1次についての項は打ち消し合う）。

無限小変換においては，$\varepsilon$の2次以上は0になるので，

$$\{f, g\}=\frac{\partial f}{\partial Q}\frac{\partial g}{\partial P}-\frac{\partial f}{\partial P}\frac{\partial g}{\partial Q}=\{f, g\}_{Q,P}$$

故に，ポアソン括弧は任意の無限小変換に対して不変となる。



[ 9 ]

2 次元極座標系のハミルトニアンは

$$H=\frac{1}{2m}\left(p_r{}^2+\frac{p_\theta{}^2}{r^2}\right)+V$$

で与えられるから（[ 1 ] 参照），

$$H=\frac{1}{2m}\left(p_r{}^2+\frac{p_\theta{}^2}{r^2}\right)-\frac{GMm}{r}$$

（1）答

$H$ が時間に陽に依存しないので，ハミルトンの特性関数 $W$ を用いて，運動量は

$$p_i=\frac{\partial W}{\partial q_i}$$

と表されるから，

$$p_r=\frac{\partial W}{\partial r}$$

$$p_\theta=\frac{\partial W}{\partial \theta}$$

よって，時間に陽に依存しないハミルトン＝ヤコビ方程式

$$E=H\left(q,\ \frac{\partial W}{\partial q}\right)$$

は

$$E=\frac{1}{2m}\left(\frac{\partial W}{\partial r}\right)^2+\frac{1}{2mr^2}\left(\frac{\partial W}{\partial \theta}\right)^2-\frac{GMm}{r}$$

（2）答

惑星の運動では面積速度（角運動量）が保存するので，$\theta$ が循環座標であり，$p_\theta=$ 一定となる（IV 章の章末問題［１］参照）。よって，

$$p_\theta=\frac{\partial W}{\partial\theta}=\alpha_\theta \quad (\text{正準定数})$$

とおけるので，$W$ は

$$W=\alpha_\theta\theta+W_r \quad (W_r：W \text{ の } r \text{ 成分})$$

という，$r$ のみの関数と $\theta$ のみの関数の足し合わせの形に書ける。これを②に代入して，

$$E=\frac{1}{2m}\left(\frac{dW_r}{dr}\right)^2+\frac{\alpha_\theta^2}{2mr^2}-\frac{GMm}{r}$$

$$\left(\frac{dW_r}{dr}\right)^2=2m\left(E+\frac{GMm}{r}\right)-\frac{\alpha_\theta^2}{r^2}$$

よって

$$p_r=\frac{\partial W}{\partial r}=\frac{dW_r}{dr}=\pm\sqrt{2m\left(E+\frac{GMm}{r}\right)-\frac{\alpha_\theta^2}{r^2}}$$

（3）答

これを積分して

$$W_r=\pm\int\sqrt{2m\left(E+\frac{GMm}{r}\right)-\frac{\alpha_\theta^2}{r^2}}\,dr$$

従って，

$$W=\pm\int\sqrt{2m\left(E+\frac{GMm}{r}\right)-\frac{\alpha_\theta^2}{r^2}}\,dr+\alpha_\theta\theta$$

（4）答

$$S = S(q,\ \alpha,\ t) = W - Et$$

$$= \pm\int\sqrt{2m\left(E+\frac{GMm}{r}\right)-\frac{\alpha_\theta^2}{r^2}}\,dr + \alpha_\theta\theta - Et$$

(5) 答

また

$$\beta_i = \frac{\partial S}{\partial \alpha_i}$$

より，$\alpha_\theta$ に対応する正準定数 $\beta_\theta$ は

$$\beta_\theta = \frac{\partial S}{\partial \alpha_\theta} = \frac{\partial}{\partial \alpha_\theta}\left\{\pm\int\sqrt{2m\left(E+\frac{GMm}{r}\right)-\frac{\alpha_\theta^2}{r^2}}\,dr + \alpha_\theta\theta - Et\right\}$$

$$= \pm\int\frac{\partial}{\partial \alpha_\theta}\sqrt{2m\left(E+\frac{GMm}{r}\right)-\frac{\alpha_\theta^2}{r^2}}\,dr + \theta - 0$$

一般に

$$y = \sqrt{f(x)} = \{f(x)\}^{\frac{1}{2}} = u^{\frac{1}{2}}$$

に対して

$$\frac{dy}{dx} = \frac{dy}{du}\frac{du}{dx} = \frac{1}{2}u^{-\frac{1}{2}}\cdot u' = \frac{f'(x)}{2\sqrt{f(x)}}$$

となるから

$$\beta_\theta = \pm\int\frac{-\dfrac{1}{r^2}\times 2\alpha_\theta}{2\sqrt{2m\left(E+\dfrac{GMm}{r}\right)-\dfrac{\alpha_\theta^2}{r^2}}}\,dr + \theta$$

よって

$$\beta_\theta = \mp\int\frac{\alpha_\theta}{r^2\sqrt{2m\left(E+\dfrac{GMm}{r}\right)-\dfrac{\alpha_\theta^2}{r^2}}}\,dr + \theta$$

(6) 答

これは $r$ と $\theta$ の関係を与える，軌道の方程式である。

また，このときエネルギーは時間に共役な運動量（の－１倍）となり，保存量 $E=\alpha_1$ として機能しているから

$$\beta_1=\frac{\partial S}{\partial \alpha_1}=\frac{\partial}{\partial E}\left\{\pm\int\sqrt{2m\left(E+\frac{GMm}{r}\right)-\frac{\alpha_\theta^2}{r^2}}\,dr+\alpha_\theta\theta-Et\right\}$$

$$=\pm\int\frac{\partial}{\partial E}\sqrt{2m\left(E+\frac{GMm}{r}\right)-\frac{\alpha_\theta^2}{r^2}}\,dr+0-t$$

$$=\pm\int\frac{2m}{2\sqrt{2m\left(E+\frac{GMm}{r}\right)-\frac{\alpha_\theta^2}{r^2}}}dr-t$$

従って

$$\beta_1=\pm\int\frac{m}{\sqrt{2m\left(E+\frac{GMm}{r}\right)-\frac{\alpha_\theta^2}{r^2}}}dr-t$$

（7）答

これによって $r(t)$ が決まるので，⑥と連立すれば $\theta(t)$ も得られる。

# VI
# 量子力学への道

## 28.

# 断熱不変量と量子の概念

単振り子の糸を滑車にかけ，図のように糸をゆっくりと長い時間をかけて引いていくことを考える。

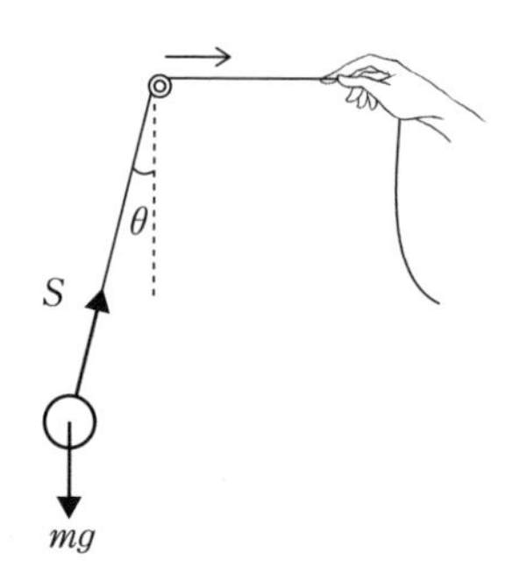


そのための準備として，まず $l$ が一定の場合にエネルギーや張力などの物理量がどのように表されるかについて調べよう。

単振り子のラグランジアンは，最下点を基準として

$$L=\frac{1}{2}ml^2\dot{\theta}^2-mgl(1-\cos\theta) \tag{28.1}$$

と表せるから，運動方程式（ラグランジュ方程式）は

$$ml^2\ddot{\theta}=-mgl\sin\theta \tag{28.2}$$

となる[1]。また，一般運動量はラグランジアンから

$$p_\theta=\frac{\partial L}{\partial\dot{\theta}}=\frac{1}{2}ml^2\times 2\dot{\theta}=ml^2\dot{\theta} \tag{28.3}$$

1　Ⅱ章の章末問題［１］を参照。

と求まる。

振幅が小さい場合，$\theta$ は微小量となり，

$$\sin\theta \simeq \theta \tag{28.4}$$

$$\cos\theta \simeq 1 \tag{28.5}$$

と近似できるので（[A.20]，[A.21] を参照），運動方程式は

$$\ddot{\theta} = -\frac{g}{l}\theta \tag{28.6}$$

と書ける。

(28.6) は単振動の方程式であるから，その解は

$$\begin{aligned}\theta &= A\cos(\omega t + \phi)\\ &= A\cos(2\pi\nu t + \phi)\end{aligned} \tag{28.7}$$

となる。なお，$\omega = 2\pi\nu$ は角振動数であり，$A$（振幅），$\phi$（初期位相）は初期条件によって決まる定数（積分定数）である。(28.7) を見て分かる通り，ここでの $A$ は（角度と同じ）無次元量であることに注意していただきたい。

ラグランジアンが時間に陽に依存しないので，全エネルギーは系のハミルトニアンと等しく，

$$\begin{aligned}E = H = p_\theta\dot{\theta} - L &= ml^2\dot{\theta}^2 - \frac{1}{2}ml^2\dot{\theta}^2 + mgl(1-\cos\theta)\\ &= \frac{1}{2}ml^2\dot{\theta}^2 + mgl(1-\cos\theta)\end{aligned} \tag{28.8}$$

となる。

ここで

$$\sin^2\theta+\cos^2\theta=1 \tag{28.9}$$

を用いると，

$$\begin{aligned}\sin^2\theta &= 1-\cos^2\theta \\ &=(1+\cos\theta)(1-\cos\theta)\end{aligned} \tag{28.10}$$

であるから，(28.4)，(28.5) より

$$\begin{aligned}1-\cos\theta &= \frac{\sin^2\theta}{1+\cos\theta} \\ &\simeq \frac{\theta^2}{1+1}=\frac{1}{2}\theta^2\end{aligned} \tag{28.11}$$

となる。従って振幅が小さい場合，エネルギーは

$$E\simeq\frac{1}{2}ml^2\dot{\theta}^2+\frac{1}{2}mgl\theta^2 \tag{28.12}$$

と近似できる。

単振り子は，糸の張力から重力の余弦（糸に平行な方向の成分）を引いた合力を向心力とした円運動（の一部）と見做せるので，糸の張力（の大きさ）$S$ は

$$S=mg\cos\theta+ml\dot{\theta}^2 \tag{28.13}$$

で与えられるが（Ⅲ章の章末問題［５］を参照），(28.11) を

$$\cos\theta\simeq1-\frac{1}{2}\theta^2 \tag{28.14}$$

と変形して代入すれば，振幅が小さいときは

$$S \simeq mg\left(1-\frac{1}{2}\theta^2\right)+ml\dot{\theta}^2 \tag{28.15}$$

と近似されることが分かる。

(28.7) を時間微分すると

$$\dot{\theta}=-2\pi A\nu\sin(2\pi\nu t+\phi) \tag{28.16}$$

となるので，2 乗して (28.7) と共に (28.15) に代入すると，$S$ は

$$\begin{aligned} S &= mg\left(1-\frac{1}{2}\theta^2\right)+ml\times 4\pi^2A^2\nu^2\sin^2(2\pi\nu t+\phi) \\ &= mg-\frac{1}{2}mgA^2\cos^2(2\pi\nu t+\phi)+4\pi^2 mlA^2\nu^2\sin^2(2\pi\nu t+\phi) \end{aligned} \tag{28.17}$$

と表せる。

単振り子の振動数$\nu$は，単振り子の周期

$$T=2\pi\sqrt{\frac{l}{g}} \tag{28.18}$$

の逆数であるから，

$$\nu=\frac{1}{2\pi}\sqrt{\frac{g}{l}} \tag{28.19}$$

となる。この式を 2 乗すれば，

$$\nu^2=\frac{g}{4\pi^2 l} \tag{28.20}$$

となるから，

$$l=\frac{g}{4\pi^2\nu^2} \tag{28.21}$$

である。

(28.20) を (28.17) に代入し,

$$\begin{aligned} S&=mg-\frac{1}{2}mgA^2\cos^2(2\pi\nu t+\phi)+4\pi^2 m\times\frac{g}{4\pi^2\nu^2}A^2\nu^2\sin^2(2\pi\nu t+\phi) \\ &=mg-\frac{1}{2}mgA^2\cos^2(2\pi\nu t+\phi)+mgA^2\sin^2(2\pi\nu t+\phi) \\ &=mg+mgA^2\left\{-\frac{1}{2}\cos^2(2\pi\nu t+\phi)+\sin^2(2\pi\nu t+\phi)\right\} \end{aligned} \tag{28.22}$$

を得る。

しかし, (28.22) は sin と cos が混じっていて使いにくいので, (…) 内を一時的に $\alpha$ とおき, {…} 内を次のように変形する。

$$\begin{aligned} -\frac{1}{2}\cos^2\alpha+\sin^2\alpha&=\frac{1}{4}(-2\cos^2\alpha+4\sin^2\alpha) \\ &=\frac{1}{4}(\sin^2\alpha+3\sin^2\alpha+\cos^2\alpha-3\cos^2\alpha) \\ &=\frac{1}{4}(1-3\cos^2\alpha+3\sin^2\alpha) \\ &=\frac{1}{4}\{1-3(\cos^2\alpha-\sin^2\alpha)\} \\ &=\frac{1}{4}(1-3\cos 2\alpha) \end{aligned} \tag{28.23}$$

なお, 最後の表式を得る際に, 余弦に関する 2 倍角の公式を用いた。(28.23) を用いれば, $S$ は次のように, cos のみを含んだ形にまとまる。

$$S = mg + \frac{1}{4} mgA^2 \{1 - 3\cos 2(2\pi\nu t + \phi)\} \tag{28.24}$$

エネルギー（28.12）についても同様に，（28.7），（28.16），（28.20）を代入することで，

$$\begin{aligned} E &= \frac{1}{2} ml^2 \times 4\pi^2 A^2 \nu^2 \sin^2(2\pi\nu t + \phi) + \frac{1}{2} mglA^2 \cos^2(2\pi\nu t + \phi) \\ &= \frac{1}{2} ml^2 \times 4\pi^2 A^2 \times \frac{g}{4\pi^2 l} \sin^2(2\pi\nu t + \phi) + \frac{1}{2} mglA^2 \cos^2(2\pi\nu t + \phi) \\ &= \frac{1}{2} mglA^2 \{\sin^2(2\pi\nu t + \phi) + \cos^2(2\pi\nu t + \phi)\} = \frac{1}{2} mglA^2 \end{aligned} \tag{28.25}$$

を得る。

ここまでの考察は通常の(微小振動としての)単振り子の振動現象についてのものであって，糸の長さに変化はなかったが，ここからはゆっくりと糸を引いていって，糸の長さが $l$ から $l - \Delta l$ に短くなった場合を考える。$\Delta l (> 0)$ は糸の長さの変化量である。

（28.24）から分かるように，張力 $S$ には時間に陽に依存する部分があるが，糸の長さの変化は，長い時間をかけて起こるということを最初に仮定したので，長時間にわたっての平均では余弦関数（ $\cos 2\alpha$ ）の値が 0 であると考えて良い。従って，張力の時間平均 $\overline{S}$ を

$$\overline{S} = mg + \frac{1}{4} mgA^2 = mg\left(1 + \frac{1}{4} A^2\right) \tag{28.26}$$

と定めることができる。

このとき，糸の長さの変化に応じたエネルギーの変化 $\Delta E$ は，糸の長さが $\Delta l$ 変化した間に重力（の余弦）がした仕事

$$W_{mg} = -mg\cos\theta \cdot \Delta l \simeq -mg\Delta l \tag{28.27}$$

と，張力（の時間平均）がした仕事

$$W_{\overline{S}} = \overline{S}\,\Delta l = mg\left(1+\frac{1}{4}A^2\right)\Delta l \tag{28.28}$$

の和となるから，

$$\Delta E = -mg\Delta l + mg\Delta l + \frac{1}{4}mgA^2\Delta l = \frac{1}{4}mgA^2\Delta l \tag{28.29}$$

となる。これを（28.25）で割ると，

$$\frac{\Delta E}{E} = \frac{1}{4}mgA^2\Delta l \times \frac{2}{mglA^2} = \frac{\Delta l}{2l} \tag{28.30}$$

が得られる。

続いて，(28.19)を用いて振動数の変化 $\Delta\nu$ も求めておこう。$l$ が $l-\Delta l$ に縮小したとき，その運動にともなって $\nu$ は $\nu+\Delta\nu$ に増大したとすると，(28.19)から振動数は次のように変化することが分かる。

$$\begin{aligned}\nu+\Delta\nu &= \frac{1}{2\pi}\sqrt{\frac{g}{l-\Delta l}}\\ &= \frac{1}{2\pi}\sqrt{\frac{g}{l\left(1-\dfrac{\Delta l}{l}\right)}}\\ &= \frac{1}{2\pi}\sqrt{\frac{g}{l}}\left(1-\frac{\Delta l}{l}\right)^{-\frac{1}{2}} = \nu\left(1-\frac{\Delta l}{l}\right)^{-\frac{1}{2}}\end{aligned} \tag{28.31}$$

近似式

$$(1+x)^n \simeq 1+nx \tag{28.32}$$

を用いると[2],

$$\begin{aligned}\nu+\Delta\nu &= \nu\left\{1-\left(-\frac{1}{2}\right)\frac{\Delta l}{l}\right\}\\ &= \nu\left(1+\frac{\Delta l}{2l}\right)=\nu+\nu\frac{\Delta l}{2l}\end{aligned} \tag{28.33}$$

となるから，両辺から $\nu$ を引けば振動数の変化 $\Delta\nu$ は

$$\Delta\nu=\nu\frac{\Delta l}{2l} \tag{28.34}$$

である。

さらに（28.30）を（28.34）に代入すると

$$\Delta\nu=\nu\frac{\Delta E}{E} \tag{28.35}$$

となるが，これにより両者の関係を

$$\frac{\Delta E}{E}=\frac{\Delta\nu}{\nu}\left(=\frac{\Delta l}{2l}\right) \tag{28.36}$$

とまとめることができる。

（28.36）の極限をとって両辺を積分すると（分数関数の積分），その結果は次のようになる。

$$\int\frac{1}{E}dE=\int\frac{1}{\nu}d\nu \quad\Rightarrow\quad \ln|E|=\ln|\nu|+C \tag{28.37}$$

2　これは，$f(x)=(1+x)^n$ のマクローリン展開（A.28）において，$x$ の 2 次以上を無視したものである。

ここで，$\ln x$ とは自然対数 $\log_e x$ のことである[3]。また，$E$，$\nu$ はともに正であるから，$|E| = E$，$|\nu| = \nu$ となる。

(28.37) を

$$\ln E - \ln \nu = C \tag{28.38}$$

の形に書き，対数の差が商の対数になることを利用すると，

$$\ln \frac{E}{\nu} \left( = \log_e \frac{E}{\nu} \right) = C \tag{28.39}$$

となるから，これを指数の表現に直すことで，次式を得る。

$$\frac{E}{\nu} = e^C \tag{28.40}$$

$C$ は定数であるから，$e^C$ は何らかの一定値を示す。つまり (28.40) は

$$\frac{E}{\nu} = 一定 \tag{28.41}$$

であることを述べている。

こうして，振り子の長さを長い時間をかけてゆっくり変化させるとき，振り子の全エネルギーと振動数はそれぞれ変化するが，その比の値 $\frac{E}{\nu}$ は変わらず一定に保たれるという結論が得られる。古典力学では，このように系のパラメータ（ここでは $l$）をゆっくり変化させることを**断熱変化**といい（時間的にゆっくりとした変化のことを**断熱的**と表現する），断熱変化で不変に保

---

3 （日本の）高校の教科書では，$\log_e x$ のことを $\log x$ と書いているが，$\log x$ は常用対数 $\log_{10} x$ を略記するためにも用いられるので，自然対数専用の記号が与えられている $\ln x$ の方を使う（また，些細なことだが $\ln x$ の方が文字数が少なく書きやすい）。

たれる量を**断熱不変量**という。

(28.41) から $\dfrac{E}{\nu}$ が断熱不変量であることが分かったが，ここには振り子の長さなどの，(振り子としての) 系を特徴付けるパラメータ（構造定数）が一切現れていないので，何らかの方法により，断熱不変量 (28.41) をもっと一般的に与える方法があるのではないかということが推測できる。

結論から述べてしまうのだが，ハミルトン形式において $\dfrac{E}{\nu}$ は，$\theta p$ 平面の位相空間のトラジェクトリーの面積となる。以下で，このことを確認しよう。

(28.3) より，

$$\dot{\theta}=\frac{p_\theta}{ml^2} \tag{28.42}$$

であるから，エネルギー (28.12) は

$$E=\frac{1}{2}ml^2\frac{{p_\theta}^2}{(ml^2)^2}+\frac{1}{2}mgl\theta^2=\frac{{p_\theta}^2}{2ml^2}+\frac{1}{2}mgl\theta^2 \tag{28.43}$$

と書くことができる。

(28.43) は

$$\frac{{p_\theta}^2}{2ml^2E}+\frac{mgl\theta^2}{2E}=1 \quad \Rightarrow \quad \frac{{p_\theta}^2}{(l\sqrt{2mE})^2}+\frac{\theta^2}{\left(\sqrt{\dfrac{2E}{mgl}}\right)^2}=1 \tag{28.44}$$

と変形できるが，これは楕円の方程式，

$$\frac{x^2}{a^2}+\frac{y^2}{b^2}=1 \tag{28.45}$$

と同じ形であるから，この場合のトラジェクトリーは楕円である。

(28.45) で表される楕円の面積は $\pi ab$ で求められるから，トラジェクトリーの面積は

$$\pi l\sqrt{2mE} \times \sqrt{\frac{2E}{mgl}} = \pi l \times 2E\frac{\sqrt{gl}}{gl}$$
$$= 2\pi E\frac{\sqrt{gl}\sqrt{g}}{g\sqrt{g}} = E \times 2\pi\sqrt{\frac{l}{g}}$$
$$= ET = \frac{E}{\nu} \tag{28.46}$$

となる。これは，先ほど求めた断熱不変量に他ならない。すなわち，トラジェクトリーが囲む面積を求めることで断熱不変量を得ることができるのである。

そして，22 節でも述べた通り，位相空間のトラジェクトリーの面積は，一般に作用変数

$$J = \oint pdq \tag{28.47}$$

によって与えられるので, 1 次元調和振動子[4]の断熱変化において次の関係が成立することが分かる。

（断熱変化における）作用変数 $J$ ＝トラジェクトリーで囲まれる面積

$$= \frac{E}{\nu} \ \text{（断熱不変量）}$$
$$= \text{一定} \tag{28.48}$$

すなわち，断熱変化では作用変数が不変に保たれる。

ここでは上記の結論を得るために，微小振動する単振り子の断熱変化という単純な場合を用いて具体的に論じる方法を採ったが，（28.48）はもっと一般の周期運動や振動系に対しても成り立つことであり，（28.48）を一般化し

4　単振動は**調和振動**とも言うので，単振動する質点を**調和振動子**と呼ぶ。

た定理は（古典力学における）**断熱定理**として知られている[5]。

さて，ここで（28.41）が与える一定値を $h$ とすると，次の有名な関係式が登場することとなる。

$$\frac{E}{\nu} = h \quad \Rightarrow \quad E = h\nu \tag{28.49}$$

（28.49）は，1900 年に**マックス・プランク**により提案されたエネルギー量子の式，及びその考えを発展させたアインシュタインの光量子仮説に現れる光子 1 個が持つエネルギーの式と全く同じ形の式である。

プランクは，19 世紀後半から懸案となっていた**空洞輻射**（**黒体輻射**）の研究に取り組んでいた物理学者の 1 人であった。これは，或る温度まで熱した物体が放つ光のスペクトル（光を波長で分類したもの）と温度との関係を定量的に扱うとどのようになるかという問題である。例えば物体を熱すると，温度が高くなるにつれ，次第に赤色から白色（青白い色）を呈するようになるわけだが，空洞輻射のスペクトルを調べることで，この仕組みを精密に分析することができるようになる。

プランクは，空洞輻射のエネルギー密度の分布を正しく与える式を見出したが，その導出にあたって仮定しなければならなかった条件式が（28.49）である[6]。プランクの用いた条件とは，振動系のエネルギーは（28.49）で与えられる最小単位を持っていて，$h\nu$ の正の整数倍の値

$$E = nh\nu \quad (n = 1, 2, 3, \cdots) \tag{28.50}$$

しかとることができない，離散的（不連続）なものであるというものであった（**エネルギー量子仮説**）。なお，$h$ は**プランク定数**といい，SI 単位系におけ

5　断熱定理の一般的な証明については，本章の章末問題［１］を参照。

6　古典的には空洞輻射も周期運動する系の一種であるというところに，断熱不変量との繋がりがある。

る値は以下の通りである。

$$h = 6.62607015 \times 10^{-34}\ \mathrm{J \cdot s} \tag{28.51}$$

プランクが主張したのは，エネルギーは $h\nu$ を最小単位として，$h\nu$，$2h\nu$，$3h\nu$ と整数倍で増えていくような粒子的な存在であるということであるが，このような最小単位を持ち，それの整数倍しかとらないような量を，**量子**と呼ぶ。$h$ のオーダー（桁数）が $10^{-34}$ であることから，量子が関わる世界は必然的に，原子・分子以下のミクロな大きさの世界や，極低温の世界が中心となる（このように，量子の世界はプランク定数 $h$ によって特徴付けられる）。

また，或る量や存在に対して量子の性質が認められたとき，それは**量子化**されていると言うことがある。この言い方を用いれば，(28.50) はエネルギーが量子化されていることを表している，ということになる。

アインシュタインは 1905 年，プランクの考えを光に適用し，**光電効果**（金属に光を照射すると電子が飛び出す現象）の理論的説明に成功したが，そこでもまた，**光子**（光を量子化したもの）1 個の持つエネルギーが (28.49) の形で表されることが利用され（**光量子仮説**），(28.49) の重要性が広く認識された。

アインシュタインの提唱した光量子仮説は，従来まで（電磁波という）波であると考えられてきた光に対し，粒子的描像を与えるものであった。これを受けて，フランスの**ルイ・ド・ブロイ**は 1924 年に，これまで粒子とされてきたミクロな存在である電子や陽子は，逆に波動としての性質も持っているのではないかと予想した。その 3 年後に，この考えは実際に電子線の回折や干渉が確認されたことにより実証されることとなる。

ミクロの世界に属するものは全て，粒子性と波動性の両方を兼ね備えている。これが**粒子と波動の二重性**である。この状況を指して，光や電子は「粒子でもあり，波でもある」と言われることがあるが，正確に述べるならば，光や電子は「粒子でも波でもない，粒子と波の性質を同時に備えた何か」である，となる。この「何か」を，**量子的実在**，または単に**量子**と呼ぶことにする。

量子的実在に波動性があるということは，（粒子に見えるようなものでも）波長を持つはずである。この波長を**ド・ブロイ波長**，その波を**ド・ブロイ波**，または**物質波**という。

特殊相対論によれば，運動量が $p$ の質量 $m$ の粒子のエネルギーは，真空中の光速を $c$ として

$$E=\sqrt{p^2c^2+m^2c^4} \tag{28.52}$$

と表される。この式で，$m$ が 0 に近い位小さいとすると（$m\simeq 0$），

$$E\simeq pc \tag{28.53}$$

となるが（光は $m=0$ なので，正確に $E=pc$ となる），これと（28.49）を等置することで

$$h\nu=pc=p\nu\lambda \tag{28.54}$$

が得られる。なお，最後の等号で，波長と振動数の関係

$$c=\nu\lambda \tag{28.55}$$

を用いた。

従って，ド・ブロイ波長 $\lambda$ は次式で与えられる。

$$\lambda=\frac{h}{p} \tag{28.56}$$

古典力学の体系自体に矛盾があるわけではないのだが，量子の世界には古

典力学の範囲内ではどうしても説明不可能な現象や法則が存在している。これらを理論的に説明するための，古典力学を超えた新たな枠組が**量子力学**である。

ところが，この自然界は，量子力学を（古典力学よりも）本質的な土台とすることで成り立っているため，量子力学の近似として古典力学を導き出すことはできるが，逆に古典力学から量子力学を（完全な論理の整合性を保ったまま）導くことはできない。従って，量子力学に到達するためにはある程度の飛躍が必要とされる。

そこで，古典力学の理論形式を一般化・抽象化した解析力学が，古典から量子への移行に際しての有用なツールとなる。例えば本節ではハミルトン形式の知識を利用した断熱不変量の議論から（28.49）を導いた。もちろん，量子の概念までは含まれていないので（量子概念自体は導出されるようなものではない），プランクのエネルギー量子の式と完全に同等のものを示したことにはならないが，断熱定理を通して古典力学と量子力学が繋がっている様子を感じていただけたのではないだろうか。解析力学の知識を用いることで，古典力学と量子力学の間にある隠された結びつきを見出すことができ，同時に量子力学のよりよい理解へも達することができるのである。

本章は解析力学の量子力学への応用のために充てられている。解析力学の入門書の中の一章という狭いスペースでは，量子力学の膨大な体系を語り尽くすことはとてもできないが，ここまでに学んだ解析力学の知識が十分に活かされるテーマを選んで，古典力学から量子力学へ到る道を示していく予定である。

29.

# 前期量子論

前節では,

$$J = \frac{E}{\nu} \tag{29.1}$$

が断熱不変量であることと，量子の世界では（振動系の）$E$ は量子化されていて,

$$E = nh\nu \quad (n = 1,\ 2,\ 3,\ \cdots) \tag{29.2}$$

と表されることを説明した。ここで，(29.2) を (29.1) に代入すると，次のようになる。

$$J = \frac{nh\nu}{\nu} = nh \qquad (n = 1, 2, 3,\ \cdots) \tag{29.3}$$

この式から, エネルギーが量子化されているという事実 (29.2) から, (29.1) を与える作用変数もまた量子化されているのではないかと予想できる。本節では，この予想が正しいかどうかについて考察する。

**アーネスト・ラザフォード**の指導のもとで，**ハンス・ガイガー**と**アーネスト・マースデン**が1911年に行なった実験[7]により原子核の存在が確認され，ラ

7 この実験は，$\alpha$ 線を金箔に当てる実験を行ない，透過の際に $\alpha$ 線がどのような曲がり方をするかを調べるというもので，結果としてほとんどの $\alpha$ 線は直進したが，ごく一部の $\alpha$ 線に 90° 以上の大角度への散乱が認められた（**ラザフォード散乱**)。この散乱は正電荷を持つ $\alpha$ 線と，原子内の小さな領域に集中した原子質量の大半を担う正電荷（原子核）との間の強いクーロン斥力によるものと考えることで説明できる。なお，電子の質量は $\alpha$ 線（$\alpha$ 粒子）の質量の $\frac{1}{7000}$ 以下に過ぎないため，電子がラザフォード散乱に影響を及ぼすということはない。

ザフォードは原子核（正電荷）の周りを電子（負電荷）が回る太陽系型の原子モデル（**ラザフォードモデル**）を考案した。

しかし，電子が原子核の周りを回るとすれば，電磁波（光）を放射し続け，その分エネルギーが減って半径が小さくなっていくので，最終的に電子は原子核に衝突してしまう。つまり，ラザフォードモデルでは原子の安定性が説明できない。

これに対し，**ニールス・ボーア**は**振動数条件**と**量子条件**を設定することで，ラザフォードモデルの抱える原子の安定性についての矛盾を解決することができると主張した（**ボーアモデル**）。

振動数条件は，電子は軌道上を（回転）運動するが，軌道上にとどまっているとき（この状態を**定常状態**という）は光を放出したり，吸収したりせず，定常状態間を電子が移動する場合にのみ，光の放出・吸収が起こることを要請するものである。また，定常状態では古典力学の計算が有効になると考える。

ここで，定常状態間の電子の移動を**状態の遷移**，または**量子飛躍**という。また，定常状態において電子が持つエネルギーを**エネルギー準位**といい，$E_n$ などと書く。添字の $n$ は（安定な）軌道の番号を指定する**量子数**である。

例えば，或るエネルギー準位 $E_n$ から，$E_n$ よりも低いエネルギー $E_{n'}$ に電子が遷移すると，$E_n - E_{n'}$ だけエネルギーが余る。後述するように，電子の軌道は量子化されているので，余ったエネルギー $E_n - E_{n'}$ は，それと等量のエネルギーを持つ光子を放出するために使われると考えられる。従って，アインシュタインの理論（光量子仮説）を用いることにより，エネルギーの収支を

$$|E_n - E_{n'}| = h\nu \tag{29.4}$$

と書くことができる[8]（これはエネルギー保存則を表す）。

8　左辺の絶対値は省略されることもあるが，ここでは光の放出と吸収を区別する必要がない

量子条件は，電子の軌道が量子化されていることを要請する。つまり，電子の軌道に最小単位があれば，それ以上下がって原子核に落ち込むことはないので，原子の安定性が保証されるというわけである。

ここで，$n$ が大きくなるにつれ古典的計算が可能になると考える**対応原理**を仮定すると[9]，量子条件を導出することができる。以下では計算の便宜のために，通常の作用変数

$$J = \oint p dq \tag{29.5}$$

を $2\pi$ で割った，「換算」作用変数

$$I = \frac{J}{2\pi} = \frac{1}{2\pi}\oint p dq \tag{29.6}$$

を利用する（[27.53]）。

エネルギー（ハミルトニアン）が作用変数の関数であるとして，$n$ で（全）微分すると[10]

$$\begin{aligned}\frac{dE}{dn} &= \frac{dH(I)}{dn} = \frac{\partial H}{\partial I}\frac{dI}{dn} \\ &= \dot{w}\frac{dI}{dn} = \frac{d}{dt}(\omega t + \beta)\frac{d}{dn}\left(\frac{J}{2\pi}\right) \\ &= \frac{\omega}{2\pi}\frac{dJ}{dn} = \frac{2\pi\nu}{2\pi}\frac{dJ}{dn} \\ &= \nu\frac{dJ}{dn}\end{aligned} \tag{29.7}$$

ようにするために付けている。

9　相対論にも対応原理に相当する仮定がある。相対論における対応原理は，重力場が弱くなるにつれ一般相対論は特殊相対論で近似できるようになり，さらに光速よりも十分に遅い速度での運動になればニュートン力学で近似できるようになるというものである。

10　整数で微分するとは妙な話であるが，プランク定数は微小量であるから，$n$ が大きい場合 $E$ は（本当は離散的であるが）連続的であると解釈し，形式的に微分を実行する。

となる。ここで $w$ は角変数，$\omega = 2\pi\nu$ は角振動数である（3 番目の等号で［27.56］を，4 番目の等号で［27.51］を用いた）。

同様に，(29.2) を $n$ で微分すると

$$\frac{dE}{dn} = \frac{d}{dn}(nh\nu) = h\nu \tag{29.8}$$

となるから（これは，振動数条件［29.4］の左辺の差分 $\Delta E = |E_n - E_{n'}|$ を，微分 $\dfrac{dE}{dn}$ で置き換えた式になっている），この 2 式を等置することにより，

$$\nu\frac{dJ}{dn} = h\nu \tag{29.9}$$

すなわち，

$$J = h\int dn = nh + C \tag{29.10}$$

が得られる。

(29.10) で $C = 0$ とした式が，

$$J = \oint pdq = nh \tag{29.11}$$

である。これを**ボーア＝ゾンマーフェルトの量子条件**[11] という。

$J$ はトラジェクトリーの面積を表すので，トラジェクトリーの周囲を電子の軌道と見做し，その最小値（$n = 1$ のとき $J = h$）から正の整数倍の値をもって増えていくと定めれば，(29.11) は電子の軌道を量子化する量子条件となっていることが分かる。$n = 1$ のときの軌道が最もエネルギーが低く，このときの定常状態は**基底状態**と呼ばれる（それ以外のエネルギーの高い状態

11　当時東北帝国大学教授であった**石原純**や，イギリスの**ウィリアム・ウィルソン**も独立にこの式に到達していたが，量子条件の必要性を唱えたボーアと，相対論的効果をも考慮し特に深遠な考察を行なったミュンヘン大学の**アルノルト・ゾンマーフェルト**の名を冠し，通常このように呼ばれる。

は**励起状態**という)。

このような意味において作用変数は量子化されているから，本節冒頭で述べた予想は正しかったことになる。(29.11) より，$h$ が作用変数の最小単位となることが分かるので，プランク定数は**作用量子**ともいう。

また，前節の議論から，作用変数が量子化可能であることの根拠を，作用変数が断熱定理を満たすという事実に求めることができる。作用変数が（断熱不変量という意味で）一定であることを考えれば，$n \to \infty$ のとき $h \to 0$ となるので，$n$ が大きくなるにつれ古典力学が成り立つようになるという対応原理は，正当な仮定であったと言えよう。

(29.11) において，軌道（トラジェクトリー）が半径 $r$ の円であるとすれば，$J$ は

$$
\begin{aligned}
j &= \int_0^{2\pi} p_\theta d\theta = \int_0^{2\pi} mr^2 \dot{\theta} d\theta \\
&= mr \cdot r\dot{\theta} \int_0^{2\pi} d\theta = 2\pi rmv
\end{aligned}
\tag{29.12}
$$

という単純な形となる（$p_\theta$ には［28.3］を代入し，$r\dot{\theta} = v$ とした)。これが $nh$ と等しいので，量子条件は（$mv = p$ として）

$$
2\pi rp = nh \tag{29.13}
$$

と書ける。

さて，$h$ を $2\pi$ で割るという場面はこれから頻繁に現れるので，次の**換算プランク定数**[12] を導入しよう。

$$
\hbar = \frac{h}{2\pi} \tag{29.14}
$$

12　文献によっては「換算」が省略される場合もある。また，**ポール・ディラック**の名をとって**ディラック定数**と呼ばれることもある。

この記号は $h$ に横棒が刺さった形をしているので，エイチ・バーと読む。SI単位系における $\hbar$ の値は次の通りである。

$$\hbar = 1.054571817\ldots \times 10^{-34}\,\mathrm{J \cdot s} \tag{29.15}$$

$\hbar$ を用いると，(29.13) は

$$rp = n\hbar \tag{29.16}$$

と書ける。これは，電子の軌道が円であるとしたときのボーア＝ゾンマーフェルトの量子条件であり，単に**ボーアの量子条件**と呼ばれる[13]。(29.16) の左辺は角運動量を表すから，この式は軌道の角運動量が $\hbar$ の整数倍であることを述べており，角運動量もまた量子化されていると考えることができる。

(29.16) にド・ブロイ波長の式 (28.56) を代入すると

$$r\frac{h}{\lambda} = n\hbar = n\frac{h}{2\pi} \tag{29.17}$$

となるから，ボーアの量子条件は

$$2\pi r = n\lambda \tag{29.18}$$

とも書くことができる。(29.18) は，安定な円軌道の一周 ($2\pi r$) はド・ブロイ波長 $\lambda$ の整数倍であることを示しており，ボーアの立てた仮定の正当性を裏付けていると言える（[29.18] で $n$ が整数でない場合，干渉により電子のド・ブロイ波，つまり電子自身が消滅してしまう）。

13　ボーアの量子条件 (29.16) は円軌道における自由度 1 の運動にしか適用できないが，(29.11) の形に書いておけば楕円軌道にも対応できる上に，多自由度・多重周期系への拡張も可能となる。

このように，プランク，アインシュタイン，ボーアらは古典力学に対して色々な仮定を持ち込むことで，部分的にではあるが量子現象の説明に成功し，これらが量子力学の下書きとなった。エネルギー量子仮説からボーアモデルまでの（量子力学が成立する前の）量子論は**前期量子論**と総称されている。

最後に，定常状態にある電子がどれだけ波動的かということを知るために，簡単な数値計算をいくつか行なっておこう。ボーアモデルに従い，水素原子内の電子が安定な円軌道上を円運動しているとすると，力のつり合いから（或いは，向心力＝クーロン力），

$$m\frac{v^2}{r} = \frac{1}{4\pi\varepsilon_0}\frac{e^2}{r^2} \tag{29.19}$$

が成り立ち，またエネルギー保存則より

$$E = \frac{1}{2}mv^2 + \frac{e\times(-e)}{4\pi\varepsilon_0 r} = \frac{1}{2}mv^2 - \frac{e^2}{4\pi\varepsilon_0 r} \tag{29.20}$$

となることが分かる。

(29.19) より

$$mv^2 = \frac{e^2}{4\pi\varepsilon_0 r} \tag{29.21}$$

となるから，(29.20) は

$$\begin{aligned} E &= \frac{e^2}{8\pi\varepsilon_0 r} - \frac{e^2}{4\pi\varepsilon_0 r} \\ &= \frac{e^2 - 2e^2}{8\pi\varepsilon_0 r} = -\frac{e^2}{8\pi\varepsilon_0 r} \end{aligned} \tag{29.22}$$

また，量子条件

$$rp = rmv = n\hbar \tag{29.23}$$

より，

$$v = \frac{n\hbar}{mr} \tag{29.24}$$

を得る。

（29.24）を（29.21）に代入し，$r$ について解くと，

$$m\frac{n^2\hbar^2}{m^2r^2} = \frac{e^2}{4\pi\varepsilon_0 r} \tag{29.25}$$

$$r = n^2\frac{4\pi\varepsilon_0\hbar^2}{me^2} \tag{29.26}$$

となる[14]。

この段階で既に，$r$ の表式は（$n$ を別にすれば）定数のみの形になっているので，各定数の値を代入しても良いのであるが，もう少し楽に計算できるように定数の数を減らそう。

現代物理学において，

$$\alpha = \frac{e^2}{4\pi\varepsilon_0\hbar c} \tag{29.27}$$

は**微細構造定数**と呼ばれる定数である。$\alpha$ は電磁相互作用（電磁力）の強さを表しており，その値は $\frac{1}{137}$ に近い（$\alpha$ は無次元量であるから単位はない）。今は計算の負担を減らすためだけに持ち出しただけであるが，素粒子物理学では重要な物理定数である。

---

14 （29.26）を（29.24）に代入すれば分かることだが，（29.24）の見かけに反し $v$ は $n\times$ 定数ではなく $\frac{1}{n}\times$ 定数の形になる。つまり，基底状態にある電子の速さは最小値ではなく最大値をとる。

さらに，$\hbar$ を $mc$ で割ったものは，**換算コンプトン波長**として知られる量であり，**コンプトン波長**

$$\lambda_{\mathrm{comp}} = \frac{h}{mc} \tag{29.28}$$

の $\dfrac{1}{2\pi}$ であることから，$\hbar$ に擬（なぞら）えて $\bar{\lambda}$ （ラムダ・バー）と書く。

$$\bar{\lambda} = \frac{\hbar}{mc} \tag{29.29}$$

$\alpha$ 及び $\bar{\lambda}$ を用いると，(29.26) は，

$$r = n^2\hbar \frac{4\pi\varepsilon_0\hbar c}{mce^2} = \frac{n^2\hbar}{mc\alpha} = \frac{n^2\bar{\lambda}}{\alpha} \tag{29.30}$$

という簡潔な形にまとまる。$m$ に電子の質量（$\simeq 9.11\times10^{-31}$ kg）を代入すると，電子の換算コンプトン波長は

$$\bar{\lambda} \simeq \frac{1.055\times10^{-34}}{9.11\times10^{-31}\times2.998\times10^{8}}$$

$$\simeq 3.86\times10^{-13}\ \mathrm{m} \tag{29.31}$$

となるから，$r$ を

$$r \simeq 3.86\times10^{-13}\times137n^2$$

$$= 528.82\times10^{-13}\,n^2$$

$$\simeq 5.29\times10^{-11}\,n^2\,[\mathrm{m}] \tag{29.32}$$

と概算することができる。

(29.34) において，$n=1$ のときの $r$ は水素原子の大きさの目安を与える定数となり，**ボーア半径**と呼ばれる。(29.32) から，ボーア半径 $a_{\mathrm{B}}$ はおよそ

$$a_{\mathrm{B}} \simeq 5.29 \times 10^{-11}\ \mathrm{m} \tag{29.33}$$

であることが分かる。

一方，(29.18) より原子内の電子のド・ブロイ波長は

$$\lambda = \frac{2\pi r}{n} \tag{29.34}$$

で与えられるから，$n = 1$ と (29.32) を代入して

$$\begin{aligned} \lambda &\simeq 2 \times 3.142 \times 5.29 \times 10^{-11} \\ &= 33.24\ldots \times 10^{-11} \simeq 3.32 \times 10^{-10}\ \mathrm{m} \end{aligned} \tag{29.35}$$

を得る。

この計算で分かったことは，水素原子内の電子のド・ブロイ波 (29.35) が，水素原子そのものの大きさ (29.33) と 1 桁程度しか違わないということである。つまり，水素原子を考える場合に，電子の波動的性質は全く無視できず，(古典的な意味での) 電子の「軌道」なるものに物理的意味を持たせることが難しくなってくる。

後述するように，量子的実在の位置は確定的に定まるようなものではなく，**波動関数**という，ド・ブロイ波を関数化したものを用いて表される確率となる。このことを踏まえ現代物理学では，電子の「軌道」を電子が発見される確率の高いところと解釈している[15]。

15 現代物理学における原子の正しい描像は，軌道電子の濃淡を発見の確率として電子雲で表したモデルである。

30.
# シュレーディンガー方程式

ここでは，ド・ブロイ波の従う（波動）方程式はどのような形になるかということを考える。しかし，この時点では古典的な波の知識しかないので，まずは古典的な波動の中で最も単純（かつ重要）な1次元の正弦波を例にとり，それに対し

$$E = h\nu \quad \Rightarrow \quad \nu = \frac{E}{h} \tag{30.1}$$

$$\lambda = \frac{h}{p} \tag{30.2}$$

といった量子論の関係式や，エネルギー保存則を考慮することで，量子的な波動の方程式（量子力学の基礎方程式）を試行錯誤的に作っていくことにする（その後で，解析力学を踏まえた導出を与える）。

単振動の方程式の解からも分かるように，$x=0$（原点）での単振動の波形は

$$f(0,t) = A\cos(\omega t + \phi) \tag{30.3}$$

により表される。この正弦波が或る位置まで伝わっていくことを考える場合，位置によって波の到達する時刻が違うということに注意しなければならない（このような波を**進行波**という）。

例えば位置 $x = x(>0)$ まで（30.3）の波動が伝播していくとすると，位置 $x$ では原点（位置0）よりも $\frac{x}{v}$ 遅れて振動することになるのであるから，位置 $x$ における波動は

$$f(x,t) = A\cos\left\{\omega\left(t - \frac{x}{v}\right) + \phi\right\} \tag{30.4}$$

で記述される。

これからこの式を都合の良い形に変形していく。まず，簡単のため 2 つの任意定数を $A = 1$，$\phi = 0$ とし，

$$\omega = 2\pi\nu \tag{30.5}$$

$$v = \nu\lambda \tag{30.6}$$

を代入すると，

$$\begin{aligned} f(x,t) &= \cos 2\pi\nu\left(t - \frac{x}{\nu\lambda}\right) \\ &= \cos 2\pi\left(\nu t - \frac{x}{\lambda}\right) \end{aligned} \tag{30.7}$$

となる。

次に，位相（cos の引数）の正負を入れ替える。位相の符号は任意に選べる上，$\cos\theta$ は偶関数であるから数学的にも何ら問題はない。

$$f(x,\ t) = \cos 2\pi\left(\frac{x}{\lambda} - \nu t\right) \tag{30.8}$$

なお，(30.7) ではなく (30.8) の方を採用するのはただの慣用に過ぎないが，(30.7) のままで計算すると，最終的に導出される方程式の符号（正負）が入れ替わってしまうのでややこしいことになる。

そして，$f(x,t) = \psi$（**波動関数**）とし，(30.1)，(30.2) を代入することにより，

$$\psi = \cos 2\pi\left(\frac{px}{h} - \frac{Et}{h}\right) \tag{30.9}$$

を得る。

続いて，微分することによって両辺を $\psi$ で表したいのだが，cos を微分すると $-\sin$ になるので，(30.9) のままではこの要求に応じることは不可能である。両辺に $\psi$ を持ち込むには，微分したときに関数形が保存されている必要があるが，そのような好ましい性質を持っている（その上三角関数との明確な繋がりがある）関数は（自然）指数関数 $e^x$ くらいしかないであろう。

そこで，$e^x$ と三角関数を結びつける，以下の**オイラーの公式**

$$e^{i\theta} = \cos\theta + i\sin\theta \tag{30.10}$$

を用いて[16] (30.9) に

$$\cos(\cdots) \rightarrow e^{i(\cdots)}$$

という変換を施し，$\psi$ を

$$\psi = e^{2\pi i\left(\frac{px-Et}{h}\right)} = \cos 2\pi\left(\frac{px-Et}{h}\right) + i\sin 2\pi\left(\frac{px-Et}{h}\right) \tag{30.11}$$

と再定義する。つまり，(30.9) は (30.11) の実部のみを表していたことにするわけである[17]。

ここから，(30.11) の

---

16 (A.22)～(A.25) を参照。

17 古典的な波動論でも，$\sin\theta$ と $\cos\theta$ の重ね合わせとして表現される波を計算の便宜のために，$e^{i\theta}$ で書いたりすることがあるので，このような書き換えが量子力学に特有のものであるというわけではない。しかし，古典論であれば波動量は実数であるからと言って，最後に実部のみをとって虚部を捨て，最終結果に虚数が残らないようにするのが普通である。これに対し，量子力学の基礎方程式には虚数が現れ，その解は複素数となるなど，量子力学では複素数が本質的役割を担っている。このように複素数が主役となる点が，古典力学との決定的な違いである。

$$e^{2\pi i\left(\frac{px-Et}{h}\right)}$$

という部分を $x$ 及び $t$ に関し偏微分していくのであるが，$e$ の指数部分が長くて見難いので，(30.11) を

$$\psi = e^{2\pi i\left(\frac{px-Et}{h}\right)} = \exp\left\{2\pi i\left(\frac{px-Et}{h}\right)\right\} \tag{30.12}$$

と表すことにする[18]。

指数関数の微分法[19]を用いて，(30.12) を $x$ で微分すると，

$$\frac{\partial\psi}{\partial x} = \frac{2\pi ip}{h}\exp\left\{2\pi i\left(\frac{px-Et}{h}\right)\right\} = \frac{ip}{\hbar}\psi \tag{30.13}$$

となり，同様に $t$ で微分すると

$$\frac{\partial\psi}{\partial t} = \frac{2\pi i(-E)}{h}\exp\left\{2\pi i\left(\frac{px-Et}{h}\right)\right\} = -\frac{iE}{\hbar}\psi \tag{30.14}$$

となる。こうして，両辺を $\psi$ で表した式を手に入れることができた。

これらの式を整理するために，$\frac{\hbar}{i}$ を両辺に掛けることにするが，$i$ の逆数は

$$\frac{1}{i} = \frac{\sqrt{-1}}{\sqrt{-1}\sqrt{-1}} = \frac{i}{-1} = -i \tag{30.15}$$

---

18　一般的に，$e^x$ は $\exp(x)$ とも書くことができる。高校の教科書には出てこないが，よく用いられる。

19　ここでは $(e^{f(x)})' = f'(x)e^{f(x)}$ を用いている。

であるから，両辺に $\pm\dfrac{\hbar}{i}$ を掛けたければ，両辺に $\mp i\hbar$ を掛ければ良い。

よって，(30.13) の両辺に $-i\hbar$ を掛けると

$$-i\hbar\frac{\partial\psi}{\partial x}=p\psi \tag{30.16}$$

となり，(30.14) の両辺に $i\hbar$ を掛けると

$$i\hbar\frac{\partial\psi}{\partial t}=E\psi \tag{30.17}$$

となる。

仕上げに，エネルギー保存則

$$E\,(=H)=\frac{p^2}{2m}+V \tag{30.18}$$

の両辺に $\psi$ を掛けた

$$E\psi=\frac{p^2}{2m}\psi+V\psi \tag{30.19}$$

に (30.16)，(30.17) を代入すれば，求める方程式が完成する。

代入しやすくするために，(30.16) の $\psi$ を一時的に外して 2 乗しておこう。

$$p^2=\left(-i\hbar\frac{\partial}{\partial x}\right)^2=i^2\hbar^2\frac{\partial^2}{\partial x^2}=-\hbar^2\frac{\partial^2}{\partial x^2} \tag{30.20}$$

(30.17) と (30.20) を (30.19) に代入することで，次の方程式を得る。

$$i\hbar\frac{\partial\psi}{\partial t}=-\frac{\hbar^2}{2m}\frac{\partial^2\psi}{\partial x^2}+V\psi \tag{30.21}$$

これは1926年に，オーストリアの**エルヴィン・シュレーディンガー**によって導かれた方程式で，**シュレーディンガー方程式**と呼ばれる。シュレーディンガー方程式はド・ブロイ波が従う波動方程式であり，（非相対論的）量子力学を定量的に矛盾なく説明できる，量子力学の基礎方程式である[20]。

（30.21）は波動関数

$$\psi=\psi(x,t) \tag{30.22}$$

を解とする偏微分方程式であるが，導出の中で（30.12）という複素解を用いていることと，シュレーディンガー方程式の中に虚数 $i$ が陽に現れていることから分かるように，$\psi$ は複素数である。このため，波動関数は直接観測されるような物理量ではない。

実験によれば，3次元空間内の点 $(x,\ y,\ z)$ 付近の微小体積（要素）$dxdydz$ 中に粒子（量子的実在）が発見（検出）される確率[21]は

$$|\psi(x,\ y,\ z,\ t)|^2\,dxdydz \tag{30.23}$$

に比例し，波動関数の絶対値の2乗[22] $|\psi|^2$ が，粒子が発見される**確率密度**[23]を表すという（波動関数の**確率解釈**）。そして，観測した瞬間に確率の波（波

---

20　シュレーディンガー方程式の正否は，実験結果としての整合性によって立証されることであり（シュレーディンガー方程式の適用条件の範囲内で，シュレーディンガー方程式を否定するような実験は見つかっていない），古典論の知識だけで厳密な導出を与えることはできない。

21　「粒子が存在する確率」と書かれることもあるが，そのような表現は「状態の共存」（による干渉）を否定するような説明を与えてしまうので，あまり適切でない。

22　複素数平面を用いると，複素数 $a+bi$ の絶対値は実数 $\sqrt{a^2+b^2}$ になることが分かる。

23　$|\psi|^2\,dxdydz$ を $dxdydz$ で割ると $|\psi|^2$ になるので，$|\psi|^2$ は単位体積あたりの確率，すなわち確率密度となる。

動関数）は収縮し，量子的実在は粒子として振る舞うようになる（**波束の収縮**）。つまり，量子力学では測定によって初めて状態が確定する。

ここで言う「確率」とは，粒子の位置を測定する実験を非常に多く行なったとき，体積要素 $dxdydz$ の中で粒子が発見された回数を実験の回数で割った値のことである。量子力学で正確に予言できるのは，位置測定を多数回行なったときの測定値の分布（確率分布）であって，粒子の位置（確定した測定値）ではない[24]。測定値の分布は $|\psi|^2$ によって決まるので，波動関数から得られる発見の確率のみが量子力学における実在の情報として扱われる。

粒子は $-\infty$ から $\infty$ までの全（配位）空間のどこかには必ずあることと，波動関数は定数倍しても同じ波動関数であること[25]から，（理想的には）波動関数に適当な定数を掛けて

$$\int_{-\infty}^{\infty}\int_{-\infty}^{\infty}\int_{-\infty}^{\infty}|\psi|^2 dxdydz = 1 \tag{30.24}$$

を成り立たせることができることが分かる（**波動関数の規格化**）[26]。このとき，$|\psi|^2$ は（相対確率密度ではなく）絶対確率密度（ $dxdydz$ 中で粒子が発見される真の確率）を与える。

これは，波動関数の規格化が行なわれないと絶対確率は定まらないということでもあるから，絶対確率が定義されるのは（30.24）の積分が有限値に収束する場合に限定される。

そこで（30.24）の積分が収束し，規格化が可能となるとき，その波動関数は **2 乗可積分**であると言う。波動関数が 2 乗可積分でなく，（30.24）の積分

---

24　このあたりの事情に関しては，文献［48］などで詳しく学んでいただきたい。

25　シュレーディンガー方程式は，両辺に（複素）定数 $c$ を掛けても成り立つから，$\psi$ が解であるなら $c\psi$ も解となる。

26　（30.24）の積分範囲は問題によってはもっと狭くなる。

が発散するような場合には体積要素内の異なる2点間の$|\psi|^2$の比によって，その2点での相対確率が与えられることになる。

さて，シュレーディンガー方程式に話を戻そう。導出を振り返ると，古典的な

$$E=\frac{p^2}{2m}+V$$

からシュレーディンガー方程式を作り出すためには，運動量$p$とエネルギー$E$を，それぞれ

$$p \to -i\hbar\frac{\partial}{\partial x} \tag{30.25}$$

$$E \to i\hbar\frac{\partial}{\partial t} \tag{30.26}$$

に置き換えればよいことが，(30.16) と (30.17) から分かる。これは，古典論から量子力学へ移行するための変換の手続きを表しており，**量子化（の手続き）**と呼ばれる(前節までに用いてきた量子化とは少々意味合いが異なる)。

もし3次元へ拡張したければ，(30.25) の$p$をベクトルで$\boldsymbol{p}$と書き，$\frac{\partial}{\partial x}$を$\nabla$（ナブラ）に置き換えれば良い。しかし，$\nabla$は直交座標で定義されているので，演算子の対応関係としての量子化の手続き (30.25)，(30.26) が有効となる座標系は（1次元であろうと3次元であろうと）直交座標のみであることに注意しなければならない。このことは，量子化の方法は一意的でないという事実を反映している。

このように量子力学では，運動量やエネルギーなどの物理量は数値ではなく (30.25)，(30.26) のように，右に置かれた関数に対しての微分演算を指

示する**演算子**[27]（微分記号のように，計算の指令を出す抽象的な存在）になってしまう。物理量が演算子となるのも量子力学特有の重要な性質である。

演算子は文字の上に ^ （ハット）を付けて表し（明らかな場合しばしば省略される），例えば（30.25），（30.26）は

$$\hat{p} = -i\hbar \frac{\partial}{\partial x} \tag{30.27}$$

$$\hat{E} = i\hbar \frac{\partial}{\partial t} \tag{30.28}$$

と書かれる。(30.27）は**運動量演算子**で，(30.28）は**エネルギー演算子**である。

また，

$$E = \frac{p^2}{2m} + V$$

は（速度ではなく）運動量によって全エネルギーを表したものであるから，系のハミルトニアンと等しく，

$$H = \frac{p^2}{2m} + V \tag{30.29}$$

となる。

しかし，量子力学ではハミルトニアンも演算子 $\hat{H}$ （**ハミルトニアン演算子**）となるから，（30.25）の置き換えを用いて量子化すると

$$H = \frac{p^2}{2m} + V \to -\frac{\hbar^2}{2m}\frac{\partial^2}{\partial x^2} + V = \hat{H} \tag{30.30}$$

---

27　演算子は**作用素**とも呼ばれる。

と書ける。本書では，古典力学のハミルトニアン $H$ と区別するために，量子力学のハミルトニアン演算子には常に $\widehat{\ }$ を付け，$\widehat{H}$ と書く。

ハミルトニアンはシュレーディンガー方程式の右辺に対応しているから，(30.21) は

$$i\hbar\frac{\partial\psi}{\partial t}=\widehat{H}\psi \tag{30.31}$$

とも表される。また，(30.30) は 3 次元ではラプラシアン (C.29) を用いて

$$\widehat{H}=-\frac{\hbar^2}{2m}\left(\frac{\partial^2}{\partial x^2}+\frac{\partial^2}{\partial y^2}+\frac{\partial^2}{\partial z^2}\right)+V=-\frac{\hbar^2}{2m}\nabla^2+V \tag{30.32}$$

となるから，3 次元のシュレーディンガー方程式は

$$i\hbar\frac{\partial\psi}{\partial t}=-\frac{\hbar^2}{2m}\nabla^2\psi+V\psi \tag{30.33}$$

で与えられる。

ここで，演算子の積を考える場合には，交換法則が成立しないことに注意しなければならない。例えば微分記号 $\dfrac{d}{dx}$ と $y$ の積としては，$y\dfrac{d}{dx}$ と $\dfrac{dy}{dx}$ の 2 通りが考えられるが，言うまでもなく，この 2 つは別物である。

同様に，$E\psi$ と $\psi E$ や，$\widehat{H}\psi$ と $\psi\widehat{H}$ などはそれぞれ明確に区別される。つまり，「両辺に $\psi$ を掛ける」とは，厳密には「両辺に右から $\psi$ を掛ける」という意味である。

ところで，本節の前半で示した (30.21) は 1 次元の**時間に依存するシュレーディンガー方程式**という最も基本的なタイプであるが，$\psi$ が位置のみに依存し時間変化しない場合は，変数が 1 個減って

$$E\psi = -\frac{\hbar^2}{2m}\frac{d^2\psi}{dx^2} + V\psi \tag{30.34}$$

という微分方程式になる。これは，1次元の**時間に依存しないシュレーディンガー方程式**である。(30.34) は，ハミルトニアンを用いて

$$E\psi = \widehat{H}\psi \tag{30.35}$$

と簡潔に表すこともできる。

ここで，解析力学との関連について考えてみよう。まず，シュレーディンガー方程式は，ハミルトン＝ヤコビ方程式と実によく似た構造をしていることに注目していただきたい。

例えば，(時間に依存しない) シュレーディンガー方程式 (30.35) は，ハミルトニアンが時間に陽に依存しない場合のハミルトン＝ヤコビ方程式（[27.31]）

$$E = H\left(q,\ \frac{\partial W}{\partial q}\right) \tag{30.36}$$

において $H \to \widehat{H}$ と量子化し，両辺に $\psi$ を掛けたものである。

また，量子化の手続きの元となった (30.16) は，ハミルトン＝ヤコビ方程式で用いられる正準変換の関係式（[27.10]）

$$p_i = \frac{\partial S}{\partial q_i} \tag{30.37}$$

において，$p_i \to \frac{p\psi}{-i\hbar}$，$S \to \psi$，$q_i = x$ としたものになっている。同様に，(30.17) はハミルトン＝ヤコビ方程式の変形（[27.26]）

$$H = -\frac{\partial S}{\partial t} \tag{30.38}$$

において，$H \to \dfrac{E\psi}{-i\hbar}$，$S \to \psi$ としたものである。

このような対応関係から示唆されるように，シュレーディンガー方程式はハミルトン＝ヤコビ方程式から導くこともできる。実際，シュレーディンガーが 1926 年に発表した論文『固有値問題としての量子化』（*Quantisierung als Eigenwertproblem*）では，ハミルトン＝ヤコビ方程式や変分法を用いた導出法が示されている。

但し，その方法はやや無理矢理の感が否めないものであるので，現代的な量子力学の文献ではシュレーディンガー方程式を論じるにあたり，その出自がハミルトン＝ヤコビ方程式にあることは語られても，それがどのような導出であるかということについて詳しく述べられることは滅多にない（逆に，シュレーディンガー方程式の古典極限がハミルトン＝ヤコビ方程式になることは多くの文献に書かれている）。

しかし，前章で折角ハミルトン＝ヤコビ方程式を学んだので，ここでハミルトン＝ヤコビ方程式からシュレーディンガー方程式を導いてみよう。古典力学（解析力学）と量子力学の関わりを実感するという点でも十分に意義のあることである。

まず，1 次元の時間に陽に依存しないハミルトニアン（31.29）に対するハミルトン＝ヤコビ方程式は，ハミルトンの主関数 $S$ を用いて

$$\frac{\partial S}{\partial t} + H\left(q,\ \frac{\partial S}{\partial q}\right) = 0 \tag{30.39}$$

と書ける（ここでは特性関数による方程式［27.31］ではなく，主関数による方程式［27.23］を使う）。

ハミルトニアンが時間に陽に依存しないとすると，ハミルトニアンはエネルギー保存則 $E = H$ を満たすから，（30.38）より

$$\frac{\partial S}{\partial t} = -E \tag{30.40}$$

であり，運動量は（$q = x$ とすると）

$$\frac{\partial S}{\partial x} = p \tag{30.41}$$

となる（[30.37]）。

これらを共に満たす，最も簡潔な $S$ の形は

$$S = -Et + px \tag{30.42}$$

となるので，最初の導出でも用いた（30.11）に代入し

$$\psi = e^{2\pi i\left(\frac{px-Et}{h}\right)} = e^{\frac{i}{\hbar}(-Et+px)} = e^{\frac{iS}{\hbar}} \tag{30.43}$$

を得る。

（30.43）を対数の表現に書き換えると

$$\frac{iS}{\hbar} = \ln\psi \tag{30.44}$$

従って

$$S = \frac{\hbar}{i}\ln\psi = -i\hbar\,\ln\psi(x, t) \tag{30.45}$$

が成り立つ。

対数関数の微分法[28]を用いて，（30.45）を $x$ で微分すると，

28　ここでは，$\{\ln|f(x)|\}' = \frac{f'(x)}{f(x)}$ を用いている。

$$\frac{\partial S}{\partial x} = \frac{\partial}{\partial x}(-i\hbar \ln \psi)$$

$$= -i\hbar \frac{\partial}{\partial x}\{\ln \psi(x, t)\}$$

$$= -\frac{i\hbar \dfrac{\partial \psi}{\partial x}}{\psi} = -i\hbar \frac{\partial \psi}{\partial x}\frac{1}{\psi} \tag{30.46}$$

となるので，$t$ で微分した場合も全く同様に

$$\frac{\partial S}{\partial t} = -i\hbar \frac{\partial \psi}{\partial t}\frac{1}{\psi} \tag{30.47}$$

となる。

(30.46) を (30.29) に代入すると，

$$H = \frac{1}{2m}\left(\frac{\partial S}{\partial x}\right)^2 + V$$

$$= \frac{1}{2m}\left(-i\hbar \frac{\partial \psi}{\partial x}\frac{1}{\psi}\right)^2 + V$$

$$= -\frac{\hbar^2}{2m}\left(\frac{\partial \psi}{\partial x}\right)^2 \frac{1}{\psi^2} + V \tag{30.48}$$

となり，(30.47) をハミルトン＝ヤコビ方程式 (30.38) に代入すると，

$$H = -\frac{\partial S}{\partial t} = i\hbar \frac{\partial \psi}{\partial t}\frac{1}{\psi} \tag{30.49}$$

となることが分かる。よって，(30.49) と (30.48) から

$$i\hbar \frac{\partial \psi}{\partial t}\frac{1}{\psi} = -\frac{\hbar^2}{2m}\left(\frac{\partial \psi}{\partial x}\right)^2 \frac{1}{\psi^2} + V \tag{30.50}$$

が得られる。

(30.43) を用いると，

$$\frac{\partial \psi}{\partial x}=\frac{\partial}{\partial x}\left(e^{\frac{iS}{\hbar}}\right)$$

$$=e^{\frac{iS}{\hbar}}\frac{\partial}{\partial x}\left(\frac{iS}{\hbar}\right)$$

$$=\frac{i}{\hbar}e^{\frac{iS}{\hbar}}\frac{\partial S}{\partial x} \tag{30.51}$$

となるので，これをもう一度微分すると，次のようになる。

$$\frac{\partial^2 \psi}{\partial x^2}=\frac{\partial}{\partial x}\left(\frac{\partial \psi}{\partial x}\right)$$

$$=\frac{\partial}{\partial x}\left(\frac{i}{\hbar}e^{\frac{iS}{\hbar}}\ \frac{\partial S}{\partial x}\right)$$

$$=\frac{i}{\hbar}\ \frac{\partial}{\partial x}\left(e^{\frac{iS}{\hbar}}\ \frac{\partial S}{\partial x}\right)$$

$$=\frac{i}{\hbar}\left\{\frac{\partial}{\partial x}\left(\frac{\partial S}{\partial x}\right)e^{\frac{iS}{\hbar}}+\frac{\partial}{\partial x}\left(e^{\frac{iS}{\hbar}}\right)\frac{\partial S}{\partial x}\right\}$$

$$=\frac{i}{\hbar}\left\{\frac{\partial^2 S}{\partial x^2}e^{\frac{iS}{\hbar}}+e^{\frac{iS}{\hbar}}\ \frac{\partial}{\partial x}\left(\frac{iS}{\hbar}\right)\frac{\partial S}{\partial x}\right\}$$

$$=\frac{i}{\hbar}\left\{\frac{\partial^2 S}{\partial x^2}+\frac{i}{\hbar}\left(\frac{\partial S}{\partial x}\right)^2\right\}e^{\frac{iS}{\hbar}}$$

$$=\left\{\frac{i}{\hbar}\ \frac{\partial^2 S}{\partial x^2}+\frac{i^2}{\hbar^2}\left(\frac{\partial S}{\partial x}\right)^2\right\}\psi$$

$$=\left\{\frac{i}{\hbar}\ \frac{\partial^2 S}{\partial x^2}-\frac{1}{\hbar^2}\left(\frac{\partial S}{\partial x}\right)^2\right\}\psi \tag{30.52}$$

ここで，(30.52) 最右辺の第 1 項が第 2 項に比べ無視できるほど小さいと仮定しよう。すなわち，

$$\frac{\partial^2 \psi}{\partial x^2}\simeq-\frac{1}{\hbar^2}\left(\frac{\partial S}{\partial x}\right)^2\psi \tag{30.53}$$

という状況を考える。

そうすると，(30.46) より

$$\frac{\partial^2 \psi}{\partial x^2} \simeq -\frac{1}{\hbar^2}\left(-i\hbar\frac{\partial \psi}{\partial x}\frac{1}{\psi}\right)^2 \psi = \frac{\hbar^2}{\hbar^2}\left(\frac{\partial \psi}{\partial x}\right)^2 \frac{1}{\psi^2}\psi$$

$$= \left(\frac{\partial \psi}{\partial x}\right)^2 \frac{1}{\psi} \tag{30.54}$$

となるから，

$$\left(\frac{\partial \psi}{\partial x}\right)^2 = \psi\frac{\partial^2 \psi}{\partial x^2} \tag{30.55}$$

と表せることになる。

従って，(30.55) を (30.50) に代入すると

$$i\hbar\frac{\partial \psi}{\partial t}\frac{1}{\psi} = -\frac{\hbar^2}{2m}\psi\frac{\partial^2 \psi}{\partial x^2}\frac{1}{\psi^2} + V$$

$$= -\frac{\hbar^2}{2m}\frac{\partial^2 \psi}{\partial x^2}\frac{1}{\psi} + V \tag{30.56}$$

となるので，両辺に $\psi$ を (右から) 掛けて整理することにより，

$$i\hbar\frac{\partial \psi}{\partial t} = -\frac{\hbar^2}{2m}\frac{\partial^2 \psi}{\partial x^2} + V\psi \tag{30.57}$$

を得る。これは，(1次元の) 時間に依存するシュレーディンガー方程式 (30.21) である。

次に，ハミルトンの特性関数 $W$ を用いると，1次元の時間に陽に依存しないハミルトニアン (30.29) に対するハミルトン＝ヤコビ方程式を用いて考える ([30.36])。

$$E = H\left(q,\ \frac{\partial W}{\partial q}\right)$$

$q=x$とすると，運動量は

$$p=\frac{\partial W}{\partial x} \tag{30.58}$$

で表されるから，(30.18) より，エネルギー $E$ は次式で与えられる。

$$E=\frac{1}{2m}\left(\frac{\partial W}{\partial x}\right)^2+V \tag{30.59}$$

ここで，時間に依存しない波動関数を

$$\psi(x)=e^{\frac{W}{\hbar}} \tag{30.60}$$

とおくと，ハミルトンの特性関数は

$$W=\hbar\ln\psi \tag{30.61}$$

ということになる。これを $x$ で微分した結果は，

$$\frac{\partial W}{\partial x}=\frac{\partial}{\partial x}(\hbar\ln\psi)=\hbar\frac{\partial\psi}{\partial x}\frac{1}{\psi} \tag{30.62}$$

である。

(30.59) を右辺＝0の形に変形すると，

$$\frac{1}{2m}\left(\frac{\partial W}{\partial x}\right)^2-(E-V)=0 \tag{30.63}$$

となるので，(30.62) を代入して

$$\frac{\hbar^2}{2m}\left(\frac{\partial\psi}{\partial x}\right)^2\frac{1}{\psi^2}-(E-V)=0 \tag{30.64}$$

を得る。変数は1個であるから，偏微分を常微分に変え，各項に$\psi^2$を掛けて整理すると，

$$\frac{\hbar^2}{2m}\left(\frac{d\psi}{dx}\right)^2-(E-V)\psi^2=0 \tag{30.65}$$

となる。

一時的に$\dfrac{d\psi}{dx}$を$\psi'$と略記しよう。(30.65) 左辺の全体は$\psi$，$\psi'$，$x$の関数であり，(30.65) 左辺は

$$f(\psi,\ \psi',\ x)=\frac{\hbar^2}{2m}\psi'^2-(E-V)\psi^2 \tag{30.66}$$

という関数になっている。よって，この$f(\psi,\ \psi',\ x)$を被積分関数とする，$x$についての定積分

$$I[\psi]=\int_{x_1}^{x_2}f(\psi,\ \psi',\ x)\,dx=\int_{x_1}^{x_2}\left\{\frac{\hbar^2}{2m}\psi'^2-(E-V)\psi^2\right\}dx \tag{30.67}$$

を定めることができる。

これは$\psi$の汎関数であるから，(30.67) が停留値をとる条件（$\delta I=0$）のもとで，関数$f(\psi,\ \psi',\ x)$は次のオイラー＝ラグランジュ方程式を満たす。

$$\frac{d}{dx}\left(\frac{\partial f}{\partial\psi'}\right)=\frac{\partial f}{\partial\psi} \tag{30.68}$$

このとき，(30.68) の左辺は

$$\begin{aligned}左辺&=\frac{d}{dx}\left[\frac{\partial}{\partial\psi'}\left\{\frac{\hbar^2}{2m}\psi'^2-(E-V)\psi^2\right\}\right]\\&=\frac{d}{dx}\left\{\frac{\hbar^2}{2m}\times2\psi'+0\right\}=\frac{\hbar^2}{m}\psi''\end{aligned} \tag{30.69}$$

であり，右辺は

$$\text{右辺} = \frac{\partial}{\partial \psi}\left\{\frac{\hbar^2}{2m}\psi'^2 - (E-V)\psi^2\right\}$$

$$= 0 - 2(E-V)\psi \qquad (30.70)$$

となるから，(30.67) の $I$ に停留値を与える $\psi$ の条件としてのオイラー＝ラグランジュ方程式として，

$$\frac{\hbar^2}{m}\frac{d^2\psi}{dx^2} = -2(E-V)\psi$$

$$= -2E\psi + 2V\psi \qquad (30.71)$$

が導かれる。

これの両辺に $-\frac{1}{2}$ を掛けると，

$$-\frac{\hbar^2}{2m}\frac{d^2\psi}{dx^2} = E\psi - V\psi \qquad (30.72)$$

つまり，

$$E\psi = -\frac{\hbar^2}{2m}\frac{d^2\psi}{dx^2} + V\psi \qquad (30.73)$$

が得られる。これは，(1 次元の) 時間に依存しないシュレーディンガー方程式 (30.34) である。

以上の導出はシュレーディンガー方程式を導くというより，むしろ強引に生み出すと言った方が近いことが，分かっていただけたのではないだろうか。例えば，(30.65) 以降の変分問題へのすり替えは論拠が不明確であるし，(30.57) を導きだすときに用いた，(30.52) 最右辺の第 1 項が第 2 項に比べ無視できるほど小さいという仮定 (30.53) などは明らかな論理の飛躍であり，

（量子力学を考える上では）不適切である[29]。

後者について詳しく説明しておこう。(30.52) 最右辺の第 1 項が第 2 項に比べ無視できるほど小さいということは，

$$\frac{1}{\hbar}\frac{\partial^2 S}{\partial x^2} \ll \frac{1}{\hbar^2}\left(\frac{\partial S}{\partial x}\right)^2 \tag{30.74}$$

ということになるが（虚数に大小関係は定義されないので，$i$ は含めない），これは

$$\hbar\frac{\partial^2 S}{\partial x^2} \ll \left(\frac{\partial S}{\partial x}\right)^2 \tag{30.75}$$

と同値である。(30.75) は $\hbar$ を 0（に近い）と見做すことの宣言と解釈できるが，量子の世界を特徴付けるプランク定数が 0 のときに量子力学の基礎方程式が得られるとする説明では，本末転倒であろう。

ではなぜこのようなことになってしまったのだろうか。この理由を探るために，シュレーディンガー方程式 (30.21) が得られているとして，(30.47) と (30.52) を直接代入してみよう。

(30.47) より，

$$\frac{\partial\psi}{\partial t} = \frac{1}{-i\hbar}\frac{\partial S}{\partial t}\psi = \frac{i}{\hbar}\frac{\partial S}{\partial t}\psi \tag{30.76}$$

となるから，これと (30.52) をシュレーディンガー方程式に代入すると，

---

29　このように導出法には若干の問題があったが（そのような問題を完全に取り除くことはできない），シュレーディンガー方程式は量子世界の現象を正しく説明できる，（当時既に知られていた行列形式の理論に比べれば遙かに）扱いやすい方程式であったので，諸手を挙げて受け入れられた。

$$i\hbar\frac{i}{\hbar}\frac{\partial S}{\partial t}\psi=-\frac{\hbar^2}{2m}\left\{\frac{i}{\hbar}\frac{\partial^2 S}{\partial x^2}-\frac{1}{\hbar^2}\left(\frac{\partial S}{\partial x}\right)^2\right\}\psi+V\psi \tag{30.77}$$

すなわち，

$$-\frac{\partial S}{\partial t}\psi=-i\hbar\frac{1}{2m}\frac{\partial^2 S}{\partial x^2}\psi+\frac{1}{2m}\left(\frac{\partial S}{\partial x}\right)^2\psi+V\psi \tag{30.78}$$

となる。

見た目は異なるが，(30.78) はシュレーディンガー方程式であるから，$\hbar\to 0$とすれば古典力学のハミルトン＝ヤコビ方程式が得られるはずである。そこで，(30.78) の両辺に$-1$を掛け，$\hbar\to 0$とすると，

$$\begin{aligned}\frac{\partial S}{\partial t}\psi&=-\left\{\frac{1}{2m}\left(\frac{\partial S}{\partial x}\right)^2\psi+V\psi\right\}\\&=-\left(\frac{p^2}{2m}+V\right)\psi\end{aligned} \tag{30.79}$$

が得られる。

(30.79) の (…) 内は古典的なハミルトニアンであるから，両辺から$\psi$を取り除けば，(30.79) は

$$\frac{\partial S}{\partial t}=-H \tag{30.80}$$

に一致する。これはハミルトン＝ヤコビ方程式 (30.39) に他ならない。

ここで示したことは，量子力学は$\hbar\to 0$の極限（**古典極限**）において古典力学に近づくということであり，このように量子から古典へは簡単に行くことができる[30]。実際，(30.76)～(30.80) の議論に深刻な矛盾は無い。

---

30　量子力学の古典極限をさらに定量的に扱う方法として，$S$を$\hbar$の冪級数展開

$$S=S_0+\frac{\hbar}{i}S_1+\left(\frac{\hbar}{i}\right)^2S_2+\left(\frac{\hbar}{i}\right)^3S_3+\cdots$$

しかし，$\hbar \to 0$とおく前に存在した，$\hbar$を含む項（[30.78]の右辺第1項）を(30.79)から正しく再現することは不可能である[31]。従って，(29節でも述べたように）古典力学から量子力学へ到達するためには，ある程度の論理的飛躍は避けられない。このことからも，量子力学の方が古典力学より本質的な土台になっていることが理解できるであろう。

---

で表し，これと(30.43)を使って$\hbar$の低次数までの効果を取り入れた方程式を作って$\psi$を求めるというものがある。(30.76)～(30.80)では古典極限を考えたので$\hbar$を完全に無視してしまったが，$\hbar$の1次までの効果を取り入れた場合は**準古典近似**となる（[30.75]は準古典近似が可能になるための条件として現れる)。このように，$\hbar$の冪級数展開を利用して必要に応じて近似を上げていく手法は**WKB法**と呼ばれる（詳しくは文献［70］pp.139-146，［83］§8.5などを参照)。

31　これが(30.39)～(30.57)の議論で発生した論理の飛躍の原因である。

## 31.
# ハイゼンベルク方程式



量子力学では，物理量が単なる数値ではなく，演算子で表される。そこで，演算子の性質について考察しよう。

例えば，シュレーディンガー方程式

$$\widehat{H}\psi = E\psi \tag{31.1}$$

は，「$\psi$ で表される**状態**において，ハミルトニアンを測定すると，$E$ という確定値が得られる」ことを主張している。このことを一般化すると，次のようになる。

或る物理量 $A$ を表す演算子を $\widehat{A}$ として，

$$\widehat{A}\psi = \lambda\psi \tag{31.2}$$

が成り立つとき，状態 $\psi$ で物理量 $A$ は確定値 $\lambda$ を持つ。$\lambda$ は**固有値**とも呼ばれる。

演算子を含む式の計算を行なうために，基本的な計算規則を定めておこう。まず，物理量を表す演算子 $\widehat{A}$，状態 $\psi_1$，$\psi_2$ と任意の定数 $c$ に対して，

$$\widehat{A}(\psi_1+\psi_2) = \widehat{A}\psi_1 + \widehat{A}\psi_2 \tag{31.3}$$

及び

$$\widehat{A}c\psi = c\widehat{A}\psi \tag{31.4}$$

という分配法則が成り立つとする（このことを，演算子 $\widehat{A}$ は**線形**であるという）。

これは，$\widehat{A}$ が物理量を表す演算子であるための，最も基本的な条件の一つである。この 2 式から，次の**重ね合わせの原理**が成り立つことが分かる。

$$\widehat{A}(c_i\psi_i)=c_1\widehat{A}\psi_1+c_2\widehat{A}\psi_2+\cdots+c_n\widehat{A}\psi_n \tag{31.5}$$

また，2 つの演算子 $\widehat{A}$，$\widehat{B}$ 同士の和は，(31.3) と同様に

$$(\widehat{A}+\widehat{B})\psi=\widehat{A}\psi+\widehat{B}\psi \tag{31.6}$$

で定められる。このように加法は楽で良いのだが，乗法は少し気を遣わねばならない。

$\psi$ に $\widehat{B}$ を作用させた状態を $\psi_1$ , その $\psi_1$ に $\widehat{A}$ を作用させた状態を $\psi_2$ としよう。すなわち，

$$\widehat{B}\psi=\psi_1 \tag{31.7}$$

$$\widehat{A}\psi_1=\psi_2 \tag{31.8}$$

というわけである。この $\psi \to \psi_2$ への一連の変換が，1 つの演算子 $\widehat{C}$ によって，

$$\widehat{C}\psi=\psi_2 \tag{31.9}$$

と表されるとしたとき，その $\widehat{C}$ が，2 つの演算子 $\widehat{A}$ ，$\widehat{B}$ の積になると定義する。

$$\widehat{C}\psi=\widehat{A}\widehat{B}\psi \tag{31.10}$$

ここで $\widehat{C}$ は仲介役の文字であるから，$\widehat{C}$ を消去して (31.7)～(31.10) を 1 本の式にまとめることができる。(31.9) の左辺に (31.10) を，右辺に (31.8) を代入し，最後に (31.7) を入れると

$$\widehat{A}\,\widehat{B}\psi=\widehat{A}\psi_1=\widehat{A}\,(\widehat{B}\psi) \tag{31.11}$$

となる。つまり，$\widehat{A}$，$\widehat{B}$ の積は

$$(\widehat{A}\,\widehat{B})\psi=\widehat{A}\,(\widehat{B}\psi) \tag{31.12}$$

と考えて計算すれば良い。

それではこの（31.12）を使って，実際に $\widehat{p}$（運動量演算子）と $\widehat{x}$（位置演算子）の積を求めてみよう。運動量演算子は

$$\widehat{p}=-i\hbar\frac{\partial}{\partial x} \tag{31.13}$$

であり，位置演算子は

$$\widehat{x}=x \tag{31.14}$$

で定義されるから，（31.12）より

$$\begin{aligned}
\widehat{p}\,\widehat{x}\,\psi&=\widehat{p}(x\psi)\\
&=-i\hbar\,\frac{\partial}{\partial x}(x\psi)\\
&=-i\hbar\left(x\frac{\partial\psi}{\partial x}+\frac{\partial x}{\partial x}\psi\right)\\
&=-i\hbar\,x\frac{\partial\psi}{\partial x}-i\hbar\psi\\
&=\left\{x\left(-i\hbar\,\frac{\partial\psi}{\partial x}\right)\right\}-i\hbar\psi\\
&=\widehat{x}\,\widehat{p}\,\psi-i\hbar\psi
\end{aligned} \tag{31.15}$$

となる。

（31.15）より

$$\widehat{x}\,\widehat{p}\,\psi - \widehat{p}\,\widehat{x}\,\psi = i\hbar\psi \tag{31.16}$$

すなわち,

$$\widehat{x}\,\widehat{p} - \widehat{p}\,\widehat{x} = i\hbar \tag{31.17}$$

となるから，量子力学で $\widehat{x}\,\widehat{p}$ と $\widehat{p}\,\widehat{x}$ は等しくないことが分かる（この場合，$\psi$ は任意なので消去できる)。

このように，2つの演算子 $\widehat{A}, \widehat{B}$ の積に関する,

$$\widehat{A}\,\widehat{B} - \widehat{B}\,\widehat{A} = \text{定数}$$

の形の関係式を**交換関係**という。また，$\widehat{A}\,\widehat{B} - \widehat{B}\,\widehat{A}$ は記号で

$$[\widehat{A}, \widehat{B}]$$

とも書き，$\widehat{A}$, $\widehat{B}$ の**交換子**という。

$$[\widehat{A}, \widehat{B}] = \widehat{A}\,\widehat{B} - \widehat{B}\,\widehat{A} \tag{31.18}$$

交換子を用いれば，(31.17) は次のように簡略に表せる。

$$[\widehat{x}, \widehat{p}] = i\hbar \tag{31.19}$$

前節で見たように，$\hbar \to 0$ の極限で量子力学は古典力学に移行するが，ここでもそれを確認することができる。古典力学では，$xp$ と $px$ は必ず等しい値を与えるが，それは古典的なマクロの系において $\hbar \simeq 10^{-34}$ は 0 も同然で，$\hbar$ の効果が全く現れないためである。

古典力学で $x$ や $p$ を演算子と見做す必要は全くないが，量子の世界では $\hbar$ の効果が支配的となるので，物理量を演算子と考え，(31.17) のような交換関係を求めることが重要な課題となる。

(31.15) の計算を任意自由度の場合で実行すると，

$$
\begin{aligned}
\widehat{p_j}\,\widehat{q_i}\,\psi &= \widehat{p_j}(q_i\psi) \\
&= -i\hbar\frac{\partial}{\partial q_j}(q_i\psi) \\
&= -i\hbar\left(q_i\frac{\partial\psi}{\partial q_j}+\frac{\partial q_i}{\partial q_j}\psi\right) \\
&= -i\hbar q_i\frac{\partial\psi}{\partial q_j}-i\hbar\delta_{ij}\psi \\
&= \left\{q_i\left(-i\hbar\frac{\partial\psi}{\partial q_j}\right)\right\}-i\hbar\delta_{ij}\psi \\
&= \widehat{q_i}\,\widehat{p_j}\,\psi-i\hbar\delta_{ij}\psi
\end{aligned}
\tag{31.20}
$$

となるから，交換関係 (31.19) は

$$
[\widehat{q_i},\ \widehat{p_j}]=i\hbar\delta_{ij} \tag{31.21}
$$

と拡張される。

(31.19) や (31.21) から分かるように，演算子同士の積では一般に交換法則が成立しないが，特殊な事例として，交換法則が成立する場合がある。例えば，$\widehat{q}$ 同士の場合は $\widehat{q}=q$ であり，$q_i$ と $q_j$ が独立であることから

$$
\widehat{q_i}\,\widehat{q_j}\,\psi=\widehat{q_j}\,\widehat{q_i}\,\psi \tag{31.22}
$$

が成り立ち，

$$
[\widehat{q_i},\widehat{q_j}]=\widehat{q_i}\,\widehat{q_j}-\widehat{q_j}\,\widehat{q_i}=0 \tag{31.23}
$$

となる。

また，$\widehat{p}$ 同士についても，

$$
\begin{aligned}
\widehat{p_i}\widehat{p_j}\psi - \widehat{p_j}\widehat{p_i}\psi &= \widehat{p_i}(\widehat{p_j}\psi) - \widehat{p_j}(\widehat{p_i}\psi) \\
&= -i\hbar\frac{\partial}{\partial q_i}\left(-i\hbar\frac{\partial \psi}{\partial q_j}\right) - \left(-i\hbar\frac{\partial}{\partial q_j}\right)\left(-i\hbar\frac{\partial \psi}{\partial q_i}\right) \\
&= i^2\hbar^2\left(\frac{\partial^2 \psi}{\partial q_i \partial q_j} - \frac{\partial^2 \psi}{\partial q_j \partial q_i}\right) = 0
\end{aligned}
\tag{31.24}
$$

であるから，

$$
\widehat{p_i}\widehat{p_j} = \widehat{p_j}\widehat{p_i} \tag{31.25}
$$

が成り立ち，

$$
[\widehat{p_i},\ \widehat{p_j}] = 0 \tag{31.26}
$$

となる。このように，$\widehat{A}\,\widehat{B}$ と $\widehat{B}\,\widehat{A}$ が同じ結果を与えるとき，$\widehat{A}$ と $\widehat{B}$ は**可換**であると言う。

さて，ここまでに出てきた3種類の交換関係（交換子）を並べて書いてみよう。

$$
\begin{gathered}
[\widehat{q_i},\ \widehat{p_j}] = i\hbar\delta_{ij} \\
[\widehat{q_i},\ \widehat{q_j}] = 0 \\
[\widehat{p_i},\ \widehat{p_j}] = 0
\end{gathered}
$$

これらをよく観察すると，26節に登場した基本ポアソン括弧

$$
\begin{gathered}
\{q_i,\ p_j\} = \delta_{ij} \\
\{q_i,\ q_j\} = 0 \\
\{p_i,\ p_j\} = 0
\end{gathered}
$$

に，非常によく似ていることに気付く。

特に，交換子 $[\widehat{q_i},\ \widehat{p_j}]$ とポアソン括弧 $\{q_i,\ p_j\}$ を比較すると，交換子はポ

アソン括弧を $i\hbar$ 倍して，括弧内の物理量を演算子と見做したものになっていることが分かる。つまり，古典力学と量子力学の間の関係として，

$$[\widehat{A},\ \widehat{B}] = i\hbar\{A,\ B\} \tag{31.27}$$

或いは

$$\{A,\ B\} = \frac{1}{i\hbar}[\widehat{A}, \widehat{B}] \tag{31.28}$$

という対応を見出すことができる。

このように，正準形式（ハミルトン形式）の古典論の産物であるポアソン括弧から量子力学へ到達する方法を**正準量子化**といい，(31.21) を**正準交換関係**という。

上のような対応から，ポアソン括弧で成り立つ性質は全て交換子（交換関係）でも成り立っている。交換子の定義式はポアソン括弧のそれよりもずっと単純なので，ある意味当然のことなのだが，各性質の証明は古典力学（ポアソン括弧）の場合よりもかなり簡単である（特に，ヤコビの恒等式）。

### (1) 反対称性

$$\begin{aligned}[\widehat{A}, \widehat{B}] &= \widehat{A}\,\widehat{B} - \widehat{B}\,\widehat{A} \\ &= -(\widehat{B}\,\widehat{A} - \widehat{A}\,\widehat{B}) = -[\widehat{B}, \widehat{A}]\end{aligned} \tag{31.29}$$

### (2) 双線形性

$$\begin{aligned}[\widehat{A}+\widehat{B},\ \widehat{C}] &= (\widehat{A}+\widehat{B})\,\widehat{C} - \widehat{C}\,(\widehat{A}+\widehat{B}) \\ &= \widehat{A}\,\widehat{C} + \widehat{B}\,\widehat{C} - \widehat{C}\,\widehat{A} - \widehat{C}\,\widehat{B} \\ &= (\widehat{A}\,\widehat{C} - \widehat{C}\,\widehat{A}) + (\widehat{B}\,\widehat{C} - \widehat{C}\,\widehat{B}) \\ &= [\widehat{A},\ \widehat{C}] + [\widehat{B},\ \widehat{C}]\end{aligned} \tag{31.30}$$

同様に，

$$[\widehat{A},\ \widehat{B}+\widehat{C}]=[\widehat{A},\ \widehat{B}]+[\widehat{A},\ \widehat{C}] \tag{31.31}$$

### (3) ライプニッツ則

$$\begin{aligned}[\widehat{A},\widehat{B}\,\widehat{C}]&=\widehat{A}\,\widehat{B}\,\widehat{C}-\widehat{B}\,\widehat{C}\,\widehat{A}\\&=\widehat{A}\,\widehat{B}\,\widehat{C}-\widehat{B}\,\widehat{C}\,\widehat{A}+\widehat{B}\,\widehat{A}\,\widehat{C}-\widehat{B}\,\widehat{A}\,\widehat{C}\\&=(\widehat{A}\,\widehat{B}-\widehat{B}\,\widehat{A})\widehat{C}+\widehat{B}(\widehat{A}\,\widehat{C}-\widehat{C}\,\widehat{A})\\&=[\widehat{A},\widehat{B}]\widehat{C}+\widehat{B}[\widehat{A},\widehat{C}]\end{aligned} \tag{31.32}$$

同様に，

$$[\widehat{A}\,\widehat{B},\ \widehat{C}]=[\widehat{A},\ \widehat{C}]\widehat{B}+\widehat{A}[\widehat{B},\ \widehat{C}] \tag{31.33}$$

### (4) ヤコビの恒等式

$$\begin{aligned}&[\widehat{A},[\widehat{B},\ \widehat{C}]]+[\widehat{B},[\widehat{C},\ \widehat{A}]]+[\widehat{C},[\widehat{A},\ \widehat{B}]]\\&\quad=\widehat{A}(\widehat{B}\,\widehat{C}-\widehat{C}\,\widehat{B})-(\widehat{B}\,\widehat{C}-\widehat{C}\,\widehat{B})\widehat{A}+\widehat{B}(\widehat{C}\,\widehat{A}-\widehat{A}\,\widehat{C})\\&\qquad-(\widehat{C}\,\widehat{A}-\widehat{A}\,\widehat{C})\widehat{B}+\widehat{C}(\widehat{A}\,\widehat{B}-\widehat{B}\,\widehat{A})-(\widehat{A}\,\widehat{B}-\widehat{B}\,\widehat{A})\widehat{C}\\&\quad=\widehat{A}\,\widehat{B}\,\widehat{C}-\widehat{A}\,\widehat{C}\,\widehat{B}-\widehat{B}\,\widehat{C}\,\widehat{A}+\widehat{C}\,\widehat{B}\,\widehat{A}+\widehat{B}\,\widehat{C}\,\widehat{A}-\widehat{B}\,\widehat{A}\,\widehat{C}\\&\qquad-\widehat{C}\,\widehat{A}\,\widehat{B}+\widehat{A}\,\widehat{C}\,\widehat{B}+\widehat{C}\,\widehat{A}\,\widehat{B}-\widehat{C}\,\widehat{B}\,\widehat{A}-\widehat{A}\,\widehat{B}\,\widehat{C}+\widehat{B}\,\widehat{A}\,\widehat{C}=0\end{aligned} \tag{31.34}$$

正準量子化に話を戻す。物理量$f$と$H$のポアソン括弧についての関係式（[26.11]），

$$\frac{df}{dt}=\{f,\ H\}+\frac{\partial f}{\partial t} \tag{31.35}$$

において，$f\to\widehat{A}$として（31.28）の対応関係（正準量子化）を施すと，

$$\frac{d\widehat{A}}{dt} = \frac{1}{i\hbar}[\widehat{A}, \widehat{H}] + \frac{\partial \widehat{A}}{\partial t} \tag{31.36}$$

となるから，これの両辺に $i\hbar$ を掛けて，次の方程式を得る。

$$i\hbar \frac{d\widehat{A}}{dt} = [\widehat{A}, \widehat{H}] + i\hbar \frac{\partial \widehat{A}}{\partial t} \tag{31.37}$$

上式は任意の物理量 $\widehat{A}$ の時間発展を記述する運動方程式であり，**ヴェルナー・カール・ハイゼンベルク**にちなみ，**ハイゼンベルク方程式**という。また，$\widehat{A}$ は観測にかかる物理量（の演算子）という意味で，**オブザーバブル**と呼ばれる。

ハイゼンベルク方程式もまた，量子力学の基礎方程式であり，シュレーディンガー方程式と数学的に同値であることが知られている。しかし，シュレーディンガー方程式の左辺は状態 $\psi$ の時間微分であり，ハイゼンベルク方程式の左辺は物理量 $\widehat{A}$ の時間微分であるから，両者の立場は異なっている。

そこで，シュレーディンガー方程式（30.21）のように $\psi$ が時間発展し，$\widehat{A}$ は時間発展しないとする立場を**シュレーディンガー描像**という。シュレーディンガー描像に基づき，状態（量子状態）を波動関数で表す量子力学の形式を**波動力学**と呼ぶ。

一方，ハイゼンベルク方程式（31.37）のように $\widehat{A}$ が時間発展し，$\psi$ は時間発展しないとする立場を**ハイゼンベルク描像**という。ハイゼンベルク描像に基づき，状態を行列で表す量子力学の形式は**行列力学**と呼ばれる。

それでは，$\widehat{A}$（オブザーバブル）はどのような種類の演算子となるだろうか。

$$\langle \widehat{A} \rangle = \int \psi_2^* \widehat{A} \psi_1 dV \tag{31.38}$$

で計算される量を $\widehat{A}$ の**期待値**といい，$\langle \widehat{A} \rangle$ で表す。ここで $\psi_2^*$ は，$\psi_2$ の共役な複素数（虚数の符号を変えたもの）を表す。

(31.38) の時間微分を計算することによっても，ハイゼンベルク方程式を導出することができる（章末問題［4］参照）。また，本書では扱わないが，シュレーディンガー方程式の期待値をとると，(期待値の意味で) ニュートンの運動方程式が得られる（**エーレンフェストの定理**）[32]。

さて，(31.38) 全体の複素共役（虚数の符号を変える操作）をとった結果が，

$$\left( \int \psi_2^* \widehat{A} \psi_1 dV \right)^* = \int \psi_1^* \widehat{A}^\dagger \psi_2 dV \tag{31.39}$$

のように，$\psi_1$ と $\psi_2$ の位置を入れ替えて，*を外したものと等しくなっているとしよう（積分の範囲は全空間（$-\infty$ から $\infty$）にわたって行なうが，以下では省略する。また，本節での $V$ は体積で（ポテンシャルではない），$dV = dxdydz$ である）。この等式 (31.39) が，任意の波動関数に対して成り立つとき，$\widehat{A}^\dagger$ を $\widehat{A}$ の**エルミート共役**な演算子という。

また，演算子 $\widehat{A}$ のエルミート共役 $\widehat{A}^\dagger$ が $\widehat{A}$ 自身であるとき，$\widehat{A}$ は**エルミート演算子**であるという。エルミート演算子の重要な性質として，固有値が実数になることと，異なる固有値の（固有）関数は互いに直交するというものがある。本節ではより重要な前者を証明するので，後者については章末問題［5］(2) を見ていただきたい。

(31.39) 左辺に対し (31.12) を用いると，

---

32　1次元の場合の証明は，文献［57］9.4（第2版は 10.4）や拙著［82］38 などを，3次元の場合の証明は文献［19］§2.3，［41］1.2 例題5 などを参照。

$$\left(\int \psi_2^* \widehat{A} \psi_1 dV\right)^* = \left\{\int \psi_2^* (\widehat{A} \psi_1) dV\right\}^* \tag{31.40}$$

となる。そして，$\widehat{A}\psi_1$ を 1 つの波動関数とすると，(31.39) より，(31.40) の右辺は

$$\left\{\int \psi_2^* (\widehat{A} \psi_1) dV\right\}^* = \int (\widehat{A} \psi_1)^* \psi_2 dV \tag{31.41}$$

と書ける（$\widehat{A}\psi_1$ を 1 つの波動関数と考えると，間の演算子は 1 となり，† は消える）。

従って，(31.39) は

$$\int (\widehat{A} \psi_1)^* \psi_2 dV = \int \psi_1^* \widehat{A}^\dagger \psi_2 dV \tag{31.42}$$

と等しい。

ここからは，ディラックが考案した**ブラ・ケット記号**を利用しよう。厳密な定義ではないが，$\psi$ を $|\psi\rangle$，$\psi^*$ を $\langle\psi|$ と表し，期待値 (31.38) が

$$\int \psi_2^* \widehat{A} \psi_1 dV = \langle \psi_2 | \widehat{A} | \psi_1 \rangle \tag{31.43}$$

で書けるとする。このとき，$\langle\psi|$ を**ブラベクトル**，$|\psi\rangle$ を**ケットベクトル**という[33]。これらの用語は括弧 (bracket) に由来する ( c を center (中央) としたときの前半と後半)。

特に $\widehat{A} = 1$ のときは

33　ブラベクトルは行ベクトル，ケットベクトルは列ベクトルに対応する。

$$\int \psi_2^* \psi_1 dV = \langle \psi_2 | \psi_1 \rangle \quad (= \langle \psi_2 | \psi_1 \rangle^*) \tag{31.44}$$

となるが，これは2つの「ベクトル」を掛けてスカラーを導く操作なので[34]，(31.44) はブラ・ケットの内積を表していると言える。

この記号法を用いると，(31.39) 及び (31.42) を

$$\langle \psi_2 | \widehat{A} | \psi_1 \rangle^* = \langle \widehat{A} \psi_1 | \psi_2 \rangle = \langle \psi_1 | \widehat{A}^\dagger | \psi_2 \rangle \tag{31.45}$$

とまとめることができる。つまり複素共役をとると，演算子に † が付いてブラとケットが入れ替わる（エルミート演算子であれば † は付けなくて良い）。

ここまでの準備により，$\widehat{A}$ がエルミート演算子（$\widehat{A} = \widehat{A}^\dagger$）であるならば，(31.2) を満たす $\lambda$ は実数となることが，次のように示される。

$\widehat{A}$ はエルミート演算子であるから

$$\langle \widehat{A} \rangle = \int \psi^* \widehat{A} \psi dV = \int \psi^* \lambda \psi dV$$

$$= \lambda \int \psi^* \psi dV \tag{31.46}$$

すなわち，

$$\langle \psi | \widehat{A} | \psi \rangle = \lambda \langle \psi | \psi \rangle \tag{31.47}$$

(31.47) の両辺で複素共役をとると，

$$\langle \psi | \widehat{A} | \psi \rangle^* = \lambda^* \langle \psi | \psi \rangle^* = \lambda^* \langle \psi | \psi \rangle \tag{31.48}$$

になるが，エルミート演算子はブラ・ケットを交換して複素共役をとっても

---

34　$\psi^* \psi = |\psi|^2$ なので（章末問題［3］(1)）$\psi_1 = \psi_2$ のとき (31.44) 左辺は (30.24) の左辺と等しくなる。すなわち，波動関数が2乗可積分であれば，(31.44) は1（スカラー）となる。

不変なので，(31.48) は

$$\langle \psi | \widehat{A} | \psi \rangle = \lambda^* \langle \psi | \psi \rangle \tag{31.49}$$

となる。

(31.47) から (31.49) を引いて，次式を得る。

$$(\lambda - \lambda^*) \langle \psi | \psi \rangle = 0 \tag{31.50}$$

ここで $\psi \neq 0$ なので，$\langle \psi | \psi \rangle \neq 0$ である。つまり，(31.50) から

$$\lambda = \lambda^* \tag{31.51}$$

が導かれる。

(31.51) は，複素共役をとっても結果が変わらないことを述べているので，$\lambda$ は実数である。このように，エルミート演算子の固有値は常に実数であるから，(量子力学における) 全ての物理量はエルミート演算子となる。これは，オブザーバブル (観測可能量) の固有値 (観測される物理量の値) は実数でなければならないためである。

32.

# 不確定性原理

オブザーバブル $X$ の**不確定性**（不確かさ，または揺らぎともいう）を，期待値からのずれ[35]と考えて，

$$\Delta X = \sqrt{\langle (X - \langle X \rangle)^2 \rangle} \tag{32.1}$$

で定義する。これは，（標本の）標準偏差の式

$$s = \sqrt{\frac{1}{n}\sum_{k=1}^{n}(X_k - \overline{X})^2} \tag{32.2}$$

において，平均値を期待値で置き換え[36]，$n=1$ としてルート内（分散）の期待値をとったものに相当する。

ここで

$$\begin{aligned}
\langle (X - \langle X \rangle)^2 \rangle &= \langle X^2 - 2X\langle X \rangle + \langle X \rangle^2 \rangle \\
&= \langle X^2 \rangle - 2\langle X \rangle\langle X \rangle + \langle X \rangle^2 \\
&= \langle X^2 \rangle - 2\langle X \rangle^2 + \langle X \rangle^2 \\
&= \langle X^2 \rangle - \langle X \rangle^2
\end{aligned} \tag{32.3}$$

であるから，(32.1) は

35　測定値からのずれとは異なる（たとえ測定誤差が 0 でも不確定性は 0 ではない）。また，真の値からのずれという意味でもない（「真の値」という概念は量子力学にはない）。

36　平均値は試行・実験のデータから得られる値だが，期待値は確率で決まるので，試行や実験を行なう前から理論的に求めることができる。

$$\Delta X = \sqrt{\langle X^2 \rangle - \langle X \rangle^2} \tag{32.4}$$

とも書ける。これは，$X$ を（離散型）確率変数と見做したときの標準偏差（確率変数の標準偏差）の式

$$\sigma(X) = \sqrt{E(X^2) - \{E(X)\}^2} \tag{32.5}$$

と同じ形になっている（$E(X)$ は統計学で用いられる，確率変数 $X$ の期待値を表す記号）。

見ての通り，(32.4) のルート内は 2 乗の期待値から期待値の 2 乗を引いた形になっているが，2 乗引く 2 乗の形であることに変わりはないので（期待値の意味で），

$$\langle X^2 \rangle - \langle X \rangle^2 = \langle (a+b)(a-b) \rangle \tag{32.6}$$

と因数分解できるであろう。すると，(32.6) で $a = A$，$b = i\lambda B$（$A$，$B$ はオブザーバブルで，$\lambda$ は任意の実数）とおくことにより，(32.4) を

$$\Delta X = \sqrt{\langle (A + i\lambda B)(A - i\lambda B) \rangle} \tag{32.7}$$

と表すことができる。

このとき，ルート内が 0 以上であることから，次の不等式が得られる。

$$\langle (A + i\lambda B)(A - i\lambda B) \rangle \geqq 0 \tag{32.8}$$

この不等式の左辺を展開し，

$$\langle A^2 - i\lambda AB + i\lambda BA + \lambda^2 B^2 \rangle \geqq 0 \tag{32.9}$$

$$\langle B^2 \lambda^2 - (AB - BA) i\lambda + A^2 \rangle \geqq 0 \tag{32.10}$$

$$\langle B^2 \rangle \lambda^2 - \langle [A, B] \rangle i\lambda + \langle A^2 \rangle \geqq 0 \tag{32.11}$$

を得る。

さらに，位置と運動量の間の関係を見るために，

$$A = x - \langle x \rangle \tag{32.12}$$

$$B = p - \langle p \rangle \tag{32.13}$$

とすると

$$\langle A^2 \rangle = \langle (x - \langle x \rangle)^2 \rangle \tag{32.14}$$

$$\langle B^2 \rangle = \langle (p - \langle p \rangle)^2 \rangle \tag{32.15}$$

となる。

一方（32.1）を 2 乗し， $X = x$ とすると

$$(\Delta x)^2 = \langle (x - \langle x \rangle)^2 \rangle \tag{32.16}$$

となるが，これは（32.14）と等しいから

$$\langle A^2 \rangle = (\Delta x)^2 \tag{32.17}$$

であり，同様に $X = p$ とおけば，

$$\langle B^2 \rangle = (\Delta p)^2 \tag{32.18}$$

であることが分かる。

また，（32.12）と（32.13）の交換関係を計算すると，

$$\begin{aligned}[A,\ B] &= (x - \langle x \rangle)(p - \langle p \rangle) - (p - \langle p \rangle)(x - \langle x \rangle) \\ &= xp - x\langle p \rangle - \langle x \rangle p + \langle x \rangle\langle p \rangle - px + p\langle x \rangle + \langle p \rangle x - \langle p \rangle\langle x \rangle \end{aligned} \tag{32.19}$$

のようになるが，期待値 $\langle x \rangle$, $\langle p \rangle$ は単なる（実数の）定数であるから，$\langle x \rangle p$ と $p\langle x \rangle$，$x\langle p \rangle$ と $\langle p \rangle x$，$\langle x \rangle\langle p \rangle$ と $\langle p \rangle\langle x \rangle$ はそれぞれ交換可能であり，(32.19) は

$$[A,\ B] = xp - px = [x,\ p] = i\hbar \tag{32.20}$$

に帰着する（[31.17]，[31.19]）。そして，定数（$i\hbar$）の期待値はそれ自身（$i\hbar$）であるから，

$$\langle [A,\ B] \rangle = i\hbar \tag{32.21}$$

である。

従って，(32.17)，(32.18)，(32.21) を (32.11) に代入し，次の不等式を得る。

$$(\Delta p)^2 \lambda^2 + \hbar\lambda + (\Delta x)^2 \geqq 0 \tag{32.22}$$

これは，$\lambda$ についての 2 次不等式である。

$\lambda$ は任意の実数として定めたので，(32.22) の解としては，全ての実数が許されなければならない。高校数学で学ぶように，2 次不等式 $f(\lambda) \geqq 0$ が全ての実数を解に持つための必要十分条件は，2 次方程式 $a\lambda^2 + b\lambda + c = 0$ の判別式 $D = b^2 - 4ac$ が 0 以下（$D \leqq 0$）になることなので，(32.22) の解が全ての実数であるためには

$$\hbar^2 - 4(\Delta p)^2 (\Delta x)^2 \leqq 0 \tag{32.23}$$

が成り立っていれば良い。

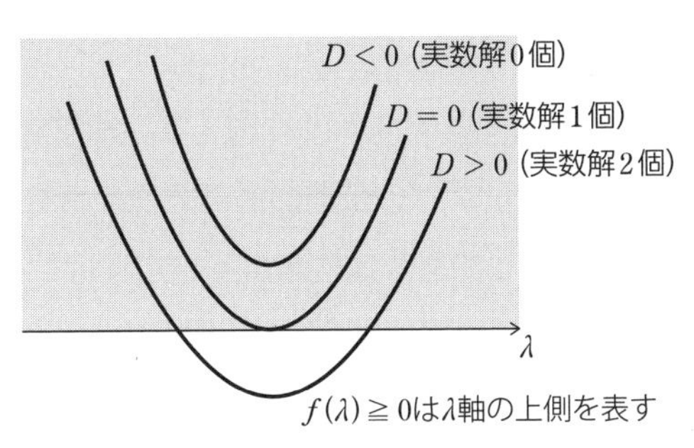

(32.23) の両辺に $-\frac{1}{4}$ を掛けて因数分解すると,

$$(\varDelta x\varDelta p)^2-\left(\frac{\hbar}{2}\right)^2 \geqq 0 \tag{32.24}$$

$$\left(\varDelta x\varDelta p+\frac{\hbar}{2}\right)\left(\varDelta x\varDelta p-\frac{\hbar}{2}\right) \geqq 0 \tag{32.25}$$

となるが, $\varDelta x>0$, $\varDelta p>0$ であるから,

$$\varDelta x\varDelta p+\frac{\hbar}{2}>0 \tag{32.26}$$

よって

$$\varDelta x\varDelta p-\frac{\hbar}{2} \geqq 0 \tag{32.27}$$

すなわち, 次の**不確定性関係**

$$\varDelta x\varDelta p \geqq \frac{\hbar}{2} \tag{32.28}$$

が導かれる。

(32.28) から, 位置と運動量を同時に (不確かさ 0 で) 確定させることはできないことが分かる。これが**不確定性原理**である。

古典力学 (ハミルトン形式) では, 粒子の運動を位相空間内の 1 点 (状態点) の運動で表現することができた。状態点の座標は $(q, p)$ であるから, 当然位置と運動量の両方を同時に確定させることができる。

しかし, 量子力学ではそうではない。例えば, 運動量の不確定性が $\varDelta p$ だけあれば, 少なくとも $\frac{\hbar}{2\varDelta p}$ だけの位置の不確定性が存在することになる。また, 運動量の不確定性が 0 であれば位置の不確定性は $\infty$ で, 粒子の位置は全く特定できない。

このように, 位置と運動量は同時には決まらないから, 位相空間内の 1 点

として運動を表現することはできないのである。(32.28) の左辺を位相空間内に量子力学的な状態（量子状態）が占める面積と解釈すれば，(32.28) は位相空間内の（状態点が占める）面積の最小値は $\hbar$ の半分であり，決して0にはなることはないとも解釈できる（このことはボーア＝ゾンマーフェルトの量子条件からも示唆される）。

なお，測定技術を上げれば不確定性は除去できるのではないかとか，測定さえしなければ不確かさはなく，本当は真の値があるがそれを知ることはできないというだけのことではないかなどの疑問は全て間違いである。不確定性原理 (32.28) は，人間が測定を行なうかどうかに関係なく存在する，自然の本性を表している。

不確定性原理 (32.28) は，$x$ や $p$ を指定せずに，任意のオブザーバブル $A$, $B$ に対する関係の形にも一般化できる。その場合は，(32.11) の段階で判別式 $D \leqq 0$ の条件を用いて，

$$D = |\langle [A,\ B] \rangle|^2 - 4\langle A^2 \rangle \langle B^2 \rangle \leqq 0 \tag{32.29}$$

が成り立つとする。

さらに，(32.12)～(32.18) の議論が一般に成立し，

$$\langle A^2 \rangle = (\Delta A)^2 \tag{32.30}$$

$$\langle B^2 \rangle = (\Delta B)^2 \tag{32.31}$$

と表すことができるから，(32.29) は

$$D = |\langle [A,\ B] \rangle|^2 - 4(\Delta A)^2 (\Delta B)^2 \leqq 0 \tag{32.32}$$

となる。

そして，(32.24)～(32.28) と同じように変形し，次式を得る。

$$(\Delta A)^2 (\Delta B)^2 \geqq \frac{1}{4}|\langle [A, B] \rangle|^2 \quad \Rightarrow \quad \Delta A \Delta B \geqq \frac{1}{2}|\langle [A, B] \rangle| \qquad (32.33)$$

これは不確定性関係（32.28）の一般化であり，**ロバートソンの不等式**[37]と呼ばれている。

37　アメリカの物理学者**ハワード・パーシー・ロバートソン**にちなむ。宇宙の大きさの時間変化を論じる際に用いられるロバートソン＝ウォーカー計量にも名を残している。

## 33.
# 経路積分

最小作用の原理は，粒子は作用 $S$ が停留値をとるような経路に沿って運動し，その条件 $\delta S=0$ によって，運動方程式が導出されるというものであった。解析力学が明らかにした，古典力学の基本原理である最小作用の原理の考え方を量子力学に適用してみよう。

最小作用の原理から運動方程式が導かれるということは，時空間の 2 点を結ぶ経路は（作用が停留値をとるように）一意に決まるということであるが，量子力学ではあらゆる経路が可能であり，2 点を通る全ての経路が平等に実現されると考える[38]。

そこで，無数の経路を区別するために，各経路を評価する複素数の「重み」$\varphi$ をつけることにする。この $\varphi$ は汎関数で，

$$\varphi=\varphi[q(t)] \tag{33.1}$$

と表される。

以前にシュレーディンガー方程式をハミルトン＝ヤコビ方程式から導出した際，波動関数を

38　このアイデアの元になったのは量子版の「二重スリット実験」である。電子を用いた二重スリット実験では，電子が波動性を示し，2 つのスリットを同時に通る。このスリットの数が無限大になれば，それは何もない状態（真空）と同じだから，真空中で電子はあらゆる可能な経路を通るのではないか，というのが経路積分の発想の原点であったようである。二重スリット実験は量子力学の入門書・啓蒙書には必ず載っている有名な話であるので，本書では扱わないが，R.P. ファインマン『ファインマン物理学Ⅴ 量子力学』（砂川重信訳，岩波書店，1979.3）の 1−4 〜 1−5 や，文献［78］1−1 〜 1−4 に特に詳しく書かれている。

$$\psi = e^{\frac{iS}{\hbar}} \tag{33.2}$$

と設定した（[30.43]）。ここでの $S$ はハミルトンの主関数であって作用ではないが，主関数と作用は表式の上では一致するので（[27.17]），もとの式の意味が崩れることを承知の上で，(33.2) の $S$ を（古典的な）作用積分

$$S = S[q(t)] \tag{33.3}$$

と読み換え，

$$e^{\frac{iS}{\hbar}} = e^{\frac{iS[q(t)]}{\hbar}} \tag{33.4}$$

という量を作る。

そして，重み $\varphi[q(t)]$ がこの $e^{\frac{iS[q(t)]}{\hbar}}$ に比例すると仮定する。つまり，重み $\varphi$ は

$$\varphi[q(t)] \propto e^{\frac{iS[q(t)]}{\hbar}} \tag{33.5}$$

が満たされるような形で定義される（これの比例定数は後で考える）。

次に，点 $a$（始点）と点 $b$（終点）を結ぶ無数の全経路の足し合わせを

$$K(b, a) = \sum_{q(t)} \varphi[q(t)] \tag{33.6}$$

と書く。これは重ね合わせの原理を表している。

$K(b,\ a)$ も複素数であるので，その絶対値の 2 乗は或る実数 $P(b,\ a)$ を与える。

$$P(b,\ a) = |K(b,\ a)|^2 \tag{33.7}$$

この $P(b,\ a)$ は点 $a$ から点 $b$ へ到達する確率を表すので，$K(b,\ a)$ を**確率**

**振幅**，または**伝播関数**という。

ここで点$a$というのは時刻$t_a$における位置$q_a$のことで，点$b$についても同様である。つまり点$a$は$a(q_a,\ t_a)$，点$b$は$b(q_b,\ t_b)$を意味する。従って，(33.6) と (33.7) はそれぞれ

$$K(q_b,\ t_b,\ q_a,\ t_a)=\sum_{q(t)}\varphi[q(t)] \tag{33.8}$$

$$P(q_b, t_b, q_a, t_a)=|K(q_b, t_b, q_a, t_a)|^2 \tag{33.9}$$

と書ける。

(33.9) を見ると，$|K(q_b,\ t_b,\ q_a,\ t_a)|^2$は粒子が或る微小領域に見出される確率（密度）$|\psi(x,\ y,\ z,\ t)|^2$にそっくりであることが分かる。両者を比べると，$K$は$q_a$から$q_b$へ到る確率振幅ということで，過去の情報も持っているのに対して，$\psi$は$dxdydz$中に発見される確率（密度）を与えるものなので，過去の情報は持たない。逆に言うと，それ以外に特別な違いは無いので，過去の情報を考慮しない限りにおいて，確率振幅$K$と波動関数$\psi$は等価な存在と考えて良い。

さて，$\varphi$と$e^{\frac{iS}{\hbar}}$の比例定数を仮に$c$とすると，(33.6) は

$$\begin{aligned} K(b,\ a) &= \sum_{q(t)}\varphi[q(t)] \\ &= c\sum_{q(t)}e^{\frac{iS[q(t)]}{\hbar}} \end{aligned} \tag{33.10}$$

と書ける。これを積分形で表すことを考えよう。

リーマン積分で多重積分を定義したときのように（補遺F参照），閉区間$[q_a,\ q_b]$を$N$個の区間

$$\begin{aligned} &[q_a, q_1], [q_1, q_2], \cdots, [q_{N-1}, q_b] \\ &=[q_0,\ q_1],\ [q_1,\ q_2], \cdots, [q_{N-1},\ q_N] \end{aligned} \tag{33.11}$$

に分けると（33.10）は

$$K(b,\ a)=c\iint\cdots\iint e^{\frac{iS[q(t)]}{\hbar}}dq_1\,dq_2\cdots dq_{N-1} \tag{33.12}$$

という $N-1$ 重積分となる（積分の範囲は $-\infty$ から $\infty$）。ここで $N+1$ 重ではなく $N-1$ 重なのは，端点を固定したため，$\int dq_0$ と $\int dq_N$ に当たるものが存在しないためである。

但し，このままでは扱いづらく，また見通しもよくないので，分割数 $N$ を無限大に増やした極限（$N\to\infty$）で，（33.12）を簡潔に

$$K(b,\ a)=\int_a^b \mathcal{D}q e^{\frac{iS[q(t)]}{\hbar}} \tag{33.13}$$

と表す[39]。（33.13）の右辺の積分を，**経路積分**という[40]。

**経路積分法**は，粒子が点 $a$ から点 $b$ へ達する事象の確率振幅を，点 $a$ と点 $b$ を結ぶあらゆる経路の確率振幅の足し合わせとして表す形式で，波動力学，行列力学に続く量子力学の第3の定式化として位置付けられる[41]。経路積分の原型となるアイデアを出したのはディラックであるが，それを元に**リチャード・フィリップス・ファインマン**がまとめ上げたので，**ファインマンの経路**

39　右辺は

$$\int_a^b e^{\frac{iS[q(t)]}{\hbar}}\mathcal{D}q$$

と書いても良いはずだが，経路積分に関しては（33.13）のように，

$$\int dx f(x)$$

の形で表すのが通例となっている。

40　このように（経路）積分の形で書いたとき，確率振幅 $K(b,\ a)$ は**積分核**，または**ファインマン核**ともいう。

41　これらは全て等価な理論であるが，それぞれに利点と欠点があるので，どれか1つを使うのではなく，問題に応じて使い分けることが重要である。

**積分**としても知られている。経路積分についての更に詳しい議論については，ファインマン本人による教科書［78］を参照していただきたい。

経路積分の特徴をいくつか述べておこう。まず，対応する古典系の作用が経路積分公式（33.13）と直接結びついているので，古典力学との対応関係が分かりやすく，古典極限を議論しやすいという点が挙げられる。つまり，経路積分によれば，作用積分の情報だけで量子化を実行することができる（**経路積分量子化**）。

また，演算子が表に出ないので，より直観的な議論が可能となる。さらに，数理物理学への応用としても内容豊富であるが，その一方で経路積分を数学的に厳密に扱うことについては，(正準量子化などとは異なり）必ずしも成功していない。

経路積分に登場する $\mathcal{D}q$ というのは，全経路の総和としての多重積分を簡潔に表すために導入した，経路積分専用の記号（正確には**積分測度**という）で，（33.12）と（33.13）を比較して分かるように，

$$\mathcal{D}q=\lim_{N\to\infty}c\,dq_1dq_2\cdots dq_{N-1} \tag{33.14}$$

という対応関係になっている。つまり，$\varphi$ と $e^{\frac{iS}{\hbar}}$ の間の比例定数 $c$ は，極限を収束させるための形式的な規格化因子であったことになる。

ラグランジアンは $L=T-V$ であったから，作用は

$$S=\int_{t_a}^{t_b}Ldt=\int_{t_a}^{t_b}\{T(\dot{q})-V(q)\}dt \tag{33.15}$$

と書ける。これを（33.13）に代入すると，

$$K(b,\ a)=\int_a^b\mathcal{D}q\exp\left[\frac{i}{\hbar}\int_{t_a}^{t_b}\{T(\dot{q})-V(q)\}dt\right] \tag{33.16}$$

となる。これは，$q$ のみで表した形の経路積分であり，**配位空間での経路積分表示**と呼ばれる。

一方，ハミルトニアンのルジャンドル変換を用いると，ラグランジアンは $L=p\dot{q}-H$ とも表せるので，その場合の作用は

$$S=\int_{t_a}^{t_b} Ldt=\int_{t_a}^{t_b}(p\dot{q}-H)dt \tag{33.17}$$

と書ける。(33.17) の作用による経路積分は，$q$ と $p$ によって表され（$q$ と $p$ の両方が変数となる），次のようになる。

$$K(b,\ a)=\int_a^b \mathcal{D}q\mathcal{D}p\exp\left\{\frac{i}{\hbar}\int_{t_a}^{t_b}(p\dot{q}-H)dt\right\} \tag{33.18}$$

これは，**位相空間での経路積分表示**である。

それでは次に，配位空間での経路積分表示を用いて規格化定数の表式を求め，経路積分 (33.16) からシュレーディンガー方程式 (30.21) が実際に導出されることを確認しよう。

そのための準備として，点 $a$ から点 $b$ への経路の内，特定の点 $c$ を通る場合の経路積分を定めておく。点 $c$ の座標 $q_c$ がとり得る全ての値を考慮すれば点 $a$ から点 $b$ への経路は，$a$ から $c$ の前半部と，$c$ から $b$ の後半部に分割され，

$$K(b,a)=\int_{-\infty}^{\infty} K(b,\ c)K(c,\ a)dq_c \tag{33.19}$$

のように表される。

(33.19) は，

$$K(q_b,\ t_b,\ q_a,\ t_a)=\int_{-\infty}^{\infty} K(q_b,\ t_b,\ q_c,\ t_c)K(q_c,\ t_c,\ q_a,\ t_a)dq_c \tag{33.20}$$

という意味であって，波動関数を用いて

$$\psi(q_b,\ t_b)=\int_{-\infty}^{\infty}K(q_b,\ t_b,\ q_c,\ t_c)\psi(q_c,\ t_c)dq_c \tag{33.21}$$

と書くことができる。この場合，$K(q_b,\ t_b,\ q_c,\ t_c)$ は点 $b$ の波動関数 $\psi(q_b,\ t_b)$ と点 $c$ の波動関数 $\psi(q_c, t_c)$ を時間的に結びつける役割を果たしている。

粒子が時刻 $t_a$ で位置 $x=x_a$ から出発し，$t_b=t_a+\Delta t$ で $x=x_b$ に達するとき，粒子の経路積分は，(33.16) より

$$\begin{aligned}K(x_b,\ t_b,\ x_c,\ t_a)&=\int_a^b \mathcal{D}x\exp\left[\frac{i}{\hbar}\int_{t_a}^{t_b}\{T(\dot{x})-V(x)\}dt\right]\\&=\int_a^b \mathcal{D}x\exp\left[\frac{i}{\hbar}\int_{t_a}^{t_b}\left\{\frac{1}{2}m\dot{x}^2-V(x)\right\}dt\right]\end{aligned} \tag{33.22}$$

となる。

このとき，間隔

$$\Delta x=x_b-x_a \tag{33.23}$$

及び

$$\Delta t=t_b-t_a \tag{33.24}$$

は微小であるとして，微分を差分で近似する。すなわち，

$$\Delta x\simeq dx,\qquad \Delta t\simeq dt \tag{33.25}$$

とする。

そうすると，速度と作用をそれぞれ

$$\dot{x}=\frac{dx}{dt}\simeq\frac{\Delta x}{\Delta t} \tag{33.26}$$

$$S=\int_{t_a}^{t_b} Ldt \simeq L\Delta t \tag{33.27}$$

で近似できるようになる。これらを（33.22）に代入すると，

$$K(x_b,\ t_b,\ x_a,\ t_a) \simeq \int_a^b \mathcal{D}x \exp\left[\frac{i}{\hbar}\left\{\frac{m(\Delta x)^2}{2(\Delta t)^2}-V\right\}\Delta t\right] \tag{33.28}$$

となる。

これをもっと簡単な形にするために，

$$\int_a^b \mathcal{D}x = M = \text{定数} \tag{33.29}$$

$$\Delta x = \xi \tag{33.30}$$

とおくと，（33.28）は

$$K(x_b,\ t_b,\ x_a,\ t_a) = M \exp\left[\frac{i\Delta t}{\hbar}\left\{\frac{m\xi^2}{2(\Delta t)^2}-V\right\}\right] \tag{33.31}$$

となる。

また，準備しておいた（33.21）を今の問題に当てはめると

$$\psi(x_b,\ t_a+\Delta t) = \int_{-\infty}^{\infty} K(x_b,\ t_a+\Delta t,\ x_a,\ t_a)\psi(x_a,\ t_a)dx_a \tag{33.32}$$

になるから，これに（33.31）を代入して，

$$\psi = \int_{-\infty}^{\infty} M \exp\left[\frac{i\Delta t}{\hbar}\left\{\frac{m\xi^2}{2(\Delta t)^2}-V\right\}\right]\psi d\xi \tag{33.33}$$

を得る。なお，（33.33）では $x_a$，$x_b$，$\Delta x = x_b - x_a = \xi$ の全てが微小量である

として

$$x_a \simeq \xi \tag{33.34}$$

と近似し，引数を省略した（これ以後も引数は略す）。

ここで，左辺は $t$ について，右辺は $\xi = \Delta x$ について $\psi$ をテイラー展開すると，

$$\psi + \frac{\partial \psi}{\partial t}\Delta t + \frac{1}{2!}\frac{\partial^2 \psi}{\partial t^2}(\Delta t)^2 + \cdots$$

$$= M\int_{-\infty}^{\infty}\exp\left[\frac{i\Delta t}{\hbar}\left\{\frac{m\xi^2}{2(\Delta t)^2} - V\right\}\right]\left(\psi + \frac{\partial \psi}{\partial x}\Delta x + \frac{1}{2!}\frac{\partial^2 \psi}{\partial x^2}(\Delta x)^2 + \cdots\right)d\xi \tag{33.35}$$

となる。

普通の感覚では，この式を扱うときは $x$, $t$ の 2 次以上を無視しようと考えるかもしれない。実際 $t$ についてはそれで良い。しかし，シュレーディンガー方程式は $t$ については 1 階だが，$x$ については 2 階の導関数を含むから，$x$ の 2 次以上を切り捨ててしまうと，シュレーディンガー方程式が出てこなくなってしまう。そこで，左辺は 1 次まで，右辺は 2 次までで近似し，

$$\begin{aligned}\psi + \frac{\partial \psi}{\partial t}\Delta t &= M\int_{-\infty}^{\infty}\exp\left[\frac{i\Delta t}{\hbar}\left\{\frac{m\xi^2}{2(\Delta t)^2} - V\right\}\right]\left(\psi + \frac{\partial \psi}{\partial x}\xi + \frac{1}{2}\frac{\partial^2 \psi}{\partial x^2}\xi^2\right)d\xi \\ &= M\int_{-\infty}^{\infty} e^{\frac{im\xi^2}{2\hbar\Delta t} - \frac{i\Delta t V}{\hbar}}\left(\psi + \frac{\partial \psi}{\partial x}\xi + \frac{1}{2}\frac{\partial^2 \psi}{\partial x^2}\xi^2\right)d\xi \\ &= M\int_{-\infty}^{\infty} e^{\frac{im\xi^2}{2\hbar\Delta t}} e^{-\frac{i\Delta t V}{\hbar}}\left(\psi + \frac{\partial \psi}{\partial x}\xi + \frac{1}{2}\frac{\partial^2 \psi}{\partial x^2}\xi^2\right)d\xi \end{aligned} \tag{33.36}$$

とする。

さらに，$e^{-\frac{i\Delta t V}{\hbar}}$ のマクローリン展開[42]，

$$e^{-\frac{i\Delta t V}{\hbar}} = 1 - \frac{i\Delta t V}{\hbar} + \frac{(\Delta t)^2 V^2}{2!\hbar^2} + \cdots \tag{33.37}$$

を利用する。$t$ については 1 次までの項を採用しているから，(33.37) についても第 2 項までを採って代入すると，

$$\begin{aligned}
\psi + \frac{\partial \psi}{\partial t}\Delta t &= M\int_{-\infty}^{\infty} e^{\frac{im\xi^2}{2\hbar\Delta t}}\left(1 - \frac{i\Delta t V}{\hbar}\right)\left(\psi + \frac{\partial \psi}{\partial x}\xi + \frac{1}{2}\frac{\partial^2 \psi}{\partial x^2}\xi^2\right)d\xi \\
&= M\left(1 - \frac{i\Delta t V}{\hbar}\right)\left(\int_{-\infty}^{\infty} e^{\frac{im\xi^2}{2\hbar\Delta t}}\psi d\xi + \int_{-\infty}^{\infty} e^{\frac{im\xi^2}{2\hbar\Delta t}}\frac{\partial \psi}{\partial x}\xi d\xi \right. \\
&\qquad \left. + \int_{-\infty}^{\infty} e^{\frac{im\xi^2}{2\hbar\Delta t}}\frac{1}{2}\frac{\partial^2 \psi}{\partial x^2}\xi^2 d\xi\right) \\
&= \left(1 - \frac{i\Delta t V}{\hbar}\right)\left(M\int_{-\infty}^{\infty} e^{\frac{im\xi^2}{2\hbar\Delta t}}d\xi\,\psi + M\int_{-\infty}^{\infty} \xi e^{\frac{im\xi^2}{2\hbar\Delta t}}d\xi\frac{\partial \psi}{\partial x} \right. \\
&\qquad \left. + \frac{1}{2}M\int_{-\infty}^{\infty} \xi^2 e^{\frac{im\xi^2}{2\hbar\Delta t}}d\xi\frac{\partial^2 \psi}{\partial x^2}\right)
\end{aligned} \tag{33.38}$$

となることが分かる。

(33.38) の右辺には 3 つの積分が含まれているが，これらの積分計算に際しては，ガウス積分

$$\int_{-\infty}^{\infty} e^{-x^2}dx = \sqrt{\pi} \tag{33.39}$$

から導かれる同形の積分

---

42　$e^x$ のマクローリン展開については（A.22）を参照。

$$\int_{-\infty}^{\infty} e^{iax^2}\,dx = \sqrt{\frac{i\pi}{a}} \tag{33.40}$$

$$\int_{-\infty}^{\infty} x^2 e^{iax^2}\,dx = \frac{i}{2a}\sqrt{\frac{i\pi}{a}} \tag{33.41}$$

$$\int_{-\infty}^{\infty} x e^{iax^2}\,dx = 0 \tag{33.42}$$

が利用できる（これらの式の導出は補遺 G を参照）。実際，上記の式で

$$a = \frac{m}{2\hbar\,\Delta t},\quad x = \xi \tag{33.43}$$

とすると，(33.40)～(33.42) はちょうど (33.38) の各項の積分と一致する。

まず，(33.38) の右辺第 1 項の積分 $I_1$ は，(33.40) より

$$\begin{aligned} I_1 &= M\int_{-\infty}^{\infty} e^{\frac{im\xi^2}{2\hbar\Delta t}}\,d\xi \\ &= M\sqrt{\frac{2\pi i\hbar\,\Delta t}{m}}\left(= M\sqrt{\frac{ih\Delta t}{m}}\right) \end{aligned} \tag{33.44}$$

と計算できる。

実は，(33.44) まで分かれば，この時点で規格化因子を特定することができる。(33.38) の両辺の各項で $\Delta t \to 0$ かつ $\xi \to 0$ の極限をとると，

$$\psi = (1-0)\left(M\int_{-\infty}^{\infty} e^{\frac{im\xi^2}{2\hbar\Delta t}}\,d\xi\psi + 0 + 0\right) = I_1\psi \tag{33.45}$$

となるが（$I_1$ を含む項には単体の $\xi$ が存在しないから，この項には手をつけない），これの両辺から $\psi$ を消すと，$I_1$ は 1 になる。つまり，$\Delta t$ と $\xi$ の両方が 0 に近づくとき，$I_1$ は 1 に近づく。

よって，(33.44) の右辺を 1 とすることで，次の結果を得る。

$$M=\int_{\alpha}^{\beta}\mathcal{D}x=\sqrt{\frac{m}{2\pi i\hbar\,\Delta t}}\left(=\sqrt{\frac{m}{ih\Delta t}}\right) \tag{33.46}$$

そして，(33.14) より，$M$ がそのまま定数 $c$ に対応しているので，規格化因子は

$$c=\sqrt{\frac{m}{2\pi i\hbar\,\Delta t}}\left(=\sqrt{\frac{m}{ih\Delta t}}\right) \tag{33.47}$$

ということになる。但し，この規格化因子はラグランジアンが

$$L=\frac{1}{2}m\dot{x}^2-V \tag{33.48}$$

で表される場合のものであって，普遍的なものではない（一般に規格化因子を決めるのは難しい)。

残りの第 2 項，第 3 項の積分 $I_2$，$I_3$ はそれぞれ，(33.42) と (33.41) を用いて次のように与えられる。

$$\begin{aligned}I_2&=M\int_{-\infty}^{\infty}\xi e^{\frac{im\xi^2}{2\hbar\Delta t}}d\xi\\&=M\times 0=0\end{aligned} \tag{33.49}$$

$$\begin{aligned}I_3&=\frac{1}{2}M\int_{-\infty}^{\infty}\xi^2 e^{\frac{im\xi^2}{2\hbar\Delta t}}d\xi\\&=\frac{1}{2}M\times\frac{2i\hbar\Delta t}{2m}\sqrt{\frac{2\pi i\hbar\Delta t}{m}}\\&=\frac{1}{2}\sqrt{\frac{m}{2\pi i\hbar\Delta t}}\times\frac{i\hbar\,\Delta t}{m}\sqrt{\frac{2\pi i\hbar\Delta t}{m}}=\frac{i\hbar\Delta t}{2m}\end{aligned} \tag{33.50}$$

従って，(33.44)，(33.49)，(33.50) を (33.38) に代入すると，

$$\psi+\frac{\partial\psi}{\partial t}\Delta t=\left(1-\frac{i\Delta t\,V}{\hbar}\right)\left(1\times\psi+0+\frac{i\hbar\Delta t}{2m}\frac{\partial^2\psi}{\partial x^2}\right)$$
$$=\left(1-\frac{i\Delta t\,V}{\hbar}\right)\left(\psi+\frac{i\hbar\,\Delta t}{2m}\frac{\partial^2\psi}{\partial x^2}\right)$$
$$=\psi+\frac{i\hbar\,\Delta t}{2m}\frac{\partial^2\psi}{\partial x^2}-\frac{i\Delta t\,V\psi}{\hbar}-\frac{(i\Delta t)^2V}{2m} \tag{33.51}$$

となる。

ここでは $t$ の 2 次以上を 0 と見做しているから，第 4 項は 0 であり，

$$\frac{\partial\psi}{\partial t}\Delta t=\frac{i\hbar\,\Delta t}{2m}\frac{\partial^2\psi}{\partial x^2}+\frac{\Delta t V\psi}{i\hbar} \tag{33.52}$$

となる（第 3 項では［30.15］を用いた）。よって，両辺に $\dfrac{i\hbar}{\Delta t}$ を掛けると，

$$i\hbar\,\frac{\partial\psi}{\partial t}=-\frac{\hbar^2}{2m}\frac{\partial^2\psi}{\partial x^2}+V\psi \tag{33.53}$$

が導かれる。これは，シュレーディンガー方程式 (30.21) に他ならない。

最後に，古典力学の重要な指導原理である，最小作用の原理との関わりを説明する。最小作用の原理は古典力学の基本法則で，古典力学の何かから証明されるようなものではなかった。式の説明は可能であるが，どのような仕組みで作用が停留値をとるような経路を通るのか，なぜ自然は停留値をとる経路を知っているのかなどの疑問に対し，古典力学の知識では満足の行く答えは与えられない。

しかし，経路積分を手に入れたことで，我々はこのような疑問についに答えられるようになった。このことを説明して本節を終えよう。

物体の経路（候補の話で，実際に通るかどうかは別問題）から無作為に或る1つの経路 $\Gamma$ を選び出し，その経路からわずかにずれた経路 $\Gamma+\delta\Gamma$ を考えるとしよう。経路は無数にあるが，そのような無数の経路は，$\Gamma$ と $\Gamma+\delta\Gamma$ のそれぞれの作用積分 $S_\Gamma$ と $S_{\Gamma+\delta\Gamma}$ の間の微小変化（変分） $\delta S_\Gamma\,(=S_{\Gamma+\delta\Gamma}-S_\Gamma)$ が0であるか，0でないかの2つに大別できる。

$\delta S_\Gamma=0$ となるのは，もちろん作用が停留値をとるような経路である。これは古典力学で実際に実現される経路であるから，$\Gamma_{\rm cl}$ としよう。$\Gamma_{\rm cl}$ では $\delta S_\Gamma=0$ なので，少し経路をずらしたくらいでは作用が変化することはない。逆に，$\Gamma_{\rm cl}$ 以外の経路では $\delta S_\Gamma\neq 0$ であり，ほんの少しのずれでも作用の変化が発生することになる。

経路積分の主張によれば，量子の世界では $\delta S_\Gamma=0$ となる $\Gamma_{\rm cl}$ と，$\delta S_\Gamma\neq 0$ となる $\Gamma_{\rm cl}$ 以外の経路の全てが実現されることになるが，古典力学の世界ではそうではなく，$\Gamma_{\rm cl}$ のみが有効である。この理由は，以下のように考えることができる。

古典力学では，長さや質量の値が量子力学で扱われる値よりもかなり大きいので，$\hbar$ に比べれば作用 $S$ は非常に大きな値となる。従って，$\hbar\to 0$ の古典極限では，

$$e^{\frac{iS}{\hbar}}=\cos\frac{S}{\hbar}+i\sin\frac{S}{\hbar}$$

という指数関数（の中の三角関数）は，$S$ が変化するたび正と負の間を激しく振動する（ほんの少しの変化でも激しく符号を変える）。

そうしたものを全て足し合わせると，$\Gamma_{\rm cl}$ 以外の経路は全て互いに相殺し合い，打ち消されることになる。なぜなら，$\Gamma_{\rm cl}$ 以外の経路の内の1つが，経路の足し合わせ $K(b,\ a)$ に対して正の寄与をするとき，その経路から少しずれたところの経路が同量の負の寄与をするからである。

こうして $\Gamma_{\mathrm{cl}}$ 以外が打ち消された結果, 古典力学においては $\Gamma_{\mathrm{cl}}$ のみが最も確率密度の高い運動の経路として残り, 古典的な運動が実現される。つまり, 自然は初めから $\Gamma_{\mathrm{cl}}$ がどれであるかを知っているのではなく, 全ての経路を同時に通っているのである。但し, そのとき $\Gamma_{\mathrm{cl}}$ 以外の経路では $e^{\frac{iS}{\hbar}}$ の激しい振動が引き起こされ, 各経路の位相 $\frac{S}{\hbar}$ が相殺するので, 停留値を与える古典経路 $\Gamma_{\mathrm{cl}}$ のみが観測されることになる。

## 章末問題

［１］ 周期運動・振動系の断熱変化について，次の各問に答えよ。

(1) 系の或るパラメータ $\lambda$ を断熱的に（ゆっくりと）変化させる。パラメータ $\lambda$ に依存する系のエネルギー $E=E(\lambda)$ の時間微分の平均値 $\overline{\dfrac{dE}{dt}}$ をハミルトニアン $H$ で表せ。ここで $\overline{\phantom{x}}$ は平均を表す記号である。但し，$\lambda$ は断熱的に変化するため，

$$\overline{\frac{d\lambda}{dt}}=\frac{d\lambda}{dt}$$

が成り立つと考えて良い。

(2) $T$ を周期として，物理量 $A$ の時間平均を

$$\overline{A}=\frac{1}{T}\int_0^T A dt=\frac{\displaystyle\int_0^T A dt}{\displaystyle\int_0^T dt}$$

で定義すると，(1) の $\overline{\dfrac{dE}{dt}}$ は周回積分を用いて，

$$\overline{\frac{dE}{dt}}=\frac{\displaystyle\oint\frac{\frac{\partial H}{\partial\lambda}}{\frac{\partial H}{\partial p}}dq}{\displaystyle\oint\frac{1}{\frac{\partial H}{\partial p}}dq}\frac{d\lambda}{dt}$$

と表せることを示せ。

(3) (2) の結果を用いて，次の等式が成り立つことを証明せよ。

$$\overline{\frac{dJ}{dt}} = 0$$

但し，$J$ は作用変数であり，運動量 $p$ は $p = p(E,\ \lambda)$ で表されるとする。

**[ 2 ]** 水素原子のモデルとして，陽子を中心とする円軌道上で電子が等速円運動しているものを考える。真空中のクーロン定数を $\frac{1}{4\pi\varepsilon_0} = 8.99 \times 10^9$ $\mathrm{N \cdot m^2/C^2}$，電気素量を $e = 1.60 \times 10^{-19}$ C，微細構造定数を $\alpha = \frac{1}{137}$，ボーア半径を $a_B = 5.29 \times 10^{-11}$ m として，次の各問に答えよ。

(1) 電子のエネルギー準位 $E_n$ を $e$， $\varepsilon_0$， $\alpha$， $\lambda$（換算コンプトン波長）を用いて表せ。

(2) 基底状態の電子のエネルギーは何 J か。また，それは何 eV か。

(3) ボーアモデルでは通常，相対論的効果を無視することができる。この理由を述べよ。

(4) リュードベリ定数 $R$ を

$$R = \frac{e^2}{8\pi\varepsilon_0 a_B hc}$$

で定義する。ボーアの理論を用いて，次の等式が成り立つことを示せ。

$$\frac{1}{\lambda} = R\left(\frac{1}{n'^2} - \frac{1}{n^2}\right)$$

但し，$n$， $n'$ は量子数であり， $n' < n$ とする。

**[ 3 ]** 次の各問に答えよ。

(1) 波動関数 $\psi$ と共役な複素数を $\psi^*$ とすると， $\psi^* \psi = |\psi|^2$ が成り立つことを示せ。

(2) 確率密度を $P$ とすると，その時間微分について

$$\frac{\partial P}{\partial t} + \nabla \cdot \boldsymbol{S} = 0$$

が成り立つことを示せ。但し,

$$\boldsymbol{S} = \frac{\hbar}{2im}(\psi^* \nabla \psi - \psi \nabla \psi^*)$$

である。

**[ 4 ]** 物理量 $\widehat{A}$ の期待値

$$\langle \widehat{A} \rangle = \int \psi^*_2 \widehat{A} \psi_1 dV$$

の時間微分から, ハイゼンベルク方程式を導出せよ。但し, $\psi_1 = \psi_2 = \psi$ とする。

**[ 5 ]** 次の各問に答えよ。

(1) 或る演算子 $\widehat{P}$ に対してエルミート共役な演算子を $\widehat{P}^\dagger$ とすると, 一般に

$$(\widehat{P}^\dagger)^\dagger = \widehat{P}$$

が成り立つことを示せ。

(2) エルミート演算子 $\widehat{A}$ に対して, $\widehat{A}\psi_1 = \lambda_1 \psi_1$, $\widehat{A}\psi_2 = \lambda_2 \psi_2$ を満たす $\psi_1, \psi_2$ を考える。$\lambda_1 \neq \lambda_2$ のとき

$$\langle \psi_2 | \psi_1 \rangle = 0$$

となることを示せ。

**[ 6 ]** 系のハミルトニアンが或るパラメータ $\alpha$ に依存し, $\widehat{H}(\alpha)$ と表されるとする。この系の任意の規格化された離散的固有状態

$$E(\alpha)=\langle\alpha\,|\,\widehat{H}(\alpha)|\,\alpha\rangle$$

$$E|\,\alpha\rangle=\widehat{H}(\alpha)\,|\,\alpha\rangle$$

に対して，

$$\frac{dE(\alpha)}{d\alpha}=\left\langle\alpha\left|\frac{\partial\widehat{H}(\alpha)}{\partial\alpha}\right|\alpha\right\rangle$$

が成り立つことを示せ。

**[7]** 1次元調和振動子の運動を量子力学で扱うと，基底状態（エネルギー最低の状態）においても全エネルギーは0にならず，或る有限の値を持つことが示される。不確定性原理を用いて，振動エネルギーの最小値を評価せよ。但し，換算プランク定数を $\hbar$，角振動数を $\omega$ とする。

## 解答

### [1]

(1) ハミルトニアンの全微分，

$$\frac{dH}{dt}=\frac{\partial H}{\partial q}\frac{dq}{dt}+\frac{\partial H}{\partial p}\frac{dp}{dt}+\frac{\partial H}{\partial t}=-\dot{p}\dot{q}+\dot{q}\dot{p}+\frac{\partial H}{\partial t}=\frac{\partial H}{\partial t}\text{ より}$$

$$\overline{\frac{dE}{dt}}=\overline{\frac{dE(\lambda)}{dt}}$$

$$=\overline{\frac{dE}{d\lambda}}\,\overline{\frac{d\lambda}{dt}}=\overline{\frac{dH}{d\lambda}}\frac{d\lambda}{dt}=\overline{\frac{\partial H}{\partial \lambda}}\frac{d\lambda}{dt}\text{ (系のエネルギーが変化する速さ)}$$

(2) 正準方程式より，

$$\dot{q}=\frac{dq}{dt}=\frac{\partial H}{\partial p}\quad\Rightarrow\quad dt=\frac{1}{\dfrac{\partial H}{\partial p}}dq$$

従って

$$\overline{\frac{dE}{dt}}=\overline{\frac{\partial H}{\partial \lambda}}\frac{d\lambda}{dt}=\frac{\displaystyle\int_0^T\frac{\partial H}{\partial \lambda}dt}{\displaystyle\int_0^T dt}\frac{d\lambda}{dt}=\frac{\displaystyle\oint\frac{\dfrac{\partial H}{\partial \lambda}}{\dfrac{\partial H}{\partial p}}dq}{\displaystyle\oint\frac{1}{\dfrac{\partial H}{\partial p}}dq}\frac{d\lambda}{dt}$$

㊟：座標に関する積分に書き換えると，その積分は 1 周期（の間の座標の全ての変化）にわたっての周回積分となる。

(3) $H(q,\ p,\ \lambda)$ $(=E)$ の $\lambda$ についての偏微分は

$$\frac{\partial H(q,\ p,\ \lambda)}{\partial \lambda}=\frac{\partial H}{\partial q}\frac{\partial q}{\partial \lambda}+\frac{\partial H}{\partial p}\frac{\partial p}{\partial \lambda}+\frac{\partial H}{\partial \lambda}\frac{\partial \lambda}{\partial \lambda}=0+\frac{\partial H}{\partial p}\frac{\partial p}{\partial \lambda}+\frac{\partial H}{\partial \lambda}=0$$

$$(\because p=p(E,\ \lambda))$$

となるから

$$\frac{\partial H}{\partial \lambda}=-\frac{\partial H}{\partial p}\frac{\partial p}{\partial \lambda} \quad \Rightarrow \quad \frac{\dfrac{\partial H}{\partial \lambda}}{\dfrac{\partial H}{\partial p}}=-\frac{\partial p}{\partial \lambda}$$

(2) に代入して

$$\overline{\frac{dE}{dt}}=\frac{\displaystyle\oint -\frac{\partial p}{\partial \lambda}dq}{\displaystyle\oint \frac{1}{\dfrac{\partial H}{\partial p}}dq}\frac{d\lambda}{dt}$$

$$=\frac{\displaystyle -\oint \frac{\partial p}{\partial \lambda}dq}{\displaystyle\oint \frac{\partial p}{\partial E}dq}\frac{d\lambda}{dt}$$

両辺に $\displaystyle\oint \frac{\partial p}{\partial E}dq$ を掛けると

$$\oint \frac{\partial p}{\partial E}\overline{\frac{dE}{dt}}dq=-\oint \frac{\partial p}{\partial \lambda}\frac{d\lambda}{dt}dq$$

$$\oint \frac{\partial p}{\partial E}\overline{\frac{dE}{dt}}dq+\oint \frac{\partial p}{\partial \lambda}\frac{d\lambda}{dt}dq=0$$

よって

$$\oint \left(\frac{\partial p}{\partial E}\overline{\frac{dE}{dt}}+\frac{\partial p}{\partial \lambda}\frac{d\lambda}{dt}\right)dq=\oint \overline{\frac{dp(E,\lambda)}{dt}}dq$$

$$=\overline{\frac{d}{dt}\oint p\,dq}$$

$$=\overline{\frac{dJ}{dt}}=0$$

(すなわち，$J$ (断熱変化における作用変数) = 一定)

㊓：こうして，周期運動・振動系の断熱変化において，作用変数が不変に保たれること（作用変数が断熱不変量となること）が一般的に示される。これが（古典力学における）**断熱定理**である。

**[ 2 ]**

(1)

$$m\frac{v^2}{r}=\frac{1}{4\pi\varepsilon_0}\frac{e^2}{r^2}$$

と

$$E=\frac{1}{2}mv^2-\frac{e^2}{4\pi\varepsilon_0 r}$$

より

$$E=-\frac{e^2}{8\pi\varepsilon_0 r} \qquad \cdots①$$

であり（[29.19]～[29.22]），ボーアの量子条件

$$rmv=n\hbar$$

から

$$r=n^2\,\frac{4\pi\varepsilon_0\hbar^2}{me^2}=\frac{n^2\lambda\!\!\!^{-}}{\alpha} \qquad \cdots②$$

が得られる（[29.23]～[29.30]）。

②を①に代入すると

$$E_n=-\frac{e^2\alpha}{8\pi\varepsilon_0 n^2\lambda\!\!\!^{-}}$$

㊓：無限遠を基準としたため，全エネルギー $E_n$ の符号はマイナスになるが，これは電子が原子核に拘束されていないとき，つまり電子と原子核の距離が無限大になったとき（$n\to\infty$ で $E_n=0$）よりも，原子核に

拘束されているときの方がエネルギーの低い，安定した状態になっていることを表している。

(2)　$n=1$ のとき

$$r=\frac{1\times\bar{\lambda}}{\alpha}=a_{\mathrm{B}}$$

となるので

$$E_1=-\frac{e^2}{2\times4\pi\varepsilon_0 a_{\mathrm{B}}}$$

$$=-\frac{(1.60\times10^{-19})^2\times8.99\times10^9}{2\times5.29\times10^{-11}}(\mathrm{J})\simeq 2.18\times10^{-18}\,\mathrm{J}$$

また，$1\mathrm{eV}=e[\mathrm{C}]\times1\mathrm{V}$ より

$$E_1=-\frac{(1.60\times10^{-19})^2\times8.99\times10^9}{2\times5.29\times10^{-11}}\times\frac{1}{1.60\times10^{-19}}(\mathrm{eV})$$

$$=-\frac{1.60\times10^{-19}\times8.99\times10^9}{2\times5.29\times10^{-11}}\simeq -13.6\,\mathrm{eV}$$

(3) $rmv=n\hbar$ より

$$v_n=\frac{n\hbar}{mr}$$

よって

$$v_1=\frac{\hbar}{ma_B}=\frac{\hbar\alpha}{m\bar{\lambda}}=\frac{\hbar mc\alpha}{m\hbar}=c\alpha$$

$$\frac{v_1}{c}=\alpha=\frac{1}{137}\simeq7.29\times10^{-3}$$

すなわち，基底状態における電子の速度は光速 $c$ の

$$7.29 \times 10^{-3} \times 100\,\% = 0.729\%$$

である。このように，基底状態における電子の速度は（真空中の）光速に比べ十分遅いと見做せるから，ボーアモデルでは相対論的効果を無視できる。

(4)

$$E_n = -\frac{e^2\alpha}{8\pi\varepsilon_0 n^2}$$

より，

$$|E_n - E_{n'}| = \left| -\frac{e^2\alpha}{8\pi\varepsilon_0 n^2 \lambda\!\!\!^{-}} + \frac{e^2\alpha}{8\pi\varepsilon_0 n'^2 \lambda\!\!\!^{-}} \right| = \frac{e^2\alpha}{8\pi\varepsilon_0 \lambda\!\!\!^{-}} \left| \frac{1}{n'^2} - \frac{1}{n^2} \right|$$

$$= \frac{e^2 hc}{8\pi\varepsilon_0 a_B hc} \left| \frac{1}{n'^2} - \frac{1}{n^2} \right| = Rhc\left( \frac{1}{n'^2} - \frac{1}{n^2} \right)$$

となるから，振動数条件

$$|E_n - E_{n'}| = h\nu$$

と

$$c = \nu\lambda$$

より

$$Rhc\left( \frac{1}{n'^2} - \frac{1}{n^2} \right) = h\nu = h\frac{c}{\lambda}$$

よって

$$\boxed{\frac{1}{\lambda} = R\left( \frac{1}{n'^2} - \frac{1}{n^2} \right)}$$

㊟：これは，**ヨハン・バルマー**，**ヨハネス・リュードベリ**，**ヴァルター・リッツ**らによって，ボーアモデルが登場する5年ほど前から実験的及び現象論的に知られていた，水素原子のスペクトルを表す式で，**リュードベリの式**または**リッツの結合則**と呼ばれる。振動数条件と量子条件から

リュードベリの式が理論的に導出され，**リュードベリ定数**の理論値

$$R = \frac{e^2}{8\pi\varepsilon_0 a_B hc} \simeq \frac{(1.602 \times 10^{-19})^2 \times 8.988 \times 10^9}{2 \times 5.288 \times 10^{-11} \times 6.626 \times 10^{-34} \times 2.998 \times 10^8}$$

$$= 1.097... \times 10^7 \text{ m}^{-1}$$

が実験で得られていた値と非常に良い精度で一致したことなどから，ボーアの主張した一連の仮定は正当なものとして認められた。しかし，ボーアの理論は水素原子以外のスペクトルは説明できないなどの欠点もあり，前期量子論の限界も同時に明らかとなった。

**[ 3 ]**

(1) 波動関数 $\psi$ は複素数であるから，任意の複素数として

$$\psi = a + ib$$

とおくと，その共役複素数は

$$\psi^* = a - ib$$

となるので

$$\psi^* \psi = (a - ib)(a + ib) = a^2 - (ib)^2$$
$$= a^2 + b^2 = |\psi|^2$$

(2) 3 次元のシュレーディンガー方程式

$$i\hbar \frac{\partial \psi}{\partial t} = -\frac{\hbar^2}{2m} \nabla^2 \psi + V\psi$$

の複素共役をとると

$$-i\hbar \frac{\partial \psi^*}{\partial t} = -\frac{\hbar^2}{2m} \nabla^2 \psi^* + V\psi^*$$

となるので

$$\frac{\partial \psi}{\partial t}=\frac{1}{i\hbar}\left(-\frac{\hbar^2}{2m}\nabla^2+V\right)\psi$$

$$\frac{\partial \psi^*}{\partial t}=-\frac{1}{i\hbar}\left(-\frac{\hbar^2}{2m}\nabla^2+V\right)\psi^*$$

従って，確率密度$|\psi|^2=P$の時間微分は，

$$\begin{aligned}\frac{\partial P}{\partial t}&=\frac{\partial}{\partial t}|\psi|^2=\frac{\partial}{\partial t}(\psi^*\psi)=\psi\frac{\partial \psi^*}{\partial t}+\psi^*\frac{\partial \psi}{\partial t}\\&=\frac{1}{i\hbar}\left\{-\psi\left(-\frac{\hbar^2}{2m}\nabla^2+V\right)\psi^*+\psi^*\left(-\frac{\hbar^2}{2m}\nabla^2+V\right)\psi\right\}\\&=\frac{1}{i\hbar}\left(\psi\frac{\hbar^2}{2m}\nabla^2\psi^*-\psi V\psi^*-\psi^*\frac{\hbar^2}{2m}\nabla^2\psi+\psi^*V\psi\right)\\&=\frac{1}{i\hbar}\cdot\frac{\hbar^2}{2m}(\psi\nabla^2\psi^*-\psi^*\nabla^2\psi)\\&=-\frac{\hbar}{2im}(\psi^*\nabla^2\psi-\psi\nabla^2\psi^*)\\&=-\nabla\cdot(\psi^*\nabla\psi-\psi\nabla\psi^*)\frac{\hbar}{2im}=-\nabla\cdot\boldsymbol{S}\end{aligned}$$

よって

$$\frac{\partial P}{\partial t}+\nabla\cdot\boldsymbol{S}=0$$

㊒：この式は，電磁気学や流体力学に見られる**連続の方程式**である。電磁気学の場合$P$は電荷密度，$\boldsymbol{S}$は電流密度となり，連続の方程式は（微分形の）電荷保存則を表す。一方，流体力学の場合$P$は（質量）密度，$\boldsymbol{S}$は流束（密度と速度の積）となり，連続の方程式は質量保存則を表す。量子力学の場合は上記のように$P$が確率密度になるので，本問で導いた連続の式は**確率の保存則**（確率が保存し，時間に依らず規格化できるこ

と）を表す。ここで$S$は電流密度に擬(なぞら)えて**確率の流れの密度**，或いは短縮して**確率流密度**，または**確率流束**と呼ばれる。

**[ 4 ]**

$$\frac{d\langle\widehat{A}\rangle}{dt}=\frac{d}{dt}\int\psi^*\widehat{A}\psi dV$$

$$=\int\frac{\partial\psi^*}{\partial t}\widehat{A}\psi dV+\int\psi^*\frac{\partial\widehat{A}}{\partial t}\psi dV+\int\psi^*\widehat{A}\frac{\partial\psi}{\partial t}dV$$

シュレーディンガー方程式

$$i\hbar\frac{\partial\psi}{\partial t}=\widehat{H}\psi$$

より

$$\frac{\partial\psi}{\partial t}=\frac{1}{i\hbar}\widehat{H}\psi$$

$$\frac{\partial\psi^*}{\partial t}=-\frac{1}{i\hbar}\widehat{H}\psi^*$$

となるから

$$\frac{d\langle\widehat{A}\rangle}{dt}=-\int\frac{1}{i\hbar}\widehat{H}\psi^*\widehat{A}\psi dV+\int\psi^*\frac{\partial\widehat{A}}{\partial t}\psi dV+\int\psi^*\widehat{A}\frac{1}{i\hbar}\widehat{H}\psi dV$$

$$=-\int\psi^*\frac{1}{i\hbar}\widehat{H}\widehat{A}\psi dV+\int\psi^*\frac{\partial\widehat{A}}{\partial t}\psi dV+\int\psi^*\frac{1}{i\hbar}\widehat{A}\widehat{H}\psi dV$$

$$\left(\because\int(\widehat{A}\psi_1)^*\psi_2 dV=\int\psi_1^*\widehat{A}^\dagger\psi_2 dV\quad([31.42])\right)$$

$$=\int\psi^*\left\{\frac{1}{i\hbar}(\widehat{A}\widehat{H}-\widehat{H}\widehat{A})+\frac{\partial\widehat{A}}{\partial t}\right\}\psi dV \qquad \cdots①$$

また

$$\frac{d\langle\widehat{A}\rangle}{dt}=\frac{d}{dt}\int\psi^*\widehat{A}\psi dV=\int\psi^*\frac{d\widehat{A}}{dt}\psi dV \qquad \cdots②$$

これらは任意の $\psi$ に対して成り立つから，②①の被積分関数を比較して，

$$\frac{d\widehat{A}}{dt}=\frac{1}{i\hbar}(\widehat{A}\widehat{H}-\widehat{H}\widehat{A})+\frac{\partial\widehat{A}}{\partial t}$$

すなわち，

$$i\hbar\frac{d\widehat{A}}{dt}=[\widehat{A},\ \widehat{H}]+i\hbar\frac{\partial\widehat{A}}{\partial t}$$

**[ 5 ]**

(1) $\widehat{P}$ の期待値

$$\langle\widehat{P}\rangle=\int\psi_2^*\widehat{P}\psi_1 dV$$

に対して，

$$\left(\int\psi_2^*\widehat{P}\psi_1 dV\right)^*=\int\psi_1^*\widehat{P}^\dagger\psi_2 dV$$

を繰り返し用いると

$$\begin{aligned}\int\psi_2^*\widehat{P}\psi_1 dV&=\left(\int\psi_1^*\widehat{P}^\dagger\psi_2 dV\right)^*\\&=\left[\left\{\int\psi_2^*(\widehat{P}^\dagger)^\dagger\psi_1 dV\right\}^*\right]^*\\&=\int\psi_2^*(\widehat{P}^\dagger)^\dagger\psi_1 dV\end{aligned}$$

これは任意の $\psi_1, \psi_2$ に対して成り立つから，上式の最右辺と最左辺の被積分関数を比較して，

$$(\widehat{P}^\dagger)^\dagger=\widehat{P}$$

を得る。

(2) $\widehat{A}\psi_1 = \lambda_1\psi_1$ より

$$\langle\psi_2|\widehat{A}|\psi_1\rangle = \langle\psi_2|\lambda_1|\psi_1\rangle = \lambda_1\langle\psi_2|\psi_1\rangle \quad \cdots①$$

$\widehat{A}\psi_2 = \lambda_2\psi_2$ より

$$\langle\psi_1|\widehat{A}|\psi_2\rangle = \langle\psi_1|\lambda_2|\psi_2\rangle = \lambda_2\langle\psi_1|\psi_2\rangle \quad \cdots②$$

ここで②の複素共役をとると（ブラ・ケットを交換して演算子に†を付ける），

$$\langle\psi_2|\widehat{A}^{\dagger}|\psi_1\rangle = \lambda_2^{*}\langle\psi_2|\psi_1\rangle$$

$\widehat{A}$ はエルミート演算子であり，$\lambda_2$ は実数であるから，

$$\langle\psi_2|\widehat{A}|\psi_1\rangle = \lambda_2\langle\psi_2|\psi_1\rangle \quad \cdots③$$

よって，①−③より

$$(\lambda_1-\lambda_2)\langle\psi_2|\psi_1\rangle = \langle\psi_2|\widehat{A}|\psi_1\rangle - \langle\psi_2|\widehat{A}|\psi_1\rangle = 0$$

$\lambda_1 \neq \lambda_2$，つまり $\lambda_1-\lambda_2 \neq 0$ であるから，

$$\langle\psi_2|\psi_1\rangle = 0$$

補：この式はブラ・ケットの内積が 0 であることを示しているので，$\langle\psi_2|\psi_1\rangle = 0$ が成り立つとき $\psi_1$，$\psi_2$ は**直交**しているという。つまり，任意のエルミート演算子（$\widehat{A}$）の異なる固有値（$\lambda_1, \lambda_2$）の固有関数（$\psi_1, \psi_2$）は互いに直交する。

[ 6 ]

積の微分法により

$$\frac{dE(\alpha)}{d\alpha}=\frac{d}{d\alpha}\langle\alpha|\widehat{H}(\alpha)|\alpha\rangle$$

$$=\left(\frac{d\langle\alpha|}{d\alpha}\right)\widehat{H}(\alpha)|\alpha\rangle+\left\langle\alpha\left|\frac{\partial\widehat{H}(\alpha)}{\partial\alpha}\right|\alpha\right\rangle+\langle\alpha|\widehat{H}(\alpha)\left(\frac{d|\alpha\rangle}{d\alpha}\right)$$

$$=\left(\frac{d\langle\alpha|}{d\alpha}\right)E(\alpha)|\alpha\rangle+\left\langle\alpha\left|\frac{\partial\widehat{H}(\alpha)}{\partial\alpha}\right|\alpha\right\rangle+\langle\alpha|E(\alpha)\left(\frac{d|\alpha\rangle}{d\alpha}\right)$$

$$=E(\alpha)\left(\frac{d\langle\alpha|}{d\alpha}\right)|\alpha\rangle+\left\langle\alpha\left|\frac{\partial\widehat{H}(\alpha)}{\partial\alpha}\right|\alpha\right\rangle+E(\alpha)\langle\alpha|\left(\frac{d|\alpha\rangle}{d\alpha}\right)$$

ここで

$$E\frac{d}{d\alpha}(\langle\alpha|\alpha\rangle)=E\langle\alpha|\left(\frac{d|\alpha\rangle}{d\alpha}\right)+E\left(\frac{d\langle\alpha|}{d\alpha}\right)|\alpha\rangle$$

であるから

$$\frac{dE(\alpha)}{d\alpha}=E(\alpha)\frac{d}{d\alpha}(\langle\alpha|\alpha\rangle)+\left\langle\alpha\left|\frac{\partial\widehat{H}(\alpha)}{\partial\alpha}\right|\alpha\right\rangle$$

$\alpha$ は規格化されているから，

$$\langle\alpha|\alpha\rangle=1$$

つまり

$$\frac{d}{d\alpha}(\langle\alpha|\alpha\rangle)=\frac{d}{d\alpha}(1)=0$$

従って

$$\frac{dE(\alpha)}{d\alpha}=\left\langle\alpha\left|\frac{\partial\widehat{H}(\alpha)}{\partial\alpha}\right|\alpha\right\rangle$$

これは量子化学などの分野において，分子構造や分子内にはたらく力を論じる際に用いられる関係式であり，**ヘルマン＝ファインマンの定理**と呼ばれる。



**[ 7 ]**

1次元調和振動子のエネルギーは

$$E=\frac{p^2}{2m}+\frac{1}{2}m\omega^2x^2 \qquad \cdots①$$

古典的基底状態（$x=0$， $p=0$）からのずれを $x$，$p$ とすると，不確定性原理により，それらの最小値の積は $\frac{\hbar}{2}$ である。すなわち，基底状態に対して

$$xp=\frac{\hbar}{2}$$

が成り立つから

$$p=\frac{\hbar}{2x}$$

を①に代入して

$$E=\frac{1}{2m}\cdot\frac{\hbar^2}{4x^2}+\frac{1}{2}m\omega^2x^2$$

$$=\frac{\hbar^2}{8m}x^{-2}+\frac{1}{2}m\omega^2x^2 \qquad \cdots②$$

安定な平衡点ではこれが極小になるので

$$\frac{dE}{dx}=0$$

を考えると，

$$-2\times\frac{\hbar^2}{8m}x^{-3}+\frac{1}{2}m\omega^2\times 2x=-\frac{\hbar^2}{4mx^3}+m\omega^2x=0$$

$$\Rightarrow\quad 4m^2\omega^2x^4=\hbar^2$$

$x>0$ より

$$x^2 = \frac{\hbar}{2m\omega}$$

②に代入

$$E = \frac{\hbar^2}{8m} \times \frac{2m\omega}{\hbar} + \frac{1}{2} m\omega^2 \times \frac{\hbar}{2m\omega}$$

$$= \frac{\hbar\omega}{4} + \frac{\hbar\omega}{4} = \frac{1}{2}\hbar\omega$$

このように，量子力学ではエネルギーの最低値は0にならず，有限な値を持つ。

㊓：1次元調和振動子のエネルギーの期待値は

$$\langle E \rangle = \frac{\langle p^2 \rangle}{2m} + \frac{1}{2} m\omega^2 \langle x^2 \rangle$$

不確定性は期待値からのずれであり，

$$\Delta X = \sqrt{\langle X^2 \rangle - \langle X \rangle^2}$$

と定義されるから，

$$(\Delta X)^2 = \langle X^2 \rangle - \langle X \rangle^2$$

$$\therefore \ \langle X^2 \rangle = (\Delta X)^2 + \langle X \rangle^2$$

すなわち

$$\langle X^2 \rangle \geqq (\Delta X)^2$$

従って，

$$\langle E \rangle = \frac{\langle p^2 \rangle}{2m} + \frac{1}{2} m\omega^2 \langle x^2 \rangle \geqq \frac{(\Delta p)^2}{2m} + \frac{1}{2} m\omega^2 (\Delta x)^2$$

ここで，相加・相乗平均の大小関係（$a+b \geqq 2\sqrt{ab}$）により，

$$\langle E \rangle \geqq \frac{(\Delta p)^2}{2m} + \frac{1}{2} m\omega^2 (\Delta x)^2$$

$$\geqq 2\sqrt{\frac{(\Delta p)^2}{2m} \cdot \frac{1}{2} m\omega^2 (\Delta x)^2}$$

$$= \omega \cdot \Delta x \Delta p$$

不確定性関係より

$$\langle E \rangle \geqq \omega \cdot \frac{\hbar}{2}$$

よって，エネルギーの最小値（基底状態のエネルギー）は $\frac{1}{2}\hbar\omega$ となる。

㊝：古典力学では，絶対零度で全ての粒子の振動が止まるとされるが，振動が止まると位置と運動量が同時に確定し，不確定性原理に反することになるので，実際には絶対零度においても何らかの振動が続く。この振動を**ゼロ点振動**（**零点振動**），ゼロ点振動のエネルギーを**ゼロ点エネルギー**（**零点エネルギー**）という。ここで得た $\frac{1}{2}\hbar\omega$ は，調和振動子のゼロ点エネルギーであり，シュレーディンガー方程式を解いて得られる結果と一致する。

# VII

# 場の理論への応用

34.

# 連続体の力学と解析力学

本節ではまず，連続的に繋がった複数の物体の振動について考える。例えば，以下の図のように，質量 $m$ の $N$ 個のおもりを，（つり合いのときの）長さが $l$ でばね定数が $k$ のばねを使って直線上に繋いで行き，両端を固定して振動させるとする。

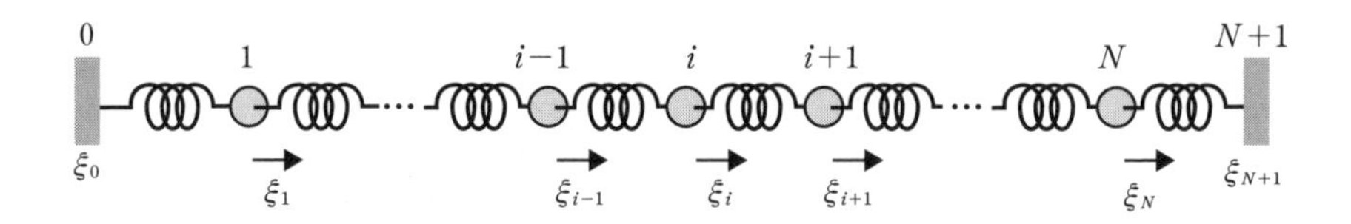


ここで，$\xi_i$ は $i$ 番目の質点の平衡点（つり合い位置）からのずれ，すなわちおもりの変位である。おもりが $N$ 個あるので，対応する変位も $N$ 個になるが，固定された端点として $\xi_0$（左端），$\xi_{N+1}$（右端）を加えて考える。これらは固定されているので，変位は 0 である。

$$\xi_0 = 0,\ \ \xi_{N+1} = 0 \tag{34.1}$$

このとき，普通に考えれば系の運動エネルギーは

$$\begin{aligned} T &= \frac{1}{2}m\left(\dot{\xi}_1{}^2 + \cdots + \dot{\xi}_N{}^2\right) \\ &= \sum_{i=1}^{N}\frac{1}{2}m\dot{\xi}_i{}^2 \end{aligned} \tag{34.2}$$

であるが，(34.1) を利用して左端も含めると，

$$T=\frac{1}{2}m\left(\dot{\xi}_0{}^2+\dot{\xi}_1{}^2+\cdots+\dot{\xi}_N{}^2\right)$$
$$=\sum_{i=0}^{N}\frac{1}{2}m\dot{\xi}_i{}^2 \tag{34.3}$$

とも表せる。

一方，ポテンシャルは

$$V=\frac{1}{2}k\{(\xi_1-\xi_0)^2+\cdots+(\xi_{N+1}-\xi_N)^2\}$$
$$=\sum_{i=0}^{N}\frac{1}{2}k(\xi_{i+1}-\xi_i)^2 \tag{34.4}$$

となるので，(34.3) から (34.4) を引けばラグランジアンが得られる。

$$L=T-V$$
$$=\frac{1}{2}\sum_{i=0}^{N}\{m\dot{\xi}_i{}^2-k(\xi_{i+1}-\xi_i)^2\} \tag{34.5}$$

これは詳しく展開すると，次のようになる。

$$L=\frac{1}{2}m\left(\dot{\xi}_0{}^2+\dot{\xi}_1{}^2+\cdots+\dot{\xi}_N{}^2\right)$$
$$-\frac{1}{2}k\{(\xi_1-\xi_0)^2+(\xi_2-\xi_1)^2+(\xi_3-\xi_2)^2+\cdots$$
$$+(\xi_{N-1}-\xi_{N-2})^2+(\xi_N-\xi_{N-1})^2+(\xi_{N+1}-\xi_N)^2\}$$
$$=\frac{1}{2}m\left(\dot{\xi}_1{}^2+\cdots+\dot{\xi}_N{}^2\right)$$
$$-\frac{1}{2}k\{\xi_1^2+(\xi_2^2-2\xi_1\xi_2+\xi_1^2)+(\xi_3^2-2\xi_2\xi_3+\xi_2^2)+\cdots$$
$$+(\xi_{N-1}^2-2\xi_{N-2}\xi_{N-1}+\xi_{N-2}^2)+(\xi_N^2-2\xi_{N-1}\xi_N+\xi_{N-1}^2)+\xi_N^2\}$$
$$\tag{34.6}$$

この展開を見て分かるように，$V$ の項では $i=0$ と $i=N$ のときだけ $(\xi_{i+1}-\xi_i)^2$ の形にはならず，$\xi_1^2$ と $\xi_N^2$ だけが取り残されることになるので，$V$ の項を $\sum$ でまとめる際は，$i=0$ と $i=N$ を除いて，和の範囲を $1\leqq i\leqq N-1$ にしておくことにする。

そうすると，和の始まりが 1 に揃うので，$T$ の項も（34.2）が利用でき，（34.5）は

$$L=\frac{1}{2}m\sum_{i=1}^{N}\dot{\xi}_i{}^2-\frac{1}{2}k\xi_1^2-\frac{1}{2}k\sum_{i=1}^{N-1}(\xi_{i+1}-\xi_i)^2-\frac{1}{2}k\xi_N^2 \tag{34.7}$$

と書くことができる。これを利用し，$\xi_i$ を一般座標としてラグランジュ方程式を立てよう。

$L$ を $\xi_i$ で偏微分するとき，或る $\xi_i$ が含まれる部分は（34.7）の第 3 項

$$\sum_{i=1}^{N-1}(\xi_{i+1}-\xi_i)^2$$

のみであるから，これについてだけ考えれば良い。（34.6）の展開から，上記の和の中の $\xi_i$ を含む項は $(\xi_{i+1}-\xi_i)^2$ と $(\xi_i-\xi_{i-1})^2$ の 2 つであることが分かるので[1]，微分の結果は

$$\begin{aligned}\frac{\partial L}{\partial \xi_i}&=\frac{\partial}{\partial \xi_i}\left\{-\frac{1}{2}k(\xi_{i+1}-\xi_i)^2-\frac{1}{2}k(\xi_i-\xi_{i-1})^2\right\}\\&=\frac{\partial}{\partial \xi_i}\left(-\frac{1}{2}k\xi_{i+1}^2+k\xi_i\xi_{i+1}-\frac{1}{2}k\xi_i^2-\frac{1}{2}k\xi_i^2+k\xi_{i-1}\xi_i-\frac{1}{2}k\xi_{i-1}^2\right)\\&=0+k\xi_{i+1}-\frac{1}{2}k\times 2\xi_i-\frac{1}{2}k\times 2\xi_i+k\xi_{i-1}-0\\&=-2k\xi_i+k\xi_{i+1}+k\xi_{i-1}\\&=-k(2\xi_i-\xi_{i+1}-\xi_{i-1})\end{aligned} \tag{34.8}$$

1　$(\xi_{i+1}-\xi_i)^2$ は $\xi_i$ の右側のばねによる弾性エネルギーに由来する項で，$(\xi_i-\xi_{i-1})^2$ は $\xi_i$ の左側のばねによる弾性エネルギーに由来する項である。

となる。

また，$\dot{\xi}_i$ についての項は明らかに第 1 項のみであるから，容易に

$$\frac{d}{dt}\left(\frac{\partial L}{\partial \dot{\xi}_i}\right)=\frac{d}{dt}\left\{\frac{\partial}{\partial \dot{\xi}_i}\left(\frac{1}{2}m\sum_{i=1}^{N}\dot{\xi}_i{}^2\right)\right\}$$

$$=\frac{d}{dt}\left(\frac{1}{2}m\times 2\dot{\xi}_i\right)=m\ddot{\xi}_i \tag{34.9}$$

が得られる。従って，求めるラグランジュ方程式は

$$m\ddot{\xi}_i=-k(2\xi_i-\xi_{i+1}-\xi_{i-1})\quad (i=1,2,\cdots,N) \tag{34.10}$$

である（但し，$\xi_0=0$，$\xi_{N+1}=0$）。

ここまでは,質点の数が $N$ 個のときの話であった。それでは $N\to\infty$ として，質点の数を無限個にしたら，どうなるであろうか。

質点の数が無限大ということは，質点が隙間なく並んでいるということだから，ばねの長さ $l$ を 0 に近づけた極限を考えれば良さそうである。そこで，ラグランジュ方程式 (34.10) を次のように変形する。

$$m\ddot{\xi}_i=-kl\left(\frac{2\xi_i-\xi_{i+1}-\xi_{i-1}}{l}\right)$$

$$=-kl\left(\frac{\xi_i+\xi_i-\xi_{i+1}-\xi_{i-1}}{l}\right)$$

$$=-kl\left(\frac{\xi_i-\xi_{i+1}}{l}+\frac{\xi_i-\xi_{i-1}}{l}\right)$$

$$=kl\left\{\frac{-(\xi_i-\xi_{i+1})}{l}-\frac{(\xi_i-\xi_{i-1})}{l}\right\}$$

$$=kl\left(\frac{\xi_{i+1}-\xi_i}{l}-\frac{\xi_i-\xi_{i-1}}{l}\right) \tag{34.11}$$

更に，両辺を $\frac{1}{l}$ 倍して

$$\frac{m}{l}\ddot{\xi}_i=kl\frac{1}{l}\left(\frac{\xi_{i+1}-\xi_i}{l}-\frac{\xi_i-\xi_{i-1}}{l}\right) \tag{34.12}$$

と表し

$$\frac{m}{l}=\mu,\ kl=\kappa \tag{34.13}$$

とすると，

$$\mu\ddot{\xi}_i=\kappa\frac{1}{l}\left(\frac{\xi_{i+1}-\xi_i}{l}-\frac{\xi_i-\xi_{i-1}}{l}\right) \tag{34.14}$$

となる。

ここで，(34.14) 右辺の (…) 内が $l\to 0$ の極限における $\dfrac{\partial\xi}{\partial x}$ の差に対応すると考えると，$l\to 0$ のとき，(34.14) の各辺を

$$\kappa\frac{1}{l}\left(\frac{\xi_{i+1}-\xi_i}{l}-\frac{\xi_i-\xi_{i-1}}{l}\right)\to\kappa\frac{\partial}{\partial x}\left(\frac{\partial\xi}{\partial x}\right)=\kappa\frac{\partial^2\xi}{\partial x^2} \tag{34.15}$$

$$\mu\ddot{\xi}_i\to\mu\frac{\partial^2\xi}{\partial t^2} \tag{34.16}$$

のように置き換えることができる。0 になった $l$ に代わって新たに $x$ が登場したが，この $x$ の正体については後で説明するので，ここではとりあえず $l$ の代替物として理解していただきたい。

また，$l\to 0$ へ移行する前の $\xi_i$ は何番目の質点の変位かを表す離散的な一般座標に過ぎないが，$l\to 0$ へ移行してからの $\xi$ は $\xi(x,\ t)$ の意味であり，或る時刻における系全体の変位を表す連続的な一般座標になっている。

こうして，$N\to\infty$ の場合の (34.10) として，

$$\mu\frac{\partial^2\xi}{\partial t^2}=\kappa\frac{\partial^2\xi}{\partial x^2} \tag{34.17}$$

が得られることになる。

これは，波形が

$$v=\sqrt{\frac{\kappa}{\mu}} \tag{34.18}$$

の速さ（位相速度）で伝わる波動を記述する，（古典的な）1 次元の**波動方程式**であり，その解は一般に

$$\xi(x,\ t)=f\left(t\pm\frac{x}{v}\right) \tag{34.19}$$

の形に書くことができる[2]。$\xi$ は波動の変位を表し，古典的「波動関数」に相当する。

これから一般論に移るのであるが，その前に（34.17）の応用例について簡単に説明しておく。$\mu$ と $\kappa$ は（34.13）の置き換えで導入されたものであるが，状況によって様々な意味を持つ。

例えば，弦を伝わる波であれば，$\mu=\sigma$（弦の線密度），$\kappa=S$（弦の張力）となり，弾性体[3]を伝わる波であれば，$\mu=\rho$（弾性体の密度），$\kappa=E$（弾性体のヤング率）となる。また，固体を伝わる（横）波であれば，$\mu=\rho$（固体の密度），$\kappa=G$（固体の剛性率）となり，流体を伝わる（縦）波であれば，$\mu=\rho$（流体の密度），$\kappa=K$（体積弾性率）となる。

このように，空間を連続的に満たす連続媒質から成り，力を加えることで変形するような物体・物質の運動を扱う分野を，**連続体の力学**と呼ぶ[4]。連続体の力学では，物質の構造（原子・分子など）を平均化して，空間がそのような平均的物質（**連続体**）で充満していると考えるので，その対象は弾性体と流体に大別される。

---

2　$\xi(x,t)=f(x\pm vt)$ と書いても良い。

3　物体の形が変形するような外力を受けたとき，その変形を元に戻そうとする応力がはたらく物体・物質を**弾性体**という。これに対して流体は，変形が戻るのではなく自由自在の変形運動によって生じる「流れ」を伴う。固体・液体・気体という分類は物質を構成する原子や分子の結合の様子や集合の状態に基づいているが，剛体・弾性体・流体（これらは必ずしも固体・液体・気体に一対一対応するわけではなく，またその基準も絶対的とは言い難い）という分類は物質の力学的な性質に基づくものである。

4　連続体の力学の詳細については文献 [34] を，（古典的な）波動論については文献 [4]，[30]，[59] 11 などを見ていただきたい。

さて，上で見た（34.17）の導出はやや試行錯誤的なものであったが，以下では解析力学の流儀に則り，最小作用の原理を用いた導出を考えてみよう。

まず手始めに，ラグランジアン（34.5）を $l$ で表したいので，右辺の各項を $l$ で割り，全体に $l$ を掛けた後，（34.13）の置き換えを施す（第 2 項では 2 乗の中に $l$ が入るように調整する）。

$$L=\frac{1}{2}\sum_{i=0}^{N}\left\{\frac{m\dot{\xi}_i{}^2}{l}-k\frac{(\xi_{i+1}-\xi_i)^2}{l}\right\}l$$

$$=\frac{1}{2}\sum_{i=0}^{N}\left\{\frac{m\dot{\xi}_i{}^2}{l}-kl\frac{(\xi_{i+1}-\xi_i)^2}{l^2}\right\}l$$

$$=\frac{1}{2}\sum_{i=0}^{N}\left\{\mu\dot{\xi}_i{}^2-\kappa\left(\frac{\xi_{i+1}-\xi_i}{l}\right)^2\right\}l \tag{34.20}$$

これの $N\to\infty$ かつ $l\to 0$ の極限をとれば，離散的な和を表す $\sum$（総和）は連続的な $\int$（積分）に変わり，

$$\sum_{i=0}^{N}l \quad\to\quad \int_0^{l(N+1)}dx \tag{34.21}$$

と置き換わる。同時に，（34.15），（34.16）と同様の置き換えも行ない、$l(N+1)=L$（$L$ は振動の総幅を表す一定値で，ラグランジアンではない）とおくことで，次の表式を得る。

$$L=\frac{1}{2}\int_0^L\left\{\mu\left(\frac{\partial\xi}{\partial t}\right)^2-\kappa\left(\frac{\partial\xi}{\partial x}\right)^2\right\}dx$$

$$=\int_0^L\frac{1}{2}\left\{\mu\left(\frac{\partial\xi}{\partial t}\right)^2-\kappa\left(\frac{\partial\xi}{\partial x}\right)^2\right\}dx \tag{34.22}$$

（34.22）の被積分関数は，積分するとラグランジアンになる量であり，**ラグランジアン密度**と呼ばれる。ラグランジアン密度は $L$ の筆記体 $\mathcal{L}$ で表され，ここでは

$$\mathcal{L}=\mathcal{L}\left(\xi,\ \frac{\partial\xi}{\partial x},\ \frac{\partial\xi}{\partial t}\right)=\frac{1}{2}\left\{\mu\left(\frac{\partial\xi}{\partial t}\right)^2-\kappa\left(\frac{\partial\xi}{\partial x}\right)^2\right\} \tag{34.23}$$

$$L=\int_0^L \mathcal{L}dx \tag{34.24}$$

という，単位長さあたりのラグランジアンを表している。

本書では詳しく取り扱う余裕がないが，ラグランジアン密度から**ハミルトニアン密度**も定義することができる。ハミルトニアンは

$$H=p_i\dot{q}_i-L=\sum_i \frac{\partial L}{\partial \dot{q}_i}\dot{q}_i-L \tag{34.25}$$

であったから，総和を積分に，常微分を偏微分に置き換えると

$$\begin{aligned}H&=\int_0^L \frac{\partial\mathcal{L}}{\partial\left(\dfrac{\partial\xi}{\partial t}\right)}\frac{\partial\xi}{\partial t}dx-L\\&=\int_0^L \frac{\partial\mathcal{L}}{\partial\left(\dfrac{\partial\xi}{\partial t}\right)}\frac{\partial\xi}{\partial t}dx-\int_0^l \mathcal{L}dx\\&=\int_0^L \left\{\frac{\partial\mathcal{L}}{\partial\left(\dfrac{\partial\xi}{\partial t}\right)}\frac{\partial\xi}{\partial t}-\mathcal{L}\right\}dx\end{aligned} \tag{34.26}$$

となる（2番目の等号で［34.24］を用いた）。

よって，ハミルトニアン密度 $\mathcal{H}$ は（34.26）の被積分関数から次式で定義される。

$$\mathcal{H}=\frac{\partial\mathcal{L}}{\partial\left(\dfrac{\partial\xi}{\partial t}\right)}\frac{\partial\xi}{\partial t}-\mathcal{L} \tag{34.27}$$

ここで，

$$\frac{\partial\mathcal{L}}{\partial\left(\dfrac{\partial\xi}{\partial t}\right)}$$

は**運動量密度**[5]である（運動量密度を表す記号としては，$p$ のギリシャ文字に対応する $\pi$ が用いられることが多い）。

例えば，(34.23) に対応するハミルトニアン密度は

$$\begin{aligned}\mathcal{H}&=\frac{\partial}{\partial\left(\dfrac{\partial\xi}{\partial t}\right)}\left\{\frac{1}{2}\mu\left(\frac{\partial\xi}{\partial t}\right)^2-\frac{1}{2}\kappa\left(\frac{\partial\xi}{\partial x}\right)^2\right\}\cdot\frac{\partial\xi}{\partial t}-\frac{1}{2}\mu\left(\frac{\partial\xi}{\partial t}\right)^2+\frac{1}{2}\kappa\left(\frac{\partial\xi}{\partial x}\right)^2\\&=\frac{1}{2}\mu\times2\frac{\partial\xi}{\partial t}\cdot\frac{\partial\xi}{\partial t}-\frac{1}{2}\mu\left(\frac{\partial\xi}{\partial t}\right)^2+\frac{1}{2}\kappa\left(\frac{\partial\xi}{\partial x}\right)^2\\&=\mu\left(\frac{\partial\xi}{\partial t}\right)^2-\frac{1}{2}\mu\left(\frac{\partial\xi}{\partial t}\right)^2+\frac{1}{2}\kappa\left(\frac{\partial\xi}{\partial x}\right)^2\\&=\frac{1}{2}\mu\left(\frac{\partial\xi}{\partial t}\right)^2+\frac{1}{2}\kappa\left(\frac{\partial\xi}{\partial x}\right)^2\left(=\frac{\pi^2}{2\mu}+\frac{1}{2}\kappa\left(\frac{\partial\xi}{\partial x}\right)^2\right)\end{aligned}\tag{34.28}$$

となる（$\pi$ は運動量密度）。今の場合 (34.28) は波のエネルギー密度を表しており，最右辺第 1 項を**運動エネルギー密度**，第 2 項を**ポテンシャルエネルギー密度**という[6]。

以上から，作用 $S$ は

$$\begin{aligned}S&=\int_{t_1}^{t_2}Ldt\\&=\int_{t_1}^{t_2}\int_0^L\mathcal{L}dxdt\\&=\int_{t_1}^{t_2}\int_0^L\frac{1}{2}\left\{\mu\left(\frac{\partial\xi}{\partial t}\right)^2-\kappa\left(\frac{\partial\xi}{\partial x}\right)^2\right\}dxdt\end{aligned}\tag{34.29}$$

という 2 重積分で表されることが分かる。これが停留値をとるとき，

---

5　**場に共役な運動量**，または**場の運動量**ともいう。

6　$H=T+V=\dfrac{1}{2}m\dot{x}^2+V=\dfrac{p^2}{2m}+V$ と見比べていただきたい。

$$\delta S = \delta\left\{\int_{t_1}^{t_2}\int_0^L\left(\frac{1}{2}\mu\frac{\partial\xi}{\partial t}\frac{\partial\xi}{\partial t}-\frac{1}{2}\kappa\frac{\partial\xi}{\partial x}\frac{\partial\xi}{\partial x}\right)dxdt\right\}$$

$$=\int_{t_1}^{t_2}\int_0^L\left[\frac{1}{2}\mu\left\{\delta\left(\frac{\partial\xi}{\partial t}\right)\cdot\frac{\partial\xi}{\partial t}+\frac{\partial\xi}{\partial t}\cdot\delta\left(\frac{\partial\xi}{\partial t}\right)\right\}\right.$$

$$\left.-\frac{1}{2}\kappa\left\{\delta\left(\frac{\partial\xi}{\partial x}\right)\cdot\frac{\partial\xi}{\partial x}+\frac{\partial\xi}{\partial x}\cdot\delta\left(\frac{\partial\xi}{\partial x}\right)\right\}\right]dxdt$$

$$=\int_{t_1}^{t_2}\int_0^L\left\{\frac{1}{2}\mu\times 2\frac{\partial\xi}{\partial t}\cdot\delta\left(\frac{\partial\xi}{\partial t}\right)-\frac{1}{2}\kappa\times 2\frac{\partial\xi}{\partial x}\cdot\delta\left(\frac{\partial\xi}{\partial x}\right)\right\}dxdt$$

$$=\int_{t_1}^{t_2}\int_0^L\left\{\mu\frac{\partial\xi}{\partial t}\frac{\partial}{\partial t}(\delta\xi)-\kappa\frac{\partial\xi}{\partial x}\frac{\partial}{\partial x}(\delta\xi)\right\}dxdt=0 \tag{34.30}$$

となっていれば良い。

$$\frac{\partial}{\partial t}\left(\frac{\partial\xi}{\partial t}\delta\xi\right)=\frac{\partial}{\partial t}\left(\frac{\partial\xi}{\partial t}\right)\delta\xi+\frac{\partial\xi}{\partial t}\frac{\partial}{\partial t}(\delta\xi)$$

$$=\frac{\partial^2\xi}{\partial t^2}\delta\xi+\frac{\partial\xi}{\partial t}\frac{\partial}{\partial t}(\delta\xi) \tag{34.31}$$

であるから

$$\frac{\partial\xi}{\partial t}\frac{\partial}{\partial t}(\delta\xi)=\frac{\partial}{\partial t}\left(\frac{\partial\xi}{\partial t}\delta\xi\right)-\frac{\partial^2\xi}{\partial t^2}\delta\xi \tag{34.32}$$

であり，同様に

$$\frac{\partial\xi}{\partial x}\frac{\partial}{\partial x}(\delta\xi)=\frac{\partial}{\partial x}\left(\frac{\partial\xi}{\partial x}\delta\xi\right)-\frac{\partial^2\xi}{\partial x^2}\delta\xi \tag{34.33}$$

である。これらを（34.30）の 4 番目の等号に代入すれば，

$$\delta S=\int_{t_1}^{t_2}\int_0^L\left[\mu\left\{\frac{\partial}{\partial t}\left(\frac{\partial\xi}{\partial t}\delta\xi\right)-\frac{\partial^2\xi}{\partial t^2}\delta\xi\right\}-\kappa\left\{\frac{\partial}{\partial x}\left(\frac{\partial\xi}{\partial x}\delta\xi\right)-\frac{\partial^2\xi}{\partial x^2}\delta\xi\right\}\right]dxdt$$

$$=\int_{t_1}^{t_2}\int_0^L\mu\frac{\partial}{\partial t}\left(\frac{\partial\xi}{\partial t}\delta\xi\right)dxdt-\int_{t_1}^{t_2}\int_0^L\mu\frac{\partial^2\xi}{\partial t^2}\delta\xi dxdt$$

$$-\int_{t_1}^{t_2}\int_0^L\kappa\frac{\partial}{\partial x}\left(\frac{\partial\xi}{\partial x}\delta\xi\right)dxdt+\int_{t_1}^{t_2}\int_0^L\kappa\frac{\partial^2\xi}{\partial x^2}\delta\xi dxdt \tag{34.34}$$

となる。

ここで，いつもの如く第1項（$t$ について）と第3項（$x$ について）を部分積分する。第1項は

$$\int_{t_1}^{t_2} \frac{\partial}{\partial t}\left(\frac{\partial \xi}{\partial t}\delta\xi\right)dt = \int_{t_1}^{t_2} 1\times\frac{\partial}{\partial t}\left(\frac{\partial \xi}{\partial t}\delta\xi\right)dt$$

$$= \left[1\times\frac{\partial \xi}{\partial t}\delta\xi\right]_{t_1}^{t_2} - \int_{t_1}^{t_2}\frac{d}{dt}(1)\times\frac{\partial \xi}{\partial t}\delta\xi dt$$

$$= \left[\frac{\partial \xi}{\partial t}\delta\xi\right]_{t_1}^{t_2} - 0 = \left[\frac{\partial \xi}{\partial t}\delta\xi\right]_{t_1}^{t_2} \qquad (34.35)$$

であるが，第3項も第1項と全く同じ形になっているから，(34.35) で得られた結果に対して，$t$ を $x$ で置き換えて，

$$\int_0^L \frac{\partial}{\partial x}\left(\frac{\partial \xi}{\partial x}\delta\xi\right)dx = \left[\frac{\partial \xi}{\partial x}\delta\xi\right]_0^L \qquad (34.36)$$

を得る。

よって，(34.34) は

$$\delta S = \int_0^L \mu\left[\frac{\partial \xi}{\partial t}\delta\xi\right]_{t_1}^{t_2} dx - \int_{t_1}^{t_2}\int_0^L \mu\frac{\partial^2 \xi}{\partial t^2}\delta\xi dxdt$$

$$-\int_{t_1}^{t_2} \kappa\left[\frac{\partial \xi}{\partial x}\delta\xi\right]_0^L dt + \int_{t_1}^{t_2}\int_0^L \kappa\frac{\partial^2 \xi}{\partial x^2}\delta\xi dxdt = 0 \qquad (34.37)$$

となる。そして，両端の条件

$$\delta\xi(x,\ t_1) = 0,\quad \delta\xi(x,\ t_2) = 0 \qquad (34.38)$$

及び

$$\delta\xi(0,\ t) = 0,\quad \delta\xi(L,\ t) = 0 \qquad (34.39)$$

により[7]，第 1 項と第 3 項が消えるので，(34.37) は

$$\delta S=\int_{t_1}^{t_2}\int_0^L\left(-\mu\frac{\partial^2\xi}{\partial t^2}+\kappa\frac{\partial^2\xi}{\partial x^2}\right)\delta\xi dxdt=0 \tag{34.40}$$

へ帰着する。$\delta S=0$ から，$(\cdots)$ 内は恒等的に 0 となるので，波動方程式

$$-\mu\frac{\partial^2\xi}{\partial t^2}+\kappa\frac{\partial^2\xi}{\partial x^2}=0 \quad\Rightarrow\quad \mu\frac{\partial^2\xi}{\partial t^2}=\kappa\frac{\partial^2\xi}{\partial x^2} \tag{34.41}$$

が得られる。

こうして最小作用の原理から波動方程式を導出することに成功したので，$l$ に代わって出現した $x$ の役割と $\xi$ の正体を明かそう。既に述べたことであるが，この問題で時間変化する一般座標は $\xi$ であって，$x$ ではない。もし $x$ が一般座標であれば，$x(t)$ を意味するはずであるが，ここでの $x$ はそうなってはいないからである。

(34.20) と (34.22) を比較して分かるように，$x$ は $\dfrac{\xi_{i+1}-\xi_i}{l}$ を $\dfrac{\partial\xi}{\partial x}$ に置き換えたときに現れている。この 2 つをよく見比べると，$\xi$ の添字 $i$ の消失と，$x$ の出現は同時に起こっており，$\xi_{i+1}$ は $\xi(x+l)$ に，$\xi_i$ は $\xi(x)$ に対応していることがはっきりする。つまり，ここでの $x$ は $\xi$ の添字のように，連続的な空間の各点の目印を表す記号として機能しているのである。

従って，ここで考えた $N\to\infty$ の系は，時空間の各点 $(x,\ t)$ に対して，対応する変数 $\xi(x,\ t)$ が割り当てられたものであると考えることができる。すなわち，$\xi(x,\ t)$ は**場**に他ならない。

また，(34.15) 以降から質点数が無限大 $(N\to\infty)$ として考えているので，この系の自由度は無限大となる。このように，時空の各点に $\xi(x,\ t)$ を持つ自

---

7　第 1 項については直ちに両端の条件が適用されることになるが，第 3 項が 0 になる理由としては，(34.39) 以外に $\dfrac{\partial\xi}{\partial x}=0$ という条件を考えることができる。(34.39) は固定端の境界条件で，$\dfrac{\partial\xi}{\partial x}=0$ は自由端の境界条件である。

由度 $\infty$ の系を扱う理論を**場の理論**という。解析力学は場の理論にも応用することができる（**場の解析力学**）。

それでは，最小作用の原理による波動方程式の導出を，より一般的な場 $\varphi(x,\ t)$ に適用できるように拡張しよう。これによって，場に関するラグランジュ方程式が導かれる。

作用は

$$S=\int_{t_1}^{t_2}Ldt$$
$$=\int_{t_1}^{t_2}\int_{-\infty}^{\infty}\mathcal{L}\left(\varphi,\frac{\partial\varphi}{\partial x},\frac{\partial\varphi}{\partial t}\right)dxdt \tag{34.42}$$

となるので，これに対し最小作用の原理を適用すると

$$\delta S=\delta\int_{t_1}^{t_2}\int_{-\infty}^{\infty}\mathcal{L}\left(\varphi,\frac{\partial\varphi}{\partial x},\frac{\partial\varphi}{\partial t}\right)dxdt$$
$$=\int_{t_1}^{t_2}\int_{-\infty}^{\infty}\delta\mathcal{L}\left(\varphi,\frac{\partial\varphi}{\partial x},\frac{\partial\varphi}{\partial t}\right)dxdt=0 \tag{34.43}$$

となる。

被積分関数を手早く定めるために，最小作用の原理から通常のラグランジュ方程式を導出する際に用いられる，ラグランジアンの（第一）変分

$$\delta L\,(q,\ \dot{q})=\frac{\partial L}{\partial q_i}\delta q_i+\frac{\partial L}{\partial\dot{q}_i}\delta\dot{q}_i \tag{34.44}$$

を公式として用いる[8]。そうすると，$q\rightarrow\varphi$ という対応関係から，

$$\delta\mathcal{L}\left(\varphi,\frac{\partial\varphi}{\partial x},\frac{\partial\varphi}{\partial t}\right)=\frac{\partial\mathcal{L}}{\partial\varphi}\delta\varphi+\frac{\partial\mathcal{L}}{\partial\left(\dfrac{\partial\varphi}{\partial x}\right)}\delta\left(\frac{\partial\varphi}{\partial x}\right)+\frac{\partial\mathcal{L}}{\partial\left(\dfrac{\partial\varphi}{\partial t}\right)}\delta\left(\frac{\partial\varphi}{\partial t}\right) \tag{34.45}$$

となることが分かる。

---

8 （12.4），または III 章の章末問題［3］（1）を参照。

これを (34.43) に戻し，第2項 ($x$ について) と第3項 ($t$ について) を部分積分した結果は，次の通りである。

$$\delta S=\int_{t_1}^{t_2}\int_{-\infty}^{\infty}\left\{\frac{\partial\mathcal{L}}{\partial\varphi}\delta\varphi+\frac{\partial\mathcal{L}}{\partial\left(\frac{\partial\varphi}{\partial x}\right)}\delta\left(\frac{\partial\varphi}{\partial x}\right)+\frac{\partial\mathcal{L}}{\partial\left(\frac{\partial\varphi}{\partial t}\right)}\delta\left(\frac{\partial\varphi}{\partial t}\right)\right\}dxdt$$

$$=\int_{t_1}^{t_2}\int_{-\infty}^{\infty}\frac{\partial\mathcal{L}}{\partial\varphi}\delta\varphi dxdt+\int_{t_1}^{t_2}\int_{-\infty}^{\infty}\frac{\partial\mathcal{L}}{\partial\left(\frac{\partial\varphi}{\partial x}\right)}\frac{\partial}{\partial x}(\delta\varphi)dxdt$$

$$+\int_{t_1}^{t_2}\int_{-\infty}^{\infty}\frac{\partial\mathcal{L}}{\partial\left(\frac{\partial\varphi}{\partial t}\right)}\frac{\partial}{\partial t}(\delta\varphi)dxdt$$

$$=\int_{t_1}^{t_2}\int_{-\infty}^{\infty}\frac{\partial\mathcal{L}}{\partial\varphi}\delta\varphi dxdt+\int_{t_1}^{t_2}\left[\frac{\partial\mathcal{L}}{\partial\left(\frac{\partial\varphi}{\partial x}\right)}\delta\varphi\right]_{-\infty}^{\infty}dt$$

$$-\int_{t_1}^{t_2}\int_{-\infty}^{\infty}\frac{\partial}{\partial x}\left\{\frac{\partial\mathcal{L}}{\partial\left(\frac{\partial\varphi}{\partial x}\right)}\right\}\delta\varphi dxdt+\int_{-\infty}^{\infty}\left[\frac{\partial\mathcal{L}}{\partial\left(\frac{\partial\varphi}{\partial x}\right)}\delta\varphi\right]_{t_1}^{t_2}dx$$

$$-\int_{t_1}^{t_2}\int_{-\infty}^{\infty}\frac{\partial}{\partial t}\left\{\frac{\partial\mathcal{L}}{\partial\left(\frac{\partial\varphi}{\partial x}\right)}\right\}\delta\varphi dxdt \tag{34.46}$$

両端の条件から，最右辺の第2項と第4項は0になるので，$\delta S$ は最終的に

$$\delta S=\int_{t_1}^{t_2}\int_{-\infty}^{\infty}\left[\frac{\partial\mathcal{L}}{\partial\varphi}-\frac{\partial}{\partial x}\left\{\frac{\partial\mathcal{L}}{\partial\left(\frac{\partial\varphi}{\partial x}\right)}\right\}-\frac{\partial}{\partial t}\left\{\frac{\partial\mathcal{L}}{\partial\left(\frac{\partial\varphi}{\partial t}\right)}\right\}\right]\delta\varphi dxdt=0 \tag{34.47}$$

とまとまる。(…) 内は恒等的に0であるので，

$$\frac{\partial}{\partial x}\left\{\frac{\partial\mathcal{L}}{\partial\left(\frac{\partial\varphi}{\partial x}\right)}\right\}+\frac{\partial}{\partial t}\left\{\frac{\partial\mathcal{L}}{\partial\left(\frac{\partial\varphi}{\partial t}\right)}\right\}=\frac{\partial\mathcal{L}}{\partial\varphi} \tag{34.48}$$

が得られる。これを（1 次元の）**場のラグランジュ方程式**という。

このように，場の解析力学ではラグランジアンに代わって，ラグランジアン密度が活躍することになる。例えば,（究極の理論ではないにせよ）現代物理学の一つの到達点とされる素粒子の標準模型を表す「素粒子の標準数式」（俗に「神の数式」とも呼ばれることもある）の左辺はラグランジアン密度である[9]。

但し，(34.48) は偏微分の中に偏微分が入り，その中にまた偏微分が入っているような構造になっているので，これを書き下すのは非常に面倒である。そこで，$x$, $t$ が場 $\varphi(x,\ t)$ の添字に相当するという立場を先鋭化し，次のように $x$, $t$ を本当に添字にしてしまうことにする。

$$\frac{\partial}{\partial x} = \partial_x, \qquad \frac{\partial}{\partial t} = \partial_t \tag{34.49}$$

これらを用いると，(34.48) は

$$\partial_x \left\{ \frac{\partial \mathcal{L}}{\partial(\partial_x \varphi)} \right\} + \partial_t \left\{ \frac{\partial \mathcal{L}}{\partial(\partial_t \varphi)} \right\} = \frac{\partial \mathcal{L}}{\partial \varphi} \tag{34.50}$$

と書ける。場の理論で $x$, $t$ が添字になるとは，このような意味である。

そして，相対論の要請に従って時間と空間を対等に扱い，$x$, $t$ をダミーの添字 $\mu$ でまとめると，場のラグランジュ方程式は更に簡略化できて，

$$\partial_\mu \left\{ \frac{\partial \mathcal{L}}{\partial(\partial_\mu \varphi)} \right\} = \frac{\partial \mathcal{L}}{\partial \varphi} \tag{34.51}$$

と表される。左辺はアインシュタインの縮約規約に基づき，$\mu$ について（$x$ か

---

9　これは，ラグランジアン（密度）を用いることで，宇宙の基礎をなす全ての情報は一文にまとめられるということであり，解析力学の表現形式の奥深さと柔軟さを表す驚くべき事実である。

ら $t$ まで）の和がとられているので，1 項に収まっている。

和の範囲を $\mu=x,\ y,\ z,\ t$ とすることにより，場のラグランジュ方程式は自動的に 4 次元まで拡張されるから，場のラグランジュ方程式の標準的な表記は（34.51）となっている。

最後に，場の理論でもネーターの定理が成り立っていることを簡単に確認してこの節を終えたいと思う。場の解析力学では，質点系の解析力学に比べネーターの定理の重要性は格段に増すので，早めに触れておくに越したことはないであろう。

ネーターの定理を示すためには，ラグランジュ方程式とラグランジアンの変化を表す式（第一変分）があれば良い。ラグランジアン密度の変化（34.45）を（34.51）と同じ形に書くと，

$$\delta\mathcal{L}=\frac{\partial\mathcal{L}}{\partial\varphi}\delta\varphi+\frac{\partial\mathcal{L}}{\partial(\partial_\mu\varphi)}\delta(\partial_\mu\varphi) \tag{34.52}$$

となるから，これと（34.51）を用いる。

$n$ 個の場[10] $\varphi_i\ (i=1,\ 2,\ \cdots,\ n)$ の連続的な微小変換

$$\varphi_i\ \to\ \varphi_i+\delta\varphi_i \tag{34.53}$$

に対して，ラグランジアン密度の変化 $\delta\mathcal{L}$ が 0，または任意関数 $K_\mu(\varphi)$[11] の全微分項

$$\delta\mathcal{L}=\ \partial_\mu K_\mu \tag{34.54}$$

と等しくなるとき，（34.51）と（34.52）から，

10　詳しくは，$n$ 個の実スカラー場。

11　厳密には，$K_\mu(\varphi)$ の添字は下付きではなく上付きであり，$K^\mu(\varphi)$ となる。以下の $J_\mu$ も同様である。

$$\delta\mathcal{L} = \partial_\mu K_\mu = \frac{\partial\mathcal{L}}{\partial\varphi_i}\delta\varphi_i + \frac{\partial\mathcal{L}}{\partial(\partial_\mu\varphi_i)}\delta(\partial_\mu\varphi_i)$$

$$= \partial_\mu\left\{\frac{\partial\mathcal{L}}{\partial(\partial_\mu\varphi_i)}\right\}\delta\varphi_i + \frac{\partial\mathcal{L}}{\partial(\partial_\mu\varphi_i)}\delta(\partial_\mu\varphi_i) \tag{34.55}$$

すなわち

$$\partial_\mu\left\{\frac{\partial\mathcal{L}}{\partial(\partial_\mu\varphi_i)}\right\}\delta\varphi_i + \frac{\partial\mathcal{L}}{\partial(\partial_\mu\varphi_i)}\delta(\partial_\mu\varphi_i) - \partial_\mu K_\mu = 0 \tag{34.56}$$

となる。

ここで

$$\partial_\mu\left\{\frac{\partial\mathcal{L}}{\partial(\partial_\mu\varphi_i)}\delta\varphi_i\right\} = \partial_\mu\left\{\frac{\partial\mathcal{L}}{\partial(\partial_\mu\varphi_i)}\right\}\delta\varphi_i + \frac{\partial\mathcal{L}}{\partial(\partial_\mu\varphi_i)}\,\partial_\mu(\delta\varphi_i)$$

$$= \partial_\mu\left\{\frac{\partial\mathcal{L}}{\partial(\partial_\mu\varphi_i)}\right\}\delta\varphi_i + \frac{\partial\mathcal{L}}{\partial(\partial_\mu\varphi_i)}\delta(\partial_\mu\varphi_i) \tag{34.57}$$

を用いると，(34.56) は

$$\partial_\mu\left\{\frac{\partial\mathcal{L}}{\partial(\partial_\mu\varphi_i)}\delta\varphi_i\right\} - \partial_\mu K_\mu = 0 \tag{34.58}$$

と表される。

これは

$$\partial_\mu\left\{\frac{\partial\mathcal{L}}{\partial(\partial_\mu\varphi_i)}\delta\varphi_i - K_\mu\right\} = 0 \tag{34.59}$$

ということであるから，$\{\cdots\}$ 内を $J_\mu$ とすると，保存則

$$\partial_\mu J_\mu = 0 \tag{34.60}$$

が得られて，

$$J_\mu = \frac{\partial\mathcal{L}}{\partial(\partial_\mu\varphi_i)}\delta\varphi_i - K_\mu = \text{一定} \tag{34.61}$$

という保存量の存在が示される。この $J_\mu$ を**ネーターカレント**という。

(34.60) は

$$\frac{\partial J_t}{\partial t}+\frac{\partial J_x}{\partial x}+\frac{\partial J_y}{\partial y}+\frac{\partial J_z}{\partial z}=0 \tag{34.62}$$

という意味であるから，ナブラ∇を用いて

$$\frac{\partial J_t}{\partial t}+\nabla\cdot\boldsymbol{J}=0 \tag{34.63}$$

と書くことができる。つまり，得られた保存則 (34.60) は**連続の方程式**である。

従って，以下のように $J_t$ を全空間にわたって積分した量は，時間に依らず一定であることが導かれる。

$$\begin{aligned}\frac{d}{dt}\left(\int_{-\infty}^{\infty}J_t\,dV\right)&=\int_{-\infty}^{\infty}\frac{\partial J_t}{\partial t}dV\\&=\int_{-\infty}^{\infty}-\nabla\cdot\boldsymbol{J}dV\end{aligned} \tag{34.64}$$

ここで，**ガウスの発散定理**（[35.74] と脚注 20 を参照）

$$\iint_S \boldsymbol{A}\cdot\boldsymbol{n}dS=\iiint_V \nabla\cdot\boldsymbol{A}dV \tag{34.65}$$

と，$x=\pm\infty$ のとき $\boldsymbol{J}=\boldsymbol{0}$ であることを考慮すると，

$$\frac{d}{dt}\left(\int_{-\infty}^{\infty}J_t\,dV\right)=-\int_{-\infty}^{\infty}\boldsymbol{J}\cdot\boldsymbol{n}dS=0 \tag{34.66}$$

が得られる。

さて，$J_t$ とは

$$J_t=\frac{\partial\mathcal{L}}{\partial(\partial_t\varphi_i)}\delta\varphi_i-K_t=\frac{\partial\mathcal{L}}{\partial\left(\dfrac{\partial\varphi_i}{\partial t}\right)}\delta\varphi_i-K_t \tag{34.67}$$

のことであるが，ラグランジアン密度の空間積分がラグランジアンであるので，(34.67) を空間積分した量（[34.66] の (…) 内）は**ネーターチャージ**に他ならない。すなわち，(34.66) より，質点系の場合と同様に

$$N=\int_{-\infty}^{\infty}J_t\,dV=\text{一定} \tag{34.68}$$

も保存量となることが分かる。

故に，ラグランジアン（密度）が連続的対称性を持つとき，それに対応した保存量があるというネーターの定理は場の理論においても成り立つ。具体的には，

場の微小変換 (34.53) によるラグランジアン密度の変化 $\delta\mathcal{L}$ が任意関数 $K_\mu$ の全微分に等しくなるとき，一般にネーターカレント

$$J_\mu=\frac{\partial\mathcal{L}}{\partial(\partial_\mu\varphi_i)}\delta\varphi_i-K_\mu$$

及びネーターチャージ

$$N=\int_{-\infty}^{\infty}J_t\,dV$$

が保存量となる。

これが**場のネーターの定理**である。

35.
# 電磁気学と解析力学

前節では，解析力学を場の理論に適用できることを示したので，本節ではその応用として電磁場の古典論（**電磁気学**）に解析力学を適用し，電磁気学の基礎方程式であるマックスウェル方程式が最小作用の原理から導かれることを見る。

なお,電磁場の解析力学では,相対論に基づいた電磁場の4元形式を用いると,より厳密で一般的な議論が可能となるが[12],本節では理解のしやすさ（と説明の単純さ）を優先させるために3次元形式のままで行くことにする。また，この1節だけで電磁気学を一から解説するわけにはいかないので，必要に応じて電磁気学の教科書[13]を参照すると良いであろう。

さて，電磁気学の議論に入る前に確認しておくべき事項が2つある。それは，用いる単位系はこれまでと同じくSI単位系であり，磁場の定義は$E-B$対応によるということである。これらの問題は本節を読む上での大きな支障にはならないはずであるが，初めに簡単に説明しておくことにする。

高校の教科書にも書いてあるが，真空中で互いに静止している2つの点電荷にはたらく力（クーロン力）の大きさは

$$F=k\frac{Qq}{r^2} \tag{35.1}$$

で与えられ，荷電粒子が磁場から受ける力（狭義のローレンツ力）の大きさ

12　文献［33］§5.5，［57］付録A，［74］第III部，［89］14.4など。

13　電磁気学の教科書と言っても数限りなくあるが，入門的なものとして，例えば文献［13］，［39］，［61］などがある。また，さらに進んだ専門的なものとしては，文献［31］，［44］，［74］などがある。

は

$$F = qvB \tag{35.2}$$

と表される。

力学においては，SI 系であろうと CGS 系であろうと単位系の選択によって方程式の形が変化することはないので，単位系の選択は完全に任意であった。しかしながら電磁気学では，長さ，質量，時間の他に電流を独立な基本単位にするか，それとも電磁気的な単位も全て長さ，質量，時間の組合せで説明することにするかという問題や，基礎方程式に $4\pi$ という因子が入ることを許すかどうかなどの問題により，定数の単位の決め方が一意でなく，歴史的に複数の単位系が存在している。

簡単に言うと，それらの単位系の違いはクーロン力とローレンツ力の中にある定数 $k$ と $v$ をどのように決めるかによって発生すると考えて良い。学部課程の多くの標準的教科書が採用する SI 単位系（**MKSA 有理化単位系**）は，長さ，質量，時間の他に電流を基本単位とし，基礎方程式に $4\pi$ という因子が入ることを許さない仕組みになっており，$k$ と $v$ を

$$k = \frac{1}{4\pi\varepsilon_0}, \quad v = \nu \tag{35.3}$$

で定めている。

本節では多くの読者の方々にとって最も馴染み深いと思われる，この SI 単位系を用いて話を進める。

これに対し，

$$k = 1, \quad v \to \frac{v}{c} \tag{35.4}$$

という決め方を選ぶのが，**CGS ガウス単位系**である。SI 単位系から CGS ガウス単位系へ変換するためには，次の手順に従えば良い。

まず，式中に $\boldsymbol{B}^n$，$\boldsymbol{A}^n$ があれば $\boldsymbol{B}^n$，$\boldsymbol{A}^n$ の入っていない項に $c^n$ を掛ける。

その後（35.4）の第1式に従い $\varepsilon_0$ は $\dfrac{1}{4\pi k} \to \dfrac{1}{4\pi}$，$\mu_0$ は $\dfrac{4\pi k}{c^2} \to \dfrac{4\pi}{c^2}$ と置き換えると（$\mu_0$ の置き換えは $c^2 = \dfrac{1}{\mu_0 \varepsilon_0}$ の関係に基づく），CGS ガウス単位系で表示した式が得られる。

CGS ガウス単位系は力学と同様に長さ，質量，時間のみを基本単位とするが，基礎方程式に $4\pi$ の因子が入ることを容認する形式になっている。この単位系の特徴として，$\varepsilon_0$ と $\mu_0$ が現れない（共に1になる）ので，電場と磁場の対称的な扱いが可能になるという点が挙げられる[14]。

次に，磁場の由来を電流に求めるか，磁荷（磁気量）に求めるかによる定義の違いから，***E*–*B* 対応**と ***E*–*H* 対応**がある。

電流が磁場から受ける力の大きさが

$$F = IBl \tag{35.5}$$

であることを根拠に，磁場の由来は電流にあるとし，荷電粒子が電磁場から受ける力が

$$\boldsymbol{F} = q\boldsymbol{E} + q(\boldsymbol{v} \times \boldsymbol{B}) \tag{35.6}$$

であることから，$\boldsymbol{B}$ を磁場と呼ぶ流儀が，$E$–$B$ 対応である。本節では，この $E$–$B$ 対応に従う。

一方，磁場の発生源はあくまで磁荷 $q_{\mathrm{m}}$ であるとし，電場と全く同様に

$$\boldsymbol{F} = \frac{1}{4\pi\mu_0}\frac{q_{\mathrm{m}} q_{\mathrm{m}}'}{r^2}\frac{\boldsymbol{r}}{r} = q_{\mathrm{m}}\boldsymbol{H} \tag{35.7}$$

14　このほか，シンプルに $k=1$，$v=v$ とする **CGS 静電単位系**（しかし，方程式がシンプルになるわけではない），$k=c^2$，$v=v$ とする **CGS 電磁単位系**，CGS ガウス単位系を有理化した $k=\dfrac{1}{4\pi}$，$v \to \dfrac{v}{c}$ とする**ヘヴィサイド＝ローレンツ単位系**などがある。この内，ヘヴィサイド＝ローレンツ単位系は，（$c=1$，$\hbar=1$ などとする**自然単位系**と組み合わせることで）基礎方程式が最も単純になるという利点があり，場の量子論や宇宙論などで用いられることがある。

が成り立つという理論を展開することで，$\boldsymbol{H}$ を磁場と呼ぶ流儀が $E$–$H$ 対応である。$E$–$H$ 対応から得られる結果は全て $E$–$B$ 対応と一致するので間違いとは言えないものの，遊離した単独の磁荷（磁気単極子）が確認されていない以上，その物理的描像は説得力に欠けると言わざるを得ない。しかし，真空中における[15]両者の関係

$$\boldsymbol{H} = \frac{1}{\mu_0}\boldsymbol{B} \tag{35.8}$$

は有用である（$E$–$B$ 対応では，$\boldsymbol{B}$ は $\boldsymbol{H}$ に先立つ基本的な量で，$\boldsymbol{H}$ は $\boldsymbol{B}$ から得られる二次的な量と解釈される）。

それでは，解析力学を電磁気学に適用するために，電磁場のラグランジアンを求めよう。荷電粒子の運動エネルギーは

$$T = \frac{1}{2}m\dot{\boldsymbol{r}}^2 \tag{35.9}$$

であり，最小作用の原理

$$\delta S = \delta\int_{t_1}^{t_2} L\,dt = \delta\int_{t_1}^{t_2} (T - U)\,dt = 0 \tag{35.10}$$

から（本節では体積を表す記号として $V$ を多用するので，ポテンシャルエネルギーを $U$ で表す），

$$\delta\int_{t_1}^{t_2} U\,dt = \delta\int_{t_1}^{t_2} T\,dt \tag{35.11}$$

となるので，右辺の積分を計算すれば，被積分関数を比較することでポテンシャルエネルギー $U$ が得られる[16]。

---

15　物質中においては，磁化ベクトル $\boldsymbol{M}$ を用いて

$$\boldsymbol{H} = \frac{1}{\mu_0}\boldsymbol{B} - \boldsymbol{M}$$

と表される。

16　文献［40］§2.8 にこの方法が述べられている。

しかし，$U$ を最初から既知のものとし，その $U$ がローレンツ力を満たすことを示すことで，その正当性を確認した方が早道で分かりやすいので，本書ではこの方針を採用する。

荷電粒子は電場からクーロン力 $q\boldsymbol{E}$ を受け，磁場から $q(\boldsymbol{v}\times\boldsymbol{B})=q(\dot{\boldsymbol{r}}\times\boldsymbol{B})$ を受けるので，荷電粒子が電磁場から受ける力は

$$\boldsymbol{F}=q(\boldsymbol{E}+\dot{\boldsymbol{r}}\times\boldsymbol{B}) \tag{35.12}$$

となる。これを**ローレンツ力**という。そして，電磁場中の荷電粒子に対するポテンシャルエネルギー $U$ は，

$$U=q(\phi-\dot{\boldsymbol{r}}\cdot\boldsymbol{A}) \tag{35.13}$$

で与えられる。$\phi$ は**スカラーポテンシャル**，$\boldsymbol{A}$ は**ベクトルポテンシャル**と呼ばれる量である。$\phi$，$\boldsymbol{A}$ を用いることで，電場及び磁場はそれぞれ

$$\boldsymbol{E}=-\nabla\phi-\frac{\partial\boldsymbol{A}}{\partial t} \tag{35.14}$$

$$\boldsymbol{B}=\nabla\times\boldsymbol{A} \tag{35.15}$$

で表せる（むしろこれが電場，磁場の定義と考えて良い）。

見ての通り，ポテンシャル（35.13）は速度に依存しているが，8 節で説明したように，ポテンシャルがたとえ速度に依存していたとしても，一般力を

$$Q_i=-\frac{\partial U}{\partial q_i}+\frac{d}{dt}\left(\frac{\partial U}{\partial\dot{q}_i}\right) \tag{35.16}$$

としておけば，ラグランジュ方程式はそのまま成り立ち，変更を要しない（[8.13]～[8.16]）。ここではこの事実を利用する。

まず，（35.13）の内積を計算すると，

$$U = q\phi - q(\dot{x}A_x + \dot{y}A_y + \dot{z}A_z) \tag{35.17}$$

となるので，これを $\dot{x}$ で微分した結果と，その時間微分は

$$\frac{\partial U}{\partial \dot{x}} = \frac{\partial}{\partial \dot{x}}(-q\dot{x}A_x) = -qA_x \tag{35.18}$$

$$\frac{d}{dt}\left(\frac{\partial U}{\partial \dot{x}}\right) = \frac{d}{dt}(-qA_x) = -q\frac{dA_x}{dt} \tag{35.19}$$

である。

次に，(35.19) で

$$A_x = A_x(x, y, z, t) \tag{35.20}$$

とおいて全微分を実行すると，

$$\begin{aligned}\frac{d}{dt}\left(\frac{\partial U}{\partial \dot{x}}\right) &= -q\frac{dA_x(x, y, z, t)}{dt}\\ &= -q\left(\frac{\partial A_x}{\partial x}\dot{x} + \frac{\partial A_y}{\partial y}\dot{y} + \frac{\partial A_z}{\partial z}\dot{z} + \frac{\partial A_x}{\partial t}\right)\end{aligned} \tag{35.21}$$

となる。

そして，(35.17) を $x$ で微分すると，

$$\begin{aligned}\frac{\partial U}{\partial x} &= q\frac{\partial}{\partial x}(\phi - \dot{x}A_x - \dot{y}A_y - \dot{z}A_z)\\ &= q\frac{\partial \phi}{\partial x} - q\dot{x}\frac{\partial A_x}{\partial x} - q\dot{y}\frac{\partial A_y}{\partial x} - q\dot{z}\frac{\partial A_z}{\partial x}\end{aligned} \tag{35.22}$$

となるから，(35.16) に (35.22) と (35.21) を代入すれば，

$$
\begin{aligned}
Q_x &= -q\frac{\partial\phi}{\partial x} + q\dot{x}\frac{\partial A_x}{\partial x} + q\dot{y}\frac{\partial A_y}{\partial x} + q\dot{z}\frac{\partial A_z}{\partial x} \\
&\qquad\qquad -q\dot{x}\frac{\partial A_x}{\partial x} - q\dot{y}\frac{\partial A_x}{\partial y} - q\dot{z}\frac{\partial A_x}{\partial z} - q\frac{\partial A_x}{\partial t} \\
&= -q\frac{\partial\phi}{\partial x} + q\dot{y}\left(\frac{\partial A_y}{\partial x} - \frac{\partial A_x}{\partial y}\right) + q\dot{z}\left(\frac{\partial A_z}{\partial x} - \frac{\partial A_x}{\partial z}\right) - q\frac{\partial A_x}{\partial t} \\
&= q\left(-\frac{\partial\phi}{\partial x} - \frac{\partial A_x}{\partial t}\right) + q\left\{\dot{y}\left(\frac{\partial A_y}{\partial x} - \frac{\partial A_x}{\partial y}\right) - \dot{z}\left(\frac{\partial A_x}{\partial z} - \frac{\partial A_z}{\partial x}\right)\right\} \qquad (35.23)
\end{aligned}
$$

という結果を得る。

ここで，(35.14) の $x$ 成分は

$$
E_x = -\frac{\partial\phi}{\partial x} - \frac{\partial A_x}{\partial t} \qquad (35.24)
$$

であり，$\dot{\boldsymbol{r}}\times\boldsymbol{B}$ の $x$ 成分は

$$
\begin{aligned}
(\dot{\boldsymbol{r}}\times\boldsymbol{B})_x &= (\boldsymbol{v}\times\boldsymbol{B})_x \\
&= v_y B_z - v_z B_y \\
&= \dot{y}(\nabla\times\boldsymbol{A})_z - \dot{z}(\nabla\times\boldsymbol{A})_y \\
&= \dot{y}\left(\frac{\partial A_y}{\partial x} - \frac{\partial A_x}{\partial y}\right) - \dot{z}\left(\frac{\partial A_x}{\partial z} - \frac{\partial A_z}{\partial x}\right) \qquad (35.25)
\end{aligned}
$$

となるから（3 番目の等号で (35.15) を用いた），(35.23) は

$$
Q_x = qE_x + q(\dot{\boldsymbol{r}}\times\boldsymbol{B})_x \qquad (35.26)
$$

となっていることが分かる。

$y$，$z$ 成分についても全く同様に，

$$
Q_y = qE_y + q(\dot{\boldsymbol{r}}\times\boldsymbol{B})_y \qquad (35.27)
$$

$$
Q_z = qE_z + q(\dot{\boldsymbol{r}}\times\boldsymbol{B})_z \qquad (35.28)
$$

であることが導かれることになるが，これらの $Q_x$，$Q_y$，$Q_z$ はそれぞれ，ローレンツ力の $x$，$y$，$z$ 成分に他ならない。このように，ポテンシャル (35.13) はローレンツ力 (35.12) を満たすから，正当なものであると言える。

従って，電磁場中の荷電粒子に対するラグランジアン $L_1$ は，

$$L_1 = T - U = \frac{1}{2}m\dot{\boldsymbol{r}}^2 - q(\phi - \dot{\boldsymbol{r}}\cdot\boldsymbol{A}) \tag{35.29}$$

である。これを用いてラグランジュ方程式を立てると，ローレンツ力の式 (35.12) が得られる。

続いて，(35.29) に対応するハミルトニアンを導く。$\boldsymbol{r}$ に共役な正準運動量は

$$\begin{aligned}\boldsymbol{p} &= \frac{\partial L_1}{\partial \dot{\boldsymbol{r}}} = \frac{\partial}{\partial \dot{\boldsymbol{r}}}\left(\frac{1}{2}m\dot{\boldsymbol{r}}^2 - q\phi + q\dot{\boldsymbol{r}}\cdot\boldsymbol{A}\right) \\ &= m\dot{\boldsymbol{r}} + q\boldsymbol{A} \end{aligned} \tag{35.30}$$

となるから，$\dot{\boldsymbol{r}}$ は

$$\dot{\boldsymbol{r}} = \frac{1}{m}(\boldsymbol{p} - q\boldsymbol{A}) \tag{35.31}$$

である。

よって，電磁場中の荷電粒子に対するハミルトニアン $H_1$ は，

$$\begin{aligned}H_1 &= \boldsymbol{p}\cdot\dot{\boldsymbol{r}} - L_1 \\ &= \frac{\boldsymbol{p}}{m}\cdot(\boldsymbol{p} - q\boldsymbol{A}) - \frac{1}{2}m\left\{\frac{1}{m}(\boldsymbol{p} - q\boldsymbol{A})\right\}^2 + q\phi - q\left\{\frac{1}{m}(\boldsymbol{p} - q\boldsymbol{A})\cdot\boldsymbol{A}\right\}\end{aligned} \tag{35.32}$$

により求められる。右辺を簡単にするために，

$$\boldsymbol{p} - q\boldsymbol{A} = X \tag{35.33}$$

とおくと

$$H_1 = \frac{\boldsymbol{p}}{m}\cdot\boldsymbol{X} - \frac{1}{2m}\boldsymbol{X}^2 + q\phi - \frac{q}{m}\boldsymbol{X}\cdot\boldsymbol{A}$$

$$= \frac{-\boldsymbol{X}^2 - 2q\boldsymbol{X}\cdot\boldsymbol{A} + 2\boldsymbol{p}\cdot\boldsymbol{X}}{2m} + q\phi \qquad (35.34)$$

となるから，第1項の分子は

$$\begin{aligned}
\text{分子} &= -(\boldsymbol{p}-q\boldsymbol{A})^2 - 2q(\boldsymbol{p}-q\boldsymbol{A})\cdot\boldsymbol{A} + 2\boldsymbol{p}\cdot(\boldsymbol{p}-q\boldsymbol{A}) \\
&= -\boldsymbol{p}^2 + 2q\boldsymbol{p}\cdot\boldsymbol{A} - q^2\boldsymbol{A}^2 - 2q\boldsymbol{p}\cdot\boldsymbol{A} + 2q^2\boldsymbol{A}^2 + 2\boldsymbol{p}^2 - 2q\boldsymbol{p}\cdot\boldsymbol{A} \\
&= \boldsymbol{p}^2 - 2q\boldsymbol{p}\cdot\boldsymbol{A} + q^2\boldsymbol{A}^2 \\
&= (\boldsymbol{p}-q\boldsymbol{A})^2 \qquad (35.35)
\end{aligned}$$

とまとまる。

すなわち，電磁場中の荷電粒子に対するハミルトニアン $H_1$ は次のようになる。

$$H_1 = \frac{1}{2m}(\boldsymbol{p}-q\boldsymbol{A})^2 + q\phi \qquad (35.36)$$

ここで，第1項目の $(\boldsymbol{p}-q\boldsymbol{A})^2$ を

$$(\boldsymbol{p}-q\boldsymbol{A})^2 \quad \to \quad \{\boldsymbol{\sigma}\cdot(\widehat{\boldsymbol{p}}-q\boldsymbol{A})\}^2 \qquad (35.37)$$

で置き換えると，(35.36) は量子力学的なハミルトニアン演算子，

$$\widehat{H} = \frac{1}{2m}\{\boldsymbol{\sigma}\cdot(\widehat{\boldsymbol{p}}-q\boldsymbol{A})\}^2 + q\phi \qquad (35.38)$$

となる。$\boldsymbol{\sigma}$ は**パウリ行列**と呼ばれている。

(35.38) をシュレーディンガー方程式，

$$i\hbar\frac{\partial\psi}{\partial t} = \widehat{H}\psi \qquad (35.39)$$

に代入すると，

$$i\hbar\frac{\partial\psi}{\partial t}=\left[\frac{1}{2m}\{\boldsymbol{\sigma}\cdot(\widehat{\boldsymbol{p}}-q\boldsymbol{A})\}^2+q\phi\right]\psi \tag{35.40}$$

が得られる。これは外部電磁場と相互作用する（スピン $\frac{1}{2}$ の）荷電粒子のシュレーディンガー方程式であり，**パウリ方程式**という。

これまで，ラグランジアンとハミルトニアンに対し，わざわざ「電磁場中の荷電粒子に対する」という但し書きを付けてきたが，これは例えば (35.29) が意味するのが電磁場のラグランジアンではなく，電磁場と荷電粒子の相互作用を記述したラグランジアンだからである。(35.29) は質点のラグランジアンに過ぎず，電場や磁場を変数とする場の方程式は，ここからは得られない。そこで，以下では電磁場単体のラグランジアンを求めることを考える。

電磁気学には，単位体積あたりの真空中の電磁場のエネルギー，すなわち**電磁場のエネルギー密度**を表す式として

$$u=\frac{1}{2}\varepsilon_0\boldsymbol{E}^2+\frac{1}{2\mu_0}\boldsymbol{B}^2 \tag{35.41}$$

という重要な式がある。この式について，高校物理の知識を使って簡単に説明しておこう。

静電容量（電気容量）が $C$ のコンデンサーの静電エネルギー $U_{\mathrm{e}}$ は，

$$U_{\mathrm{e}}=\frac{1}{2}C(\Delta\phi)^2 \tag{35.42}$$

で表される。ここで $\Delta\phi$ は電位差，

$$\Delta\phi=Ed \tag{35.43}$$

である（$E$ は電場の強さ）。

極板間が真空 ($C=C_0$) であれば，

$$C_0=\varepsilon_0\frac{S}{d} \tag{35.44}$$

が成り立つので，$U_\mathrm{e}$ は

$$U_\mathrm{e} = \frac{1}{2}\varepsilon_0 \cdot \frac{S}{d} E^2 d^2 = \frac{1}{2}\varepsilon_0 E^2 Sd \tag{35.45}$$

で表せる。両辺を体積 $Sd$ で割って $E$ を $\boldsymbol{E}$ に変えると，次のように（35.41）の第1項が導かれる。

$$u_\mathrm{e} = \frac{U_\mathrm{e}}{Sd} = \frac{1}{2}\varepsilon_0 \boldsymbol{E}^2 \tag{35.46}$$

ここには $C$ などのコンデンサーについての情報は含まれていないので，これは一般に（コンデンサーと無関係に），真空中の電場には単位体積あたり（35.46）のエネルギーが蓄えられていると考えることができる。すなわち，（35.46）は電場のエネルギー密度を表す。

また，自己インダクタンス $L$ のコイルに蓄えられるエネルギー $U_\mathrm{m}$ は，次式で与えられる（$I$ は電流）。

$$U_\mathrm{m} = \frac{1}{2} L I^2 \tag{35.47}$$

コイルがソレノイドであるとして磁束$\Phi$を求めると，

$$\begin{aligned} \Phi &= BS \\ &= \mu_0 HS = \mu_0 nIS \end{aligned} \tag{35.48}$$

となるので，これを電磁誘導の法則

$$\phi_\mathrm{em} = -N\frac{d\Phi}{dS} = -nl\frac{d\Phi}{dS} \tag{35.49}$$

に代入すると，

$$\phi_\mathrm{em} = -nl\frac{d}{dS}(\mu_0 nIS) = -\mu_0 n^2 Sl\frac{dI}{dS} \tag{35.50}$$

となることが分かる。

(35.50) と自己誘導

$$\phi_{\mathrm{em}} = -L\frac{dI}{dS} \tag{35.51}$$

を比較すると，

$$L = \mu_0 n^2 Sl \tag{35.52}$$

が得られるので，(35.47) に代入すると，$U_{\mathrm{m}}$ を

$$\begin{aligned} U_{\mathrm{m}} &= \frac{1}{2}\mu_0 n^2 I^2 Sl \\ &= \frac{1}{2}\mu_0 H^2 Sl \\ &= \frac{1}{2}\mu_0 \frac{B^2}{{\mu_0}^2} Sl \\ &= \frac{1}{2\mu_0} B^2 Sl \end{aligned} \tag{35.53}$$

と表すことができる。

電場の場合と同様にして，両辺を体積 $Sl$ で割って $B$ を $\boldsymbol{B}$ に変えると，(35.41) の第 2 項

$$u_{\mathrm{m}} = \frac{U_{\mathrm{m}}}{Sl} = \frac{1}{2\mu_0}\boldsymbol{B}^2 \tag{35.54}$$

が導かれる。式の解釈も (35.46) と同様のことが言えて，(35.54) は磁場のエネルギー密度を表す。従って，電磁場のエネルギー密度は (35.46) と (35.54) の和で (35.41) になるというわけである。

そこで，(35.41) をハミルトニアン密度，

$$\mathcal{H}_0 = \frac{1}{2}\varepsilon_0 \boldsymbol{E}^2 + \frac{1}{2\mu_0}\boldsymbol{B}^2 \tag{35.55}$$

と考えると，対応するラグランジアン密度は

$$\mathcal{L}_0 = \frac{1}{2}\varepsilon_0 \boldsymbol{E}^2 - \frac{1}{2\mu_0}\boldsymbol{B}^2 \tag{35.56}$$

となるであろう[17]。

(35.56) を体積で積分すれば，電磁場のみを表す，

$$L_0 = \int \mathcal{L}_0 dV$$
$$= \int \frac{1}{2}\left(\varepsilon_0 \boldsymbol{E}^2 - \frac{1}{\mu_0}\boldsymbol{B}^2\right) dV \tag{35.57}$$

というラグランジアンが得られることとなる（この積分はもちろん不定積分ではなく，$-\infty$ から $\infty$ までの定積分だが，煩わしいので積分範囲を省略する)。これは，真空中の電磁場のラグランジアンである。

従って，真空中の電磁場のラグランジアン (35.57) に，荷電粒子と電磁場の相互作用を表すラグランジアン (35.29) を足すことにより，**電磁場のラグランジアン**は

$$L = L_0 + L_1$$
$$= \int \frac{1}{2}\left(\varepsilon_0 \boldsymbol{E}^2 - \frac{1}{\mu_0}\boldsymbol{B}^2\right) dV + \frac{1}{2}m\dot{\boldsymbol{r}}^2 - q(\phi - \dot{\boldsymbol{r}}\cdot\boldsymbol{A}) \tag{35.58}$$

と表される[18]。

これから電磁場の作用を作るのであるが，そのためには電磁場のラグランジアン密度 $\mathcal{L}$ が必要なので，積分形になっていない $L_1$ を体積で微分する。$L_1$ を $x$ 成分のみで

---

17　SI 単位系で書いているため，$\varepsilon_0$ は分子で $\mu_0$ は分母にあるという歪な形になっているが，CGS ガウス単位系に移れば，以下のように綺麗な形にまとまる。

$$c^2\mathcal{L}_0 = \frac{1}{2}\frac{c^2}{4\pi k_0}\boldsymbol{E}^2 - \frac{1}{2}\frac{c^2}{4\pi k_0}\boldsymbol{B}^2 \quad \Rightarrow \quad \mathcal{L}_0 = \frac{1}{8\pi}(\boldsymbol{E}^2 - \boldsymbol{B}^2)$$

18　厳密には，(35.58) に荷電粒子自身を表す相対論的なラグランジアン（自由粒子のラグランジアン）を足したものが電磁場のラグランジアンである。

$$L_{1x}=\frac{1}{2}m\dot{x}^2-q\phi+q\dot{x}A_x \tag{35.59}$$

と表し，$V$ で微分すると

$$\begin{aligned}\mathcal{L}_{1x}&=\frac{dL_{1x}}{dV}\\&=\frac{1}{2}m\left(\dot{x}\frac{d\dot{x}}{dV}+\dot{x}\frac{d\dot{x}}{dV}\right)-\frac{dq}{dV}\phi+\frac{dq}{dV}\dot{x}A_x+\frac{d\dot{x}}{dV}qA_x+\frac{dA_x}{dV}q\dot{x}\end{aligned} \tag{35.60}$$

となるが，$\dot{x}$，$A_x$ は $V$ に依らないから，真ん中の 2 項のみが残る。

少々感覚的な計算であるが，変形の過程で $\frac{dq}{dt}$ を $dI$ で置きかえ，また $dV=(dx)^3$ と考えると，

$$\begin{aligned}\mathcal{L}_{1x}&=-\frac{dq}{dV}\phi+\frac{dq}{dV}\frac{dx}{dt}A_x\\&=-\frac{dq}{dV}\phi+\frac{dq}{dt}\frac{dx}{(dx)^3}A_x\\&=-\frac{dq}{dV}\phi+\frac{dIdx}{dx(dx)^2}A_x\end{aligned} \tag{35.61}$$

のように書ける。更に，$(dx)^2=dS$ とすると，上式は次のようにまとめられる。

$$\mathcal{L}_{1x}=-\frac{dq}{dV}\phi+\left(\frac{dI}{dS}\right)_x A_x \tag{35.62}$$

よって，**電荷密度**

$$\rho=\frac{dq}{dV} \tag{35.63}$$

と**電流密度**

$$\boldsymbol{j}=\frac{dI}{dS} \tag{35.64}$$

を導入することにより，荷電粒子と電磁場の相互作用を表すラグランジアン

密度は

$$\mathcal{L}_1 = -\rho\phi + \boldsymbol{j}\cdot\boldsymbol{A} \tag{35.65}$$

となり，**電磁場のラグランジアン密度**が次のように得られる。

$$\begin{aligned}\mathcal{L} &= \mathcal{L}_0 + \mathcal{L}_1\\ &= \frac{1}{2}\left(\varepsilon_0 \boldsymbol{E}^2 - \frac{1}{\mu_0}\boldsymbol{B}^2\right) - \rho\phi + \boldsymbol{j}\cdot\boldsymbol{A}\end{aligned} \tag{35.66}$$

従って，**電磁場の作用**は

$$\begin{aligned}S &= \int_{t_1}^{t_2} L dt\\ &= \int_{t_1}^{t_2} \iiint \mathcal{L} dV dt\\ &= \int_{t_1}^{t_2} \iiint \left\{\frac{1}{2}\left(\varepsilon_0 \boldsymbol{E}^2 - \frac{1}{\mu_0}\boldsymbol{B}^2\right) - \rho\phi + \boldsymbol{j}\cdot\boldsymbol{A}\right\} dxdydzdt\end{aligned} \tag{35.67}$$

となる[19]。

この作用に対して $\phi$ と $\boldsymbol{A}$ の変分をとり，最小作用の原理 $\delta S = 0$ を適用する。また，3 重積分では扱いづらいので，

$$\iiint dxdydz = \int d^3x \tag{35.68}$$

と略記する。

このような書き方に従うと，作用の変分はまず

---

19　脚注 18 で述べた通り，本来ならば荷電粒子自身による相対論的な作用（自由粒子の作用）も足さなければならないところであるが，この項は定義により電磁場に依存しないから，マックスウェル方程式の導出には関係がない。

$$
\begin{aligned}
\delta S &= \delta\int_{t_1}^{t_2}\int\left\{\frac{1}{2}\varepsilon_0(\boldsymbol{E}\cdot\boldsymbol{E})-\frac{1}{2\mu_0}(\boldsymbol{B}\cdot\boldsymbol{B})-\rho\phi+\boldsymbol{j}\cdot\boldsymbol{A}\right\}d^3xdt \\
&= \int_{t_1}^{t_2}\int\left\{\frac{1}{2}\varepsilon_0(\delta\boldsymbol{E}\cdot\boldsymbol{E}+\boldsymbol{E}\cdot\delta\boldsymbol{E})-\frac{1}{2\mu_0}(\delta\boldsymbol{B}\cdot\boldsymbol{B}+\boldsymbol{B}\cdot\delta\boldsymbol{B})-\rho\delta\phi+\boldsymbol{j}\cdot\delta\boldsymbol{A}\right\}d^3xdt \\
&= \int_{t_1}^{t_2}\int\left(\frac{1}{2}\varepsilon_0\times 2\boldsymbol{E}\cdot\delta\boldsymbol{E}-\frac{1}{2\mu_0}\times 2\boldsymbol{B}\cdot\delta\boldsymbol{B}-\rho\delta\phi+\boldsymbol{j}\cdot\delta\boldsymbol{A}\right)d^3xdt \\
&= \int_{t_1}^{t_2}\int\left\{\varepsilon_0\boldsymbol{E}\cdot\delta\left(-\nabla\phi-\frac{\partial\boldsymbol{A}}{\partial t}\right)-\frac{1}{\mu_0}\boldsymbol{B}\cdot\delta(\nabla\times\boldsymbol{A})-\rho\delta\phi+\boldsymbol{j}\cdot\delta\boldsymbol{A}\right\}d^3xdt \\
&= \int_{t_1}^{t_2}\int\left[\varepsilon_0\boldsymbol{E}\cdot\left\{-\nabla(\delta\phi)-\frac{\partial}{\partial t}(\delta\boldsymbol{A})\right\}-\frac{1}{\mu_0}\boldsymbol{B}\cdot(\nabla\times\delta\boldsymbol{A})-\rho\delta\phi+\boldsymbol{j}\cdot\delta\boldsymbol{A}\right]d^3xdt \\
&= 0
\end{aligned}
\tag{35.69}
$$

の形になる。なお，4 番目の等号で $\delta\boldsymbol{E}$，$\delta\boldsymbol{B}$ に（35.14）と（35.15）を用いた。

ところで，$\nabla\cdot(\boldsymbol{A}\times\boldsymbol{B})$ という量を計算すると，

$$
\begin{aligned}
\nabla\cdot(\boldsymbol{A}\times\boldsymbol{B}) &= \frac{\partial}{\partial x}(\boldsymbol{A}\times\boldsymbol{B})_x+\frac{\partial}{\partial y}(\boldsymbol{A}\times\boldsymbol{B})_y+\frac{\partial}{\partial z}(\boldsymbol{A}\times\boldsymbol{B})_z \\
&= \frac{\partial}{\partial x}(A_yB_z-A_zB_y)+\frac{\partial}{\partial y}(A_zB_x-A_xB_z) \\
&\qquad +\frac{\partial}{\partial z}(A_xB_y-A_yB_x) \\
&= A_y\frac{\partial B_z}{\partial x}+B_z\frac{\partial A_y}{\partial x}-A_z\frac{\partial B_y}{\partial x}-B_y\frac{\partial A_z}{\partial x} \\
&\quad +A_z\frac{\partial B_x}{\partial y}+B_x\frac{\partial A_z}{\partial y}-A_x\frac{\partial B_z}{\partial y}-B_z\frac{\partial A_x}{\partial y} \\
&\quad +A_x\frac{\partial B_y}{\partial z}+B_y\frac{\partial A_x}{\partial z}-A_y\frac{\partial B_x}{\partial z}-B_x\frac{\partial A_y}{\partial z} \\
&= B_x\left(\frac{\partial A_z}{\partial y}-\frac{\partial A_y}{\partial z}\right)+B_y\left(\frac{\partial A_x}{\partial z}-\frac{\partial A_z}{\partial x}\right) \\
&\quad +B_z\left(\frac{\partial A_y}{\partial x}-\frac{\partial A_x}{\partial y}\right)+A_x\left(\frac{\partial B_y}{\partial z}-\frac{\partial B_z}{\partial y}\right)
\end{aligned}
$$

$$+A_y\left(\frac{\partial B_z}{\partial x}-\frac{\partial B_x}{\partial z}\right)+A_z\left(\frac{\partial B_x}{\partial y}-\frac{\partial B_y}{\partial x}\right)$$

$$=B_x\left(\frac{\partial A_z}{\partial y}-\frac{\partial A_y}{\partial z}\right)+B_y\left(\frac{\partial A_x}{\partial z}-\frac{\partial A_z}{\partial x}\right)$$

$$+B_z\left(\frac{\partial A_y}{\partial x}-\frac{\partial A_x}{\partial y}\right)-A_x\left(\frac{\partial B_z}{\partial y}-\frac{\partial B_y}{\partial z}\right)$$

$$-A_y\left(\frac{\partial B_x}{\partial z}-\frac{\partial B_z}{\partial x}\right)-A_z\left(\frac{\partial B_y}{\partial x}-\frac{\partial B_x}{\partial y}\right)$$

$$=B_x(\nabla\times\boldsymbol{A})_x+B_y(\nabla\times\boldsymbol{A})_y+B_z(\nabla\times\boldsymbol{A})_z$$

$$-A_x(\nabla\times\boldsymbol{B})_x-A_y(\nabla\times\boldsymbol{B})_y-A_z(\nabla\times\boldsymbol{B})_z$$

$$=\boldsymbol{B}\cdot(\nabla\times\boldsymbol{A})-\boldsymbol{A}\cdot(\nabla\times\boldsymbol{B}) \tag{35.70}$$

となるので，一般的に

$$\boldsymbol{B}\cdot(\nabla\times\boldsymbol{A})=\nabla\cdot(\boldsymbol{A}\times\boldsymbol{B})+\boldsymbol{A}\cdot(\nabla\times\boldsymbol{B}) \tag{35.71}$$

が成り立つことが分かる。

これを用いれば，(35.69) の $\boldsymbol{B}\cdot(\nabla\times\delta\boldsymbol{A})$ を含む項を，

$$\delta S=\int_{t_1}^{t_2}\int\{-\varepsilon_0\boldsymbol{E}\cdot\nabla(\delta\phi)-\varepsilon_0\boldsymbol{E}\cdot\frac{\partial}{\partial t}(\delta\boldsymbol{A})-\frac{1}{\mu_0}\nabla\cdot(\delta\boldsymbol{A}\times\boldsymbol{B})$$

$$-\frac{1}{\mu_0}\delta\boldsymbol{A}\cdot(\nabla\times\boldsymbol{B})-\rho\delta\phi+\boldsymbol{j}\cdot\delta\boldsymbol{A}\}d^3xdt \tag{35.72}$$

と処理できる。例によって (35.72) の第 1 項と第 2 項を部分積分すると，

$$\delta S=\int_{t_1}^{t_2}-[\varepsilon_0\boldsymbol{E}\delta\phi]_{-\infty}^{\infty}dt-\int_{t_1}^{t_2}\int(-\varepsilon_0\nabla\cdot\boldsymbol{E})\delta\phi d^3xdt$$

$$+\int-[\varepsilon_0\boldsymbol{E}\cdot\delta\boldsymbol{A}]_{t_1}^{t_2}d^3x-\int_{t_1}^{t_2}\int\left(-\varepsilon_0\frac{\partial\boldsymbol{E}}{\partial t}\right)\cdot\delta\boldsymbol{A}d^3xdt$$

$$-\int_{t_1}^{t_2}\int\frac{1}{\mu_0}\nabla\cdot(\delta\boldsymbol{A}\times\boldsymbol{B})d^3xdt-\int_{t_1}^{t_2}\int\frac{1}{\mu_0}(\nabla\times\boldsymbol{B})\cdot\delta\boldsymbol{A}d^3xdt$$

$$-\int_{t_1}^{t_2}\int\rho\delta\phi d^3xdt+\int_{t_1}^{t_2}\int\boldsymbol{j}\cdot\delta\boldsymbol{A}d^3xdt \tag{35.73}$$

となる。

両端の条件によって第1項と第3項は消えるが，一般に

$$
\begin{aligned}
\iiint_V \nabla\cdot\boldsymbol{A}dV &= \iiint_V \left(\frac{\partial A_x}{\partial x}+\frac{\partial A_y}{\partial y}+\frac{\partial A_z}{\partial z}\right)dxdydz \\
&= \iint\left(\int_{V_x}\frac{\partial A_x}{\partial x}dx\right)dydz+\iint\left(\int_{V_y}\frac{\partial A_y}{\partial y}dy\right)dzdx \\
&\qquad +\iint\left(\int_{V_z}\frac{\partial A_z}{\partial z}dz\right)dxdy \\
&= \iint_{S_x} A_x dydz+\iint_{S_y} A_y dzdx+\iint_{S_z} A_z dxdy \\
&= \iint_{S_x} A_x dS_x+\iint_{S_y} A_y dS_y+\iint_{S_z} A_z dS_z \\
&= \iint_S \boldsymbol{A}\cdot d\boldsymbol{S} \qquad (35.74)
\end{aligned}
$$

となるから[20]，第5項は

$$
\begin{aligned}
\iiint_V \left\{-\frac{1}{\mu_0}\nabla\cdot(\delta\boldsymbol{A}\times\boldsymbol{B})\right\}dV &= \iint_S \left\{-\frac{1}{\mu_0}(\delta\boldsymbol{A}\times\boldsymbol{B})\right\}\cdot d\boldsymbol{S} \\
&= \iint_S \frac{1}{\mu_0}(\boldsymbol{B}\times\delta\boldsymbol{A})\cdot d\boldsymbol{S} \qquad (35.75)
\end{aligned}
$$

という表面項を含むものとなる。これを0と見做すことで，$\delta S$ は最終的に

$$
\begin{aligned}
\delta S = &\int_{t_1}^{t_2}\int(\varepsilon_0\nabla\cdot\boldsymbol{E}-\rho)\delta\phi d^3xdt \\
&+\int_{t_1}^{t_2}\int\left\{\varepsilon_0\frac{\partial\boldsymbol{E}}{\partial t}-\frac{1}{\mu_0}(\nabla\times\boldsymbol{B})+\boldsymbol{j}\right\}\cdot\delta\boldsymbol{A}d^3xdt=0 \qquad (35.76)
\end{aligned}
$$

---

20 （35.74）で，形式的に $d\boldsymbol{S}=\boldsymbol{n}dS$（ $\boldsymbol{n}$ は面 $dS$ の単位法線ベクトル）とすると，

$$\iint_S \boldsymbol{A}\cdot\boldsymbol{n}dS=\iiint_V \nabla\cdot\boldsymbol{A}dV$$

となることが分かる。これを**ガウスの発散定理**という。

に帰着する。

故に，電磁場が従う方程式として

$$\varepsilon_0 \nabla \cdot \boldsymbol{E} - \rho = 0 \tag{35.77}$$

$$\varepsilon_0 \frac{\partial \boldsymbol{E}}{\partial t} - \frac{1}{\mu_0}(\nabla \times \boldsymbol{B}) + \boldsymbol{j} = 0 \tag{35.78}$$

が成立することが分かり，これらを適当に整理することで

$$\nabla \cdot \boldsymbol{E} = \frac{\rho}{\varepsilon_0} \tag{35.79}$$

$$\nabla \times \boldsymbol{B} = \mu_0 \boldsymbol{j} + \mu_0 \varepsilon_0 \frac{\partial \boldsymbol{E}}{\partial t} \tag{35.80}$$

が得られる。

これらは，1864 年に**ジェームズ・クラーク・マックスウェル**によりまとめられた電磁気学の基礎方程式である**マックスウェル方程式**の内の 2 つ，**電場に関するガウスの法則**（電荷によって電場が発生し，電荷の分布で電場が分かる）と**アンペール＝マックスウェルの法則**（電場の時間変化と電流で磁場が生じ，電流の分布で磁場が分かる）である。

マックスウェル方程式は全部で 4 本あり，(35.79)，(35.80) 以外に，**磁場に関するガウスの法則**（磁力線には始点も終点もなく，磁気単極子は存在しない），

$$\nabla \cdot \boldsymbol{B} = 0 \tag{35.81}$$

と**ファラデー＝マックスウェルの法則**（磁場が時間変化すると電場が生じる）

$$\nabla \times \boldsymbol{E} = -\frac{\partial \boldsymbol{B}}{\partial t} \tag{35.82}$$

の 2 つがあるが，これらは電磁場自身の性質を表しており，最小作用の原理から導出されるようなものではない。しかし，電場と磁場を

$$\boldsymbol{E}=-\nabla\phi-\frac{\partial\boldsymbol{A}}{\partial t}$$

$$\boldsymbol{B}=\nabla\times\boldsymbol{A}$$

で表した時点で，(35.81) と (35.82) は自動的に満たされていることが，次のように確認できる。

$$\begin{aligned}
\nabla\cdot\boldsymbol{B}&=\nabla\cdot(\nabla\times\boldsymbol{A})\\
&=\frac{\partial}{\partial x}\left(\frac{\partial A_z}{\partial y}-\frac{\partial A_y}{\partial z}\right)+\frac{\partial}{\partial y}\left(\frac{\partial A_x}{\partial z}-\frac{\partial A_z}{\partial x}\right)+\frac{\partial}{\partial z}\left(\frac{\partial A_y}{\partial x}-\frac{\partial A_x}{\partial y}\right)\\
&=\frac{\partial^2 A_z}{\partial x\partial y}-\frac{\partial^2 A_y}{\partial x\partial z}+\frac{\partial^2 A_x}{\partial y\partial z}-\frac{\partial^2 A_z}{\partial y\partial x}+\frac{\partial^2 A_y}{\partial z\partial x}-\frac{\partial^2 A_x}{\partial z\partial y}\\
&=\left(\frac{\partial^2 A_x}{\partial y\partial z}-\frac{\partial^2 A_x}{\partial z\partial y}\right)+\left(\frac{\partial^2 A_y}{\partial z\partial x}-\frac{\partial^2 A_y}{\partial x\partial z}\right)+\left(\frac{\partial^2 A_z}{\partial x\partial y}-\frac{\partial^2 A_z}{\partial y\partial x}\right)\\
&=0
\end{aligned}\tag{35.83}$$

$$\begin{aligned}
\nabla\times\boldsymbol{E}+\frac{\partial\boldsymbol{B}}{\partial t}&=\nabla\times\boldsymbol{E}+\frac{\partial}{\partial t}(\nabla\times\boldsymbol{A})\\
&=\nabla\times\boldsymbol{E}+\nabla\times\frac{\partial\boldsymbol{A}}{\partial t}\\
&=\nabla\times\left(\boldsymbol{E}+\frac{\partial\boldsymbol{A}}{\partial t}\right)\\
&=\nabla\times\left(-\nabla\phi-\frac{\partial\boldsymbol{A}}{\partial t}+\frac{\partial\boldsymbol{A}}{\partial t}\right)\\
&=-\nabla\times(\nabla\phi)\\
&=-\left[\left\{\frac{\partial}{\partial y}(\nabla\phi)_z-\frac{\partial}{\partial z}(\nabla\phi)_y\right\}\boldsymbol{i}+\left\{\frac{\partial}{\partial z}(\nabla\phi)_x-\frac{\partial}{\partial x}(\nabla\phi)_z\right\}\boldsymbol{j}\right.\\
&\qquad\left.+\left\{\frac{\partial}{\partial x}(\nabla\phi)_y-\frac{\partial}{\partial y}(\nabla\phi)_x\right\}\boldsymbol{k}\right]
\end{aligned}$$

$$= -\left\{\left(\frac{\partial^2\phi}{\partial y\,\partial z} - \frac{\partial^2\phi}{\partial z\,\partial y}\right)\boldsymbol{i} + \left(\frac{\partial^2\phi}{\partial z\,\partial x} - \frac{\partial^2\phi}{\partial x\,\partial z}\right)\boldsymbol{j} + \left(\frac{\partial^2\phi}{\partial x\,\partial y} - \frac{\partial^2\phi}{\partial y\,\partial x}\right)\boldsymbol{k}\right\} = \boldsymbol{0} \qquad (35.84)$$

これらはそれぞれ,

$$\nabla \cdot (\nabla \times \boldsymbol{A}) = 0 \qquad (35.85)$$

と

$$\nabla \times (\nabla\phi) = \boldsymbol{0} \qquad (35.86)$$

が任意のベクトル場 $\boldsymbol{A}$ とスカラー場 $\phi$ に対して成り立つことを意味している。以上が最小作用の原理によるマックスウェル方程式の導出である。

# 数学的補遺

A.

# テイラー展開

或る関数 $f(x)$ があり，特定の定義域の区間で

$$f(x)=a_0+a_1(x-a)+a_2(x-a)^2+a_3(x-a)^3+\cdots+a_n(x-a)^n+\cdots \quad (A.1)$$

と展開できるとする。ここで係数 $a_0 \sim a_n$ の添字 $0 \sim n$ は $(x-a)$ の指数 $0 \sim n$ と対応するようになっている。

（A.1）を微分すると，

$$f'(x)=0+a_1+2a_2(x-a)+3a_3(x-a)^2+\cdots+na_n(x-a)^{n-1}+\cdots \quad (A.2)$$

であり，もう一度微分すると，

$$f''(x)=0+0+2a_2+6a_3(x-a)+\cdots+n(n-1)a_n(x-a)^{n-2}+\cdots \quad (A.3)$$

である。さらに微分すると，

$$f'''(x)=0+0+0+6a_3+\cdots+n(n-1)(n-2)a_n(x-a)^{n-3}+\cdots \quad (A.4)$$

となる。

ここで，各展開式（A.1）～（A.4）に $x=a$ を代入すると，結果は次のようになる。

$$f(a)=a_0+a_1(a-a)+a_2(a-a)^2+a_3(a-a)^3+\cdots+a_n(a-a)^n+\cdots=a_0=0!a_0 \quad (A.5)$$

$$f'(a)=0+a_1+2a_2(a-a)+3a_3(a-a)^2+\cdots+na_n(a-a)^{n-1}+\cdots=a_1=1!a_1 \quad (A.6)$$

$$f''(a) = 0+0+2a_2+6a_3(a-a)+\cdots+n(n-1)a_n(a-a)^{n-2}+\cdots$$
$$= 2a_2 = 2!a_2 \tag{A.7}$$

$$f'''(a) = 0+0+0+6a_3+\cdots+n(n-1)(n-2)a_n(a-a)^{n-3}+\cdots$$
$$= 6a_3 = 3!a_3 \tag{A.8}$$

このように（A.1）を $n$ 回微分して $x=a$ を代入すると，第 $n+1$ 項目だけ残り，それ以外の項は全て 0 となるので，(A.5)～(A.8) より，$f(x)$ の $n$ 階の導関数 $f^{(n)}(x)$ に $x=a$ を代入したものは，

$$f^{(n)}(a) = n!a_n \tag{A.9}$$

と書ける。

（A.5)～(A.9) から，各係数 $a_0$ ～ $a_3$， $a_n$ は

$$a_0 = f(a) \tag{A.10}$$
$$a_1 = f'(a) \tag{A.11}$$
$$a_2 = \frac{1}{2!}f''(a) \tag{A.12}$$
$$a_3 = \frac{1}{3!}f'''(a) \tag{A.13}$$
$$a_n = \frac{1}{n!}f^{(n)}(a) \tag{A.14}$$

となる。これらをもとの関数（A.1）に代入すると， $f(x)$ は

$$f(x) = f(a)+f'(a)(x-a)+\frac{1}{2!}f''(a)(x-a)^2+\frac{1}{3!}f'''(a)(x-a)^3$$
$$+\cdots+\frac{1}{n!}f^{(n)}(a)(x-a)^n+\cdots = \sum_{n=0}^{\infty}\frac{1}{n!}f^{(n)}(a)(x-a)^n \tag{A.15}$$

で表されることが分かる。これを，$f(x)$ の $x=a$ のまわりの**テイラー展開**という[1]。特に，$a=0$ の場合の展開（$f(x)$ の $x=0$ のまわりのテイラー展開）

$$f(x)=f(0)+f'(0)x+\frac{1}{2!}f''(0)x^2+\frac{1}{3!}f'''(0)x^3 \\ +\cdots+\frac{1}{n!}f^{(n)}(0)x^n+\cdots=\sum_{n=0}^{\infty}\frac{1}{n!}f^{(n)}(0)x^n \qquad \text{(A.16)}$$

は**マクローリン展開**と呼ばれる[2]。

テイラー展開の一般的な表式は（A.15）であるが，その意味を掴むために，展開式の $x-a$ を $x$ の増分 $dx$ として，ライプニッツ流の記号を用いると，（A.15）は

$$f(a+dx)=f(a)+f'(a)dx+\frac{1}{2!}f''(a)dx^2+\cdots \\ =f(a)+\frac{df}{dx}(a)dx+\frac{1}{2!}\frac{d^2f}{dx^2}(a)dx^2+\cdots \qquad \text{(A.17)}$$

と変形される。つまり，関数 $f$ に対して，$a$ から $dx$ だけ僅かにずれた点 $a+dx$ における $f$ の関数形は，テイラー展開によって $f(a)$ とその導関数の和の形で表せる。

また，テイラー展開は多変数関数に対しても用いることができる。例えば（A.17）を 2 変数関数へ拡張すると（ラグランジュ流の記法で偏微分を表すときは，必ず添字に独立変数を示しておく），

---

1　18 世紀のイギリスの数学者**ブルック・テイラー**にちなむ。1715 年に刊行された『増分法』（*Methodus incrementorum directa et inversa*）の中で，テイラー展開を発表した。

2　18 世紀のスコットランドの数学者**コリン・マクローリン**にちなむ。テイラーの『増分法』にある説明では展開式（冪級数）の収束の条件が厳密でないことを指摘し，定理の再定式化を行なった。

$$f(a+dx, b+dy) = f(a, b) + f'_x\,(a, b)dx + f'_y\,(a, b)dy$$
$$+\frac{1}{2!}\{f''_{xx}\,(a, b)dx^2 + 2f''_{xy}\,(a, b)dxdy + f''_{yy}\,(a, b)dy^2\} + \cdots$$
$$= f(a, b) + \left(dx\frac{\partial}{\partial x} + dy\frac{\partial}{\partial y}\right)f(a, b)$$
$$+\frac{1}{2!}\left\{\left(dx\frac{\partial}{\partial x} + dy\frac{\partial}{\partial y}\right)^2 f(a, b)\right\} + \cdots \tag{A.18}$$

となる（偏微分（$\partial$）については 2 節を参照）。ここで，$f''_{xx}(a, b)$ は

$$\frac{\partial}{\partial x}\left\{\frac{\partial f}{\partial x}(a, b)\right\} = \frac{\partial^2 f}{\partial x^2}(a, b) \tag{A.19}$$

の意味であり，偏導関数のラグランジュ的な記法であるが，微積分の教科書に書かれているように，多変数解析においては添字に独立変数が明示されてさえいればプライム（ダッシュ）記号は必要ない。しかし，本書では微分であることを強調するためにあえてプライムを付すことにする。

さて，テイラー展開の項は無限項まであるわけだが，もちろん実際の計算で無限に足すわけではない。言い換えると，途中で展開をやめなければならない。物理においてこの計算の真価が発揮されるのは関数を特定の条件のもとで近似する場合である。

例えば，後述のように $\sin x$ のマクローリン展開は

$$\sin x = x - \frac{1}{3!}x^3 + \frac{1}{5!}x^5 - \frac{1}{7!}x^7 + \cdots = x - \frac{1}{6}x^3 + \frac{1}{120}x^5 - \frac{1}{5040}x^7 + \cdots$$

で表されるが，物理では $x$（の絶対値）が 1 に比べて無視できるほど小さい場合 ($|x| \ll 1$) を考察するという状況が頻繁に発生する（例えば，単振り子の微小振動）。そのような場合，$x^2$ 以上の項は 0 に近い微小量であり，足した

としても結果にはほとんど寄与しないため[3], 上記の展開式を $y=\sin x=x$ という簡単な1次関数で近似することができる。

次の図は，$y=\sin x$ のグラフと，$x$ の1次および3次までの近似式である $y=x$ と $y=x-\frac{1}{6}x^3$ のそれぞれのグラフを同じ座標平面上に示したものである。それぞれの近似の有効範囲がどの程度であるかということを，$\sin x$ の曲線と重なっている（ように見える）部分の定義域を見て確認していただきたい。

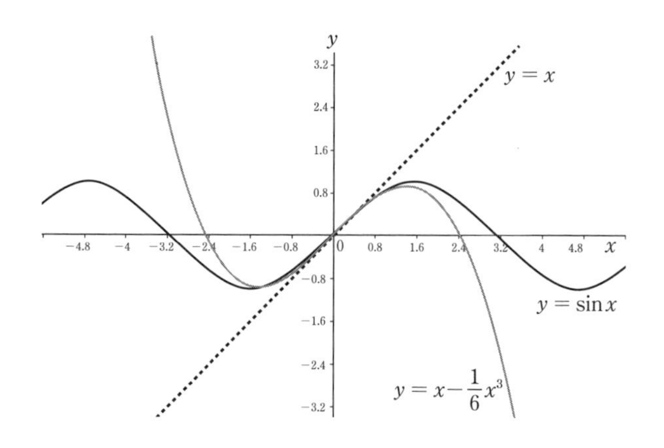


それでは，項の数を増やせばその分精密になるのかというと，（一般には）そういうわけでもない。詳しくは微積分の教科書を参照していただきたいが[4], $x$ が**収束半径**と呼ばれる値を超えると正しい関数形との誤差が拡大し，項数を増やしても意味をなさなくなってしまう。三角関数や（自然）指数関数 $e^x$ などは収束半径が無限大であるので，項数を増やすほど精密になると言えるが，このような性質は一般には仮定されない。但し，物理で重要となるのは1次までの近似であり, 2次以上の項は切り捨ててしまう場合がほとんどであ

---

3　桁数が2桁以上違うもの同士の足し算では，桁数の小さい方は0として計算しても，結果にはほとんど影響を及ぼさないであろうということ。

4　例えば，文献［37］7-4など。

るから，収束半径を心配する必要は（普通）ない。

最後に，物理でも役に立つ有名な例を 4 つ紹介しておこう（これらはいずれも $a=0$ であるから，マクローリン展開ということになるが，テイラー展開の一種であることに変わりはない）。

(1) $f(x)=\sin x$

$f(0)=\sin 0=0$，$f'(0)=\cos 0=1$，$f''(0)=-\sin 0=0$，

$f'''(0)=-\cos 0=-1$，$\cdots$

であり，これ以後も 0, 1, 0, − 1 が繰り返される。すなわち, 指数が偶数の項は 0 で，指数が奇数の項のみが＋ 1 →− 1 →＋ 1 →− 1 →…を繰り返す。よって，(A.16) に指数が奇数となる項のみに＋ 1 →− 1 →＋ 1 →− 1 →…を代入し，

$$\sin x = x - \frac{1}{3!}x^3 + \frac{1}{5!}x^5 - \frac{1}{7!}x^7 + \cdots \tag{A.20}$$

を得る。

(2) $f(x)=\cos x$

$f(0)=\cos 0=1$，$f'(0)=-\sin 0=0$，$f''(0)=-\cos 0=-1$，

$f'''(0)=\sin 0=0$，$\cdots$

であり，これ以後も 1，0，− 1，0 が繰り返される。すなわち，指数が奇数の項は 0 で，指数が偶数の項のみが＋ 1 →− 1 →＋ 1 →− 1 →…を繰り返す。よって，(A.16) に指数が偶数となる項のみに＋ 1 →− 1 →＋ 1 →− 1 →…を代入し，

$$\cos x = 1 - \frac{1}{2!}x^2 + \frac{1}{4!}x^4 - \frac{1}{6!}x^6 + \cdots \tag{A.21}$$

を得る。

**(3)** $f(x)=e^x$

$e^x$ は何回微分しても形が変わらず $e^x$ のままであり，0 乗は常に 1 であるから，$f(0)$，$f'(0)$，$f''(0)$，$f'''(0)$，… は全て 1 である。従って，

$$e^x=1+x+\frac{1}{2!}x^2+\frac{1}{3!}x^3+\cdots \tag{A.22}$$

となる。

$e^x$ のマクローリン展開は上記の通りであるが，（多少論理の飛躍が伴うものの）$x=i\theta$ としたときに重要な結果が得られるのでそれについて述べておく（$i$ は虚数単位で，$\theta$ は実数）。（A.21）に $x=i\theta$ を代入すると，

$$e^{i\theta}=1+i\theta+\frac{1}{2!}i^2\theta^2+\frac{1}{3!}i^3\theta^3+\frac{1}{4!}i^4\theta^4+\frac{1}{5!}i^5\theta^5+\cdots \tag{A.23}$$

$i^2=-1$ より

$$\begin{aligned}e^{i\theta}&=1+i\theta+\frac{1}{2!}i^2\theta^2+\frac{1}{3!}i^2\cdot i\theta^3+\frac{1}{4!}i^2\cdot i^2\theta^4+\frac{1}{5!}i^2\cdot i^2\cdot i\theta^5+\cdots\\&=1+i\theta-\frac{1}{2!}\theta^2-\frac{1}{3!}i\theta^3+\frac{1}{4!}\theta^4+\frac{1}{5!}i\theta^5-\cdots\\&=\left(1-\frac{1}{2!}\theta^2+\frac{1}{4!}\theta^4-\cdots\right)+i\left(\theta-\frac{1}{3!}\theta^3+\frac{1}{5!}\theta^5-\cdots\right)\end{aligned} \tag{A.24}$$

$i$ を含まない左側の数列は $\cos\theta$ のマクローリン展開（A.20）で，$i$ を含む右側の数列は $\sin\theta$ のマクローリン展開（A.19）であるから，

$$e^{i\theta}=\cos\theta+i\sin\theta \tag{A.25}$$

が成り立つ。これは**オイラーの公式**という，複素関数論の基礎を与える恒等式である。

さらに，（A.23）において $\theta=\pi$ とすると，$\cos\pi=-1$，$\sin\pi=0$ であるから

$$e^{i\pi} = -1 \tag{A.26}$$

ここで－1を左辺に移項すると，次のように，0，1，$\pi$，$i$，$e$という基本的かつ重要な数学定数が一堂に会する驚くべき式が導出される。

$$e^{i\pi} + 1 = 0 \tag{A.27}$$

これが有名な**オイラーの等式**である。

**(4)** $f(x) = (1+x)^n$

$$f'(x) = n(1+x)^{n-1},\ f''(x) = n(n-1)(1+x)^{n-2},$$
$$f'''(x) = n(n-1)(n-2)(1+x)^{n-3},\ \cdots$$

であるから，

$$f(0) = 1,\ f'(0) = n,\ f''(0) = n(n-1),$$
$$f'''(0) = n(n-1)(n-2),\ \cdots$$

となる。(A.16) に代入し，

$$(1+x)^n = 1 + nx + \frac{1}{2!}n(n-1)x^2 + \frac{1}{3!}n(n-1)(n-2)x^3 + \cdots \tag{A.28}$$

を得る。この関数の収束半径は1であるので，この展開が意味を持つのは$|x| < 1$の場合である。

B.

# 全微分

2 変数関数 $y=f(x_1, x_2)$ において，$y$，$x_1$，$x_2$ の微小な変化量をそれぞれ $\Delta y$，$\Delta x_1$，$\Delta x_2$ として，$x_1$ が $x_1$ から $x_1+\Delta x_1$，$x_2$ が $x_2$ から $x_2+\Delta x_2$ まで変化するとき，$y$ も $y$ から $y+\Delta y$ まで変化するとすれば，

$$y+\Delta y=f(x_1+\Delta x_1, x_2+\Delta x_2) \tag{B.1}$$

である。すなわち

$$\begin{aligned}\Delta y&=f(x_1+\Delta x_1, x_2+\Delta x_2)-y\\&=f(x_1+\Delta x_1, x_2+\Delta x_2)-f(x_1, x_2)\end{aligned} \tag{B.2}$$

が成り立つ。

(B.2) の右辺第 1 項をテイラー展開することにより（2 変数関数のテイラー展開 (A.18) を利用する)，

$$\begin{aligned}\Delta y=&[f(x_1, x_2)+f'_{x_1}(x_1, x_2)\Delta x_1+f'_{x_2}(x_1, x_2)\Delta x_2\\&+\frac{1}{2!}\{f''_{x_1x_1}(x_1, x_2)(\Delta x_1)^2+2f''_{x_1x_2}(x_1, x_2)\Delta x_1\Delta x_2\\&+f''_{x_2x_2}(x_1, x_2)(\Delta x_2)^2\}+\cdots]-f(x_1, x_2)\\=&f'_{x_1}(x_1, x_2)\Delta x_1+f'_{x_2}(x_1, x_2)\Delta x_2\\&+\frac{1}{2!}\{f''_{x_1x_1}(x_1, x_2)(\Delta x_1)^2+2f''_{x_1x_2}(x_1, x_2)\Delta x_1\Delta x_2\\&+f''_{x_2x_2}(x_1, x_2)(\Delta x_2)^2\}+\cdots\end{aligned} \tag{B.3}$$

を得る。$\Delta x_1$，$\Delta x_2$ は微小量であるから，展開を1次までの項で打ち切り，ライプニッツ流の記号に切り換えると，

$$\begin{aligned}\Delta y &\simeq f_{x_1}'(x_1,\ x_2)\Delta x_1 + f_{x_2}'(x_1,\ x_2)\Delta x_2 \\ &= \frac{\partial f(x_1,\ x_2)}{\partial x_1}\Delta x_1 + \frac{\partial f(x_1,\ x_2)}{\partial x_2}\Delta x_2 \\ &= \frac{\partial y}{\partial x_1}\Delta x_1 + \frac{\partial y}{\partial x_2}\Delta x_2 \end{aligned} \tag{B.4}$$

となる（最後の等号では $y=f(x_1,\ x_2)$ を代入した）。

これの $\Delta t \to 0$ の極限をとると，上式（B.4）は微分の形に書けて，次のようになる。

$$dy = \frac{\partial y}{\partial x_1}dx_1 + \frac{\partial y}{\partial x_2}dx_2 \tag{B.5}$$

この式（B.5）を，関数 $y$ の**全微分**という[5]。全微分は，関数の全ての独立変数（ここでは $x_1$，$x_2$）が同時に変化したときの $y$ の変化を記述する。

解析力学では，$y$ を（例えば）時間 $dt$ で割った

$$\frac{dy}{dt} = \frac{\partial y}{\partial x_1}\frac{dx_1}{dt} + \frac{\partial y}{\partial x_2}\frac{dx_2}{dt} \tag{B.6}$$

がよく用いられる。これは，$x_1$，$x_2$ が時間の関数であるときに，$y=f(x_1,\ x_2)$ を $t$ で微分したものであるが、この式（B.6）を便宜上，「関数 $y$ の $t$ についての全微分」や「関数 $y$ の $t$ に関する全微分」などと表現する。

全微分の表式は，たとえ左辺の関数の変数（引数）が自明でなかったとしても，右辺を見れば関数の変数が何であるか（何に依存しているか）が直ちに分かるような構造になっている。例えば（B.5）においては，右辺が $dx_1$ の1次式と $dx_2$ の1次式の足し合わせであることから，$y$ が $x_1$，$x_2$ の関数であ

---

5　本書で用いる大学レベルの数学の内，最も重要な手法であると言っても過言ではない（2番目はもちろんテイラー展開である）。

ることは明らかである。

従って，左辺において $y=f(x_1,\ x_2)$ を，簡略に $y=y(x_1,\ x_2)$ と書いて，左辺の関数の変数を明示すると，(B.5)，(B.6) はそれぞれ

$$dy(x_1,\ x_2)=\frac{\partial y}{\partial x_1}dx_1+\frac{\partial y}{\partial x_2}dx_2 \tag{B.7}$$

$$\frac{dy(x_1,\ x_2)}{dt}=\frac{\partial y}{\partial x_1}\frac{dx_1}{dt}+\frac{\partial y}{\partial x_2}\frac{dx_2}{dt} \tag{B.8}$$

となる。

それでは，(全微分可能な) 任意の関数 $y=y(u,\ v)$ が与えられたとき，$y$ の全微分の式を正確に書き出すにはどうすれば良いであろうか[6]。公式(B.8)を暗記して，それに代入するのも手であるが（もちろん，全く推奨できるものではない)，公式を自分の手で再現する方法をここで説明しておこう。なお，以下に述べる方法は完全に初心者向けのものであることを明記しておく。

| 例：関数 $y=y(u,v)$ の $t$ に関する全微分を求めよ。 |
|---|

1 引数を含む形で左辺を作る。

$$\frac{dy(u,v)}{dt}=$$

2 従属変数（微分される方）→ 引数の順に文字を分配し，計算の余白に横向きに連ねて書いておく。

---

6　解析力学では，与えられた関数の全微分の式をすらすらと書けなければならない。全微分の仕組みを確実に把握していただくために，このような解説を設けた次第である。

$$y \quad u$$

$$y \quad v$$

3 引数→独立変数（微分する方）の順に文字を分配し，2の下に横向きに連ねて書いておく。ただ $y$ の全微分を求めるだけであれば，$t$ の部分は空欄とする。

$$y \quad u$$

$$y \quad v$$

$$u \quad t$$

$$v \quad t$$

4 左側から，1 行飛ばしで並べた文字を繋ぎ，上から①，②とする。また，右側から，2 つ 1 組で順番に文字を繋ぎ，上から $\partial$，$d$ とする。

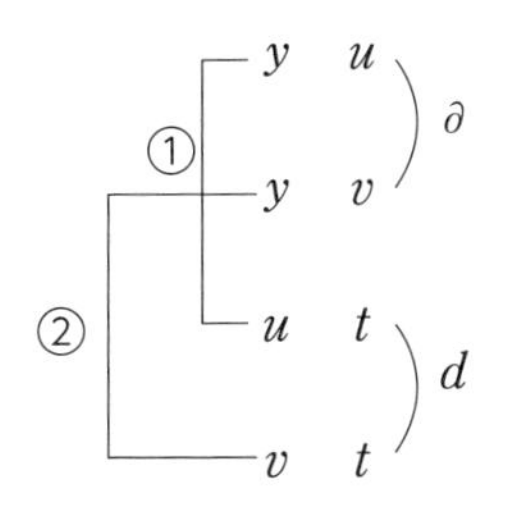


5 左が従属，右が独立になるように微分を作り，①を1の等号の横に並べる。微分記号は4で右端に書いた $\partial$，$d$ の別に従う。

$$\frac{dy(u,\ v)}{dt} = \underbrace{\frac{\partial y}{\partial u}\frac{du}{dt}}_{①}$$

6 ②も5と同様にして，5の式に足す。

$$\frac{dy(u,v)}{dt}=\underset{①}{\underline{\frac{\partial y}{\partial u}\frac{du}{dt}}}+\underset{②}{\underline{\frac{\partial y}{\partial v}\frac{dv}{dt}}}$$

これは，(B.8) において $x_1=u$， $x_2=v$ としたものと同じであるので，正しい答が得られたことになる[7]。

なお，全微分は 3 変数以上の多変数関数に対しても成り立つ計算法である。例えば，多変数関数 $y=y(x_1, x_2, \cdots, x_n)$ の全微分は次のようになる。

$$dy(x_1, x_2, \cdots, x_n)=\frac{\partial y}{\partial x_1}dx_1+\frac{\partial y}{\partial x_2}dx_2+\cdots+\frac{\partial y}{\partial x_n}dx_n \qquad \text{(B.9)}$$

(B.10) は, (B.9) の拡張である。このような 3 変数以上の多変数の全微分にも，1～6の方法を適用することができる。

なお、(B.8) の左辺が偏微分となった場合には，右辺の $d$ は全て $\partial$ に変わり，

$$\frac{\partial y(x_1,\ x_2)}{\partial t}=\frac{\partial y}{\partial x_1}\frac{\partial x_1}{\partial t}+\frac{\partial y}{\partial x_2}\frac{\partial x_2}{\partial t} \qquad \text{(B.10)}$$

となる。(B.11) は，連鎖律の多変数版に相当する計算であると言える。

---

7　余談であるが，この方法は私がまだ多変数の微積分に不慣れであったときに，全微分の式を書き出す際に用いていたものである。そのため，これは当然にして稚拙な方法かもしれないが，この方法を何度か繰り返せば，微分の初心者でも公式を見ることなく，瞬時に正しい結果が得られるようになるであろう。

C.

# ベクトルの内積と外積

ここでは，高校で学んだベクトルの知識を使って，ベクトルの「積」についての概念とその演算を拡張する。高校の範囲の説明は省略しても良いのであるが，説明の都合上，本節の前半部は高校での学習事項の復習が中心となっている。

**ベクトル**の最も初等的な定義は，大きさと向きを合わせ持つ量というものである。これに対し，大きさだけを持つ量を**スカラー**という。ベクトルを表す場合には太字を用い，スカラーを表す場合には細字または絶対値付きの太字を用いるのが慣例である[8]。

物理の視点で上述の定義を見直すと，ベクトルとは見る所（座標系）によっては値が異なるような量であり，スカラーとはどこから（どの座標系から）見ても値が変わらないような量であるとも言える。このため，考えている物理量がベクトルであるかスカラーであるかという区別は非常に重要である。

このベクトルとスカラーの演算規則を考えよう。まず，加法というのは同じ性質のもの同士しか演算できない（足せない）仕組みであるので，当然ながらスカラー同士を足した結果は常にスカラーであり，ベクトル同士を足した結果は（平行四辺形の法則によって）常にベクトルである[9]。

次に乗法であるが，乗法の場合は加法ほど自明ではなく，いくつかのパターンが考えられる。まず，ベクトルとスカラーを掛けたとき，結果は常にベクトルである。それでは，ベクトルとベクトルを掛けたときはどうなるかと

8　高校ではベクトルを表す際に矢印を使ってきたが，大学レベルの数学でそのような表し方をするのは通常，幾何学的な線分に対してのみである。

9　加法に関し平行四辺形の法則が成立しないような量はベクトルではない。

いうと，スカラーになる場合とベクトルになる場合がある。すなわち，ベクトル同士の「積」は 2 種類存在する。

スカラーの方が取り扱いやすいので，掛けた結果がスカラーになる場合から先に考える。

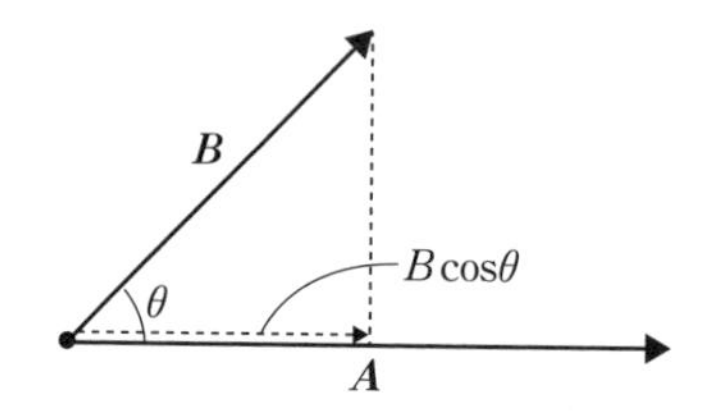


ベクトル $\boldsymbol{A}$ とベクトル $\boldsymbol{B}$ を掛けた結果がスカラーであるためには，$\boldsymbol{A}$ と $\boldsymbol{B}$ が平行であれば良い。$\boldsymbol{A}$ と $\boldsymbol{B}$ のなす角を $\theta$ とすると，$\boldsymbol{B}$ の水平成分は $B\cos\theta$ と書けるので，$\boldsymbol{A}$ と $\boldsymbol{B}$ を掛けてスカラーを作る場合，その結果は $AB\cos\theta$ で与えられる。

この一連の演算を

$$\boldsymbol{A}\cdot\boldsymbol{B} = AB\cos\theta \tag{C.1}$$

と表し，$\boldsymbol{A}$ と $\boldsymbol{B}$ の**内積**，または**スカラー積**という（記号の形から**ドット積**ともいう）。

内積は，$\boldsymbol{A}$ と $\boldsymbol{B}$ が平行になるように掛けなければならないので，もし垂直に掛けてしまったとしたら，答えは 0 である（$AB\cos 90^\circ = 0$ からも明らか）。また，同じベクトル同士の内積は，

$$\boldsymbol{A}\cdot\boldsymbol{A} = A^2\cos 0^\circ = A^2 \tag{C.2}$$

となる。

$\boldsymbol{A}$ の終点から $\boldsymbol{B}$ の終点に向かって引いたベクトルは $\boldsymbol{B}-\boldsymbol{A}$ を表すが（$\boldsymbol{A}$

と逆向きで同じ大きさの $-\boldsymbol{A}$ を引き，$\boldsymbol{B}+(-\boldsymbol{A})$ を平行四辺形の法則で作図して平行移動すれば良い），これを $A$，$B$，$|(\boldsymbol{B}-\boldsymbol{A})|$ を 3 辺とする 3 角形と解釈し，余弦定理を用いると，

$$|(\boldsymbol{B}-\boldsymbol{A})|^2 = A^2+B^2-2AB\cos\theta = A^2+B^2-2\boldsymbol{A}\cdot\boldsymbol{B} \tag{C.3}$$

となる。

(C.3) から，$\boldsymbol{A}$ と $\boldsymbol{B}$ の内積は次のように書けることが分かる。

$$\boldsymbol{A}\cdot\boldsymbol{B} = \frac{1}{2}\{A^2+B^2-|(\boldsymbol{B}-\boldsymbol{A})|^2\} \tag{C.4}$$

$\boldsymbol{A}$，$\boldsymbol{B}$ を成分表示によって，それぞれ

$$\boldsymbol{A} = (A_x,\ A_y,\ A_z) \tag{C.5}$$

$$\boldsymbol{B} = (B_x,\ B_y,\ B_z) \tag{C.6}$$

と表すと，

$$A^2 = {A_x}^2+{A_y}^2+{A_z}^2 \tag{C.7}$$

$$B^2 = {B_x}^2+{B_y}^2+{B_z}^2 \tag{C.8}$$

$$\begin{aligned}|(\boldsymbol{B}-\boldsymbol{A})|^2 &= |(B_x-A_x,\ B_y-A_y,\ B_z-A_z)|^2\\ &= (B_x-A_x)^2+(B_y-A_y)^2+(B_z-A_z)^2\end{aligned} \tag{C.9}$$

となるので，(C.4) は次のように計算できる。

$$\begin{aligned}\boldsymbol{A}\cdot\boldsymbol{B} &= \frac{1}{2}\{{A_x}^2+{A_y}^2+{A_z}^2+{B_x}^2+{B_y}^2+{B_z}^2\\ &\qquad -(B_x-A_x)^2-(B_y-A_y)^2-(B_z-A_z)^2\}\\ &= \frac{1}{2}({A_x}^2+{A_y}^2+{A_z}^2+{B_x}^2+{B_y}^2+{B_z}^2\\ &\qquad -{B_x}^2+2B_xA_x-{A_x}^2-{B_y}^2+2B_yA_y-{A_y}^2\\ &\qquad -{B_z}^2+2B_zA_z-{A_z}^2)\\ &= \frac{1}{2}\times 2(A_xB_x+A_yB_y+A_zB_z)\end{aligned} \tag{C.10}$$

従って，内積 $\boldsymbol{A}\cdot\boldsymbol{B}$ は

$$\boldsymbol{A}\cdot\boldsymbol{B}=A_xB_x+A_yB_y+A_zB_z=\sum_{i=x}^{z}A_iB_i=A_iB_i \tag{C.11}$$

で与えられる。なお，最後の等号ではアインシュタインの縮約規約を用いた。

(C.3)～(C.10) は，高校数学の教科書にも記載されている (C.11) の証明であるが，$x$ 方向の単位ベクトル $\boldsymbol{i}$，$y$ 方向の単位ベクトル $\boldsymbol{j}$，$z$ 方向の単位ベクトル $\boldsymbol{k}$ を用いて，$\boldsymbol{A}$，$\boldsymbol{B}$ が

$$\boldsymbol{A}=(A_x,\ A_y,\ A_z)=A_x\boldsymbol{i}+A_y\boldsymbol{j}+A_z\boldsymbol{k} \tag{C.12}$$

$$\boldsymbol{B}=(B_x,\ B_y,\ B_z)=B_x\boldsymbol{i}+B_y\boldsymbol{j}+B_z\boldsymbol{k} \tag{C.13}$$

と（一意に）表せることを認めてしまえば，(C.11) は次のようにもっと簡単に示される。

(C.12)，(C.13) から，内積 $\boldsymbol{A}\cdot\boldsymbol{B}$ は

$$\begin{aligned}\boldsymbol{A}\cdot\boldsymbol{B}&=(A_x\boldsymbol{i}+A_y\boldsymbol{j}+A_z\boldsymbol{k})\cdot(B_x\boldsymbol{i}+B_y\boldsymbol{j}+B_z\boldsymbol{k})\\&=A_x\boldsymbol{i}\cdot B_x\boldsymbol{i}+A_x\boldsymbol{i}\cdot B_y\boldsymbol{j}+A_x\boldsymbol{i}\cdot B_z\boldsymbol{k}+A_y\boldsymbol{j}\cdot B_x\boldsymbol{i}+A_y\boldsymbol{j}\cdot B_y\boldsymbol{j}\\&\quad+A_y\boldsymbol{j}\cdot B_z\boldsymbol{k}+A_z\boldsymbol{k}\cdot B_x\boldsymbol{i}+A_z\boldsymbol{k}\cdot B_y\boldsymbol{j}+A_z\boldsymbol{k}\cdot B_z\boldsymbol{k}\end{aligned} \tag{C.14}$$

と書くことができる。単位ベクトルの大きさは 1 であるから，同じ単位ベクトル同士の内積は $1\cdot1\cos0^\circ=1$ であり，異なる単位ベクトルの内積は，$\boldsymbol{i}$，$\boldsymbol{j}$，$\boldsymbol{k}$ が互いに直交するので 0 である。これらを (C.14) に代入すると，(C.11) が得られる。

さて，ここまでは高校数学の範囲でも説明されることであるが，前述のようにベクトル同士の「積」にはもう一種類あり，ベクトルとベクトルを掛けてベクトルになる場合も考えなければならない。

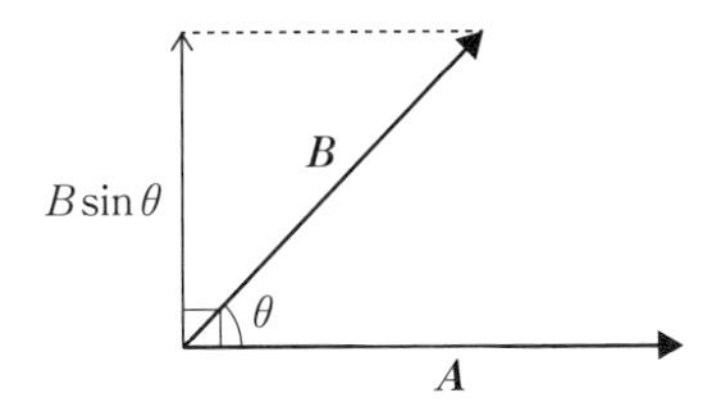


$\boldsymbol{A}$ と $\boldsymbol{B}$ を掛けた結果がベクトルであるためには，$\boldsymbol{A}$ と $\boldsymbol{B}$ が垂直であれば良い。$\boldsymbol{A}$ と $\boldsymbol{B}$ のなす角を $\theta$ とすると，$\boldsymbol{B}$ の鉛直成分は $B\sin\theta$ と書けるので，$\boldsymbol{A}$ と $\boldsymbol{B}$ を掛けてベクトルを作る場合，その大きさは $AB\sin\theta$ で与えられる。

この一連の演算を

$$|\boldsymbol{A}\times\boldsymbol{B}| = AB\sin\theta \tag{C.15}$$

と表し，$\boldsymbol{A}$ と $\boldsymbol{B}$ の**外積**，または**ベクトル積**という（記号の形から**クロス積**ともいう）。

外積 $\boldsymbol{A}\times\boldsymbol{B}$ の向きは，$\boldsymbol{A}$，$\boldsymbol{B}$ が張る平面に垂直で，$\boldsymbol{A}$（の向き）から $\boldsymbol{B}$（の向き）へ右ねじを回したときに，そのねじが進む向きであると定義される。このように向きを定義したために，$\boldsymbol{A}\times\boldsymbol{B}$ というベクトルと，$\boldsymbol{B}\times\boldsymbol{A}$ というベクトルでは向きが逆であり，

$$\boldsymbol{A}\times\boldsymbol{B} = -\boldsymbol{B}\times\boldsymbol{A} \tag{C.16}$$

となる。$-1$ 倍という些細な違いではあるが，外積に対して交換法則は成立しない。

外積は，$\boldsymbol{A}$ と $\boldsymbol{B}$ が垂直になるように掛けなければならないので，もし平行に掛けてしまったとしたら，大きさは 0 である（$AB\sin 0^\circ = 0$ から明らか）。また，同じベクトル同士を垂直に掛けることは不可能であるから，同じベクトル同士の外積は 0 である（$|\boldsymbol{A}\times\boldsymbol{A}| = A^2\sin 0^\circ = 0$ からも明らか）。すなわち，

$$\boldsymbol{A}\times\boldsymbol{A}=\boldsymbol{0} \tag{C.17}$$

が一般に成り立つ。

また，$x$ 方向の単位ベクトル $\boldsymbol{i}$，$y$ 方向の単位ベクトル $\boldsymbol{j}$，$z$ 方向の単位ベクトル $\boldsymbol{k}$ の間の外積については，以下のように定める。

$$\boldsymbol{i}\times\boldsymbol{j}=\boldsymbol{k},\quad \boldsymbol{j}\times\boldsymbol{k}=\boldsymbol{i},\quad \boldsymbol{k}\times\boldsymbol{i}=\boldsymbol{j} \tag{C.18}$$

これは，**右手系**を採用したということである（仮に（C.18）の 3 つの式の各右辺を $-1$ 倍したとしたら，**左手系**を採用することになる）。

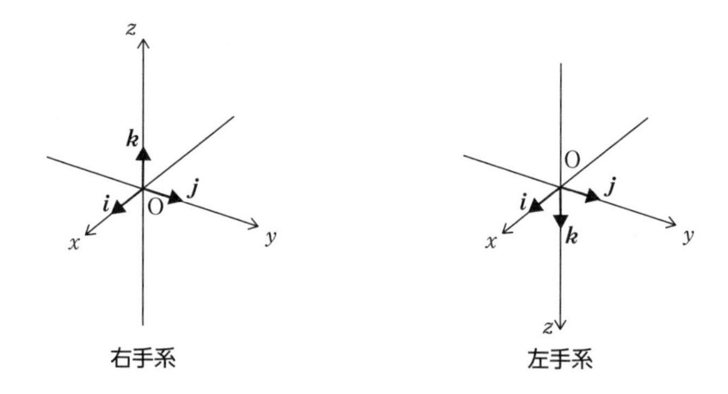


従って，（C.12），（C.13），（C.16）～（C.18）により，外積 $\boldsymbol{A}\times\boldsymbol{B}$ の成分表示は次式で与えられることが分かる。

$$\begin{aligned}
\boldsymbol{A}\times\boldsymbol{B}&=(A_x\boldsymbol{i}+A_y\boldsymbol{j}+A_z\boldsymbol{k})\times(B_x\boldsymbol{i}+B_y\boldsymbol{j}+B_z\boldsymbol{k})\\
&=A_x\boldsymbol{i}\times B_x\boldsymbol{i}+A_x\boldsymbol{i}\times B_y\boldsymbol{j}+A_x\boldsymbol{i}\times B_z\boldsymbol{k}\\
&\qquad+A_y\boldsymbol{j}\times B_x\boldsymbol{i}+A_y\boldsymbol{j}\times B_y\boldsymbol{j}+A_y\boldsymbol{j}\times B_z\boldsymbol{k}\\
&\qquad+A_z\boldsymbol{k}\times B_x\boldsymbol{i}+A_z\boldsymbol{k}\times B_y\boldsymbol{j}+A_z\boldsymbol{k}\times B_z\boldsymbol{k}\\
&=\boldsymbol{0}+A_xB_y\boldsymbol{k}+A_xB_z(-\boldsymbol{j})+A_yB_x(-\boldsymbol{k})+\boldsymbol{0}+A_yB_z\boldsymbol{i}\\
&\qquad+A_zB_x\boldsymbol{j}+A_zB_y(-\boldsymbol{i})+\boldsymbol{0}\\
&=(A_yB_z-A_zB_y)\boldsymbol{i}+(A_zB_x-A_xB_z)\boldsymbol{j}+(A_xB_y-A_yB_x)\boldsymbol{k}\\
&=(A_yB_z-A_zB_y,\ A_zB_x-A_xB_z,\ A_xB_y-A_yB_x)
\end{aligned} \tag{C.19}$$

各成分の文字に注目すれば分かるように，添字の並び方はその成分に関係のない文字が対称に並ぶ形になっている（$x$ 成分であれば，添字は $x$ の次の文字である $y$ から順に，$yz-zy$ と対称に並ぶということ）。

また，$\boldsymbol{A}$，$\boldsymbol{B}$ が $t$ の関数である場合に外積（C.19）を微分するための公式として，

$$\frac{d}{dt}(\boldsymbol{A}\times\boldsymbol{B})=\boldsymbol{A}\times\frac{d\boldsymbol{B}}{dt}+\frac{d\boldsymbol{A}}{dt}\times\boldsymbol{B} \tag{C.20}$$

がある。$x$ 成分の場合は

$$\begin{aligned}\frac{d}{dt}(\boldsymbol{A}\times\boldsymbol{B})_x&=\frac{d}{dt}(A_yB_z-A_zB_y)\\&=A_y\frac{dB_z}{dt}+B_z\frac{dA_y}{dt}-A_z\frac{dB_y}{dt}-B_y\frac{dA_z}{dt}\\&=A_y\frac{dB_z}{dt}-A_z\frac{dB_y}{dt}+\frac{dA_y}{dt}B_z-\frac{dA_z}{dt}B_y\\&=\left(\boldsymbol{A}\times\frac{d\boldsymbol{B}}{dt}\right)_x+\left(\frac{d\boldsymbol{A}}{dt}\times\boldsymbol{B}\right)_x\end{aligned} \tag{C.21}$$

となり，$y$ 成分，$z$ 成分も全く同様であるから，（C.20）が成り立つ。

次に，内積と外積が混ざる場合に成り立つ式の内，特に重要なものの 1 つを紹介しておこう。(C.11) と（C.19）を利用して，ベクトル $\boldsymbol{A}$ とベクトル $\boldsymbol{B}\times\boldsymbol{C}$ の内積を計算すると，

$$\begin{aligned}&\boldsymbol{A}\cdot(\boldsymbol{B}\times\boldsymbol{C})\\&=(A_x,\ A_y,\ A_z)\cdot(B_yC_z-B_zC_y,\ B_zC_x-B_xC_z,\ B_xC_y-B_yC_x)\\&=A_xB_yC_z-A_xB_zC_y+A_yB_zC_x-A_yB_xC_z+A_zB_xC_y-A_zB_yC_x\end{aligned} \tag{C.22}$$

となる。同様に，$\boldsymbol{B}\cdot(\boldsymbol{C}\times\boldsymbol{A})$ と $\boldsymbol{C}\cdot(\boldsymbol{A}\times\boldsymbol{B})$ という組合せも求めると，共に

(C.22) と等しくなることが示される。

$$
\begin{aligned}
&\boldsymbol{B}\cdot(\boldsymbol{C}\times\boldsymbol{A})\\
&=(B_x,\ B_y,\ B_z)\cdot(C_yA_z-C_zA_y,\ C_zA_x-C_xA_z,\ C_xA_y-C_yA_x)\\
&=B_xC_yA_z-B_xC_zA_y+B_yC_zA_x-B_yC_xA_z+B_zC_xA_y-B_zC_yA_x\\
&=A_xB_yC_z-A_xB_zC_y+A_yB_zC_x-A_yB_xC_z+A_zB_xC_y-A_zB_yC_x \qquad (\mathrm{C}.23)\\
&\boldsymbol{C}\cdot(\boldsymbol{A}\times\boldsymbol{B})\\
&=(C_x,\ C_y,\ C_z)\cdot(A_yB_z-A_zB_y,\ A_zB_x-A_xB_z,\ A_xB_y-A_yB_x)\\
&=C_xA_yB_z-C_xA_zB_y+C_yA_zB_x-C_yA_xB_z+C_zA_xB_y-C_zA_yB_x\\
&=A_xB_yC_z-A_xB_zC_y+A_yB_zC_x-A_yB_xC_z+A_zB_xC_y-A_zB_yC_x \qquad (\mathrm{C}.24)
\end{aligned}
$$

つまり，

$$
\boldsymbol{A}\cdot(\boldsymbol{B}\times\boldsymbol{C})=\boldsymbol{B}\cdot(\boldsymbol{C}\times\boldsymbol{A})=\boldsymbol{C}\cdot(\boldsymbol{A}\times\boldsymbol{B}) \qquad (\mathrm{C}.25)
$$

が成り立つ。これを**スカラー 3 重積**という。

物理では，物理量を空間 $(x,\ y,\ z)$ に関して偏微分するという操作が頻繁に発生するので，**ナブラ**と呼ばれ[10]，

$$
\nabla=\boldsymbol{i}\frac{\partial}{\partial x}+\boldsymbol{j}\frac{\partial}{\partial y}+\boldsymbol{k}\frac{\partial}{\partial z}=\left(\frac{\partial}{\partial x},\frac{\partial}{\partial y},\frac{\partial}{\partial z}\right) \qquad (\mathrm{C}.26)
$$

で定義される微分演算子が用いられる。電磁気学や流体力学などでは特に利用度が高く，ナブラのスカラー倍や，内積・外積が頻出することになるので，これらの定義を簡単にまとめてから本節を終える[11]。

---

10　ナブラは「竪琴」を意味する。

11　詳しくはベクトル解析の教科書を参照していただきたいが，以下で用いている $\phi$ はただのスカラーではなく，空間の各点にスカラー（関数）が指定される**スカラー場**を表している。

ナブラ $\nabla$ をスカラー倍したベクトル $\nabla\phi$ は $\phi$ の**勾配**（gradient）といって，

$$\nabla\phi = \boldsymbol{i}\frac{\partial\phi}{\partial x} + \boldsymbol{j}\frac{\partial\phi}{\partial y} + \boldsymbol{k}\frac{\partial\phi}{\partial z} = \left(\frac{\partial\phi}{\partial x}, \frac{\partial\phi}{\partial y}, \frac{\partial\phi}{\partial z}\right) \tag{C.27}$$

となる。左辺は grad $\phi$ と書かれることもある。

一方，ナブラ $\nabla$ と $\boldsymbol{A}$ の内積は $\boldsymbol{A}$ の**発散**（divergence）と呼ばれ，（C.11）から

$$\nabla \cdot \boldsymbol{A} = \frac{\partial A_x}{\partial x} + \frac{\partial A_y}{\partial y} + \frac{\partial A_z}{\partial z} \tag{C.28}$$

となる。左辺は div $\boldsymbol{A}$ と書かれることもある。

また，ナブラ同士の内積は空間についての 2 階偏微分を表す演算子となり，次式で表される。

$$\nabla^2 = \nabla \cdot \nabla = \frac{\partial^2}{\partial x^2} + \frac{\partial^2}{\partial y^2} + \frac{\partial^2}{\partial z^2} \tag{C.29}$$

$\nabla^2$ を**ラプラシアン**という[12]。ナブラはベクトルであるが，ラプラシアンは内積であるためスカラーとなる。ラプラシアンは $\Delta$ で表されることもあるが，変化量などを表すデルタ（$\Delta$）との混同を避けるため，本書では $\nabla^2$ を用いる。

ナブラ $\nabla$ と $\boldsymbol{A}$ の外積は $\boldsymbol{A}$ の**回転**（rotation）といい，（C.19）より

---

同様に $\boldsymbol{A}$ もただのベクトルではなく，空間の各点にベクトル（関数）が指定される**ベクトル場**となる。

12　18 世紀のフランスの数学者**ピエール・シモン・ド・ラプラス**にちなむ。大著『天体力学』（*Traité de la méchanique céleste*）を著し，太陽系の安定性を数学的に証明したことで知られる。

$$\nabla \cdot \boldsymbol{A} = \left( \frac{\partial A_z}{\partial y} - \frac{\partial A_y}{\partial z}, \frac{\partial A_x}{\partial z} - \frac{\partial A_z}{\partial x}, \frac{\partial A_y}{\partial x} - \frac{\partial A_x}{\partial y} \right) \tag{C.30}$$

となる。左辺は rot $\boldsymbol{A}$，または curl $\boldsymbol{A}$ と書かれることもある。

D.

# ルジャンドル変換

21節で行なった$(q, \dot{q}, t)$から$(q, p, t)$への変数の取り替え(**ルジャンドル変換**)の手順を，一般的な文字でおいてまとめておく。但し，本節での議論は極めて直観的なものであるので，ルジャンドル変換についての厳密で詳細な取り扱いについては文献［54］11章を参照していただきたい。

2変数関数（厳密には多変数凸関数）$y = y(x_1, x_2)$を考え，$x_1$についての偏微分係数を$u_1$とする。

$$u_1 = \frac{\partial y}{\partial x_1} \tag{D.1}$$

ルジャンドル変換を実行するためには，変数（$y$の引数）の内の少なくとも1つに関する偏微分（係数）がこのような形で定義されている必要がある。

ここでの目的は，一切の情報を失うことなく，変数$x_1$を$u_1$に取り替え，取り替えた後の関数$z = z(u_1, x_2)$を求めることである。「一切の情報を失うことなく」というのが肝心な点で，$y$から$z$に変換した場合に，逆に$z$から$y$を正しく復元できなければならない。

このため，$u_1(x_1, x_2)$を逆に解いた$x_1(u_1, x_2)$は$z$としては使えない。例えば$y = x_1{}^2 + x_2{}^2$であるとすると，$u_1 = 2x_1$となるので逆に解けば$x_1 = \frac{1}{2}u_1$となるが，この式からは$y$の情報が失われてしまっており，もとの$y$を復元できない（$x_1 = \frac{1}{2}u_1$は関数から得られる情報の一つに過ぎず，変換結果の式とは言えないということ）。

それでは，正しい変換の手順を説明しよう。まず，$y$の全微分をとる。

$$dy(x_1,\ x_2)=\frac{\partial y}{\partial x_1}dx_1+\frac{\partial y}{\partial x_2}dx_2$$
$$=u_1dx_1+\frac{\partial y}{\partial x_2}dx_2 \tag{D.2}$$

この右辺が最終的に $u_1$，$x_2$ の関数になっていればよいので，

$$X_1du_1+Y_2dx_2 \tag{D.3}$$

という形に持ち込むことを考える。

そのために，

(取り替えたい変数) × (取り替えられる変数) $=u_1x_1$

の微分を求めると，積の微分より

$$d(u_1x_1)=x_1du_1+u_1dx_1 \tag{D.4}$$

となる。(D.4) から

$$u_1dx_1=d(u_1x_1)-x_1du_1 \tag{D.5}$$

となるので，これを (D.2) に代入して

$$dy=d(u_1x_1)-x_1du_1+\frac{\partial y}{\partial x_2}dx_2 \tag{D.6}$$

を得る。

ここから引き算をするのだが，引き方は2通りあるので

$$d(u_1x_1-y)=x_1du_1-\frac{\partial y}{\partial x_2}dx_2 \tag{D.7}$$

$$d(y-u_1x_1)=-x_1du_1+\frac{\partial y}{\partial x_2}dx_2 \tag{D.8}$$

という2つの式が出てくる。

これらの右辺はいずれも（D.3）の形式で書かれており，$u_1$，$x_2$ の関数であるので，両方が求める関数の条件に適合していると言える。

従って，取り替えた後の関数は

$$z(u_1, x_2) = u_1 x_1 - y \tag{D.9}$$

または

$$z'(u_1, x_2) = y - u_1 x_1 \tag{D.10}$$

で表される。自然言語で書けば，

取り替えた後の関数 ＝ ± {(取り替えたい変数) × (取り替えられる変数)
− (取り替える前の関数)}

ということになる。

（D.9），（D.10）を，$y$ の $x_1$ に関する**ルジャンドル変換**という。変換式として（D.9）と（D.10）のどちらを採用するかについては，考えている状況によって異なり，その都度適切に判断していく必要がある。

ハミルトン形式への移行に際して用いられるのは（D.9）の方で，（D.9）において

$$z \to H, \quad u_1 \to p_i, \quad x_1 \to \dot{q}_i, \quad x_2 \to q_i, \quad y \to L$$

と置き換えれば，（時間に陽に依存しない）ハミルトニアンの定義式

$$H(q,\ p) = p_i \dot{q}_i - L \tag{D.11}$$

が得られる。すなわちハミルトニアンは，ラグランジアンの一般速度に関す

るルジャンドル変換になっている。

(D.10) の形の例としては，熱力学に登場するヘルムホルツの自由エネルギーがある。ヘルムホルツの自由エネルギーは，

$$F = U - TS \tag{D.12}$$

で表される関数であるが，これは $U$（内部エネルギー）の $S$（エントロピー）に関するルジャンドル変換に他ならない。

前述の $y = x_1^2 + x_2^2$ を例に，変換の前後で情報が保存されていることを確認しよう。$y = x_1^2 + x_2^2$ をルジャンドル変換すると（[D.9] を採用するが，(D.10) でも (D.13) と (D.14) の符号が逆になるだけで，最終的には同じ結果を与える)， $x_1 = \frac{1}{2}u_1$ より，

$$\begin{aligned} z &= u_1 x_1 - y = u_1 x_1 - x_1^2 - x_2^2 \\ &= \frac{1}{2}u_1^2 - \frac{1}{4}u_1^2 - x_2^2 \\ &= \frac{1}{4}u_1^2 - x_2^2 \end{aligned} \tag{D.13}$$

となる（$y = x_1^2 + x_2^2$ の $x_1$ に関するルジャンドル変換)。

(D.9) から

$$y = u_1 x_1 - z \tag{D.14}$$

が成り立つ。これは (D.9) の逆変換であるが，ルジャンドル変換の一種と捉えることができる。

(D.13) を (D.14) に代入すると（もう一度ルジャンドル変換するということ)， $u_1 = 2x_1$ より

$$
\begin{aligned}
y &= 2{x_1}^2 - \frac{1}{4}{u_1}^2 + {x_2}^2 \\
&= 2{x_1}^2 - \frac{1}{4} \times 4{x_1}^2 + {x_2}^2 \\
&= {x_1}^2 + {x_2}^2 \qquad \text{(D.15)}
\end{aligned}
$$

となり（$z = \frac{1}{4}{u_1}^2 - {x_2}^2$ の $u_1$ に関するルジャンドル変換），もとの関数 $y = {x_1}^2 + {x_2}^2$ が正しく復元される。

一般に，ルジャンドル変換を 2 回連続で行なうと，変換後の $z(u_1,\ x_2)$ から変換前の $y$ や $x_2$ の情報が引き出され，もとの関数が得られる。すなわち，ルジャンドル変換の前後では必ず情報が保存される。

変数の個数が増えたり，取り替えたい変数が増えたりした場合でも，全く同様の議論が成り立つ。偏微分係数さえ定義されていれば，全ての変数を取り替えても良い。つまり，ルジャンドル変換の一般的な変換式は

$$z(u_1,\ u_2,\ \cdots,\ u_n) = u_k x_k - y(x_1,\ x_2,\ \cdots,\ x_n) \qquad \text{(D.16)}$$

または

$$z'(u_1,\ u_2,\ \cdots,\ u_n) = y(x_1,\ x_2,\ \cdots,\ x_n) - u_k x_k \qquad \text{(D.17)}$$

で与えられる。但し，$u_k x_k$ の部分は縮約規約を適用しており，

$$\sum_{k=1}^{n} u_k x_k$$

を意味する。

E.

# ヤコビアン

2 つの 2 変数関数 $x=x(u,\ v)$ と $y=y(u,\ v)$ を考える。このとき，$x$，$y$ の全微分はそれぞれ，

$$dx=\frac{\partial x}{\partial u}du+\frac{\partial x}{\partial v}dv \tag{E.1}$$

$$dy=\frac{\partial y}{\partial u}du+\frac{\partial y}{\partial v}dv \tag{E.2}$$

である。

さて，次の 2 元連立方程式，

$$\begin{cases} p=ax+by \\ q=cx+dy \end{cases} \tag{E.3}$$

を**行列**の形式に表すと，次のようになる。

$$\begin{pmatrix} p \\ q \end{pmatrix}=\begin{pmatrix} a & b \\ c & d \end{pmatrix}\begin{pmatrix} x \\ y \end{pmatrix} \tag{E.4}$$

右辺の $\begin{pmatrix} a & b \\ c & d \end{pmatrix}\begin{pmatrix} x \\ y \end{pmatrix}$ を計算すれば $\begin{pmatrix} ax+by \\ cx+dy \end{pmatrix}$ になるので，任意の連立方程式は行列を用いることで，単一の式にまとめることができる。

このことを利用して，(E.1)，(E.2) を 1 つの式にまとめると，

$$\begin{pmatrix} dx \\ dy \end{pmatrix}=\begin{pmatrix} \dfrac{\partial x}{\partial u} & \dfrac{\partial x}{\partial v} \\ \dfrac{\partial y}{\partial u} & \dfrac{\partial y}{\partial v} \end{pmatrix}\begin{pmatrix} du \\ dv \end{pmatrix} \tag{E.5}$$

という形になる。ここで，左辺の$\begin{pmatrix} \dfrac{\partial x}{\partial u} & \dfrac{\partial x}{\partial v} \\ \dfrac{\partial y}{\partial u} & \dfrac{\partial y}{\partial v} \end{pmatrix}$を**ヤコビ行列**[13]，または**関数行列**という。

ここで一旦（E.3），（E.4）に戻ろう。連立方程式（E.3）を解くと，

$$x=\frac{dp-bq}{ad-cb} \tag{E.6}$$

$$y=\frac{aq-cp}{ad-cb} \tag{E.7}$$

となるが，このように2元連立方程式の解の分母には$ad-cb$という値が，$x$，$y$の両方に現れる。この$ad-cb$というのは，行列形の（E.4）から考えると，$\begin{pmatrix} a & b \\ c & d \end{pmatrix}$という$2\times2$行列の左上と右下の成分の積から，左下と右上の成分の積を引いたものである。そこで，$ad-cb$のことを（$2\times2$行列の）**行列式**といい，

$$\det\begin{pmatrix} a & b \\ c & d \end{pmatrix}$$

または単に

$$\begin{vmatrix} a & b \\ c & d \end{vmatrix}$$

と書いて表す。

（E.4）と（E.5）を対応させて考えると，（E.5）の$\begin{pmatrix} a & b \\ c & d \end{pmatrix}$の部分はちょうどヤコビ行列に対応しているので，ヤコビ行列の行列式も考える必要がある。ヤコビ行列の行列式を**ヤコビアン**といい，次のようになる。

---

13　19世紀のドイツの数学者**カール・グスタフ・ヤコブ・ヤコビ**にちなむ。ニールス・アーベルと独立に楕円関数論の基礎を築いた。解析力学における業績として，27節の主題「ハミルトン=ヤコビ方程式」にも名を残している。

$$\begin{vmatrix} \dfrac{\partial x}{\partial u} & \dfrac{\partial x}{\partial v} \\ \dfrac{\partial y}{\partial u} & \dfrac{\partial y}{\partial v} \end{vmatrix} = \frac{\partial x}{\partial u}\frac{\partial y}{\partial v} - \frac{\partial y}{\partial u}\frac{\partial x}{\partial v} \tag{E.8}$$

ヤコビアンは度々現れるので，簡略に

$$\begin{vmatrix} \dfrac{\partial x}{\partial u} & \dfrac{\partial x}{\partial v} \\ \dfrac{\partial y}{\partial u} & \dfrac{\partial y}{\partial v} \end{vmatrix} = \frac{\partial(x, y)}{\partial(u, v)} \tag{E.9}$$

と書くこともできるが，一般化した場合を考えて，単一の記号 $J$ で表すこともできる。

すなわち，2 変数関数 $x = x(u,\ v)$，　$y = y(u,\ v)$ に対するヤコビアンは

$$J = \frac{\partial(x, y)}{\partial(u, v)} = \begin{vmatrix} \dfrac{\partial x}{\partial u} & \dfrac{\partial x}{\partial v} \\ \dfrac{\partial y}{\partial u} & \dfrac{\partial y}{\partial v} \end{vmatrix} = \frac{\partial x}{\partial u}\frac{\partial y}{\partial v} - \frac{\partial y}{\partial u}\frac{\partial x}{\partial v} \tag{E.10}$$

と表せる。これが 3 変数関数

$$x = x(u,\ v,\ w),\quad y = y(u,\ v,\ w),\quad z = z(u,\ v,\ w)$$

になれば，これに対するヤコビアンは

$$J = \frac{\partial(x,\ y,\ z)}{\partial(u,\ v,\ w)} = \begin{vmatrix} \dfrac{\partial x}{\partial u} & \dfrac{\partial x}{\partial v} & \dfrac{\partial x}{\partial w} \\ \dfrac{\partial y}{\partial u} & \dfrac{\partial y}{\partial v} & \dfrac{\partial y}{\partial w} \\ \dfrac{\partial z}{\partial u} & \dfrac{\partial z}{\partial v} & \dfrac{\partial z}{\partial w} \end{vmatrix} \tag{E.11}$$

となる。

このような3×3行列の行列式を計算する場合，**サラスの方法**が有効である（サラスの方法は，4×4行列以上の行列式の計算には用いることはできない。4×4行列以上の場合，3×3行列の場合にも使える余因子展開という方法があるが，本書では必要ないので深入りしない）。

まず，各成分を取り出し，右横に左の2列を貼り付ける。

$$
\begin{matrix}
\frac{\partial x}{\partial u} & \frac{\partial x}{\partial v} & \frac{\partial x}{\partial w} & \frac{\partial x}{\partial u} & \frac{\partial x}{\partial v} \\
\frac{\partial y}{\partial u} & \frac{\partial y}{\partial v} & \frac{\partial y}{\partial w} & \frac{\partial y}{\partial u} & \frac{\partial y}{\partial v} \\
\frac{\partial z}{\partial u} & \frac{\partial z}{\partial v} & \frac{\partial z}{\partial w} & \frac{\partial z}{\partial u} & \frac{\partial z}{\partial v}
\end{matrix}
$$

そして，並べた成分を2×2行列の行列式のように，左上から右下までを掛けてそれぞれ足したものから，左下から右上まで掛けてそれぞれ足したものを引けば良い。

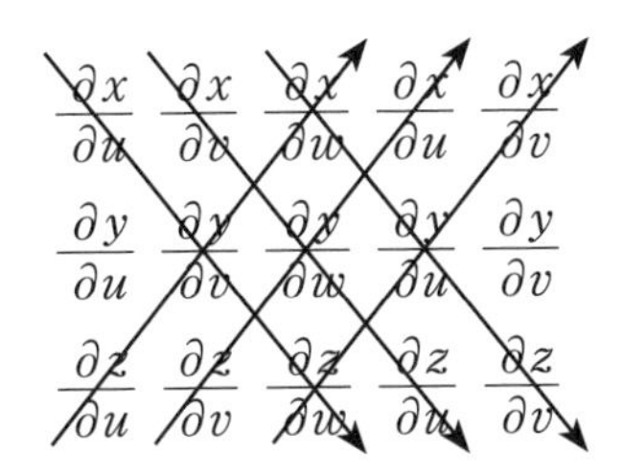

このようにして計算すると，3変数関数 $x=x(u,v,w)$， $y=y(u,\ v,\ w)$，$z=z(u,\ v,\ w)$ に対するヤコビアンは次のようになる。

$$
\begin{aligned}
J &= \frac{\partial(x,y,z)}{\partial(u,v,w)} \\
&= \frac{\partial x}{\partial u}\frac{\partial y}{\partial v}\frac{\partial z}{\partial w} + \frac{\partial x}{\partial v}\frac{\partial y}{\partial w}\frac{\partial z}{\partial u} + \frac{\partial x}{\partial w}\frac{\partial y}{\partial u}\frac{\partial z}{\partial v} \\
&\qquad - \left(\frac{\partial z}{\partial u}\frac{\partial y}{\partial v}\frac{\partial x}{\partial w} + \frac{\partial z}{\partial v}\frac{\partial y}{\partial w}\frac{\partial x}{\partial u} + \frac{\partial z}{\partial w}\frac{\partial y}{\partial u}\frac{\partial x}{\partial v}\right)
\end{aligned}
$$

$$= \frac{\partial x}{\partial u}\frac{\partial y}{\partial v}\frac{\partial z}{\partial w} + \frac{\partial x}{\partial v}\frac{\partial y}{\partial w}\frac{\partial z}{\partial u} + \frac{\partial x}{\partial w}\frac{\partial y}{\partial u}\frac{\partial z}{\partial v}$$

$$- \frac{\partial z}{\partial u}\frac{\partial y}{\partial v}\frac{\partial x}{\partial w} - \frac{\partial z}{\partial v}\frac{\partial y}{\partial w}\frac{\partial x}{\partial u} - \frac{\partial z}{\partial w}\frac{\partial y}{\partial u}\frac{\partial x}{\partial v} \quad \text{(E.12)}$$

実用上は $3 \times 3$ 行列までのヤコビアンで十分であるが，ヤコビ行列とヤコビアンは 4 変数以上の多変数関数に対しても定義でき，

$$x_1 = x_1(u_1, \cdots, u_n), \cdots, x_n = x_n(u_1, \cdots, u_n)$$

という多変数の場合，ヤコビアンは一般に，

$$J = \frac{\partial(x_1, \cdots, x_n)}{\partial(u_1, \cdots, u_n)} = \begin{vmatrix} \frac{\partial x_1}{\partial u_1} & \cdots & \frac{\partial x_1}{\partial u_n} \\ \vdots & \ddots & \vdots \\ \frac{\partial x_n}{\partial u_1} & \cdots & \frac{\partial x_n}{\partial u_n} \end{vmatrix} \quad \text{(E.13)}$$

となる。

F.

# 多重積分

関数の定積分,

$$\int_a^b f(x)dx \tag{F.1}$$

の意味を考えてみよう。まず，閉区間 $[a,\ b]$ $(a \leqq x \leqq b)$ を $n$ 個の区間

$$\begin{aligned}&[a,\ x_1],\ [x_1,\ x_2], \cdots,\ [x_{n-1}, b]\\ &=[x_0,\ x_1][x_1,\ x_2],\ \cdots,\ [x_{n-1}, x_n]\\ &=[x_{k-1},\ x_k]\ \ (k=1,\ 2,\ \cdots,\ n)\end{aligned} \tag{F.2}$$

に分ける。

そして，(F.2) の各区間 $[x_0, x_1]$，$[x_1,\ x_2]$，…，$[x_{n-1}, x_n]$ から，それぞれに属する点 $\lambda_1,\ \lambda_2,\ \cdots, \lambda_n$ を 1 つずつ選び,

$$\sum_{k=1}^{n} f(\lambda_k)\cdot(x_k - x_{k-1}) = \sum_{k=1}^{n} f(\lambda_k)\Delta x_k \tag{F.3}$$

という総和をとる。なお，$x_{k-1} \leqq \lambda_k \leqq x_k$ である。

このような前提のもとで，それぞれの $\Delta x_k$ が 0 になるように $n$ を大きくして，区間を細かく分けていくことにより，一変数関数の定積分 (F.1) が得られる。すなわち，(F.1) は (F.3) の $n \to \infty$ の極限をとったものである。

これは**ベルンハルト・リーマン**による積分の定義であり，上に述べた積分の定式化を**リーマン積分**，(F.3) を**リーマン和**と呼ぶ。

次に，定積分 (F.1) を 2 変数に拡張することを考える。2 変数以上の多変数関数の積分も，リーマン積分の考えを利用して定義することができるが，その場合 1 次元的な「区間」というものではなく，2 次元的な「領域」を使っ

て考えなければならない。

2 次元の領域 $R$ を用いて 2 変数関数 $f(x,\ y)$ を定め，$R$ を面積 $\Delta S_k$ の $n$ 個の長方形に分ける。その分割された領域内の任意の点 P の座標を $\mathrm{P}(x_k,\ y_k)$ として，

$$\sum_{k=1}^{n} f(x_k,\ y_k)\Delta S_k = \sum_{k=1}^{n} f(x_k,\ y_k)\Delta x_k \Delta y_k \tag{F.4}$$

という総和をとり，それぞれの $\Delta x_k$ と $\Delta y_k$ が 0 になるように $n$ を大きくして，区間を細かく分けていく。

このとき，(F.4) の $n \to \infty$ の極限を

$$\iint_R f(x,\ y)dS = \iint_R f(x,\ y)dxdy \tag{F.5}$$

と書いて，$f(x,\ y)$ の $R$ における **2 重積分**という。積分記号 $\int$ が 2 つになっているのは，1 個目の $\int$ を $dy$ に，2 個目の $\int$ を $dx$ にそれぞれ対応させるためである。但し，$f(x, y)\,dxdy$ や $f(x,\ y)\,dS$ という形の積分であれば，その積分が 2 重積分であることが了解済みであるとして，誤解のない範囲で $\int$ を 1 個省略する場合がある。

2 重積分を実際に計算するためには，例えば $R$ が長方形の場合，

$$\iint_R f(x, y)\,dxdy = \int_a^b \left\{\int_c^d f(x, y)\,dx\right\}dy \tag{F.6}$$

のように，先に $\{\cdots\}$ 内の積分を行ない，その後でそれをさらに積分すれば良い。このような方法を**累次積分**という。

続いて，3 変数関数の場合を説明するが，2 変数の場合と全く同じ議論になる。3 次元の領域 $R$ で 3 変数関数 $f(x,\ y,\ z)$ を定め，$R$ を体積 $\Delta V_k$ の $n$ 個

の長方形に分ける。その分割された領域内の任意の点Pの座標を $P(x_k,\ y_k,\ z_k)$ として,

$$\sum_{k=1}^{n} f(x_k,\ y_k,\ z_k)\Delta V_k = \sum_{k=1}^{n} f(x_k,\ y_k,\ z_k)\Delta x_k \Delta y_k \Delta z_k \tag{F.7}$$

という総和をとり, $\Delta x_k$, $\Delta y_k$, $\Delta z_k$ のそれぞれが0になるように $n$ を大きくして, 区間を細かく分ける。

このとき, (F.7) の $n \to \infty$ の極限を

$$\iiint_R f(x,\ y,\ z)dV = \iiint_R f(x,\ y,\ z)dxdydz \tag{F.8}$$

と書いて, $f(x,\ y,\ z)$ の $R$ における **3重積分**という。2重積分と同様に, $f(x, y)dxdydz$ や $f(x,\ y)dV$ という形の積分であれば, その積分が3重積分であることが了解済みであるとして, 誤解のない範囲で $\int$ を2個省略する場合がある。

また, 1個目の $\int$ が $dz$, 2個目の $\int$ が $dy$, 3個目の $\int$ が $dx$ にそれぞれ対応していると考えると, 3重積分 (F.8) の累次積分は, 例えば $R$ が直方体の場合,

$$\iiint_R f(x, y,\ z)\,dxdydz = \int_a^b \left[\int_c^d \left\{\int_e^f f(x, y,\ z)\,dx\right\} dy\right] dz \tag{F.9}$$

となる。

ここまでのことは, 4変数以上の多変数関数についても言えて, (F.5), (F.8) は次のように拡張される。

$$\iint\cdots\iint_R f(x_1, x_2, \cdots, x_n)\,dx_1\,dx_2\cdots dx_n \tag{F.10}$$

(F.10) を，$f(x_1,\ x_2,\ \cdots,\ x_n)$ の $R$ における **$n$ 重積分**といい，(F.5)，(F.8)，(F.10) を総称して**多重積分**，または単に**重積分**という。

次に，座標を変換する際に必要な，多重積分の変数変換について議論しよう。図の $xy$ 平面上の領域 $R$（面積 $S$）を考える。

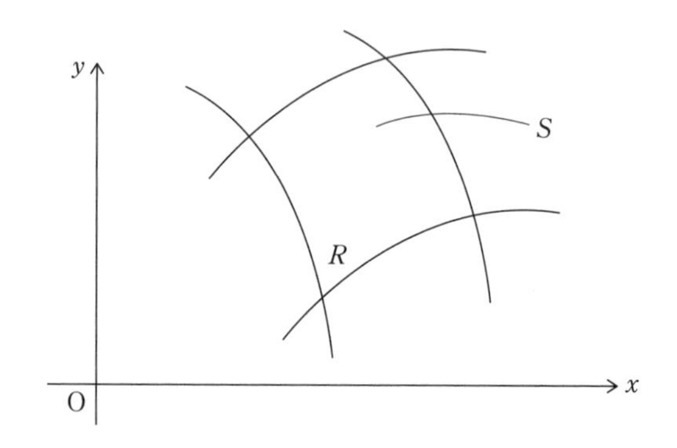


このとき，$R$ における 2 重積分は（F.5）であるが，$R$ を $xy$ 座標とは異なる任意の座標，例えば図の $uv$ 座標で示される領域 $R'$ を表したとき，その 2 重積分はどのように表されるかというのが課題である。

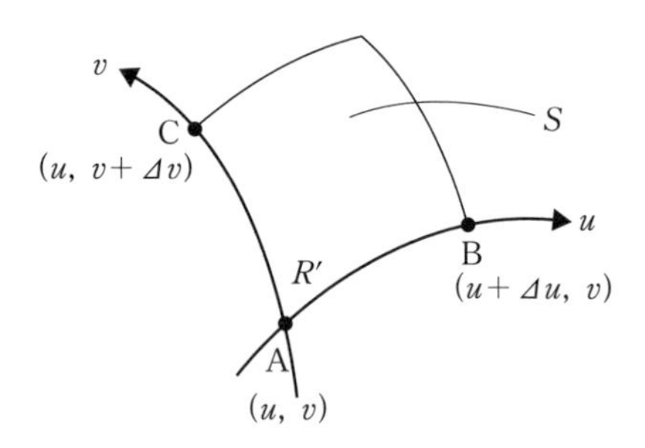

$xy$ 座標と $uv$ 座標の間を

$$x = x(u,\ v) \tag{F.11}$$

$$y = y(u,\ v) \tag{F.12}$$

で座標変換すると，$uv$ 平面に $xy$ 座標が持ち込まれたことになり，各点は次のようになる。

$$\mathrm{A}\,(x\,(u, v),\ y\,(u, v)) \tag{F.13}$$

$$\mathrm{B}\,(x\,(u+\Delta u, v),\ y\,(u+\Delta u, v)) \tag{F.14}$$

$$\mathrm{C}\,(x\,(u, v+\Delta v),\ y\,(u, v+\Delta v)) \tag{F.15}$$

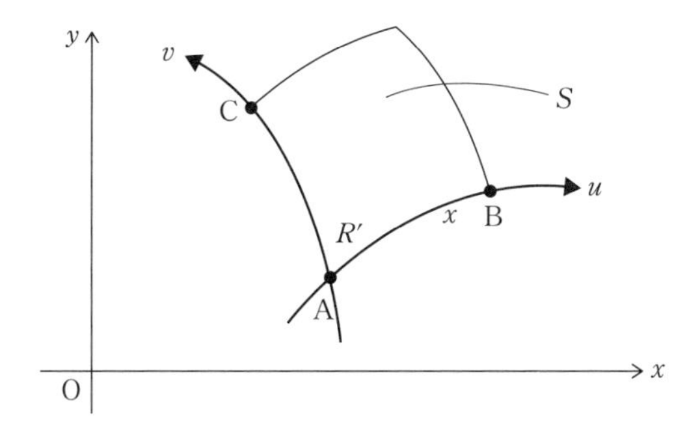


それでは，$R'$ の面積 $S$ をどのようにして求めたら良いだろうか。高校の教科書にも書いてあるが，座標平面上の原点を含む3点の座標が分かっているときの3角形OABの面積を求めるための式は，$\overrightarrow{\mathrm{OA}} = (a_1,\ a_2)$，$\overrightarrow{\mathrm{OB}} = (b_1,\ b_2)$ として，次のように与えられる。

$$\triangle\mathrm{OAB} = \frac{1}{2}|\,a_1 b_2 - a_2 b_1\,| \tag{F.16}$$

これは，$\overrightarrow{\mathrm{OA}}$，$\overrightarrow{\mathrm{OB}}$ のなす角を $\theta$ とすると，$\triangle$OABの面積は

$$
\begin{aligned}
\triangle \mathrm{OAB} &= \frac{1}{2}|\overrightarrow{\mathrm{OA}}||\overrightarrow{\mathrm{OB}}|\sin\theta \\
&= \frac{1}{2}|\overrightarrow{\mathrm{OA}}||\overrightarrow{\mathrm{OB}}|\sqrt{1-\cos^2\theta} \\
&= \frac{1}{2}\sqrt{|\overrightarrow{\mathrm{OA}}|^2|\overrightarrow{\mathrm{OB}}|^2(1-\cos^2\theta)} \\
&= \frac{1}{2}\sqrt{|\overrightarrow{\mathrm{OA}}|^2|\overrightarrow{\mathrm{OB}}|^2-|\overrightarrow{\mathrm{OA}}|^2|\overrightarrow{\mathrm{OB}}|^2\cos^2\theta} \\
&= \frac{1}{2}\sqrt{|\overrightarrow{\mathrm{OA}}|^2|\overrightarrow{\mathrm{OB}}|^2-(\overrightarrow{\mathrm{OA}}\cdot\overrightarrow{\mathrm{OB}})} \\
&= \frac{1}{2}\sqrt{(a_1{}^2+a_2{}^2)(b_1{}^2+b_2{}^2)-(a_1b_1+a_2b_2)^2} \\
&= \frac{1}{2}\sqrt{a_1{}^2b_1{}^2+a_1{}^2b_2{}^2+a_2{}^2b_1{}^2+a_2{}^2b_2{}^2-a_1{}^2b_1{}^2-2a_1b_1a_2b_2-a_2{}^2b_2{}^2} \\
&= \frac{1}{2}\sqrt{a_1{}^2b_2{}^2-2a_1b_1a_2b_2+a_2{}^2b_1{}^2} \\
&= \frac{1}{2}\sqrt{(a_1b_2-a_2b_1)^2} = \frac{1}{2}|a_1b_2-a_2b_1| \qquad \text{(F.17)}
\end{aligned}
$$

と計算できるためである。

ここで $a_1b_2-a_2b_1$ という部分に注目すると，これは $(a_1,\ a_2)$，$(b_1,\ b_2)$ をそれぞれ $\begin{pmatrix} a_1 \\ a_2 \end{pmatrix}$，$\begin{pmatrix} b_1 \\ b_2 \end{pmatrix}$ と縦に並べて1つの行列 $\begin{pmatrix} a_1 & b_1 \\ a_2 & b_2 \end{pmatrix}$ と見做したときの行列式に等しい。

つまり，3角形の面積は $2\times2$ 行列の行列式の絶対値の半分であるというわけだが，見方を変えると，$2\times2$ 行列の行列式の絶対値を計算することで平行四辺形の面積が求まる，ということになる。なぜなら，平行四辺形の面積は常に，対辺で分割したときの3角形の2倍の面積になっているからである。従って，$\Delta u$ と $\Delta v$ を限りなく0に近づけることにより，$R'$ を $\overrightarrow{\mathrm{AB}}$，$\overrightarrow{\mathrm{AC}}$ の張る平行四辺形と見做せば，上の議論をそのまま応用することができる。

（F.13）と（F.14）より，

$$\overrightarrow{\mathrm{AB}}=(x(u+\Delta u,\ v),\ y(u+\Delta u,\ v))-(x(u,\ v),\ y(u,\ v)) \tag{F.18}$$

となるから，(A.18) を用いて第 1 項をテイラー展開し，$\Delta u$ の 1 次の項のみで近似すると

$$\begin{aligned}\overrightarrow{\mathrm{AB}}&=([x(u,v)+x_u{}'(u,v)\Delta u+(\Delta u\text{の2次以上})],\\&\qquad[y(u,v)+y_u{}'(u,v)\Delta u+(\Delta u\text{の2次以上})])-(x(u,v),y(u,v))\\&\simeq(x_u{}'(u,v)\Delta u,y_u{}'(u,v)\Delta u)\\&=\left(\frac{\partial x(u,v)}{\partial u}\Delta u,\frac{\partial y(u,v)}{\partial u}\Delta u\right)\end{aligned} \tag{F.19}$$

となる。

$\overrightarrow{\mathrm{AC}}$ も同様に計算して（[F.19] を見れば，どのような形になるかは計算するまでもなく容易に類推できるであろう），

$$\overrightarrow{\mathrm{AC}}=\left(\frac{\partial x(u,v)}{\partial v}\Delta v,\ \frac{\partial y(u,v)}{\partial v}\Delta v\right) \tag{F.20}$$

を得る。

(F.19)，(F.20) をそれぞれ縦書きで書いて，行列の形にまとめると次のようになる（引数は省略）。

$$\begin{pmatrix}\dfrac{\partial x}{\partial u}\Delta u & \dfrac{\partial x}{\partial v}\Delta v\\ \dfrac{\partial y}{\partial u}\Delta u & \dfrac{\partial y}{\partial v}\Delta v\end{pmatrix} \tag{F.21}$$

これの行列式の絶対値は，

$$\left|\det\begin{pmatrix}\frac{\partial x}{\partial u}\Delta u & \frac{\partial x}{\partial v}\Delta v \\ \frac{\partial y}{\partial u}\Delta u & \frac{\partial y}{\partial v}\Delta v\end{pmatrix}\right| = \left|\frac{\partial x}{\partial u}\Delta u\frac{\partial y}{\partial v}\Delta v - \frac{\partial y}{\partial u}\Delta u\frac{\partial x}{\partial v}\Delta v\right| \tag{F.22}$$

となるので，$R'$ の面積 $S$ は，

$$S = \left|\frac{\partial x}{\partial u}\frac{\partial y}{\partial v} - \frac{\partial y}{\partial u}\frac{\partial x}{\partial v}\right|\Delta u\Delta v \tag{F.23}$$

であると分かる。見ての通りだが，(F.23) の (…) 内は前節で導入したヤコビアン $J$ (E.10) になっている。

(F.23) の極限をとって微分の形で書くと，

$$dS = \left|\frac{\partial x}{\partial u}\frac{\partial y}{\partial v} - \frac{\partial y}{\partial u}\frac{\partial x}{\partial v}\right|dudv \tag{F.24}$$

となる。簡潔に，

$$dxdy = |J|dudv \tag{F.25}$$

と書くこともできる。

$uv$ 座標を 2 次元極座標，すなわち $r\theta$ 座標とした場合の変換式は変数変換の重要な例であるのでここで取り扱っておく。ヤコビアンは

$$\begin{aligned} J &= \frac{\partial x}{\partial r}\frac{\partial y}{\partial \theta} - \frac{\partial y}{\partial r}\frac{\partial x}{\partial \theta} \\ &= \frac{\partial}{\partial r}(r\cos\theta)\cdot\frac{\partial}{\partial \theta}(r\sin\theta) - \frac{\partial}{\partial r}(r\sin\theta)\cdot\frac{\partial}{\partial \theta}(r\cos\theta) \\ &= \cos\theta\cdot r\cos\theta - \sin\theta\cdot(-r\sin\theta) = r(\sin^2\theta + \cos^2\theta) = r \end{aligned} \tag{F.26}$$

となるので，極座標において (F.25) は次のように表される。

$$dxdy = rdrd\theta \tag{F.27}$$

(F.5)，(F.11)，(F.12)，(F.25) より，

$$\iint_R f(x, y)\,dxdy = \iint_{R'} f(x(u, v), y(u, v))|\,J\,|dudv \tag{F.28}$$

を得る。これが 2 重積分の変数変換の式である。極座標へ変換する場合は (F.27) が利用できる。

(F.28) は $n$ 重積分に一般化され，

$$\begin{aligned}&\iint \cdots \iint_R f(x_1, \cdots, x_n)\,dx_1 dx_2 \cdots dx_n \\ &= \iint \cdots \iint_{R'} f(x_1(u_1, \cdots, u_n), \cdots, x_n(u_1, \cdots, u_n))|\,J\,|du_1 du_2 \cdots du_n\end{aligned} \tag{F.29}$$

となる。この場合の $J$ の表式は (E.13) である。

G.

# ガウス積分

経路積分では，

$$\int_{-\infty}^{\infty} e^{iax^2} dx \tag{G.1}$$

や

$$\int_{-\infty}^{\infty} x^2 e^{iax^2} dx \tag{G.2}$$

などの積分を計算する必要が生じる。これらは「ガウス積分」と呼ばれる積分が大元になった形であるので，本節ではガウス積分とそれに類似の積分の計算法についてまとめておく。

まず，**ガウス積分**とは

$$\int_{-\infty}^{\infty} e^{-x^2} dx$$

という積分のことである。被積分関数 $f(x) = e^{-x^2}$ のグラフを以下に示す。

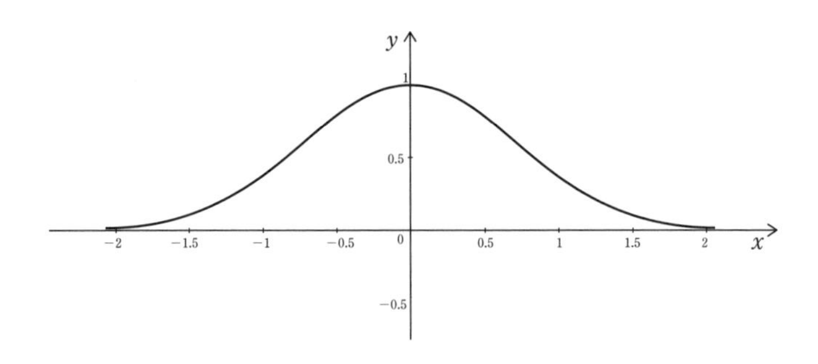


グラフから，上の積分（グラフの面積）は或る有限値に収束することが分

かる。そこで，積分を実行するために，

$$I = \int_{-\infty}^{\infty} e^{-x^2} dx \tag{G.3}$$

とおく。両辺を2乗して

$$I^2 = \int_{-\infty}^{\infty} e^{-x^2} dx \cdot \int_{-\infty}^{\infty} e^{-x^2} dx \tag{G.4}$$

と書き，右側の $x$ のみを $y$ として（ここでは $x = y$），2重積分に持ち込む。

$$\begin{aligned} I^2 &= \int_{-\infty}^{\infty} e^{-x^2} dx \cdot \int_{-\infty}^{\infty} e^{-y^2} dy \\ &= \int_{-\infty}^{\infty} \int_{-\infty}^{\infty} e^{-(x^2+y^2)} dxdy \end{aligned} \tag{G.5}$$

さらに，極座標に移る。極座標においては，0から $2\pi$ までの一周と，0から $\infty$ までの半径で全空間を表せるので，そのように積分範囲を変更する。また，$x^2 + y^2 = r^2$ と（F.27）を代入して，

$$I^2 = \int_0^{2\pi} \int_0^{\infty} e^{-r^2} rdrd\theta \tag{G.6}$$

を得る。

累次積分（F.6）に従い，まず

$$\int_0^{\infty} e^{-r^2} rdr$$

を計算しよう。$r^2 = u$ とすると，

$$\frac{du}{dr} = 2r \tag{G.7}$$

より

$$dr = \frac{1}{2r}du \tag{G.8}$$

となるので結果は

$$\begin{aligned}
\int_0^\infty e^{-r^2} r dr &= \int_0^\infty e^{-u} r \times \frac{1}{2r} du \\
&= \frac{1}{2}\int_0^\infty e^{-u} du = \left[-\frac{1}{2}e^{-u}\right]_0^\infty = -\frac{1}{2}[e^{-u}]_0^\infty \\
&= -\frac{1}{2}\{e^{-\infty} - (e^{-0})\} = -\frac{1}{2}(0-1) \\
&= \frac{1}{2}
\end{aligned} \tag{G.9}$$

である。

(G.6) に戻すと,

$$\begin{aligned}
I^2 &= \int_0^{2\pi} \frac{1}{2} d\theta = \frac{1}{2}\int_0^{2\pi} d\theta = \frac{1}{2}[\theta]_0^{2\pi} \\
&= \frac{1}{2}(2\pi - 0) = \pi
\end{aligned} \tag{G.10}$$

ということになる。$f(x) = e^{-x^2}$ のグラフからも分かるように，求める積分 $I$ の値は正なので

$$I = \int_{-\infty}^\infty e^{-x^2} dx = \sqrt{\pi} \tag{G.11}$$

である。すなわち，ガウス積分は $\sqrt{\pi}$ に収束する。

この結果を利用して，(G.1) と (G.2) を計算してみよう。しかし，その前に

$$I_0=\int_{-\infty}^{\infty}e^{-ax^2}dx \tag{G.12}$$

を求めておく。ここで $a$ は正の定数である。

$z=\sqrt{a}\,x$ とすると，

$$x^2=\frac{z^2}{a} \tag{G.13}$$

また

$$\frac{dz}{dx}=\frac{d}{dx}(\sqrt{a}\,x)=\sqrt{a} \tag{G.14}$$

であるから

$$dx=\frac{1}{\sqrt{a}}dz \tag{G.15}$$

以上より，(G.13)，(G.15) を $I_0$ に代入し，ガウス積分 (G.11) を用いると，

$$I_0=\frac{1}{\sqrt{a}}\int_{-\infty}^{\infty}e^{-z^2}dz=\sqrt{\frac{\pi}{a}} \tag{G.16}$$

となることが分かる。つまり，ガウス積分の被積分関数の指数に定数が掛けられると，その定数の平方根の逆数倍になる。

この結果を (G.1) に直接利用すると（本来ならば, 複素関数論の知識が必要であるが，虚数 $i$ を単なる定数として計算しても結果には影響しない），

$$\int_{-\infty}^{\infty}e^{iax^2}dx=\sqrt{-\frac{\pi}{ia}} \tag{G.17}$$

となる（ガウス積分とは違い，被積分関数の指数にマイナスがついていないので，その分平方根内にマイナスが付く）。

平方根内の負符号を分母に移動し，

$$\frac{1}{i} = -i \tag{G.18}$$

を利用すると（[30.15]），(G.17)，つまり (G.1) は次のようになる。

$$\int_{-\infty}^{\infty} e^{iax^2} dx = \sqrt{\frac{\pi}{-ia}} = \sqrt{\frac{\pi}{\frac{a}{i}}} = \sqrt{\frac{i\pi}{a}} \tag{G.19}$$

次に，(G.19) の両辺を形式的に $a$ で微分する。各辺は

$$\begin{aligned} 左辺 &= \frac{d}{da}\left(\int_{-\infty}^{\infty} e^{iax^2} dx\right) = \int_{-\infty}^{\infty} \frac{\partial}{\partial a}(e^{ix^2 a})dx \\ &= \int_{-\infty}^{\infty} ix^2 e^{ix^2 a} dx = i\int_{-\infty}^{\infty} x^2 e^{ix^2 a} dx \end{aligned} \tag{G.20}$$

$$\begin{aligned} 右辺 &= \frac{d}{da}\sqrt{\frac{i\pi}{a}} = \sqrt{i\pi}\,\frac{d}{da}\left(a^{-\frac{1}{2}}\right) \\ &= -\frac{\sqrt{i\pi}}{2} a^{-\frac{3}{2}} = -\frac{\sqrt{i\pi}}{2}\sqrt{\frac{1}{a^3}} = -\frac{1}{2a}\sqrt{\frac{i\pi}{a}} \end{aligned} \tag{G.21}$$

となるので，(G.2) は，

$$\int_{-\infty}^{\infty} x^2 e^{iax^2} dx = -\frac{1}{2ai}\sqrt{\frac{i\pi}{a}} = \frac{i}{2a}\sqrt{\frac{i\pi}{a}} \tag{G.22}$$

ということになる。ここで最後の等号に (G.18) を用いた。

一般に，ガウス型積分

$$\int_{-\infty}^{\infty} x^n e^{iax^2} dx \tag{G.23}$$

において，$n$ が偶数であれば，上のような方法によって積分を求めることができる。

しかし，$n$ が奇数であれば，被積分関数は奇関数（$x$ の奇数乗）と偶関数（$e^{iax^2}$）の積になるので，奇関数である。この場合，$-\infty$ から $\infty$ まで積分すると，区間（$-\infty$, 0）の積分と区間 $[0, \infty)$ の積分が相殺するので，積分結果は 0 となる。例えば，(G.23) の形で $n=1$ であれば直ちに，

$$\int_{-\infty}^{\infty} x e^{iax^2} dx = 0 \tag{G.24}$$

と得られる。

# 参考文献

[1] 山内恭彦『一般力学 増訂第3版』，岩波書店，1959.4
[2] 広重徹『物理学史Ⅰ』（新物理学シリーズ5），培風館，1968.3
[3] 朝永振一郎『量子力学Ⅰ〔第2版〕』，みすず書房，1969.12
[4] 有山正孝『振動・波動』（基礎物理学選書8），裳華房，1970.4
[5] A. メシア『量子力学1』，小出昭一郎，田村二郎訳，東京図書，1971.6
[6] 原島鮮『力学Ⅱ －解析力学－』，裳華房，1973.10
[7] L.D. ランダウ，E.M. リフシッツ『力学 増訂第3版』（ランダウ＝リフシッツ理論物理学教程），広重徹，水戸巌訳，東京図書，1974.10
[8] 相賀徹夫編『万有百科大事典16 物理 数学』，1976.4
[9] 小出昭一郎『力学』（物理テキストシリーズ1），岩波書店，1980.2
[10] 阿部龍蔵『量子力学入門』（物理テキストシリーズ6），岩波書店，1980.5
[11] 山本義隆『重力と力学的世界』，現代数学社，1981.1
[12] A.C. カンパニエーツ『力学』（カンパニエーツ理論物理学講義Ⅰ），東京図書，1981.4
[13] 長岡洋介『電磁気学』（物理入門コース3，4），Ⅰ・Ⅱ巻，岩波書店，1982.11（Ⅰ），1983.1（Ⅱ）
[14] 小出昭一郎『解析力学』（物理入門コース2），岩波書店，1983.2
[15] 和達三樹『物理のための数学』（物理入門コース10），岩波書店，1983.3
[16] 藤原邦男『物理学序論としての力学』（基礎物理学1），東京大学出版会，1984.9
[17] 日本数学会編『岩波 数学辞典 第3版』，岩波書店，1985.12
[18] 大貫義郎『解析力学』（物理テキストシリーズ2），岩波書店，1987.1
[19] 小出昭一郎『量子力学（Ⅰ）改訂版』（基礎物理学選書5A），裳華房，1990.10
[20] 並木美喜雄『解析力学』（パリティ物理学コース），丸善，1991.9
[21] 佐藤光『物理数学特論 群と物理』（パリティ物理学コース），丸善，1991.12
[22] エミリオ・セグレ『古典物理学を創った人々』，久保亮五，矢崎裕二訳，みすず書房，1992.6
[23] C. ランチョス『解析力学と変分原理』，高橋康監訳，一橋正和訳，日刊工業新聞社，1992.8
[24] 物理学辞典編集委員会編『改訂版 物理学辞典［縮刷版］』，培風館，1992.10
[25] 矢野健太郎，石原繁『基礎解析学（改訂版）』，裳華房，1993.11
[26] 阿部龍蔵『力学・解析力学』（岩波基礎物理シリーズ1），岩波書店，1994.4

[27] 吉田春夫『キーポイント 力学』(物理のキーポイント 1)，岩波書店，1996.1

[28] 山本義隆『古典力学の形成 – ニュートンからラグランジュへ』，日本評論社，1997.6

[29] 山本義隆，中村孔一『解析力学』(朝倉物理学大系 1，2) Ⅰ・Ⅱ巻，朝倉書店，1998.9（Ⅰ・Ⅱ）

[30] 小形正男『振動・波動』(裳華房テキストシリーズ)，裳華房，1999.1

[31] 砂川重信『理論電磁気学 第 3 版』，紀伊國屋書店，1999.9

[32] Jeremy Gray 編『The Symbolic Universe: Geometry and Physics 1890-1930』，Oxford University Press，1999.9

[33] 宮下精二『解析力学』(裳華房テキストシリーズ)，2000.3

[34] 佐野理『連続体の力学』(基礎物理学選書 26)，裳華房，2000.4

[35] 高橋康『量子力学を学ぶための解析力学入門 増補第 2 版』，講談社，2000.11

[36] 小暮陽三『なっとくする演習･量子力学』(なっとくシリーズ)，講談社，2000.12

[37] 薩摩順吉『微分積分』(理工系の基礎数学 1)，岩波書店，2001.2

[38] 兵頭俊夫『考える力学』，学術図書出版社，2001.3

[39] 原康夫『電磁気学（Ⅱ）』(裳華房フィジックスライブラリー)，裳華房，2001.10

[40] 久保謙一『解析力学』(裳華房フィジックスライブラリー)，裳華房，2001.11

[41] 岡崎誠，藤原毅夫『演習 量子力学［新訂版］』(セミナーライブラリ 物理学＝4)，サイエンス社，2002.3

[42] 渡邊靖志『素粒子物理入門』(新物理学シリーズ 33)，培風館，2002.4

[43] 馬場敬之『単位が取れる微積ノート』(単位が取れるシリーズ)，講談社，2002.6

[44] J.D. ジャクソン『J.D. Jackson: 電磁気学（上）原書第 3 版』(物理学叢書 90)，西田稔訳，吉岡書店，2002.7

[45] 小野寺嘉孝『演習で学ぶ 量子力学』(裳華房フィジックスライブラリー)，裳華房，2002.11

[46] B.H. Bransden, C.J. Joachain『Physics of Atoms and Molecules second edition』，Pearson Education，2003.6

[47] 松原望『入門 確率過程』，東京図書，2003.11

[48] 清水明『新版 量子論の基礎』(新物理学ライブラリ 別巻 2)，サイエンス社，2004.4

[49] 新井一道他『新訂 微分積分Ⅱ』，大日本図書，2004.11

[50] Oliver D. Johns『Analytical Mechanics for Relativity and Quantum Mechanics』，Oxford University Press，2005.5

[51] 相原博昭『素粒子の物理』，東京大学出版会，2006.4
[52] H. ゴールドスタイン，C. ポール，J. サーフコ『古典力学 原著第 3 版』（物理学叢書 102，105），矢野忠，江沢康生，渕崎員弘訳，上・下巻，吉岡書店，2006.6（上），2009.3（下）
[53] 早田次郎『現代物理のための解析力学』（臨時別冊・数理科学 SGC ライブラリ 46），サイエンス社，2006.3（初版），2017.3（電子版）
[54] 清水明『熱力学の基礎』，東京大学出版会，2007.3
[55] Heinrich Hertz『The Principles of Mechanics: Presented in a New Form』，D.E. Jones，J.T. Walley 訳，Cosimo Inc.，2007.6
[56] 仲滋文『新版 シュレーディンガー方程式』（SGC Books-P3），サイエンス社，2007.9
[57] 須藤靖『解析力学・量子論』，東京大学出版会，2008.9（初版），2019.5（第 2 版）
[58] 井田大輔『要点講義 ベクトル解析と微分形式』，東洋書店，2008.9
[59] 大槻義彦，大場一郎編『新・物理学事典』（講談社ブルーバックス），講談社，2009.6
[60] 二間瀬敏史，綿村哲『解析力学と相対論』（現代物理学［基礎シリーズ］2），朝倉書店，2010.9
[61] 河辺哲次『ベーシック 電磁気学』，裳華房，2011.10
[62] 一石賢『物理学のための数学』，ベレ出版，2012.1
[63] 河辺哲次『工科系のための 解析力学』，裳華房，2012.11
[64] 林光男『完全独習量子力学』，講談社，2013.1
[65] 土屋賢一『ベーシック 量子論』，裳華房，2013.8
[66] 篠本滋，坂口英継『力学』（基幹講座物理学），益川敏英監修，東京図書，2013.10
[67] 前野昌弘『よくわかる解析力学』，東京図書，2013.10
[68] 鈴木克彦『シュレディンガー方程式』（フロー式物理演習シリーズ 19），共立出版，2013.10
[69] 畑浩之『解析力学』（基幹講座物理学），益川敏英監修，東京図書，2014.2
[70] J.J. サクライ，J. ナポリターノ『第 2 版 現代の量子力学（上）』（物理学叢書 108），桜井明夫訳，吉岡書店，2014.4
[71] 石井俊全『1 冊でマスター 大学の微分積分』，技術評論社，2014.8
[72] 坂本眞人『場の量子論 －不変性と自由場を中心にして－』（量子力学選書），裳華房，2014.11
[73] 和田純夫『今度こそわかるファインマン経路積分』（今度こそわかるシリーズ），

講談社，2014.12

[74] 林光男『完全独習電磁気学』，講談社，2015.3

[75] ディビッド・マクマーホン『場の量子論』（MaRu-WaKaRi サイエンティフィックシリーズⅠ），富岡竜太訳，プレアデス出版，2015.11

[76] 村上雅人『なるほど解析力学』，海鳴社，2016.5

[77] 伊藤克司他「解析力学とは何か」（『数理科学』11 月号 /2016），サイエンス社，2016.11

[78] R.P. ファインマン，A.R. ヒッブス『量子力学と経路積分 新版』，D. スタイヤー校訂，北原和夫訳，みすず書房，2017.3

[79] 石井俊全『一般相対性理論を一歩一歩数式で理解する』，ベレ出版，2017.3

[80] 柴田正和『変分法と変分原理』，森北出版，2017.3

[81] 十河清『解析力学』（日評ベーシック・シリーズ），日本評論社，2017.5

[82] 近藤龍一『12 歳の少年が書いた 量子力学の教科書』，ベレ出版，2017.7

[83] 牟田泰三，山本一博『量子力学 – 現代的アプローチ –』（裳華房フィジックスライブラリー），裳華房，2017.9

[84] 窪田高弘『初歩の量子力学を取り入れた力学』（シリーズ〈これからの基礎物理学〉2），朝倉書店，2017.12

[85] 川村嘉春『基礎物理から理解するゲージ理論』（臨時別冊・数理科学 SGC ライブラリ 138），サイエンス社，2017.12

[86] 国広悌二『量子力学』（基幹講座物理学），益川敏英監修，東京図書，2018.9

[87] 涌井良幸『高校生からわかる複素解析』，ベレ出版，2018.9

[88] James H. Williams Jr.『Fundamentals of Applied Dynamics』，The MIT Press，2019.12

[89] 井田大輔『現代解析力学入門』，朝倉書店，2020.1

[90] 馬場敬之『解析力学キャンパス・ゼミ 改訂 3』，マセマ出版社，2020.4

[91] 坂本眞人『場の量子論（Ⅱ）―ファインマン・グラフとくりこみを中心にして―』（量子力学選書），裳華房，2020.9

# 索 引

## 数字・欧文



## あ



## か

## さ

## た

## な



## は

## ま



## や



## ら

著者略歴

**近藤 龍一**（こんどう・りゅういち）

2001年生まれ。2018年孫正義育英財団2期生に選出。翌年より正会員。2020年から自由な研究時間を確保するため英国Open University, School of Physical Sciencesに在学。専攻は理論物理学。現在の研究テーマはフレーバー物理学，余剰次元など。著書に『12歳の少年が書いた 量子力学の教科書』（ベレ出版、2017年）がある。

◉── カバーデザイン　都井美穂子
◉── DTP・本文図版　あおく企画
◉── 校正　小山拓輝

**独学する「解析力学」**（どくがくする「かいせきりきがく」）

2021年 8月 25日　初版発行

| | |
|---|---|
| 著者 | 近藤 龍一（こんどう りゅういち） |
| 発行者 | 内田 真介 |
| 発行・発売 | ベレ出版<br>〒162-0832　東京都新宿区岩戸町12 レベッカビル<br>TEL.03-5225-4790 FAX.03-5225-4795<br>ホームページ　https://www.beret.co.jp/ |
| 印刷 | 三松堂株式会社 |
| 製本 | 根本製本株式会社 |



ISBN 978-4-86064-665-3 C0042　　編集担当　坂東一郎